“十二五”普通高等教育本科国家级规划教材

普通化学

（第七版）

浙江大学普通化学教研组 编

徐端钧 方文军 聂晶晶 沈宏 修订

U0324375

高等教育出版社·北京

内容简介

本书是在《普通化学》(第六版)基础上修订而成的,特别注意与《普通高中化学课程标准(2017 年版)》及高中《化学》新教材(2019 年版)合理衔接。

全书分 9 章。第 1~4 章以化学反应基本原理为主线,分别介绍热化学、化学反应的基本原理、水溶液化学和电化学与金属腐蚀的基础知识,第 5 章介绍物质结构基础,第 6~8 章分别介绍无机化合物、高分子化合物和生物大分子基础知识,第 9 章简要介绍仪器分析基础。各章均有内容提要和学习要求、选读材料、小结、思考题和习题。书后附有部分习题答案供参考。

本书可用作普通高等学校理工类非化学化工相关专业的基础课教材。

本书第二版(1981 年修订本)于 1986 年获国家教委高等学校第一届(1976—1985年)优秀教材一等奖;第三版于 1992 年获第二届(1986—1989 年)普通高等学校优秀教材全国优秀奖;第四版于 1999 年获教育部科学技术进步二等奖;第五版是普通高等教育"九五"国家教委重点教材和面向 21 世纪课程教材;第六版被列入普通高等教育"十一五"国家级规划教材及"十二五"普通高等教育本科国家级规划教材。

图书在版编目(CIP)数据

普通化学/浙江大学普通化学教研组编.--7 版
.--北京:高等教育出版社,2020.2(2023.12 重印)
ISBN 978-7-04-053033-9

Ⅰ.①普… Ⅱ.①浙… Ⅲ.①普通化学-高等学校-教材 Ⅳ.①O6

中国版本图书馆 CIP 数据核字(2019)第 251832 号

Putong Huaxue

| 策划编辑 郭新华 | 责任编辑 殷 英 | 封面设计 王 洋 | 版式设计 杨 树 |
| 插图绘制 于 博 | 责任校对 张 薇 | 责任印制 存 怡 | |

出版发行	高等教育出版社	网　　址	http://www.hep.edu.cn
社　　址	北京市西城区德外大街 4 号		http://www.hep.com.cn
邮政编码	100120	网上订购	http://www.hepmall.com.cn
印　　刷	保定市中画美凯印刷有限公司		http://www.hepmall.com
开　　本	787mm×960mm 1/16		http://www.hepmall.cn
印　　张	25		
字　　数	460 千字	版　　次	1978 年 2 月第 1 版
插　　页	1		2020 年 2 月第 7 版
购书热线	010-58581118	印　　次	2023 年 12 月第 8 次印刷
咨询电话	400-810-0598	定　　价	49.80 元

本书如有缺页、倒页、脱页等质量问题,请到所购图书销售部门联系调换
版权所有　侵权必究
物料号　53033-00

普通化学
（第七版）

浙江大学普通化学
教研组　编

徐端钧　方文军
聂晶晶　沈　宏　修订

1　计算机访问 http://abook.hep.com.cn/1239876，或手机扫描二维码、下载并安装 Abook 应用。

2　注册并登录，进入"我的课程"。

3　输入封底数字课程账号（20 位密码，刮开涂层可见），或通过 Abook 应用扫描封底数字课程账号二维码，完成课程绑定。

4　单击"进入课程"按钮，开始本数字课程的学习。

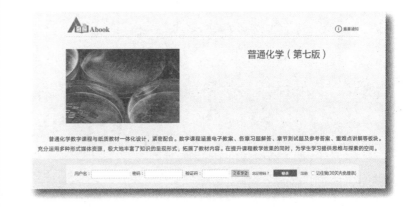

课程绑定后一年为数字课程使用有效期。受硬件限制，部分内容无法在手机端显示，请按提示通过计算机访问学习。

如有使用问题，请发邮件至 abook@hep.com.cn。

扫描二维码
下载 Abook 应用

http://abook.hep.com.cn/1239876

第七版修订说明

2017 年年底教育部颁布了《普通高中化学课程标准（2017 年版）》，强调在基础教育中培养学生学科核心素养。根据这一标准修订的高中《化学》新教材，将于 2019 年秋季出版发行。与原有教材比较，高中《化学》新教材有了很大的变化：新教材改变了原先从 6 个模块中选学 2 个模块内容的做法，在化学反应原理、物质结构与性质及有机化学基础方面提高了对学生的要求，以更加符合国家培养创新人才的要求。为适应高中《化学》新教材在全国的使用，合理衔接大学与中学的化学教学，本教材在高等教育出版社的安排下，进行了再一次的修订。

本次修订，密切关注高中化学教学即将发生的新变化，努力体现化学教育对学生科学素养的培养，对于"物质结构基础"和"仪器分析基础"两部分做了较大幅度的修订。具体如下：

（1）第 5 章"物质结构基础"中，除了原子结构的内容外，其他部分的内容做了大幅度的调整，突出了"物质结构的重点是分子结构""分子结构的重点是空间（立体）结构""分子结构可以用晶体 X 射线衍射实验来测定"等科学理念。近几十年来，基于晶体结构的分子结构测定，给化学带来许多全新的科学认识，本章教学内容的修订，希望能让学生切身体会"科学在不断发展"的道理，培养学生将来为推进科学进步做贡献的意识。

（2）在第 9 章"仪器分析基础"中，我们做了"以项目带动教学"的尝试。以青蒿素分离提纯、结构鉴定、含量分析为主线，结合科研介绍常用的仪器分析方法。这样以科研实际为依托的课程内容编排，希望能让普通化学课程从以知识传授为主的模式向侧重培养学生科学素养的方向转变，以此响应高中阶段学科核心素养培养的课程改革。

本次修订中还对"自发反应""离子晶体"等核心概念的描述做了重要修正，使其更准确、科学，请读者特别留意。此外，还进一步删减了与中学教材重复过多的内容，如"能源""污染治理"等。本次修订保留了与生命过程相关的有机化学内容。

在本书的修订和出版过程中，许多兄弟院校及高等教育出版社给予了热情的支持；孟长功教授仔细阅读初稿并提出了宝贵的意见；李博达教授、李明馨教授、王明华教授、周永秋教授、张殊佳教授等对本书前 5 版做出了重要贡献，在此一并致以衷心的感谢。

　　参加本次修订工作的有徐端钧(绪论、第 4 章、第 5 章),方文军(第 1~3 章),聂晶晶(第 6~8 章)和沈宏(第 9 章)。由于水平有限,缺点、错误及不当之处在所难免,敬请读者批评指正。

编者

2019 年 4 月于浙江大学

第六版修订说明

《普通化学》(第五版)出版至今已经过去 9 年时间。在过去 9 年中,全国中学课程改革进行得轰轰烈烈,改革后的高中化学课程采用必修加选修的模块学分制,教学内容比之前有很大程度的提高;并积极推行与科学技术和社会结合的原则(STS),注重在高中化学教学中融入与现代社会密切相关的问题,例如,环境问题、能源问题、人类健康问题等,这些在高中化学的新课程中都有涉及。中学化学的这些改革,与普通化学原先"贴近工程和社会、生活实际,关注社会热点"的教学理念相一致,是值得肯定的。但是,中学的改革无疑也使普通化学课程面临新的挑战,如何与中学化学教育合理接轨,安排合适的教学内容以适应中学课程改革的新形势,成为普通化学课程面临的新任务。

入选"普通高等教育'十一五'国家级教材规划"后,我们根据科学发展、学科发展和教学改革的需要,对本教材进行了再一次的修订①。这次修订遵循的主要原则是:

(1) 适应新的《普通高中化学课程标准》的内容,避免与现行高中教学内容过多重复。

(2) 尽量反映化学学科全貌,反映学科发展和进步,体现学科交叉,以符合"普通化学"的课程本意。

(3) 读者对象由工科学生为主变为适合理工农医各专业的大学新生,内容选材不仅结合工程实际,同时考虑生命相关学科的学生需要。

为了尽可能向学生介绍完整的化学学科,并呈现化学实验科学的面貌,本次修订增加了"仪器分析基础"一章,简要介绍了光谱分析、色谱分析和电位分析的基本概念和应用。

结构分析是分析化学的重要组成部分,X 射线单晶结构测定是现在化学家分析物质结构的最强大的工具,近 30 年在世界各地得到了广泛的应用。为了反映化学学科在这方面的巨大进步,这次修订在第 5 章中适当加强了晶体结构分析的内容。由于晶体结构分析的理论和技术理解起来相对困难,我们希望教学中只要求学生了解"分子结构是能够用晶体衍射实验来测定的";并使学生认识到,要以晶体衍射实验为根据来判断晶体属于什么类型。

---

① 本书 2014 年入选第二批"十二五"普通高等教育本科国家级规划教材。

近年来无机化学的发展，集中反映在配位化学上。作为一类较为复杂的无机化合物，配位化合物的合成、结构及应用，越来越受到当代无机化学家的重视。本次修订也适当加强了配位化学的内容。

由于有了第 5 章"晶体结构测定"的知识基础，第 8 章"生物大分子基础"一章就能选择"蛋白质结构数据库"提供的丰富素材，向学生展示化学生物学和生物化学领域中较新的研究成果，使学生切身体会学科交叉的意义。

参照新的《普通高中化学课程标准》，本次修订删去或压缩了一些与中学教材重复过多的内容，如"人体健康""能源""污染治理"等。为了突出重点，修订中删去了关于单质的内容，将教材篇幅和教学课时留给更重要的内容。

为了便于教师使用教材，这次修订基本保留了第五版的习题。另外，在若干章节中将部分内容的排版设计作了特殊处理，建议使用教材的教师根据本校教学要求自行取舍。

在本书的编写和出版过程中，许多兄弟院校和高等教育出版社给予了热情的支持；大连理工大学孟长功教授对本书的初稿进行了细致的审读工作，提出了宝贵的修改意见；浙江大学李博达教授、李明馨教授、王明华教授、周永秋教授、张殊佳教授等对本书 1~5 版作出了重要贡献，在此一并致以衷心的感谢。

参加本次修订工作的有徐端钧（绪论、第 4 章、第 5 章），方文军（第 1 章、第 2 章、第 3 章），聂晶晶（第 6 章、第 7 章、第 8 章）和沈宏（第 9 章）。由于水平有限，缺点、错误及不当之处请读者批评指正。

编者

2010 年 8 月于浙江大学

第五版修订说明

当今世界,科学技术突飞猛进,知识经济已见端倪,国力竞争日趋激烈。为把高水平、高效益的高等教育带入 21 世纪,教育部组织实施了《高等教育面向21 世纪教学内容和课程体系改革计划》。本书是该计划 03-15 项目《化学系列课程教学内容和课程体系改革的研究与实践(非化工类专业)》的研究成果。

这次第五版教材的编写宗旨是保持并发扬原有特色,面向 21 世纪写出改革新意。两条主线,理论联系工程实际,科学性和教学适用性等是本教材过去受到众多高校师生欢迎的主要原因和特色。加强基础,提炼基本、按需拓宽;注重实践性和应用性,更贴近工程和社会、生活实际,关注社会热点,反映现代科技新成就;加强素质教育,注意因材施教和个性发展等三个方面是这次修订的重点。全书仍保持 8 章,前 5 章大框架不变,原第六与第七章金属与非金属合并为第六章元素化学与无机材料,原第八章改为第七章高分子化合物与材料,新增第八章生命物质与人体健康。全书章节虽然变化不大,但具体内容业经许多精简和调整,强化了某些重要概念及应用(如熵及其应用,能的量与质等),删除或简化了某些陈旧的或枝节的内容和过细的计算(如删减了自发性的道奇判断法、吉布斯函数的导出、溶液缓冲能力的计算和盖斯定律、酸碱质子理论等),根据环境及生命科学等内容的需要,拓宽和新增了某些理论和内容(如光化反应、链反应、酶催化、绿色化学、酸碱电子论、谱图及其应用和超分子等),使全书前后呼应,浑然一体。并从多方面做了加强素质教育的尝试。如注重辩证唯物主义和爱国主义教育;加强知识综合性和跨学科性、培养综合思维能力;培养创造性思维和批判性思维能力;注意因材施教和个性发展等。改写了大部分选读材料,使之更贴近社会、生活,反映最新科技成就。每章均新编了若干打 ▲ 号的带有研究性的开放性问题,并列出 5 篇左右供学生课外进修的最新读物。采用了最新的 NBS的标准热力学函数数据。并将出版配套的《普通化学解题指南》和《普通化学实验》(第四版)。

本书的编写得到了原国家教委工科普通化学课程教学指导小组、03-15 项目组老师、高等教育出版社及兄弟学校的支持。本版初稿于 1999 年秋在浙江大学计算机、自动化、热能等工科专业试用。1999 年 8 月工科普通化学课程教学指导小组扩大工作会议期间,专门召开了针对本教材的研讨会。提出了许多宝贵的建议和修改意见。出版之前又承蒙本校李明馨教授审阅和清华大学丁廷桢教授仔细审稿,对提高本书的质量起了很大的作用。在此一并谨致谢意。

　　本书绪论及第一、二章由王明华(主编)编写,第四、五章由徐端钧编写,第三、六章由周永秋编写,第七、八章由张殊佳编写。许莉审核了习题答案,曹筠审核了附录,王劲审核了参考文献和索引。全书由王明华修改、统稿。

　　由于编者水平所限,书中仍会有疏漏甚至错误之处,恳请读者和专家批评指正。

编者

2001 年 9 月于浙江大学

第四版修订说明

随着经济和科技的发展、教育改革的深化,对高等学校教学内容和体系的改革提出了更高的要求,为此我们在调查研究并进行多次教学试验的基础上,修订了第三版,主要的原则是:

(1) 从中学化学的实际出发,以工科《普通化学课程教学基本要求》(修订稿)为依据。

(2) 保持《普通化学》(第三版)的两条主线。无机部分按金属元素化学和非金属元素化学编写,有机部分改写为有机高分子化合物。各章正文中编写有联系工科实际的专题,如能源、大气污染、水污染、金属腐蚀、金属的表面处理与加工、无机非金属材料、有机高分子材料的改性等。

(3) 保证重点,削枝强干,以利教学。各章内容提要和学习要求、正文、小结及习题等均以主要要求为中心,进行了调整、删减或充实。

(4) 贯彻我国法定计量单位。

(5) 配合正文,精选选读材料,涉及这些内容的复习思考题、习题等仍用 * 号标出,书末增加了一些主要的参考文献和《普通化学课程教学基本要求(不低于 70 学时)》,以利在保证满足基本要求的前提下,因材施教。

此外,还注意数据、图表和知识的更新,适当介绍一些我国的有关实际,并重视教学法的改进。

本书是在工科普通化学课程教学指导小组的指导下,结合不少兄弟院校和我校的教学经验编写的。本版修订初稿、二稿分别于 1991 年、1992 年夏完成,先后三次在浙江大学光学仪器、化工机械、检测、制冷等专业试用。本版二稿经北京理工大学刘天和教授、东北工学院乐秀毓教授精心审阅,提出了不少宝贵意见。审稿后,根据审稿意见,做了修改。在此一并谨致谢意。

本书第四版共分八章,其中绪言及第一、二章由李明馨编写,第七章由王明华编写,第六章由宋宗麂编写,第四章由张瑜、王明华编写,第五章由周庭午编写,第三章由周永秋编写,第八章由朱远黛编写。全书由李明馨、王明华、宋宗麂负责修改、统稿。

由于编写者水平有限,书中错误及不妥之处希读者批评指正。

浙江大学普通化学教研组
1994 年 1 月

第三版修订说明

《普通化学》(1981年修订本)出版后,已有多年。这几年来,随着经济和科技、教育的迅速发展,化学与工程技术以及有关学科间的相互渗透也增强了。这就要求对工科普通化学的内容做出相应的充实、调整或取舍。这次修订的主要原则是:

(1) 以1983年中学化学教学大纲为依据,尽可能删减重复内容。

(2) 保持1981年版《普通化学》的体系和主线,但做了一些调整和充实。在体系上,将第一章改为热化学;原第五章至第八章改为第五章至第七章,将原子与分子结构合为第五章;无机化学按主族元素和副族元素分两章编写,晶体结构结合主族介绍,配位化合物结合副族介绍;原第九章改为第八章。在内容上,加强了化学热力学,充实了动力学的一些基础知识,扩大酸碱概念并简化有关计算,增加胶体溶液,注意物质结构理论与物质性质的联系,增加与工科有关的实例及应用。

(3) 扩大知识面,各章均增写了选读材料。对与工科实际或现代工程技术发展有关或与基本理论有关的内容做专题式的知识简介,如能源、大气污染、水污染及处理、电解的应用,以及一些工程材料,等等,以适应各种不同的需要。

(4) 采用我国法定计量单位。

此外,注意教学法的改进,着重阐明疑难,以利自学;适当更新了一些数据,调整并充实了一些习题。

对于某些与正文要求有关,需做进一步说明的内容,仍用小号字排印,供教师选用或学生参考;涉及这些内容的复习思考题、习题等则用 * 号标出。

本书是在工科普通化学课程教学指导小组的指导下,结合我们的教学经验编写的。本版修订初稿于1985年夏完成,同年秋在浙江大学化工机械、应用电子技术等专业试用;后又参考1985年11月工科化学课程教学指导委员会普通化学课程教学指导小组扩大会议通过的《基本要求》意见稿做了修改。

初稿经华中工学院叶康民、苏嫱、东北工学院乐秀毓等审阅。审稿后,根据审稿意见做了修改。不少兄弟院校也对本书的修订提供了许多建设性的意见。在此一并谨致谢意。

参加本书第三版编写工作的有李明馨(编写绪言及第一、二章)、刘湘兰(编写第八章)、张瑜(编写第四章)、周庭午(编写第五章)、王明华(编写第六章)、周永秋(编写第三章)、陈林根(编写第七章)。全书由李明馨负责修改、统稿。编写过程中,李博达曾参加讨论及审阅。

由于编写者水平有限,书中错误及不妥之处希读者批评指正。

浙江大学普通化学教研组

1986 年 10 月

第二版修订说明

根据当前化学教学形势发展的需要,我教研组对 1978 年 2 月编写的工科《普通化学》一书做了较大的修改和充实,主要原则是:

(1) 基本肯定并保持 1978 年版《普通化学》的体系和主线。

(2) 注意与 1980 年中学化学教学大纲(全日制十年制学校)和教材相衔接,避免不必要的重复,并删减一些偏于专业的或与后继课程相重复的内容。

(3) 充实、提高一些内容,主要是下列三方面:引入化学热力学并提及动力学的一些基本知识;充实、提高了对一些现代物质结构理论基本要点的介绍;加强某些定量计算,初步引入一些分析化学的知识。

全书仍分九章。1978 年版《普通化学》的第一章改为物质的聚集状态与溶液,第七、八两章改为第七章单质与无机化合物,新增绪言及第八章络合物。对于某些加深或加宽的内容,用小号字排印,供教师选用或学生自学;涉及小号字部分的复习思考题、习题等则用 * 号标出。书末增加习题答案及一些附表。

本书修订初稿于 1979 年夏完成,同年秋在浙江大学热能、内燃、低温等专业试用;后又参考 1980 年 5 月工科化学教材编审委员会扩大会议审订的《普通化学》(80 学时)教学大纲,做了修改。

书稿经天津大学冯慈珍、傅恩淮,西安交通大学谢启新等同志主审,参加审稿的有工科化学教材编审委员会普通化学、无机化学编审小组的编委以及北京工业学院、成都科技大学、哈尔滨工业大学、国防科技大学、合肥工业大学、太原工学院和昆明工学院等单位代表。审稿后,根据审稿意见做了修改。不少兄弟院校也对本书的修订提供了许多建设性意见。在此一并谨致谢意。

参加本书编写工作的有李博达(编写绪言及第八章)、陈克(编写第五、六章)、李明馨(编写第二、七章)、刘湘兰(编写第一、九章)、陈时淇(编写第三章)、张瑜(编写第四章及习题答案)等同志。

由于编写者水平有限,书中错误及不妥之处希读者批评指正!

浙江大学普通化学教研组
1981 年 1 月

第一版前言

普通化学是一门关于物质及其变化规律的基础课,是培养又红又专高级技术人才所必需的一门基础课。在本课程中应当系统地讲授化学基本理论和知识;运用辩证唯物主义观点阐明化学规律;贯彻理论联系实际原则,反映工科院校的特点,适当地结合工程专业并反映现代科学技术的新成就。本课程的教学目的是使学生掌握必需的化学基本理论、基本知识和基本技能;了解这些理论、知识和技能在工程上的应用;培养分析和解决一些化学实际问题的能力;培养辩证唯物主义观点;为今后学习后继课程及新理论、新技术打下比较宽广而巩固的化学基础,以适应四个现代化的需要。

本书是根据 1977 年 11 月高等学校工科基础课化学课程教材编写会议制订的《高等学校工科基础课普通化学教材编写大纲(初稿)》编写的。编写时,以马列主义、毛泽东思想为指导,努力贯彻理论联系实际的原则,教材内容力求精简,由浅入深,通俗易懂,便于自学。

本书的基本理论以化学平衡和物质结构理论为主。化学平衡理论主要用来判断化学反应进行的方向及程度;物质结构理论主要用来解释物质的物理、化学性质。叙述部分联系周期系阐明单质、化合物性质的递变规律。理论部分和叙述部分适当地穿插,以加强相互联系。

在内容安排上,化学平衡以讨论水溶液中的反应为主,兼顾气体及高温反应的平衡;叙述部分以介绍物质的通性为主,兼顾工程上某些主要的无机物和有机物的特性。在化学运算方面,通过溶液浓度、当量定律、化学平衡等必要的计算,熟悉基本运算方法,进一步巩固基本概念。在联系生产实际方面,通过工程材料、金属腐蚀及其防止、工业用水、工业用油及其处理等内容的介绍,加深对基本理论的理解和运用。

由于工科各类专业对化学知识要求不同,学生的程度亦有差异,因此使用本书时,务希结合学生实际与专业要求,加以适当增减。

参加本书编写工作的有李博达(编写第一章)、陈克(编写第五、六章)、李明馨(编写第七、八章)、刘湘兰(编写第九章)、陈时淇(编写第三章)、张瑜(编写第二、四章)等同志。由于编写人水平有限,加之时间仓促,缺点错误及不当之处希读者批评指正!

浙江大学普通化学教研组

1978 年 2 月

目录

绪论 ……………………………………………………………………… 1
第1章　热化学 …………………………………………………………… 4
　1.1　热化学概述 ………………………………………………………… 4
　　1.1.1　几个基本概念 ………………………………………………… 4
　　1.1.2　热效应及其测量 ……………………………………………… 8
　1.2　反应热与焓 ………………………………………………………… 11
　　1.2.1　热力学第一定律 ……………………………………………… 11
　　1.2.2　反应热与焓 …………………………………………………… 13
　　1.2.3　反应的标准摩尔焓变 ………………………………………… 16
　1.3　能源的合理利用 …………………………………………………… 19
　　1.3.1　煤炭与洁净煤技术 …………………………………………… 19
　　1.3.2　石油和天然气 ………………………………………………… 20
　　1.3.3　氢能和太阳能 ………………………………………………… 22
　选读材料　核能 ………………………………………………………… 23
　本章小结 ………………………………………………………………… 27
　学生课外进修读物 ……………………………………………………… 28
　复习思考题 ……………………………………………………………… 29
　习题 ……………………………………………………………………… 30
第2章　化学反应的基本原理 …………………………………………… 33
　2.1　化学反应的方向和吉布斯函数 …………………………………… 33
　　2.1.1　熵和吉布斯函数 ……………………………………………… 33
　　2.1.2　反应自发性的判断 …………………………………………… 38
　2.2　化学反应的限度和化学平衡 ……………………………………… 43
　　2.2.1　反应限度和平衡常数 ………………………………………… 43
　　2.2.2　化学平衡的有关计算 ………………………………………… 46
　　2.2.3　化学平衡的移动及温度对平衡常数的影响 ………………… 48
　2.3　化学反应速率 ……………………………………………………… 51
　　2.3.1　化学反应速率和速率方程 …………………………………… 51
　　2.3.2　温度对反应速率的影响 ……………………………………… 54
　　2.3.3　反应的活化能和催化剂 ……………………………………… 56
　　2.3.4　链反应和光化反应 …………………………………………… 61
　2.4　环境化学和绿色化学 ……………………………………………… 64
　　2.4.1　大气污染与环境化学 ………………………………………… 64

　　2.4.2　清洁生产与绿色化学 ……………………………………………… 66

　选读材料　熵与信息和社会 ………………………………………………… 68

　本章小结 ……………………………………………………………………… 71

　学生课外进修读物 …………………………………………………………… 74

　复习思考题 …………………………………………………………………… 74

　习题 …………………………………………………………………………… 75

第3章　水溶液化学 …………………………………………………………… 81

　3.1　溶液的通性 ……………………………………………………………… 81

　　3.1.1　非电解质稀溶液的通性 …………………………………………… 81

　　3.1.2　电解质溶液的通性 ………………………………………………… 86

　　3.1.3　表面活性剂溶液和膜化学 ………………………………………… 88

　3.2　酸碱解离平衡 …………………………………………………………… 93

　　3.2.1　酸碱的概念 ………………………………………………………… 93

　　3.2.2　酸和碱的解离平衡 ………………………………………………… 94

　　3.2.3　缓冲溶液和 pH 控制 ……………………………………………… 99

　3.3　难溶电解质的多相离子平衡 ………………………………………… 102

　　3.3.1　多相离子平衡和溶度积 …………………………………………… 102

　　3.3.2　溶度积规则及其应用 ……………………………………………… 104

　3.4　水的净化与废水处理 ………………………………………………… 107

　选读材料　水污染及其危害 ……………………………………………… 111

　本章小结 …………………………………………………………………… 115

　学生课外进修读物 ………………………………………………………… 117

　复习思考题 ………………………………………………………………… 117

　习题 ………………………………………………………………………… 119

第4章　电化学与金属腐蚀 ………………………………………………… 123

　4.1　原电池 …………………………………………………………………… 123

　　4.1.1　原电池中的化学反应 ……………………………………………… 123

　　4.1.2　原电池的热力学 …………………………………………………… 127

　4.2　电极电势 ………………………………………………………………… 129

　　4.2.1　标准电极电势 ……………………………………………………… 129

　　4.2.2　电极电势的能斯特方程 …………………………………………… 131

　4.3　电动势与电极电势的应用 …………………………………………… 133

　　4.3.1　氧化剂和还原剂相对强弱的比较 ………………………………… 134

　　4.3.2　反应方向的判断 …………………………………………………… 135

　　4.3.3　反应进行程度的衡量 ……………………………………………… 136

　4.4　化学电源 ………………………………………………………………… 137

　　4.4.1　一次电池 …………………………………………………………… 137

　　4.4.2　二次电池 …………………………………………………………… 139

4.4.3　连续电池 ·················· 141

4.4.4　化学电源与环境污染 ·········· 143

4.5　电解 ······················ 144

4.5.1　分解电压和超电势 ·········· 144

4.5.2　电解池中两极的电解产物 ······ 148

4.5.3　电解的应用 ·············· 149

4.6　金属的腐蚀及防护 ············ 151

4.6.1　腐蚀的分类 ·············· 152

4.6.2　金属腐蚀的防护 ············ 153

选读材料　电抛光、电解加工和非金属电镀 ··· 154

本章小结 ······················ 157

学生课外进修读物 ················ 159

复习思考题 ···················· 159

习题 ·························· 160

第5章　物质结构基础 ·············· 164

5.1　原子结构的近代概念 ············ 164

5.1.1　波函数 ················ 164

5.1.2　电子云 ················ 170

5.2　多电子原子的电子分布方式和周期系 ·· 173

5.2.1　多电子原子轨道的能级 ······ 173

5.2.2　核外电子分布原理和核外电子分布方式 174

5.2.3　原子的结构与性质的周期性规律 ·· 177

5.2.4　电子跃迁 ··············· 180

5.3　分子结构 ··················· 182

5.3.1　分子结构的概念 ············ 182

5.3.2　分子结构的规律 ············ 183

5.4　价键理论 ··················· 185

5.4.1　共价键和离子键 ············ 185

5.4.2　共价键的形成 ············· 185

5.4.3　杂化轨道理论 ············· 188

5.5　晶体结构 ··················· 191

5.5.1　晶体结构的概念 ············ 191

5.5.2　晶体结构测定 ············· 192

5.5.3　用晶体测定分子空间结构 ······ 193

5.6　分子间作用与离子间作用 ········· 194

5.6.1　范德华半径 ·············· 194

5.6.2　氢键 ·················· 195

5.6.3　离子间作用 ·············· 196

　　　5.6.4　离子液体 ·· 200
　　　5.6.5　超分子结构 ·· 200
　　5.7　晶体缺陷 ·· 202
　　　5.7.1　晶体缺陷的概念 ·· 202
　　　5.7.2　非整比化合物 ·· 203
　　选读材料　单晶结构测定 ·· 204
　　本章小结 ·· 205
　　学生课外进修读物 ·· 207
　　复习思考题 ·· 208
　　习题 ·· 209
第6章　无机化合物 ·· 211
　　6.1　氧化物和卤化物的性质 ······································ 211
　　　6.1.1　氧化物和卤化物的物理性质 ···························· 211
　　　6.1.2　氧化物和卤化物的化学性质 ···························· 219
　　6.2　配位化合物 ·· 225
　　　6.2.1　配位化合物的组成 ······································ 225
　　　6.2.2　配位化合物的命名 ······································ 228
　　　6.2.3　配位化合物的结构 ······································ 228
　　　6.2.4　配位化合物的价键理论 ·································· 232
　　　6.2.5　配位化合物的热力学稳定性和配位化合物的制备 ········ 236
　　　6.2.6　配位化合物的应用 ······································ 238
　　6.3　无机材料基础 ·· 242
　　　6.3.1　金属合金材料 ·· 242
　　　6.3.2　无机非金属材料 ·· 246
　　选读材料　纳米材料 ·· 249
　　本章小结 ·· 250
　　学生课外进修读物 ·· 252
　　复习思考题 ·· 253
　　习题 ·· 253
第7章　高分子化合物 ·· 256
　　7.1　高分子化合物概述 ·· 256
　　　7.1.1　高分子化合物的定义 ···································· 256
　　　7.1.2　高分子的一般结构特点 ·································· 257
　　　7.1.3　高分子的分类 ·· 257
　　　7.1.4　高分子的命名 ·· 259
　　7.2　高分子的合成 ·· 260
　　　7.2.1　高分子聚合反应的分类 ·································· 261
　　　7.2.2　几种重要的聚合反应 ···································· 262

7.2.3　可控聚合反应 ·········· 264

7.3　高分子的结构与性能 ·········· 264
　7.3.1　高分子的结构 ·········· 264
　7.3.2　高分子的分子热运动与玻璃化转变 ·········· 269
　7.3.3　高分子的一些物理性能 ·········· 271

7.4　高分子的改性和加工 ·········· 273
　7.4.1　高分子的改性 ·········· 273
　7.4.2　高分子的加工 ·········· 277

7.5　高分子的应用 ·········· 277
　7.5.1　塑料 ·········· 278
　7.5.2　橡胶 ·········· 280
　7.5.3　纤维 ·········· 282
　7.5.4　感光高分子材料 ·········· 284
　7.5.5　复合材料 ·········· 286

7.6　未来的高分子材料及其分子设计 ·········· 288
　7.6.1　未来的高分子材料 ·········· 288
　7.6.2　高分子材料的分子设计 ·········· 289

选读材料　医用功能高分子材料 ·········· 291
本章小结 ·········· 292
学生课外进修读物 ·········· 294
复习思考题 ·········· 294
习题 ·········· 295

第8章　生物大分子基础 ·········· 299

8.1　氨基酸、多肽和蛋白质 ·········· 299
　8.1.1　氨基酸 ·········· 299
　8.1.2　多肽 ·········· 303
　8.1.3　蛋白质 ·········· 305

8.2　核苷酸、DNA、RNA 和基因工程 ·········· 308
　8.2.1　核苷酸 ·········· 308
　8.2.2　核酸 ·········· 311
　8.2.3　基因和基因工程 ·········· 314

8.3　糖类 ·········· 317
　8.3.1　单糖 ·········· 318
　8.3.2　单糖的聚合物(低聚糖和多糖) ·········· 319

选读材料　蛋白质结构数据库 ·········· 320
本章小结 ·········· 321
学生课外进修读物 ·········· 322
复习思考题 ·········· 322

习题 …………………………………………………………………………… 322

第 9 章　仪器分析基础 ………………………………………………… 324

9.1　概述 …………………………………………………………………… 324

9.2　混合物的分离 ………………………………………………………… 328

9.2.1　溶剂萃取和固相萃取 …………………………………………… 328

9.2.2　色谱分离分析 …………………………………………………… 330

9.3　化学组成分析 ………………………………………………………… 334

9.3.1　原子发射光谱法 ………………………………………………… 334

9.3.2　气相色谱转化法 ………………………………………………… 338

9.4　基团分析 ……………………………………………………………… 339

9.4.1　质谱分析 ………………………………………………………… 339

9.4.2　红外吸收光谱分析 ……………………………………………… 343

9.5　分子结构分析 ………………………………………………………… 348

9.5.1　核磁共振 ………………………………………………………… 348

9.5.2　晶体 X 射线衍射 ………………………………………………… 348

9.6　定量分析 ……………………………………………………………… 349

9.6.1　紫外-可见吸收分光光度法 …………………………………… 349

9.6.2　色谱分析法 ……………………………………………………… 352

选读材料　电位分析 ……………………………………………………… 352

本章小结 …………………………………………………………………… 354

学生课外进修读物 ………………………………………………………… 356

复习思考题 ………………………………………………………………… 356

习题 ………………………………………………………………………… 356

附录 ……………………………………………………………………… 358

附录 1　我国法定计量单位 ……………………………………………… 358

附录 2　一些基本物理常数 ……………………………………………… 360

附录 3　标准热力学数据 ($p^{\ominus} = 100\ kPa$, $T = 298.15\ K$) …………… 360

附录 4　一些弱电解质在水溶液中的解离常数 ………………………… 364

附录 5　一些共轭酸碱的解离常数 ……………………………………… 365

附录 6　一些配离子的稳定常数 $K_f^{\ominus}$ 和不稳定常数 $K_i^{\ominus}$ ………… 365

附录 7　一些物质的溶度积 $K_s^{\ominus}$ (25℃) …………………………… 366

附录 8　标准电极电势 …………………………………………………… 367

部分习题答案 …………………………………………………………… 369

参考文献 ………………………………………………………………… 372

索引 ……………………………………………………………………… 373

元素周期表

绪　　论

　　化学与物理学、生物学等同属于自然科学中的基础学科,普通化学是培养理工农医专业学生基本科学素质的课程。

　　化学、物理学、生物学、医学、农学及各种工程学科,都是以"物质(物体)"为研究对象的,这是这些学科的共性。但是这些学科所研究的物质(物体)的大小尺度不同。物理学研究基本粒子,尺度非常小;化学研究原子、分子,尺度稍大一些;生命科学研究细胞、组织和器官,尺度更大一些;建筑学研究房屋、桥梁,当然更大了;天体科学的研究对象无疑是最大的。下图给出了不同的物质科学研究对象的大致尺度。

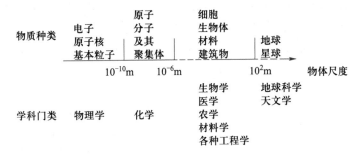

　　从上图可以看到,在研究对象的尺度坐标上,以上这些学科几乎是连续分布的,相互之间并没有截然的本质区别,仅仅是尺度大小不同而已。

　　除物理学以外,其他物质科学研究的对象都是原子和分子的聚集体,所以它们的基础都是化学,化学知识无疑对所有这些专业的学生都有帮助。

　　化学合成各种新物质,供建筑、医学、电子等行业使用;化学在分子水平上揭示生物体的构造,使人们理解生物功能的本质……材料、生物、工程等领域的专家对各自所研究的对象的认识从宏观到微观的深化过程,就是向化学靠近的过程,也是让化学在相关领域更多地发挥作用的过程。

　　例如,以往的医学知识告诉大家,血红蛋白能在体内运送氧气和二氧化碳,而一氧化碳的存在会使血红蛋白失去运送氧气和二氧化碳的功能。后来化学家对于血红蛋白结构的研究(见图 8.7),在分子水平上揭示了其中的原因:氧原子对血红蛋白中血红素亚铁离子的配位,是问题的关键(见图 6.23),这使得人们对生命科学中的这个重要问题有了更深刻的认识。

例如,用氢代替目前的化石燃料,看来是解决地球能源危机的办法。不过,除了氢的制备以外,氢的安全储存与方便携带是一个大问题。化学家正致力于研究高效储存氢气的新化合物,并已取得初步成效(见图6.22)。

所以,不论将来是从事医学、农学研究,还是致力于工程、材料领域的开发,当工作进行得越深入,化学给予的帮助就越大。

大学化学与中学化学的主要区别在于,中学阶段以阐述现象为主,大学阶段则把现象上升到理论高度。例如,高中化学课程讲授化学平衡的知识,告诉大家的是"实验表明达到化学平衡时产物与反应物的浓度化学计量数次方的比值等于常数"。这确实是通过大量实验总结出的规律。但是,我们实验所用的时间是否足以让反应达到平衡呢?如果有一个化学反应要一千年才能达到平衡,我们是否也相信上述结论是正确的呢?大学的化学课程将从理论高度上讨论这个问题,即从热力学理论出发,推导出上述"平衡浓度比"的结论。

化学与物理学、生物学、材料学及各种工程科学,都是以物体(物质)为研究对象的,均属于物质科学。它们的研究思想和研究方法有很多相同之处:都是通过大量实验观测到许多现象,总结出一般规律,再提出理论对这些现象加以解释,并预测将来可能的发现;如果以后的新实验发现先前的理论是有问题的,则需要修正理论,或提出创新的见解。以上研究工作的规律,在化学学科中能得到生动的体现。

例如,早年对化学晶体学的研究表明,"离子晶体是正离子和负离子通过离子键相互作用而形成的;离子键键能大,所以离子晶体熔点高"。事实上,近年来大量的晶体结构测定(见5.5.2)表明,很多由正离子和负离子形成的晶体,离子之间并没有离子键而只有氢键,这些离子晶体的熔点都不高,有些熔点甚至低于室温。随着研究的深入,旧的观点和理论显然需要不断地修正。相信在化学以外的其他物质科学领域中,也存在这样后人不断提出创新见解的现象。所以,我们希望普通化学课程以化学为依托,通过对化学科学研究规律的分析阐述,让学生学习到物质科学研究的一般思想和方法,得到科学能力的培养,以便将来能够在各自工作的领域发挥更大的作用。

从化学的观点看,各种物体都是原子和分子构成的,因此各个物质科学的领域都是相通的。事实上,早年的科学巨匠道尔顿既是物理学家又是化学家,达·芬奇既是机械发明家又是医学解剖学家。后来,随着研究的深入,由于人的精力有限,常人只能专注于科学的某一个局部领域,所以才把物质科学细分成物理学、化学、生物学等不同学科。尽管如此,这些学科的本质仍是相通的。所以,不同学科的交叉和融合,是理所当然的。进行学科交叉的研究,往往能够获得更重要的科学发现和发明。由于化学研究对象的尺度介于物理学和其他物质科学之间,所以化学在学科交叉的研究中更能发挥承上启下的"中心"作用。

　　美国斯坦福大学医学院教授 Roger D Kornberg 做晶体 X 射线衍射的物理实验,运用计算机进行大量复杂的数学计算,测定了 RNA 聚合酶的晶体结构,揭示了生物体中 RNA 合成(即反转录)过程的细节,获得了 2006 年的诺贝尔化学奖。一个医学院教授,做物理学实验,通过数学计算,测定分子结构,回答生命科学的核心问题,最终获得诺贝尔化学奖,相信化学研究中这样学科交叉的生动实例给不同专业的学生都会留下深刻的印象,也能启发学生在今后的学习工作中要有开阔的视野,关注学科交叉,以取得更大的成果。

　　普通化学是一门"普通"的化学,不是专门的化学,编者想尽量向学生展示化学学科的全貌,因此教材内容涉及物理化学、结构化学、无机化学、有机化学、分析化学、高分子化学和生物化学的内容。希望学生在短时间的学习过程中注重了解课程内容的精神,而不要在解题细节上做过多追求,更希望学生通过本课程的学习,掌握的是科学研究的思想和方法,而不仅仅是化学知识本身。

第1章 热 化 学

内容提要和学习要求　化学反应发生时,伴随有能量的变化,其形式虽有多种,但通常以热的形式放出或吸收。燃料燃烧所产生的热量及化学反应中所发生的能量转换和利用都是重要课题。本章着重讨论相关的热化学基本问题,比如热效应的实验测量和理论计算等,并介绍能源的概况及有关的化学知识。

本章学习的主要要求可分为以下几点:

(1) 了解用弹式热量计测量等容热效应(Q_V)的原理,熟悉 Q_V 的实验计算法。

(2) 掌握状态函数、反应进度、标准状态等概念。理解等压热效应(Q_p)与反应焓变的关系、Q_V 与热力学能变的关系。初步掌握化学反应的标准摩尔焓变($\Delta_r H_m^{\ominus}$)的计算。

(3) 了解能源的概况,燃料的热值和可持续发展战略。

1.1　热化学概述

1.1.1　几个基本概念

1. 系统与环境

为了讨论问题的方便,有目的地将某一部分物质与其余物质分开(可以是实际的,也可以是假想的),被划定的研究对象称为**系统**;系统之外,与系统密切相关、影响所能及的部分称为**环境**。例如,研究密闭容器中锌与稀硫酸的反应,可将溶液及其上方的空气、反应产生的氢气定为系统,将容器及容器以外的物质当作环境。如果容器是敞开的,则系统与环境间的界面只能是假想的。

系统和环境是一个整体的两个部分,按照它们之间有无物质和能量的交换,可将系统分为三类:

① **敞开系统**　与环境之间既有物质交换,又有能量交换的系统,也称开放系统。

② **封闭系统**　与环境之间没有物质交换,只有能量交换的系统。通常在密闭容器中的系统即为封闭系统。除特别指出外,所讨论的系统均指封闭系统。

③ **隔离系统**　与环境之间既无物质交换,又无能量交换的系统,也称孤立系统。绝热、密闭的等容系统即为隔离系统。应当指出,绝对的隔离系统是不存在的。为了讨论科学问题的方便,有时把与系统有关的环境部分与系统合并在一起视为一隔离系统。

2. 相

系统中具有相同的物理和化学性质的均匀部分称为**相**。所谓均匀是指其分散程度达到分子或离子大小的尺度。相与相之间有明确的**界面**,超过此相界面,一定有某些宏观性质(如密度、折射率、组成等)发生突变。

如图 1.1 中,对于 NaCl 的水溶液,无论在何处取样,NaCl 水溶液的浓度和物理及化学性质都相同,此 NaCl 水溶液就是一个相,称为液相。在溶液上面的水蒸气与空气的混合物称为气相。浮在液面上的冰称为固相。相的存在和物质的量的多少无关,也可以不连续地存在。例如,冰不论是 1 kg 还是 0.5 g,是一大块还是许多小块,它们都属同一个相。所以,图 1.1 所示系统是一个三相系统。

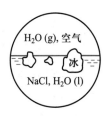

图 1.1　相的概念

通常,任何气体均能无限混合,所以系统内不论有多少种气体都只有一个气相。液相则按其互溶程度可以是一相或两相共存。例如,液态乙醇与水完全互溶,其混合液为单相系统;甲苯与水不互溶而分层,是相界面很清楚的两相系统。对于固体,如果系统中不同种固体达到了分子尺度的均匀混合,就形成了固溶体,一种固溶体就是一个相;否则,系统中含有多少种固体物质,就有多少个固相。由碳元素所形成的石墨、金刚石和碳60 互为同素异形体,分属不同的相。

若按相的组成来分,系统可分为单相(均相)系统和多相(非均相)系统。在273.16 K 和 611.73 Pa 时,冰、水、水蒸气三相可以平衡共存,这个温度和压力条件称为 H_2O 的"三相点"。

3. 状态与状态函数

系统的**状态**是指用来描述系统的诸如压力 p、体积 V、温度 T、物质的量 n 和组成等各种宏观性质的综合表现。状态有平衡态和非平衡态两类。用来描述系统状态的物理量称为**状态函数**。例如,p、V、T 及后面要介绍的热力学能(又称内能)U、焓 H、熵 S 和吉布斯函数 G 等均是状态函数。

状态函数的特点是:状态一定,其值一定;状态发生变化,其值也要发生变化;其变化值只取决于系统的始态和终态,而与如何实现这一变化的途径无关。

它具有数学上全微分的特征。

按性质的量值是否与物质的数量有关,状态函数可分为两类:

① **广度性质**(又称**容量性质**) 广度性质的量值与系统中物质的量成正比,具有**加和性**。当将系统分割成若干部分时,系统的某广度性质等于各部分该性质之和。体积、热容、质量、焓、熵和热力学能等均是广度性质。

② **强度性质** 强度性质的量值与系统中物质的量多寡无关,不具有加和性。例如,两杯300 K的水混合,水温仍是 300 K,不是 600 K。温度、压力、密度、黏度和摩尔体积等均是强度性质。

当系统的状态确定后,系统的宏观性质就有确定的数值,亦即系统的宏观性质是状态的单值函数。但是,系统的性质之间是有一定联系的,一般只要确定少数几个性质(对于定量的单相纯物质,只要确定两个强度性质),状态也就确定了。

可以直接测定的四个基本状态函数 p、V、T 和 n 之间的定量关系式称为**状态方程**。例如:

$$pV = nRT \tag{1.1}$$

就是理想气体的状态方程,它描述理想气体的压力、温度和体积之间的关系。式中,R 为摩尔气体常数,$R = 8.314 \text{ J·mol}^{-1}\text{·K}^{-1}$。

理想气体状态方程也可以写成

$$pV_m = RT \tag{1.2}$$

式中,V_m 为摩尔体积。式(1.1)和式(1.2)是所有实际气体在压力趋于零时表现出来的共性。

工业上,有许多实用的描述实际气体的状态方程。例如,范德华方程式:

$$\left(p + \frac{a}{V_m^2}\right)(V_m - b) = RT \tag{1.3}$$

式中,a 和 b 为范德华常数。不同的物质具有不同的范德华常数,可以从手册中查得。

4. 化学计量数和反应进度

对于一般化学反应:

$$0 = \sum_B \nu_B B \tag{1.4}$$

式中,B 表示反应中物质的化学式,ν_B 为物质 B 的**化学计量数**,是量纲一的量,对反应物取负值,对产物取正值。

对应同一个化学反应,化学计量数与化学反应方程式的写法有关。

例如,合成氨反应写成:

$$N_2(g) + 3H_2(g) \Longrightarrow 2NH_3(g)$$

则 $\nu(N_2) = -1, \nu(H_2) = -3, \nu(NH_3) = 2$。

若写作:

$$\frac{1}{2}N_2(g) + \frac{3}{2}H_2(g) \Longrightarrow NH_3(g)$$

则 $\nu(N_2) = -\frac{1}{2}, \nu(H_2) = -\frac{3}{2}, \nu(NH_3) = 1$。

化学计量数只表示当按所给化学反应方程式(也称为化学计量方程式)反应时各物质转化的比例数,并不是反应过程中各相应物质实际所转化的量。为了描述化学反应进行的程度,需引进**反应进度**的概念。反应进度是一个重要的物理量,在反应热、化学平衡和反应速率的表示式中将普遍使用。

反应进度 ξ 定义为

$$d\xi = dn_B / \nu_B \tag{1.5}$$

式中,d 为微分符号,表示微小变化;n_B 为物质 B 的物质的量,ν_B 为 B 的化学计量数,故反应进度 ξ 的 SI 单位为 mol。

对于有限的变化,有

$$\Delta\xi = \Delta n_B / \nu_B \tag{1.6}$$

对于化学反应,一般选尚未反应时 $\xi = 0$,因此

$$\xi = [n_B(\xi) - n_B(0)] / \nu_B \tag{1.7}$$

式中,$n_B(0)$ 为 $\xi = 0$ 时物质 B 的物质的量,$n_B(\xi)$ 为 $\xi = \xi$ 时 B 的物质的量。

根据定义,反应进度只与化学反应方程式有关,而与选择反应系统中何种物质来表示无关。以合成氨反应为例,对于化学反应方程式:

$$N_2(g) + 3H_2(g) \Longrightarrow 2NH_3(g)$$

当反应进行到某时刻,若刚好消耗掉 2.0 mol 的 $N_2(g)$ 和 6.0 mol 的 $H_2(g)$,即 $\Delta n(N_2) = -2.0$ mol,$\Delta n(H_2) = -6.0$ mol,同时生成了 4.0 mol 的 $NH_3(g)$,即 $\Delta n(NH_3) = 4.0$ mol,则反应进度为

$$\xi = \Delta n(N_2) / \nu(N_2) = (-2.0) \text{ mol}/(-1) = 2.0 \text{ mol}$$

$$\text{或} \quad \xi = \Delta n(H_2) / \nu(H_2) = (-6.0) \text{ mol}/(-3) = 2.0 \text{ mol}$$

或　　$\xi = \Delta n(\mathrm{NH_3}) / \nu(\mathrm{NH_3}) = 4.0 \ \mathrm{mol}/2 = 2.0 \ \mathrm{mol}$

可见,不论用反应系统中何种物质来表示,该反应的反应进度均为 2.0 mol。

但若将合成氨化学反应方程式写成:

$$\frac{1}{2}\mathrm{N_2(g)} + \frac{3}{2}\mathrm{H_2(g)} =\!\!=\!\!= \mathrm{NH_3(g)}$$

对于上述物质量的变化,则可求得 $\xi = 4.0 \ \mathrm{mol}$。所以,当涉及反应进度时,必须指明化学反应方程式。

反应进度实际上是以化学反应方程式整体作为一个特定组合单元来表示反应进行的程度。当按所给化学反应方程式的化学计量数进行了一个单位的化学反应时,反应进度 ξ 就等于 1 mol,即进行了 1 mol 化学反应,或简称摩尔反应。引入反应进度的最大优势就是,在反应进行到任意时刻时,可用任一反应物或产物来表示反应进行的程度,且所得的值总是相等的。

1.1.2　热效应及其测量

1. 热效应

化学反应的实质是反应系统中反应物化学键的断裂和产物化学键的生成,是原子重新排列组合的物质变化过程。化学反应引起吸收或放出的热量称为**化学反应热效应**,简称**反应热**。热效应与电、光、磁效应一样,可以反映化学变化过程的重要特征,基于这些效应来捕捉信息、探求规律是化学研究和实践中的基本方法。物理和化学过程常见的**热效应**有:反应热(如生成热、燃烧热、中和热与分解热)、相变热(如熔化热、蒸发热、升华热)、溶解热和稀释热等。研究化学反应中热量与其他能量变化的定量关系的学科即为**热化学**。

热化学数据,具有重要的理论和实用价值。例如,反应热与物质结构、热力学函数、化学平衡常数等密切相关;反应热的多少与实际生产中能量衡算、设备设计、节能减排及经济效益预计等具体问题有关。

2. 热效应的测量

热效应的数值大小与具体途径有关。热化学中,等温、等容过程发生的热效应称为**等容热效应**;等温、等压过程发生的热效应称为**等压热效应**。通过量热实验可以测量热效应,测量热效应所用的仪器称为**热量计**。

当需要测定某个热化学过程所放出或吸收的热量(如燃烧热、溶解热等)时,一般可利用测定一定组成和质量的某种介质(如溶液或水)的温度改变,再利用式(1.8)求得(忽略热损失):

$$Q = -c_s \cdot m_s \cdot (T_2 - T_1) = -c_s \cdot m_s \cdot \Delta T = -C_s \cdot \Delta T \tag{1.8}$$

式中,Q 表示一定量反应物在给定条件下的反应热;c_s 表示吸热介质的比热容[①];m_s 表示介质的质量;C_s 表示介质的热容,$C_s = c_s \cdot m_s$;ΔT 表示介质终态温度 T_2 与始态温度 T_1 之差。对于反应热 Q,负号表示系统放热,正号表示系统吸热。

在实验室和工业上,常用**弹式热量计**(也简称**氧弹**)精确测定固体、液体有机化合物的燃烧热,它实际上测得的是等容条件下的燃烧反应热效应 Q_V。其主要部件是一厚壁钢制可密闭的耐压容器(叫作钢弹),如图 1.2 所示。测量燃烧热时,将已知精确质量的固态或液态有机化合物装入钢弹中的样品盘内,密封后充入过量氧气,将钢弹置于弹式热量计中;加入足够的已知质量的吸热介质(水),将钢弹淹没在水中;连接线路,精确测定水的起始温度;用电火花引发燃烧反应,系统(钢弹中物质)反应放出的热使环境(包括钢弹、水等)的温

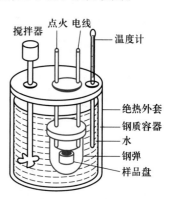

图 1.2 弹式热量计示意图

度升高,测定温度计所示的最高读数即环境的终态温度。根据始、终态温度和弹式热量计的仪器常数(热容)即可计算燃烧热数值。弹式热量计的仪器常数常用国际量热学会推荐的苯甲酸来标定。

例 1.1 联氨(N_2H_4,又称肼)是一种火箭液体燃料。将 0.500 g $N_2H_4(l)$ 在盛有 1 210 g H_2O 的弹式热量计的钢弹内(通入氧气)完全燃烧。吸热介质水的温度由 293.18 K 上升至 294.82 K。已知钢弹组件在实验温度范围内的热容 C_b 为 848 J·K^{-1},水的比热容为 4.18 J·g^{-1}·K^{-1}。试计算在此条件下联氨完全燃烧所放出的热量。

解:联氨在氧气中完全燃烧的反应[②]为

$$N_2H_4(l) + O_2(g) \Longrightarrow N_2(g) + 2H_2O(l)$$

如果忽略热损失,0.500 g $N_2H_4(l)$ 的等容燃烧热:

$$
\begin{aligned}
Q_V &= -\left[C(H_2O) + C_b\right](T_2 - T_1) \\
&= -(4.18 \text{ J·g}^{-1}\text{·K}^{-1} \times 1\,210 \text{ g} + 848 \text{ J·K}^{-1}) \times (294.82 \text{ K} - 293.18 \text{ K}) \\
&= -9\,685.5 \text{ J} = -9.69 \text{ kJ}
\end{aligned}
$$

即在此条件下 0.500 g 联氨完全燃烧所放出的热量为 9.69 kJ。

---

① 比热容 c 的定义是热容 C 除以质量,即 $c = C/m$,SI 单位为 J·kg^{-1}·K^{-1},常用单位为 J·g^{-1}·K^{-1}。热容 C 的定义是系统吸收的微小热量 δQ 除以温度升高 dT,即 $C = \delta Q/dT$,热容的 SI 单位为 J·K^{-1}。

② 为了规范热化学数据,一般规定物质完全燃烧的产物(在 298.15 K 和标准压力 100 kPa 下)为:C 变为 $CO_2(g)$,H 变为 $H_2O(l)$,S 变为 $SO_2(g)$,N 变为 $N_2(g)$,Cl 变为 HCl(aq) 等,其中 aq 是拉丁字 aqua(水)的缩写,表示水溶液或水合。应特别注意规定氢的燃烧产物是液态水而不是水蒸气。

反应热 Q 与反应进度 ξ 之比等于**摩尔反应热** Q_m,即

$$Q_m = Q/\xi \qquad\qquad (1.9)$$

摩尔反应热的 SI 单位为 $J \cdot mol^{-1}$。

按式(1.7),例 1.1 中反应的反应进度和摩尔等容反应热为

$$\xi = [0-0.500 \text{ g}/32.0 \text{ g}\cdot mol^{-1}]/(-1) = 1.56\times10^{-2} \text{ mol}$$

$$Q_{V,m} = (-9.69 \text{ kJ})/(1.56\times10^{-2} \text{ mol}) = -6.21\times10^{2} \text{ kJ}\cdot mol^{-1}$$

式中,$32.0 \text{ g} \cdot mol^{-1}$ 为 N_2H_4 的摩尔质量,所得摩尔等容反应热即为 $N_2H_4(l)$ 的摩尔等容燃烧热。

对于可燃性气体或挥发性强的液体,如天然气、液化石油气,常采用火焰热量计测量其燃烧热,它实际上测得的是等压条件下的燃烧反应热效应 Q_p。具体操作可参考有关文献。

现代量热学中还发展了多种精密的热量计,如等温滴定热量计(ITC)、差示扫描热量计(DSC)等,灵敏度和准确度很高,样品用量仅需几微升或几毫克,因而在化学、化工、能源、生物、医药和农业等领域都有特别的用途,已成为重要测试手段之一。

应当注意,同一反应可以在等容或等压条件下进行,弹式热量计测得的是等容反应热 Q_V,在敞口容器中或用火焰热量计测得的却是等压反应热 Q_p。所以给出反应热的时候,应当明确指出是等容反应热还是等压反应热。

表示化学反应与热效应关系的方程式称为**热化学反应方程式**。写热化学反应方程式要注明反应热,还必须注明物态、温度、压力、组成等条件。若没有特别注明,所说的"反应热"均指等温、等压反应热 Q_p。习惯上,对不注明温度和压力的反应,皆指在 $T = 298.15$ K,$p = 100$ kPa 下进行。

同时,还有两个问题值得思考。第一,在采用类似弹式热量计的量热实验中,精确测得的是 Q_V 而不是 Q_p,但大多数化学反应却在等压条件下发生,能否确定 Q_V 与 Q_p 间的普遍关系,由 Q_V 求得更常用的 Q_p?第二,有些反应的热效应,包括设计新产品、新反应所需的反应热,难以直接用实验测得,那么应如何得知这些反应热?比如,碳的不完全燃烧反应:

$$C(s)+\frac{1}{2}O_2(g) \Longrightarrow CO(g)$$

其热效应显然无法直接测定,因为实验中不能做到不产生 CO_2 的情况下使碳全部氧化为 CO。因此,如何把与具体途径有关的反应热与反应系统自身的性质定

量联系起来,实现互相推算,是十分重要的热化学理论问题。

1.2 反应热与焓

1.2.1 热力学第一定律

1. 热力学第一定律

能量转化与守恒定律用于热力学系统中称为**热力学第一定律**,用来描述系统的热力学状态发生变化时系统的热力学能与过程的热和功之间的定量关系。

热力学能(U)是指系统内分子的平动能、转动能、振动能,分子间势能,原子间键能,电子运动能,核内基本粒子间核能等内部能量的总和,故又称**内能**。若封闭系统由始态(热力学能为 U_1)变到终态(热力学能为 U_2),同时系统从环境吸热 Q、得功 W,则系统热力学能的变化为

$$\Delta U = U_2 - U_1 = Q + W \tag{1.10}$$

这就是封闭系统的**热力学第一定律的数学表达式**。

系统处于一定的状态,系统内部能量的总和即热力学能就有一定的数值,所以热力学能是系统自身的性质,是状态函数。其变化量只取决于系统的始态和终态,而与变化的具体途径无关。热力学能具有**状态函数的三个基本特征**:① **状态确定,其值确定**;② **殊途同归,值变相等**;③ **周而复始,值变为零**。

由于系统内部粒子运动及粒子间相互作用的复杂性,所以无法确定系统处于某一状态下热力学能的绝对值。事实上,在计算实际过程中各种能量转换关系时,关注的主要是系统与环境交换热与功引起的热力学能变化量,而并不需要热力学能的绝对数值。

热是系统与环境之间由于存在温度差而交换的能量。用 Q 值的正、负号来表明热传递的方向。若系统吸热,规定 Q 为正值;系统放热,Q 为负值。Q 的 SI 单位为 J。

系统与环境之间除热以外的其他形式传递的能量都叫作**功**,以符号 W 表示,其 SI 单位为 J。规定环境对系统做功,W 为正值;系统对环境做功,W 为负值。功可分为体积功和非体积功两类。

在一定外压 $p_{外}$ 下,由于系统的体积发生变化而与环境交换的功称为**体积功**。体积功的定义式为

$$\delta W = -p_{外}\,\mathrm{d}V \tag{1.11a}$$

$$W = -\sum p_{外}\, dV \qquad\qquad (1.11b)$$

式中,δW 表示微量功,dV 表示系统体积的微小变化量[①]。

体积功对于化学过程有特殊意义,因为许多化学反应在敞口容器中进行,如果外压 $p_{外}$ 恒定,这时系统所做体积功 $W = -p_{外}\,\Delta V = -p_{外}(V_2 - V_1)$。除体积功以外的一切功称为**非体积功**,以符号 W' 表示。本书涉及的非体积功有表面功、电功等,分别在第 3 和第 4 章讨论。本章只讨论不做非体积功的情况。

应当注意:功和热都是过程中被传递的能量,它们都不是状态函数,其数值与途径有关,不同的途径有不同的功和热的交换。根据热力学第一定律,它们的总量 $(Q + W)$ 却与状态函数热力学能的改变量 ΔU 在数值上相等,取决于过程的始态和终态。

从微观角度来说,功是大量质点以有序运动而传递的能量,电能、化学能、机械能等是**有序能**;热是大量质点以无序运动(分子的碰撞)方式而传递的能量,是**无序能**。

能量不仅有量的多少,还有质的高低。从能的品位或“质”看,功(有序能)比热(无序能)的品位高,高温热源传递的热的品位比低温热源的高。例如,500℃时 1 J 的能量与 50℃时 1 J 能量可利用的程度是不同的。所以,从“量”的观点看能量,只有是否已利用、利用了多少的问题;从“质”的观点看,还有“是否按质用能”的问题,提高能量的有效利用,其实质就在于防止和减少能量贬值的发生。

2. 热力学能的组成部分

热力学能主要是指系统内质点的平动能、转动能、振动能及分子间和分子内部的各种相互作用能。

平动能 U_t 是与质点在三维空间的平行移动有关的能量。只有流体(气体和液体)质点才有这类运动;固态质点通常不具有平动能。

转动能 U_r 是质点环绕质心转动所具有的能量。单原子气体(如 He)不具有转动能;双原子气体和线形多原子气体分子(如 CO_2,HCN)可以环绕垂直于诸原子核连线的轴转动,这类气体在 0 K 以上具有相应的转动能。在固态中,转动的可能性与组成晶格的质点及它们之间相互结合的性质有关,要具体分析。

振动能 U_v 是与多原子分子或离子中的组成原子间相对的往复运动有关的能量。在气态、液态和固态中的所有双原子分子、多原子分子和离子都具有振动能。在 0 K 时,平动和转动都停止了,但仍有振动运动,所以物质具有零点

[①] 微量功记作 δW,体积的微小变化量记为 dV,以示区别功是途径函数,体积是状态函数,前者不具备全微分性质。

振动能。

电子能 U_e 是带正电荷的原子核与带负电荷的电子之间的相互作用系统所具有的能量。电子能的变化通常构成了化学反应能量变化的主要部分。

这些不同形式的**能量都是量子化的**,也就是说能量是不连续变化的。不同种类能量的能量子(允许能级之间的能量差)大小不同:平动能量子很小(在 10^{-20} kJ·mol^{-1} 的量级),能级很密集;典型的转动能量子大约是 0.02 kJ·mol^{-1};振动能量子的范围通常为 5~40 kJ·mol^{-1};而电子能量子的数值则大得多。

1.2.2 反应热与焓

化学反应热通常指等温过程热,即当系统发生了变化后,使反应产物的温度回到反应始态的温度,系统放出或吸收的热量。如前所述,主要有等容反应热和等压反应热两种。现从热力学第一定律来分析其特点。

1. 等容反应热与热力学能

在等容、不做非体积功条件下,$dV = 0$,$W' = 0$,所以 $W = -\sum p_外 dV + W' = 0$。根据热力学第一定律,有

$$Q_V = \Delta U \tag{1.12}$$

式中,Q_V 表示等容反应热,下标 V 表示等容过程。式(1.12)表明,等容且不做非体积功的过程热在数值上等于系统热力学能的改变量。

2. 等压反应热与焓

在等压、不做非体积功条件下,$p = p_外$,$W' = 0$,所以 $W = -p\Delta V + W' = -p(V_2 - V_1)$。

根据热力学第一定律

$$\Delta U = U_2 - U_1 = Q_p - p(V_2 - V_1)$$
$$Q_p = (U_2 + pV_2) - (U_1 + pV_1)$$

令
$$H = U + pV \tag{1.13}$$

则
$$Q_p = H_2 - H_1 = \Delta H \tag{1.14}$$

式中,Q_p 表示等压反应热。

式(1.13)是热力学函数**焓** H 的定义式,H 是状态函数 U、p、V 的组合,所以焓 H 也是状态函数。显然,H 的 SI 单位为 J。式(1.14)表明,等压且不做非体积功的过程热在数值上等于系统的**焓变**,$\Delta H < 0$,表示系统放热,$\Delta H > 0$,则为系统吸热。

3. $Q_V = \Delta U$ 和 $Q_p = \Delta H$ 的意义

热不是状态函数,从确定的始态变化到确定的终态,若具体途径不同,热值也不同。然而 $Q_V = \Delta U$ 和 $Q_p = \Delta H$ 表明,若将反应过程的条件限制为等容或等压

且不做非体积功,则不同途径的反应热与热力学能或焓的变化在数值上相等,只取决于始态和终态。这一方面说明,特定条件下的热效应,通过与状态函数的变化联系起来,由状态函数法可以计算;另一方面说明,热力学能和焓等状态函数的变化可通过量热实验进行直接测定。

在等容或等压条件下,化学反应的反应热只与反应的始态和终态有关,而与变化的途径无关。此结论也就是 1840 年盖斯(Hess G H)从大量热化学实验中总结出来的反应热总值一定定律,后来称为**盖斯定律**。它实际上是 $Q_V = \Delta U$ 和 $Q_p = \Delta H$ 的必然结果。盖斯定律是热化学的基本规律,其最大用处是利用已精确测定的反应热数据来求算难以测定的反应热。

4. Q_p 与 Q_V 的关系

等温等压和等温等容反应系统对应的始、终态如下所示。

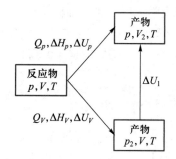

等压过程: $Q_p = \Delta H_p = \Delta U_p + p\Delta V$;等容过程: $Q_V = \Delta U_V$;由状态函数特征可得 $\Delta U_p = \Delta U_V + \Delta U_1$。所以, $Q_p = Q_V + p\Delta V + \Delta U_1$。

对于只有凝聚相(液态和固态)的化学反应,系统的压力、体积几乎没有变化, $\Delta V \approx 0$, $\Delta U_1 \approx 0$。所以, $Q_p \approx Q_V \approx \Delta U \approx \Delta H$。

对于有气态物质参与的系统, ΔV 主要是由于各气体的物质的量发生变化而引起的。若总的气体的物质的量变化为 $\sum\limits_{B} \Delta n(B, g)$,且各气体可视为理想气体,则系统的体积变化: $\Delta V = \sum\limits_{B} \Delta n(B, g) \cdot RT/p$。同时,由于理想气体的热力学能和焓都只是温度的函数,于是 $\Delta U_1 = 0$。所以,

$$Q_p = Q_V + p\Delta V = Q_V + \sum\limits_{B} \Delta n(B, g) \cdot RT \tag{1.15a}$$

根据式(1.7), $\Delta n_B = \xi \nu_B$,故有

$$Q_p = Q_V + \xi \sum\limits_{B} \nu(B, g) \cdot RT \tag{1.15b}$$

两边均除以反应进度 ξ,即得化学反应摩尔等压热与摩尔等容热之间的关系式:

$$Q_{p,m} = Q_{V,m} + \sum_B \nu(B,g) \cdot RT \qquad (1.16)$$

或反应的摩尔焓变 $\Delta_r H_m$ 与反应的摩尔热力学能变 $\Delta_r U_m$ 之间的关系式:

$$\Delta_r H_m = \Delta_r U_m + \sum_B \nu(B,g) \cdot RT \qquad (1.17)$$

式中,$\sum_B \nu(B,g)$ 为反应前后气态物质化学计量数的变化,对反应物 ν 取负值,对产物 ν 取正值。

式(1.15)和式(1.16)表达了 Q_V 和 Q_p 的关系,根据该式可从一种热效应的测定换算得到另一种热效应,比如由氧弹热量计测得 Q_V,然后求得 Q_p,从 $\Delta_r U_m$ 得到 $\Delta_r H_m$。文献上大量的热化学数据都是按照这样的方式得到的。

例 1.2 已精确测得下列反应的 $Q_{V,m} = -3\ 268\ kJ \cdot mol^{-1}$

$$C_6H_6(l) + 7\frac{1}{2}O_2(g) =\!=\!= 6CO_2(g) + 3H_2O(l)$$

求 298.15 K 时上述反应在等压下进行,反应进度 $\xi = 1\ mol$ 的反应热。

解:由式(1.16)

$$Q_{p,m} = Q_{V,m} + \sum_B \nu(B,g) \cdot RT$$

根据给定的化学反应方程式,式中

$$\sum_B \nu(B,g) = \nu(CO_2) - \nu(O_2) = 6 - 7.5 = -1.5$$

所以 $Q_{p,m} = \Delta_r H_m = Q_{V,m} + \sum_B \nu(B,g) \cdot RT$

$$= -3\ 268\ kJ \cdot mol^{-1} + (-1.5) \times 8.314 \times 10^{-3}\ kJ \cdot mol^{-1} \cdot K^{-1} \times 298.15\ K$$

$$= -3\ 272\ kJ \cdot mol^{-1}$$

例 1.3 已知(在 298.15 K 和标准状态下)

(1) $2H_2(g) + O_2(g) =\!=\!= 2H_2O(g)$;$\Delta_r H_{m,1} = -483.64\ kJ \cdot mol^{-1}$

(2) $2Ni(s) + O_2(g) =\!=\!= 2NiO(s)$;$\Delta_r H_{m,2} = -479.4\ kJ \cdot mol^{-1}$

试求反应(3)$NiO(s) + H_2(g) =\!=\!= Ni(s) + H_2O(g)$ 的摩尔等压热。

解:根据盖斯定律,由于

$$反应(3) = [反应(1)-反应(2)]/2$$

所以 $\Delta_r H_{m,3} = (\Delta_r H_{m,1} - \Delta_r H_{m,2})/2$

$$= [-483.64 - (-479.4)]\ kJ \cdot mol^{-1}/2$$

$$= -2.12\ kJ \cdot mol^{-1}$$

$Q_{p,m} = \Delta_r H_m$,即摩尔等压热 $Q_{p,m}$ 为 $-2.12\ kJ \cdot mol^{-1}$。(计算表明,用氢气除去金属镍表面氧化物的"烧氢处理"反应是个放热反应。)

5. 非等温反应

通常讨论的均指等温反应,即反应放热及时传递给环境,反应吸热则及时从环境得到补偿,维持反应过程温度不变。在极端条件下,系统与环境之间绝热,反应释放能量必然导致产物温度升高,成为非等温反应。等压绝热燃烧反应(如天然气燃烧),可达到最高火焰温度,计算温度的依据是 $Q_p = \Delta H = 0$;等容绝热反应(如钢瓶中的爆炸反应)可以达到最高爆炸温度和最高压力,计算的依据是 $Q_V = \Delta U = 0$。计算最高火焰温度、爆炸反应的最高温度和最高压力,具有重要的理论和实际意义。

1.2.3 反应的标准摩尔焓变

1. 热力学标准状态

为避免同一物质的某热力学状态函数在不同反应系统中数值不同,热力学中规定了一个公共的参考状态——**标准状态**,简称标准态。我国国家标准规定,标准压力 $p^\ominus = 100 \text{ kPa}$。在任一温度 T、标准压力 $p^\ominus$ 下表现出理想气体性质的纯气体状态为气态物质的标准状态;液体、固体物质的标准状态为在任一温度 T、标准压力 $p^\ominus$ 下的纯液体、纯固体的状态;溶液中各物质的标准状态比较复杂,将另行讨论。应当注意,对标准态的温度并无限定,但手册上一般选 $T = 298.15 \text{ K}$ 为参考温度。

2. 标准摩尔生成焓

规定在标准状态时由指定单质生成单位物质的量的纯物质时反应的焓变叫作该物质的**标准摩尔生成焓**,以符号 $\Delta_f H_m^\ominus$ 表示,常用单位为 kJ·mol^{-1}。298.15 K 下物质的标准摩尔生成焓表示为 $\Delta_f H_m^\ominus(298.15 \text{ K})$。符号中的下角标"f"表示生成反应,上角标"$\ominus$"代表标准状态(读作"标准"),下角标"m"表示反应进度为 1 mol,即此生成反应的产物必定是"单位物质的量"。定义中的"指定单质"通常为选定温度 T 和标准压力 $p^\ominus$ 时的最稳定单质。例如,氢 $H_2(g)$,氮 $N_2(g)$,氧 $O_2(g)$,氯 $Cl_2(g)$,溴 $Br_2(l)$,碳 C(石墨),硫 S(正交),钠 Na(s),铁 Fe(s)等;磷较为特殊,"指定单质"为白磷,而不是热力学上更稳定的红磷。

以液态水在 298.15 K 下的标准摩尔生成焓为例,它指的是

$$H_2(g) + \frac{1}{2}O_2(g) \Longrightarrow H_2O(l) ; \Delta_f H_m^\ominus(298.15 \text{ K}) = -285.8 \text{ kJ·mol}^{-1}$$

按定义,生成反应方程式的写法是唯一的;指定单质的标准摩尔生成焓均为零。习惯上,如果不注明温度,则就是指温度为 298.15 K(这一点对其他热力学函数也适用)。

对于水合离子,规定水合氢离子的标准摩尔生成焓为零;水合 H^+ 在 298.15 K

时的标准摩尔生成焓,以 $\Delta_f H_m^{\ominus}(\text{H}^+, \text{aq}, 298.15 \text{ K})$ 表示,即规定

$$\Delta_f H_m^{\ominus}(\text{H}^+, \text{aq}, 298.15 \text{ K}) = 0 \qquad (1.18)$$

据此,可以获得其他水合离子在 298.15 K 时的标准摩尔生成焓。

生成焓是说明物质性质的重要热化学数据,生成焓的负值越大,表明该物质键能越大,对热越稳定。其数值可从热力学数据手册中查到,本书附录 3 中列出部分数据。

3. 反应的标准摩尔焓变

在标准状态时化学反应的摩尔焓变称为反应的标准摩尔焓变,以 $\Delta_r H_m^{\ominus}$ 表示。下角标"r"表示反应;下角标"m"表示按指定化学反应方程式进行反应,即反应进度 $\xi = 1$ mol。

根据状态函数的特征和标准摩尔生成焓的定义,对于一般化学反应,根据式 (1.4) 可以得出关于 298.15 K 时反应的标准摩尔焓变 $\Delta_r H_m^{\ominus}(298.15 \text{ K})$ 的一般计算式为

$$\Delta_r H_m^{\ominus}(298.15 \text{ K}) = \sum_B \nu_B \Delta_f H_{m,B}^{\ominus}(298.15 \text{ K}) \qquad (1.19a)$$

该式表明,一定温度下反应的标准摩尔焓变等于同温度下各参加反应物质的标准摩尔生成焓与其化学计量数乘积的总和。式中,B 为参加反应的任何物质;ν_B 为 B 的化学计量数。对于任一化学反应:

$$a\text{A}(l) + b\text{B}(\text{aq}) =\!=\!= g\text{G}(s) + d\text{D}(g)$$

反应的标准摩尔焓变(省略了温度)的计算式可写成:

$$\Delta_r H_m^{\ominus} = g\Delta_f H_m^{\ominus}(\text{G}, s) + d\Delta_f H_m^{\ominus}(\text{D}, g) - a\Delta_f H_m^{\ominus}(\text{A}, l) - b\Delta_f H_m^{\ominus}(\text{B}, \text{aq}) \qquad (1.19b)$$

对同一反应,若给定的化学反应方程式(化学计量方程式)化学计量数不同,ξ 的含义不同,$\Delta_r H_m^{\ominus}$ 的数值也就不同。例如:

$$\text{Al}(s) + \frac{3}{4}\text{O}_2(g) =\!=\!= \frac{1}{2}\text{Al}_2\text{O}_3(s) \qquad (1.20a)$$

$$\Delta_r H_m^{\ominus}(298.15 \text{ K}) = -837.9 \text{ kJ·mol}^{-1}$$

它表明在 298.15 K 的标准态条件下,反应进度为 1 mol 上述反应[即消耗 1 mol Al(s) 和 0.75 mol O_2(g),同时生成 0.5 mol Al_2O_3(s)]放出 837.9 kJ 的热量。

若化学计量方程式写成:

$$2\text{Al}(s) + \frac{3}{2}\text{O}_2(g) =\!=\!= \text{Al}_2\text{O}_3(s) \qquad (1.20b)$$

$$\Delta_r H_m^{\ominus}(298.15\ K) = -1\ 675.8\ kJ \cdot mol^{-1}$$

它表明在 298.15 K 的标准态条件下，反应进度为 1 mol 此反应[即消耗 2 mol Al(s)
和 1.5 mol $O_2(g)$，同时生成 1 mol $Al_2O_3(s)$]放出 1 675.8 kJ 的热量。

　　同一反应的化学计量方程式可以不同，它们对应的 $\Delta_r H_m^{\ominus}$ 的数值不同。当
然，若是指 $Al_2O_3(s)$ 的生成反应，必定是对化学计量方程式(1.20b)而言，此时

$$\Delta_f H_m^{\ominus}(Al_2O_3, s, 298.15\ K) = \Delta_r H_m^{\ominus}(298.15\ K) = -1\ 675.8\ kJ \cdot mol^{-1}$$

　　所以，在表达反应的标准摩尔熵变时，除注明系统的状态(T，物态等)外，还
必须指明相应的化学计量方程式。

　　若系统的温度不是 298.15 K，反应的标准摩尔熵变会有些改变，如果温度
变化范围不大，可认为**反应的标准摩尔熵变基本不随温度而变**。即

$$\Delta_r H_m^{\ominus}(T) \approx \Delta_r H_m^{\ominus}(298.15\ K)$$

　　例 1.4　金属铝粉和三氧化二铁的混合物(称为铝热剂)点火时，因反应放出大量的热
(温度可达 2 000℃以上)能使铁熔化，而应用于诸如钢轨的焊接等。试查用标准摩尔生成熵
的数据，计算铝粉和三氧化二铁反应的 $\Delta_r H_m^{\ominus}(298.15\ K)$。

　　解： 写出有关的化学反应方程式，并在各物质下面标出其标准摩尔生成熵(查附录3)的值。

$$2Al(s) + Fe_2O_3(s) \Longrightarrow Al_2O_3(s) + 2Fe(s)$$

$\Delta_f H_m^{\ominus}(298.15\ K)/(kJ \cdot mol^{-1})$　　　0　　　−824.2　　　−1 675.7　　　0

根据式(1.19a)，得

$$\Delta_r H_m^{\ominus}(298.15\ K) = \sum_B \nu_B \Delta_f H_{m,B}^{\ominus}(298.15\ K)$$
$$= [(-1\ 675.7) + 0 - 0 - (-824.2)]\ kJ \cdot mol^{-1}$$
$$= -851.5\ kJ \cdot mol^{-1}$$

　　例 1.5　试用标准摩尔生成熵的数据，计算电池反应：$Zn(s) + Cu^{2+}(aq) \Longrightarrow Zn^{2+}(aq) +$
$Cu(s)$ 的 $\Delta_r H_m^{\ominus}(298.15\ K)$，并简要说明其意义。

　　解：　　　　　　　　　$Zn(s) + Cu^{2+}(aq) \Longrightarrow Zn^{2+}(aq) + Cu(s)$

$\Delta_f H_m^{\ominus}(298.15\ K)/(kJ \cdot mol^{-1})$　　　0　　　64.77　　　−153.89　　　0

根据式(1.19a)，得

$$\Delta_r H_m^{\ominus}(298.15\ K) = \sum_B \nu_B \Delta_f H_{m,B}^{\ominus}(298.15\ K)$$
$$= [(-153.89) + 0 - 0 - 64.77]\ kJ \cdot mol^{-1}$$
$$= -218.66\ kJ \cdot mol^{-1}$$

　　这表明该氧化还原反应能放出相当大的热量。利用此反应组成的电池放电时(见第 4
章)，热量大部分可转化为电功(但无序能不能全部变成有序能)，比一般的热机(如内燃机)
的热功转化效率要高得多。

　　如何合理使用反应热是科技工作者所关心的问题。以能源的合理利用为

例,在 1.3 节及第 4 章中将作简单介绍。

1.3 能源的合理利用

能源是指提供能量的自然资源。煤、石油、天然气,是埋在地下的动植物经过漫长的地质年代形成的,所以称为**化石能源**。化石能源的有效清洁利用,对社会的可持续发展无疑起着重要的作用。随着化石能源的快速消耗,化学应该在氢能和核能(太阳能)的合理开发利用上发挥作用。

1.3.1 煤炭与洁净煤技术

1. 煤炭的热值

据估计,全世界煤炭资源约为 10×10^{12} t 标准煤(标准煤的热值为 29.3 $MJ \cdot kg^{-1}$),可供开采利用的约占 10%。不同种类的煤炭,燃烧时放出的热量不同。单位质量燃料完全燃烧所放出的热量称为燃料的**热值**,表 1.1 列出一些煤炭的元素组成和热值。优质煤的热值在 30 $MJ \cdot kg^{-1}$ 以上。根据石墨在 298.15 K 的标准状态时完全燃烧的热化学反应方程式

$$C(石墨) + O_2(g) === CO_2(g); \quad \Delta_r H_m^{\ominus}(298.15 \text{ K}) = -393.5 \text{ kJ} \cdot \text{mol}^{-1}$$

石墨的热值为 32.8 $MJ \cdot kg^{-1}$。

表 1.1　煤炭的元素组成和热值

种类	质量分数 w/%			热值/($MJ \cdot kg^{-1}$)
	C	H	O	
木材	50	5	45	20.9
泥煤	57	5	38	24.3
褐煤	70~78	5~6	13~24	24.3~30.5
烟煤	80~90	5~6	3~11	30.5~36.8
无烟煤	90~92	4	3~4	30.5~35.6

2. 洁净煤技术

洁净煤技术主要包括煤炭的加工、转化、燃烧和污染控制等,比如煤的气化、液化和水煤浆燃料技术。

（1）**水煤气**

将水蒸气通过装有灼热焦炭的气化炉内可产生水煤气:

$$H_2O(g) + C(s) \xrightarrow{1\,200\ K} CO(g) + H_2(g); \quad \Delta_r H_m^{\ominus}(298.15\ K) = 131.3\ kJ \cdot mol^{-1}$$

这是一个强吸热反应,需避免焦炭被冷却下来。水煤气的组成(体积分数)约为含 CO 40%、H_2 5%,其余为 N_2 和 CO_2 等,属低热值煤气;由于含 CO 多,毒性较大,一般不宜作城市燃料用。若将水煤气中的 CO 和 H_2 进行催化甲烷化反应:

$$CO(g) + 3H_2(g) \xrightarrow{Ni} CH_4(g) + H_2O(l); \quad \Delta_r H_m^{\ominus}(298.15\ K) = -250.1\ kJ \cdot mol^{-1}$$

可得到相当于天然气的高热值煤气,称为**合成天然气**。

(2) 合成气

将纯氧气和水蒸气在加压下通过灼热的煤,生成一种气态燃料混合物,其组成(体积分数)约为含 H_2 40%、CO 15%、CH_4 15% 和 CO_2 30%,称为**合成气**。

(3) 煤的液化燃料

用上述合成气为原料,选用不同催化剂和合适条件可间接生产合成汽油(反应①)或甲醇(反应②)等液体燃料:

$$CO + H_2 \xrightarrow[170\sim200℃,1\sim2\ MPa]{活性\ Fe-Co} C_nH_{2n+2} + H_2O \qquad\qquad ①$$

$$CO + H_2 \xrightarrow[300℃,20\sim30\ MPa]{Cu} CH_3OH \qquad\qquad ②$$

(4) 水煤浆燃料

水煤浆燃料的组成(质量分数)约为煤粉 70%、水 30% 及少量添加剂混合而成,具有燃烧效率高、燃烧温度较低和生成 NO_x 少等特点,与燃烧煤粉相比,所排放的 NO_x 和 CO 要少 $1/6 \sim 1/2$。我国的水煤浆燃料技术,已跨入世界先进行列。

1.3.2　石油和天然气

1. 石油与无铅汽油

石油是主要由链烷烃、环烷烃和芳香烃组成的复杂混合物,还含有少量含氧、氮、硫的有机化合物,平均含碳(质量分数)84% ~ 85%、氢 12% ~ 14%。石油经过分馏和裂化等加工后,可得到石油气、汽油、煤油、柴油、润滑油等一系列产品。

石油产品中最重要的燃料之一是汽油。汽油中最有代表性的组分是辛烷。辛烷完全燃烧的热化学反应方程式为

$$C_8H_{18}(l) + 12.5O_2(g) === 8CO_2(g) + 9H_2O(l);$$

$$\Delta_r H_m^{\ominus}(298.15\ K) = -5\,440\ kJ \cdot mol^{-1}$$

折合成辛烷的热值为 47.7 $MJ \cdot kg^{-1}$。

直馏汽油的**辛烷值**①为 55~72。在每升汽油中加 0.6 g"铅"可将辛烷值提高到 79~88。加入汽油中的"铅"(质量分数)主要为约含四乙基铅$Pb(C_2H_5)_4$(或四甲基铅)60%和二溴乙烷(或二氯乙烷)40%的混合物。四乙基铅(高效抗爆剂)能阻止提前点火,防止不稳定燃烧;二溴乙烷则能帮助除去汽缸中的铅,使之转换成易挥发的铅卤化物,随废气排入大气。城市大气中的铅,主要来自汽车尾气排放。我国自 2000 年 7 月 1 日起禁止使用含铅汽油,改用**无铅汽油**,并装置尾气转化器以净化尾气。

2. 天然气和可燃冰

天然气是一种蕴藏在地层内的可燃性气体,主要组分为甲烷。甲烷完全燃烧的热化学反应方程式为

$$CH_4(g) + 2O_2(g) \Longrightarrow CO_2(g) + 2H_2O(l) ; \quad \Delta_r H_m^\ominus (298.15 \text{ K}) = -890 \text{ kJ·mol}^{-1}$$

折合成 CH_4 的热值为 55.6 $MJ·kg^{-1}$。

天然气的氢碳比高、热值大,是一种优质、高效和洁净的能源。天然气和水在高压低温条件下,可共同结晶形成**天然气水合物**,又称**可燃冰**,其组成近似为 $CH_4 \cdot 6H_2O$。每立方米的可燃冰大约可释放出 160 m^3 的甲烷(标准状况)和 0.8 m^3 的水。可燃冰广泛存在于大海底部和永久冻土带的地层中,是很有开发前途的能源。2017 年 5 月,我国海域天然气水合物试采成功。

3. 煤气和液化石油气

煤气和液化石油气是重要的两大民用燃料。共同特点是使用方便、清洁无尘。但两者的成分和来源不同,使用方法也不一样。

煤的合成气及炼焦气是**城市煤气**的主要来源,其主要可燃成分(体积分数)为 H_2 50%、CO 15%和 CH_4 15%。我国规定煤气热值不低于 15.9 $MJ·m^{-3}$。煤气在出厂检验时,可通过增加 CH_4 或 H_2 来调节其热值。降低 CO 的含量是城市煤气发展的方向。

液化石油气来源于石油,一种是采油时的气体产品,叫油田气,另一种是炼油厂的气体产品叫炼厂气。其主要成分是丙烷和丁烷,经加压液化装入钢瓶。与煤气相比,液化石油气有两大优点:一是无毒,基本不产生 SO_2 等有害气体和黑烟;二是热值大,比同体积煤气高好几倍。一些工厂利用液化石油气在纯氧中燃烧时产生的高温来切割钢材;一些城市使用液化石油气作为汽车的动力。液

---

① 辛烷值是表示汽油在汽油机中燃烧时的抗震性的指标。它是将汽油样品与用抗震性很好的异辛烷(辛烷值规定为 100)和抗震性很差的正庚烷(辛烷值规定为 0)配成的混合液在标准汽油机中进行比较而得。例如,一种汽油样品的抗震性与 93%异辛烷和 7%正庚烷的混合液相等,该样品的辛烷值即为 93,就称为 93 号汽油。

化石油气属绿色交通燃料。

1.3.3　氢能和太阳能

1. 氢能

氢能有以下优点：① 热值高。热值为 142.9 MJ·kg⁻¹，约为汽油的 3 倍、煤炭的 6 倍。② 点火容易，燃烧快。③ 如果能以水为原料制备氢能，则原料充分。④ 燃烧产物是水，产物本身是洁净的。开发利用氢能需要解决三个关键问题：廉价易行的制氢工艺；方便、安全的储运；有效的利用。它们与化学关系密切，都是当前研究的热点问题。

（1）氢气的制取

可以从水煤气中取得氢气，但这仍需用煤炭为原料，不够理想。电解法制氢，关键在于取得价廉的电能，就当前的电能而论，经济上仍不合算。利用高温下循环使用无机盐的热化学法分解水制氢效率比较高，是个活跃的研究领域，其安全性、经济性仍在研究与探索中。目前认为最有前途的是太阳能光解水制氢法，关键在于寻找和研制合适的催化剂，以提高光解制氢的效率。

（2）氢气的储存

储氢方式有化学储氢和物理储氢两类。氢气密度小，在 15 MPa 压力下，40 dm³ 的常用钢瓶只能装 0.5 kg 氢气。若将氢气液化，需耗费很大能量，安全要求也很高（氢气有渗漏和爆炸的危险）。当前研究和开发十分活跃的是**固态合金储氢**方法，储氢材料应满足：存储量大，放氢速率快，安全性好，能耗小，循环使用寿命长等。

例如，镧镍合金 $LaNi_5$ 能吸收氢气形成金属型氢化物 $LaNi_5H_6$：

$$LaNi_5 + 3H_2 \xrightleftharpoons[\text{微热}]{200\sim300\ kPa} LaNi_5H_6$$

加热金属型氢化物时，即放出 H_2。$LaNi_5$ 合金可相当长期地反复进行吸氢和放氢。1 kg $LaNi_5$ 合金在室温和 250 kPa 压力下可储氢 15 g 以上。

2010 年美国提出实用化储氢系统的指标为：储氢质量分数 6.5%，体积容量为 62 kg·m⁻³。

2. 太阳能

太阳能是**天然核聚变能**。从灼热的**等离子体**[①]火球——太阳的光谱分析推测，其释放的能量主要来自氢聚变成氦的核反应：

----

① 等离子体是电离状态的气体物质，是由离子、电子、原子核、自由基等组成的导电流体。通常与物质的固态、液态、气态并列，称为"物质的第四态"。宇宙中 99% 的物质呈等离子态。太阳和其他恒星的气层都是高温等离子体。地球上可通过气体放电、光电离、热电离等方法产生等离子体，如霓虹灯管中的状态。

$$4{}_1^1\text{H} \longrightarrow {}_2^4\text{He} + 2{}_1^0\text{e}; \quad \Delta E = -6.0 \times 10^8 \text{ kJ} \cdot \text{g}^{-1}$$

式中, ${}_1^0\text{e}$ 表示正电子。太阳能仅有 22 亿分之一到达地球,其中约 50% 又要被大气层反射和吸收,约 50% 到达地面,估计每年 5×10^{21} kJ 能量到达地面。只要能利用它的万分之一,就可以满足目前全世界对能源的需求。直接利用太阳能的方法主要有三种:

① 太阳能转变为热能 所需的关键设备是太阳能集热器(有平板式和聚光式两种类型)。在集热器中通过吸收表面(一般为黑色粗糙或采光涂层的表面)将太阳能转换成热能,用以加热传热介质(一般为水)。例如,薄层 CuO 对太阳能的吸收率为 90%,可达到的平衡温度计算值为 327℃;聚光式集热器则用反射镜或透镜聚光,能产生很高温度,但造价昂贵。

② 太阳能转变为电能 利用太阳能电池可直接将太阳能转换成电能。随着空间技术的发展,科学家已在构思在宇宙空间建造太阳能发电站的可能性。

③ 太阳能转变为化学能 利用光和物质相互作用引起化学反应,实现光化学转换。例如,利用太阳能在催化剂参与下分解水制氢。利用仿生技术,模仿光合作用一直是科学家努力追求的目标,一旦解开光合作用之谜,就可使人造粮食、人造燃料成为现实。

应用太阳能不引起环境污染、不破坏生态平衡,因此,太阳能是一种理想的清洁能源。科学家预测,太阳能将成为 21 世纪人类的重要能源之一。

应当指出,总体上,除直接的太阳辐射产生的能量外,风、流水、海流、波浪和生物质中所蕴含的能量也来自太阳辐射。所以,太阳能的间接利用应包括水力、风力、海洋动力和生物质等的利用。

选读材料

核　能

1. 结合能和质量亏损

大多数原子核中都含有多个质子和多个中子,质子和质子之间、中子和中子之间、质子和中子之间,显然都存在着结合力。外界必须提供能量,才能把原子核拆开成单独存在的质子和中子,反之,单独存在的质子和中子结合成为原子核时,必定会释放能量。

单独的粒子结合成一个复合粒子时所释放的能量,物理学中称为结合能。质子、中子(统称核子)结合成原子核时释放的能量称为**原子核结合能**;原子结合形成化学键时释放的能量称为**化学结合能**。结合能数值越大,结合成的粒子(分子或原子核)就越稳定,要把它们拆开成为单独的粒子,显然需要更多的能量。

原子核中核子紧密结合的原因,难以用经典物理学理论来说明,但可以根据爱因斯坦狭义相对论中提出的质能方程给出合理的解释。狭义相对论认为,物质的质量 m 与能量 E 是有联系的,它们之间的关系可用质能方程表达:

$$E = mc^2$$

式中,c 为光速($2.997\ 9 \times 10^8\ m \cdot s^{-1}$)。单独存在的质子和中子结合成原子核的过程中,整个系统的质量会发生改变,减少的质量 Δm 以能量的形式释放给外界,系统由于能量降低而变得更为稳定,核子之间结合更紧密;外界必须提供能量才可能把原子核拆开成单独的质子和中子。

根据质能方程,释放的能量 ΔE 与减少的质量 Δm 符合以下关系:

$$\Delta E = \Delta mc^2$$

复合粒子的质量小于构成它的粒子单独存在时的质量之和,物理学把这一现象称为**质量亏损**。由于质量亏损的缘故,任何原子核的质量均小于构成它们的质子与中子单独存在时的质量之和。例如,质子和中子单独存在时的质量分别为 $1.007\ 276\ g \cdot mol^{-1}$ 和 $1.008\ 665\ g \cdot mol^{-1}$,而由质子和中子结合而成的氘原子核的质量为 $2.013\ 553\ g \cdot mol^{-1}$,差值(质量亏损)为 $0.002\ 388\ g \cdot mol^{-1}$,对应的能量 $2.147 \times 10^{10}\ kJ \cdot mol^{-1}$ 就是形成氘原子核的结合能。

在核反应过程中,原料的原子核转变为产物的原子核。我们可以把核反应过程理解成拆开原料原子核、生成产物原子核的过程,由于不同原子核的结合能不同,所以核反应过程中系统总的结合能会发生变化。如果总的结合能变大了,则反应系统向外界释放核能,重核裂变与轻核聚变都属于释放核能的反应。这与化学反应中旧的化学键断裂、新的化学键生成,反应系统能量发生变化是相似的。

原子核结合能比化学结合能大得多,同样质量的物质,在核反应中释放的核能比化学反应中释放的化学能要大百万倍以上。

顺便指出,化学结合能的数值比原子核结合能的数值小得多,原子结合成分子过程中发生的质量亏损数值很小,现代测量技术无法测量。因此,我们通常粗略地认为,化学反应过程中质量守恒。

2. 核裂变

核裂变反应是用中子($_0^1 n$)轰击较重原子核使之分裂成较轻原子核的反应。能引起核裂变的极好核燃料有铀-235和钚-239,目前正在运转的核电厂所使用的都是**铀-235**,它是自然界仅有的可由**热中子**(亦称慢中子,相当于在室温 T = 293 K 时的中子)引起裂变的核。**钚-239** 是人工制备的可由热中子引起裂变的核。用慢中子轰击铀-235 时,引起的裂变反应[①]可用通式表示为

$$^{235}_{92}U + ^{1}_{0}n(慢) \longrightarrow 较重碎核 + 较轻碎核 + 2.4 中子$$

裂变产物非常复杂,已发现的裂变产物有 35 种元素(从 $_{30}Zn$ 到 $_{64}Gd$),其放射性同位素有 200 种以上。考虑各种可能的裂变方式,平均一次裂变放出 2.4 个中子。

若以如下裂变反应为例:

$$^{235}_{92}U + ^{1}_{0}n \longrightarrow ^{142}_{56}Ba + ^{91}_{36}Kr + 3^{1}_{0}n$$

已知 $^{235}_{92}U$、$^{1}_{0}n$、$^{142}_{56}Ba$、$^{91}_{36}Kr$ 的摩尔质量分别为 235.043 9 $g \cdot mol^{-1}$、1.008 67 $g \cdot mol^{-1}$、141.909 2 $g \cdot mol^{-1}$、90.905 6 $g \cdot mol^{-1}$,则可求出反应进度为 1 mol 时,$\Delta m = -0.211 8$ g。

$$\Delta E = \Delta m \cdot c^2 = -1.903\ 5 \times 10^{10}\ kJ$$

折合成 1.000 g 铀-235 放出的能量是 8.1×10^7 kJ。而每 1 g 煤完全燃烧时放出的热量约为 30 kJ。这就是说,**1 g 铀-235 裂变所产生的能量相当于约 2.7 t 煤燃烧时所放出的能量**,可见核能是多么巨大。

每次裂变所放出的第二代中子是能量较大的**快中子**。这种快中子打到 ^{235}U 上,裂变概率只有热中子引起的裂变概率的 1/500,因此,必须要用**慢化剂**把它慢化到热中子,以引发**链反应**(见图 1.3)。常用的慢化剂是水(也称轻水)、重水(D_2O)和石墨。

目前核电站常用水作慢化剂。这时,为了维持链反应,一般使用约 3% 的低浓缩铀做燃料。所以,在核能工业中,铀同位素浓缩技术是核心技术之一。

由于核裂变反应产生的中子数多于消耗的中子数,所以必须对中子数进行严格控制。如果幸存中子数平均不到 1,链反应就越来越弱,称为“收敛”;如果幸存中子数平均大于 1,则链反应会越来越强,称为“发散”,最后可能达到无法控制的地步,原子弹爆炸即利用此原理,这非常危险!故我们希望幸存中子数恰好为 1,让链反应经久不息地进行下去。驾驭链反应可通过控制棒实现,控制棒可用中子吸收截面很大但本身又不发生裂变的材料如镉、硼、铪制成。这种核反应堆称为**热中子反应堆**(简称**热堆**)。

---

① 实验表明,核裂变以这种不对称两分裂为主。1947 年,我国著名物理学家钱三强发现了裂变的三分裂和四分裂现象(概率分别为 3/1 000 和 3/10 000),为核裂变的理论研究提供了重要信息。

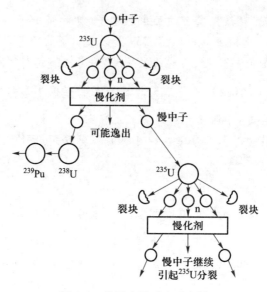

图 1.3　核裂变链反应示意图

天然铀(按质量分数)是包含铀-234 0.005 5%、铀-235 0.72% 和铀-238 99.274 5% 三种同位素的"家族"。铀-238 不能直接用作核裂变燃料,如果仅用铀-235 作核燃料,其资源就很少。现代技术已开创了将铀-238 转变成钚-239 的技术:

$$\ce{^{238}_{92}U} + \ce{^{1}_{0}n} \longrightarrow \ce{^{239}_{94}Pu} + 2\ce{^{0}_{-1}e}$$

在反应堆里,每个铀-235 或钚-239 裂变时放出的中子,除维持裂变反应外,还有少量的中子可以用来使难裂变的铀-238 转变为易裂变的钚-239。这种由快中子来产生和维持链反应的反应堆称为**快中子增殖堆**(简称**快堆**)。即快堆在消耗裂变燃料以产生核能的同时,还能生成相当于消耗量 1.2~1.6 倍的裂变燃料。这样,就可以实行核燃料的增殖,把热中子反应堆中所积压的铀-238 充分利用。所以,**铀-235、钚-239、铀-238** 统称为核燃料。

3. 核聚变

核聚变是使很轻的原子核在异常高的温度下合成较重的原子核的反应。这种反应进行时比核裂变放出更大的能量。应用核聚变制造的氢弹,其威力要比用核裂变制造的原子弹的威力大。以氘($\ce{^{2}_{1}H}$)与氚($\ce{^{3}_{1}H}$)核的聚变反应为例:

$$\ce{^{2}_{1}H} + \ce{^{3}_{1}H} \longrightarrow \ce{^{4}_{2}He} + \ce{^{1}_{0}n}$$

已知 $_1^2\text{H}$、$_1^3\text{H}$、$_2^4\text{He}$ 和 $_0^1\text{n}$ 的摩尔质量分别为 2.013 55 g·mol⁻¹、3.015 50 g·mol⁻¹、4.001 50 g·mol⁻¹和1.008 67 g·mol⁻¹,所以反应进度为 1 mol 时:

$$\Delta E = \Delta m \cdot c^2 = -1.697 \times 10^9 \text{ kJ}$$

折合成 1.000 g 的核燃料,放出的热量为 3.37×10^8 kJ。即 **1 g 燃料核聚变所产生的能量约为核裂变相应能量的 4 倍**。

核聚变的燃料氘与氚,氘可以从海水中提取,每升海水中约含氘 0.03 g,因此氘是"取之不尽,用之不竭"的能源。燃料氚是放射性核素(半衰期 12.5a),天然不存在,但可以通过中子与 $_3^6\text{Li}$ 进行下列增殖反应得到:

$$_3^6\text{Li} + _0^1\text{n} \longrightarrow _2^4\text{He} + _1^3\text{H}$$

$_3^6\text{Li}$ 是一种较丰富的同位素(占天然锂的 7.5%),广泛存在于陆地和海洋的岩石中,海水中也含有丰富的锂(0.17 g·m⁻³),所以相对讲也是取之不尽的。

本 章 小 结

重要的基本概念

系统与环境;相;状态与状态函数;广度性质与强度性质;化学计量数与反应进度;热容与比热容;等压热效应 Q_p 与等容热效应 Q_V;热力学能 U;热 Q 与功 W;能的量和质;有序能和无序能;焓 H;热化学反应方程式;盖斯定律;热力学标准态;标准摩尔生成焓 $\Delta_f H_m^{\ominus}$;反应的标准摩尔焓变 $\Delta_r H_m^{\ominus}$;化石能源与清洁能源;热值与辛烷值。

1. 对于一般的化学反应

$$0 = \sum \nu_B B$$

反应进度 ξ 定义为

$$d\xi = dn_B / \nu_B$$

或 $$\xi = [n_B(\xi) - n_B(0)] / \nu_B$$

式中,n_B 为物质 B 的物质的量,ν_B 为物质 B 的化学计量数,是量纲一的量,对反应物取负值,对产物取正值。

反应热与反应进度之比即为摩尔反应热,负号表示放热,正号表示吸热。

可用弹式热量计精确测量燃烧反应的等容热效应,根据热力学关系可进一步计算等压热效应。

表示化学反应与热效应关系的方程式称为热化学反应方程式。若不特别说明,通常所说的反应热都是指等压热效应。

2. 封闭系统热力学第一定律的数学表达式

$$\Delta U = Q + W$$

系统吸热 Q 取正值,系统得功 W 取正值。

定义热力学函数,焓:$H = U + pV$

对于不做非体积功的封闭系统:

(1) 等容时,$\Delta U = Q_V$

(2) 等压时,$\Delta H = Q_p$

(3) 气体可看作理想气体时,

$$Q_p - Q_V = p\Delta V$$

$$Q_{p,m} = Q_{V,m} + \sum_B \nu(B, g) RT$$

$$\Delta_r H_m = \Delta_r U_m + \sum_B \nu(B, g) RT$$

3. 在 298.15 K 时,根据参与反应的物质 B 的标准摩尔生成焓可求得反应的标准摩尔焓变:

$$\Delta_r H_m^{\ominus}(298.15 \text{ K}) = \sum_B \nu_B \Delta_f H_{m,B}^{\ominus}(298.15 \text{ K})$$

4. 煤的气化、液化和水煤浆燃料是洁净煤技术的重要内容。城市煤气、液化石油气、天然气和可燃冰是重要的清洁燃料。氢能、生物质能、核能和太阳能等是当前正在重点开发的清洁能源。太阳能光解制氢和固态合金储氢是氢能利用中的重要课题。

学生课外进修读物

[1] 姚天扬. 热力学标准态[J]. 大学化学. 1995,10(2):18.

[2] 谢乃贤,高倩雷. 功、热概念的新介绍[J]. 化学通报,1989,52(8):48.

[3] 尉志武,高文颖. 生物热化学研究进展[J]. 化学进展,2006,18(7):1049.

[4] 谢嘉维,张香文,谢君健,等.由生物质合成高密度喷气燃料[J]. 化学进展,2018,30(9):283.

[5] 牛秀秀,田铎,陈棋.太阳能电池的明天[J]. 物理,2018,47(3):143.

[6] 陈雅静,李旭兵,佟振合,等.人工光合作用制氢[J]. 化学进展,2019,31(1):38.

复习思考题

1. 区别下列概念：

（1）系统与环境；

（2）比热容与热容；

（3）等容反应热与等压反应热；

（4）反应热效应与焓变；

（5）标准摩尔生成焓与反应的标准摩尔焓变；

（6）有序能与无序能。

2. 何为化学计量数？化学计量数与化学反应方程式的写法有何关系？

3. 反应进度如何定义？说明引入反应进度的意义。

4. 用弹式热量计测量反应热效应的原理如何？用弹式热量计所测得的热量是否就等于反应的热效应？为什么？

5. 热化学反应方程式与一般的化学反应方程式有何异同？书写热化学反应方程式时应注意哪些？

6. 状态函数有什么特点？Q、W、H 是否是状态函数？为什么？

7. 说明下列符号的意义

$$Q, Q_p, U, H, \Delta_r H_m^\ominus, \Delta_f H_m^\ominus(298.15\ K)$$

8. Q、H、U 之间，p、V、U、H 之间存在哪些重要关系？试用公式表示。

9. 如何利用精确测定的 Q_V 来求得 Q_p 和 ΔH？试用公式表示。

10. 如何理解盖斯定律是热力学第一定律的必然推论？举例说明盖斯定律的应用价值。

11. 如何规定热力学标准态？对于单质、化合物和水合离子所规定的标准摩尔生成焓有何区别？

12. 根据标准摩尔生成焓的定义，说明指定单质的标准摩尔生成焓必定为零。

13. 如何利用物质的 $\Delta_f H_m^\ominus(298.15\ K)$ 数据，计算燃烧反应及中和反应的 $\Delta_r H_m^\ominus$（298.15 K）？举例说明。

14. 煤炭中通常含有哪些元素？用作燃料时，哪些是有益的？哪些是有害的？为什么？

15. 煤的主要组分碳、汽油中代表性组分辛烷、天然气中主要组分甲烷及氢气各自的热值可如何计算？并比较它们的相对大小。

16. 在液体燃料油中掺水（质量分数 20% 左右）制成"乳化燃料"，可节油增效并减少污染，试通过查阅资料解释其中的原理。

习　　题

1. 是非题(对的在括号内填"+"号,错的填"-"号)

(1) 已知下列过程的热化学反应方程式为

$$UF_6(l) \Longrightarrow UF_6(g) ; \quad \Delta_r H_m^{\ominus}(298.15 \text{ K}) = 30.1 \text{ kJ·mol}^{-1}$$

则此温度时蒸发 1 mol $UF_6(l)$,会放出热 30.1 kJ。　　　　　　　　　　(　　)

(2) 在等温等压条件下,下列两个生成水的化学反应放出的热量相同。

$$H_2(g) + \frac{1}{2}O_2(g) \Longrightarrow H_2O(l)$$

$$2H_2(g) + O_2(g) \Longrightarrow 2H_2O(l)$$

　　　　　　　　　　　　　　　　　　　　　　　　　　　　　　　　(　　)

(3) 功和热是系统和环境之间的能量传递方式,在系统内部不讨论功和热。(　　)

(4) 反应的 ΔH 就是反应的热效应。　　　　　　　　　　　　　　　　(　　)

2. 选择题(将正确答案的标号填入括号内)

(1) 在下列反应中,进行反应进度为 1 mol 的反应时放出热量最大的是　(　　)

(a) $CH_4(l) + 2O_2(g) \Longrightarrow CO_2(g) + 2H_2O(g)$

(b) $CH_4(g) + 2O_2(g) \Longrightarrow CO_2(g) + 2H_2O(g)$

(c) $CH_4(g) + 2O_2(g) \Longrightarrow CO_2(g) + 2H_2O(l)$

(d) $CH_4(g) + \frac{3}{2}O_2(g) \Longrightarrow CO(g) + 2H_2O(l)$

(2) 通常,反应或过程的哪个物理量可通过弹式热量计直接测定而获得　(　　)

(a) ΔH　　　　　　(b) $p\Delta V$　　　　　　(c) Q_p　　　　　　(d) Q_V

(3) 下列对于功和热的描述中,正确的是　　　　　　　　　　　　　　(　　)

(a) 都是途径函数,无确定的变化途径就无确定的数值

(b) 都是途径函数,对应于某一状态有一确定值

(c) 都是状态函数,变化量与途径无关

(d) 都是状态函数,始、终态确定,其值也确定

(4) 对于状态函数,下列叙述正确的是　　　　　　　　　　　　　　　(　　)

(a) 只要系统处于平衡态,某一状态函数的值就已经确定

(b) 状态函数和途径函数一样,其变化值取决于具体的变化过程

(c) ΔH 和 ΔU 等都是状态函数

(d) 任一状态函数的值都可以通过实验测得

(5) 一只充满氢气的气球,飞到一定高度即会爆炸,这要取决于一定高度上的(　　)

(a) 外压　　　　　(b) 温度　　　　　(c) 湿度　　　　　(d) 外压和温度

(6) 下述说法中,不正确的是　　　　　　　　　　　　　　　　　　　(　　)

(a) 焓只有在某种特定条件下,才与系统反应热相等

(b) 焓是人为定义的一种具有能量量纲的热力学量

(c) 焓是状态函数

(d) 焓是系统能与环境进行热交换的能量

3. 在温度 T 的标准状态下,若已知反应 A $\longrightarrow$ 2B 的标准摩尔焓变 $\Delta_r H_{m,1}^{\ominus} = 40$ kJ·mol^{-1},反应 2A $\longrightarrow$ C 的标准摩尔焓变 $\Delta_r H_{m,2}^{\ominus} = -60$ kJ·mol^{-1},则反应 C $\longrightarrow$ 4B 的标准摩尔焓变 $\Delta_r H_{m,3}^{\ominus}$ 为多少?

4. 钢弹的热容 C_b 可利用一已知反应热数值的样品而求得。设将 0.500 g 苯甲酸 (C_6H_5COOH) 在盛有 1 209 g 水的弹式热量计的钢弹内(通入氧气)完全燃烧,系统的温度由 296.35 K 上升到 298.59 K。已知在此条件下苯甲酸完全燃烧的反应热效应为 -3 226 kJ·mol^{-1},水的比热容为 4.184 J·g^{-1}·K^{-1}。试计算该钢弹的热容。

5. 葡萄糖完全燃烧的热化学反应方程式为

$$C_6H_{12}O_6(g) + 6O_2(g) == 6CO_2(g) + 6H_2O(l) ; \quad Q_p = -2\ 820 \text{ kJ·mol}^{-1}$$

当葡萄糖在人体内氧化时,上述反应热约 30% 可用做肌肉的活动能量。试估算一食匙葡萄糖(约 3.8 g)在人体内氧化时可获得的肌肉活动的能量。

6. 已知下列热化学反应方程式:

$$Fe_2O_3(s) + 3CO(g) == 2Fe(s) + 3CO_2(g) ; \quad Q_p = -27.6 \text{ kJ·mol}^{-1}$$

$$3Fe_2O_3(s) + CO(g) == 2Fe_3O_4(s) + CO_2(g) ; \quad Q_p = -58.6 \text{ kJ·mol}^{-1}$$

$$Fe_3O_4(s) + CO(g) == 3FeO(s) + CO_2(g) ; \quad Q_p = 38.1 \text{ kJ·mol}^{-1}$$

不用查表,试计算下列反应的 Q_p。

$$FeO(s) + CO(g) == Fe(s) + CO_2(g)$$

7. 已知乙醇在 101.325 kPa 压力下沸点温度为 351 K,且蒸发热为 39.2 kJ·mol^{-1}。试估算 1 mol 液态乙醇在该蒸发过程中的体积功和 ΔU。

8. 在下列反应或过程中,Q_V 与 Q_p 有区别吗?简单说明理由。

(1) $NH_4HS(s) \xrightarrow{25℃} NH_3(g) + H_2S(g)$

(2) $H_2(g) + Cl_2(g) \xrightarrow{25℃} 2\ HCl(g)$

(3) $CO_2(s) \xrightarrow{-78℃} CO_2(g)$

(4) $AgNO_3(aq) + NaCl(aq) \xrightarrow{25℃} AgCl(s) + NaNO_3(aq)$

9. 根据第 8 题中所列的各化学反应方程式和条件,试计算发生下列变化时,各自 ΔU 与 ΔH 之间的差值。

(1) 2.00 mol $NH_4HS(s)$ 的分解

(2) 生成 1.00 mol $HCl(g)$

(3) 5.00 mol $CO_2(s)$(干冰)的升华

(4) 沉淀出 2.00 mol $AgCl(s)$

10. 查阅附录 3 的数据,试计算下列反应的 $\Delta_r H_m^{\ominus}$(298.15 K)。

(1) $4NH_3(g) + 3O_2(g) == 2N_2(g) + 6H_2O(l)$

（2）$C_2H_2(g) + H_2(g) \Longrightarrow C_2H_4(g)$

（3）$NH_3(g) +$ 稀盐酸

（4）$Fe(s) + CuSO_4(aq)$

11. 计算下列反应的：（1）$\Delta_r H_m^\ominus(298.15\ \text{K})$；（2）$\Delta_r U_m^\ominus(298.15\ \text{K})$ 和（3）298.15 K 进行反应进度为 1 mol 的体积功。

$$CH_4(g) + 4Cl_2(g) \Longrightarrow CCl_4(l) + 4HCl(g)$$

12. 近 298.15 K 时在弹式热量计内使 1.000 0 g 正辛烷（C_8H_{18},l）完全燃烧,测得此反应热效应为-47.79 kJ。试根据此实验值,估算正辛烷（C_8H_{18},l）完全燃烧的（1）$Q_{V,m}$；（2）$\Delta_r H_m^\ominus$（298.15 K）。

13. 利用 $CaCO_3$、CaO 和 CO_2 的 $\Delta_f H_m^\ominus(298.15\ \text{K})$ 的数据,估算煅烧 1 000 kg 石灰石（以纯 $CaCO_3$ 计）成为生石灰所需热量。在理论上要消耗多少燃料煤（以标准煤的热值估算）?

14. 设反应物和产物均处于标准状态,试通过计算说明 298.15 K 时究竟是乙炔（C_2H_2）还是乙烯（C_2H_4）完全燃烧会放出更多热量（以 $\text{kJ} \cdot \text{mol}^{-1}$ 表示）。

15. 通过吸收气体中含有的少量乙醇可使 $K_2Cr_2O_7$ 酸性溶液变色（从橙红色变为绿色）,以检验汽车驾驶员是否酒后驾车（违反交通规则）。其化学反应可表示为

$2Cr_2O_7^{2-}(aq) + 16H^+(aq) + 3C_2H_5OH(l) \Longrightarrow 4Cr^{3+}(aq) + 11H_2O(l) + 3CH_3COOH(l)$

试利用标准摩尔生成焓数据,求该反应的 $\Delta_r H_m^\ominus(298.15\ \text{K})$。

16. 针对甲烷燃烧反应：

$$CH_4(g) + 2O_2(g) \Longrightarrow CO_2(g) + 2H_2O(l)$$

试通过计算说明 298.15 K 时等压和等容摩尔燃烧热的差别,并说明导致差别的原因。

17. 在 298.15 K 时,碳、氢和甲烷的标准摩尔燃烧焓分别为 $-393.5\ \text{kJ} \cdot \text{mol}^{-1}$、$-285.8\ \text{kJ} \cdot \text{mol}^{-1}$ 和 $-890.4\ \text{kJ} \cdot \text{mol}^{-1}$,试推算该温度下甲烷的标准摩尔生成焓。

18. 环己烯的氢化焓为 $-120\ \text{kJ} \cdot \text{mol}^{-1}$,苯的氢化焓为 $-208\ \text{kJ} \cdot \text{mol}^{-1}$,计算苯的离域焓。〔提示：环己烯及苯的性质与氢化反应可参考大学有机化学教材,也可根据分子式进行推演——假设苯有三个定域双键,计算苯的氢化焓,这个数值与实验值（$-208\ \text{kJ} \cdot \text{mol}^{-1}$）之间的差别就是离域焓。共轭双键的离域作用带来了苯的热化学稳定性。〕

第 2 章　化学反应的基本原理

内容提要和学习要求　本章在热化学的基础上讨论化学反应的方向、限度和速率等基本原理问题。

本章学习的主要要求可分为以下几点：

（1）理解熵和吉布斯函数这两个重要状态函数。初步掌握化学反应的标准摩尔吉布斯函数变 $\Delta_r G_m^{\ominus}$ 的计算，能应用 $\Delta_r G_m$ 判断反应进行的方向。

（2）理解标准平衡常数 $K^{\ominus}$ 的意义及其与 $\Delta_r G_m^{\ominus}$ 的关系，并初步掌握有关计算。理解浓度、压力和温度对化学平衡的影响。

（3）理解反应速率与速率方程，了解基元反应和反应级数的概念。能用阿伦尼乌斯方程进行初步计算。能用活化能和活化分子的概念，说明浓度、温度、催化剂等对化学反应速率的影响。了解链反应与光化学反应的一般概念。

（4）了解综合性大气污染现象及其控制。了解清洁生产和绿色化学的概念。

2.1　化学反应的方向和吉布斯函数

2.1.1　熵和吉布斯函数

1. 自发过程

在给定条件下能向着一定方向自动进行的反应（或过程）叫做**自发反应**（或**自发过程**）。自然界中能看到不少自发过程。比如：高温物体向低温物体的传热过程；高压气体向低压气体的扩散过程；溶质自高浓度向低浓度的扩散过程；锌与硫酸铜溶液的化学反应过程。这些自发过程都体现了从一个状态到另一个状态自发变化的方向。

反应能否自发进行，与给定的条件有关。例如，在雷电的极高温度时空气中的 N_2 和 O_2 能自发化合生成 NO，但在通常条件下此反应并不会自发进行，即使是在汽车内燃机燃烧室的高温条件下，吸入的空气中的 N_2 和 O_2 也只能反应生成微量的 NO（然而这也足以导致对大气产生污染）。

反应能否自发进行？自发反应可以进行到什么程度？能否用合适的判据预先进行判断？这些都是我们关心的基本化学原理问题。

　　从自然界中可以得到启示:物体受到地心引力而落下、水从高处流向低处等自发过程中有着能量的变化,系统的势能降低或损失了。这表明一个系统的势能有自发变小的倾向,或者说**系统倾向于取得最低的势能**。在化学反应中同样也伴随着能量的变化,在第 1 章中曾指出系统发生化学变化时,由于旧的化学键断裂与新的化学键生成,不仅系统的热力学能发生了变化,而且系统与环境之间还有着热与功的能量传递。热力学第一定律解决了能量衡算问题,但是无法说明化学反应进行的方向。

　　一百多年前,有些化学家就希望找到一种可用来判断反应能否自发进行的依据。鉴于许多能自发进行的反应是放热的,曾试图用反应的热效应作为反应能否自发进行的判断依据,并认为放热越多反应越易自发进行。例如,下列自发反应都是放热的:

$$C(s) + O_2(g) \Longrightarrow CO_2(g) ; \Delta_r H_m^{\ominus}(298.15 \text{ K}) = -393.5 \text{ kJ·mol}^{-1}$$

$$Zn(s) + 2H^+(aq) \Longrightarrow Zn^{2+}(aq) + H_2(g) ; \Delta_r H_m^{\ominus}(298.15 \text{ K}) = -153.9 \text{ kJ·mol}^{-1}$$

　　但是有些反应或过程却是向吸热方向进行的。例如,工业上石灰石煅烧分解为生石灰和 CO_2 的反应是一吸热反应:

$$CaCO_3(s) \Longrightarrow CaO(s) + CO_2(g) ; \Delta H > 0$$

在 101.325 kPa 和 1 183 K 时,$CaCO_3$ 能自发且剧烈地进行热分解,生成 CaO 和 CO_2。这表明,在给定条件下要判断一个反应能否自发进行,除了考虑熔变这一因素外,还有其他重要因素。

　　过程的方向和限度问题由热力学第二定律来解决,为此需要引进新的热力学状态函数**熵 S** 和**吉布斯函数 G**。

2. 熵

　　前面提到自然界中的自发过程,系统自发地倾向于取得最低的势能;实际上,还有同时自发地向着混乱程度增加的方向变化。例如,将一瓶香水放在室内,如果瓶口是敞开的,则不久香气就会扩散到整个室内,这个过程是自发进行的,但不能自发地逆向进行。又如,往一杯水中滴入几滴蓝墨水,蓝墨水就会自发地逐渐扩散到整杯水中,这个过程也不能自发地逆向进行。这表明在上述两种情况下,过程都自发地向着混乱程度增加的方向进行,或者说系统中有序的运动易变成无序的运动。之所以如此,是因为无序情况实现的可能性(概率)远比有序情况的大。这里用一简单的实验来予以说明。如图 2.1 所示,将一些黑球和白球整齐有序地排列在一容器内,只要摇一摇,这些黑白球就会变得混乱无序了。如果再摇,则无论摇多少次,要想恢复到原来整齐有序的情况几乎是不可能的。这就是说,系统倾向于取得最大的混乱度(或无序度)。

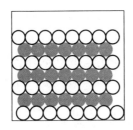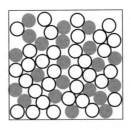

图 2.1 有序变为无序

系统处于某一状态时,内部物质微观粒子的混乱度确定,可用**状态函数熵 S**来表达。统计热力学中的**玻耳兹曼定理**告诉我们:

$$S = k\ln\Omega \qquad (2.1)$$

式中,Ω 是与一定宏观状态对应的**微观状态总数**(或称混乱度);k 为玻耳兹曼常数[①]。此式将系统的宏观性质——熵与微观状态总数即混乱度联系了起来。它表明熵是系统多样性的量度,系统的微观状态数越多,熵就越大。因为 Ω 是状态函数,所以 S 也是状态函数。

热力学第二定律告诉我们:在隔离系统中发生的自发反应必伴随着熵的增加,或隔离系统的熵总是趋向于极大值,称为**熵增加原理**。在隔离系统中,由比较有序的状态向无序的状态变化,是自发变化的方向;熵趋向极大值的状态体现变化的限度。**熵增加原理**是自发过程的热力学准则,可用式(2.2)表示:

$$\Delta S_{\text{隔离}} \geqslant 0 \quad \left.\begin{array}{l}\text{自发过程}\\ \text{平衡状态}\end{array}\right\} \qquad (2.2)$$

式(2.2)表明:隔离系统中只能发生熵值增大的过程,不可能发生熵值减小的过程;若熵值保持不变,则系统处于平衡状态。这就是隔离系统的**熵判据**。

系统内物质微观粒子的混乱度与物质的聚集状态和温度等有关。在绝对零度时,理想晶体内粒子的各种运动都将停止,物质微观粒子处于完全整齐有序的状态。人们根据一系列低温实验事实和推测,总结出**热力学第三定律**:在 0 K 时,一切纯物质的完美晶体的熵值都等于零,即

$$S(0\text{ K},\text{完美晶体}) = 0 \qquad (2.3)$$

按照统计热力学的观点,0 K 时,纯物质完美晶体的混乱度最小,微观状态数为 1,所以

---

① 玻耳兹曼(Boltzmann)常数是基本物理常数,$k = R/N_A \approx 1.38 \times 10^{-23}$ J·K^{-1},可参见附录 2,式中 R 和 N_A 分别为摩尔气体常数和阿伏伽德罗常数。

$$S(0\ \text{K},完美晶体) = k\ln 1 = 0$$

以此为基准,若知道某一物质从 0 K 到指定温度下的一些热化学数据(如热容、相变焓)等,就可以求得该温度时的熵值,称为这一物质的**规定熵**。单位物质的量的纯物质在标准状态下的规定熵称为该物质的**标准摩尔熵**,以 $S_m^{\ominus}$ 表示。书末附录 3 中列出了一些单质和化合物在 298.15 K 时的标准摩尔熵 $S_m^{\ominus}$。注意:$S_m^{\ominus}$ 的 SI 单位为 $\text{J·mol}^{-1}·\text{K}^{-1}$;单质的标准摩尔熵值并不为零。

与标准摩尔生成焓相似,对于水合离子,因溶液中同时存在正、负离子,**规定处于标准状态下水合 H^+ 的标准摩尔熵值为零**,通常温度选定为298.15 K,即 $S_m^{\ominus}(H^+, aq, 298.15\ \text{K}) = 0\ \text{J·mol}^{-1}·\text{K}^{-1}$,从而得出其他水合离子在298.15 K时的标准摩尔熵。数据参见书末附录 3。

根据熵的意义并比较物质的标准摩尔熵值,可以得出下面的一些规律:

(1) 对同一物质而言,相同温度下气态熵大于液态熵,液态熵又大于固态熵,即 $S_g > S_l > S_s$。例如: 298.15 K 时,$S_m^{\ominus}(H_2O, g) = 188.825\ \text{J·mol}^{-1}·\text{K}^{-1}$,$S_m^{\ominus}(H_2O, l) = 69.91\ \text{J·mol}^{-1}·\text{K}^{-1}$。

(2) 同一物质在相同的聚集状态时,其熵值随温度的升高而增大,即 $S_{高温} > S_{低温}$。例如:

$$S_m^{\ominus}(Fe, s, 500\ \text{K}) = 41.2\ \text{J·mol}^{-1}·\text{K}^{-1}$$

$$S_m^{\ominus}(Fe, s, 298.15\ \text{K}) = 27.3\ \text{J·mol}^{-1}·\text{K}^{-1}$$

(3) 一般说来,温度和聚集状态相同时,分子或晶体结构较复杂(内部微观粒子较多)的物质的熵大于(由相同元素组成的)结构较简单(内部微观粒子较少)的物质的熵,即 $S_{复杂分子} > S_{简单分子}$。例如:

$$S_m^{\ominus}(C_2H_6, g, 298.15\ \text{K}) = 229.60\ \text{J·mol}^{-1}·\text{K}^{-1}$$

$$S_m^{\ominus}(CH_4, g, 298.15\ \text{K}) = 186.26\ \text{J·mol}^{-1}·\text{K}^{-1}$$

(4) 混合物或溶液的熵值往往比相应的纯物质的熵值大,即 $S_{混合物} > S_{纯物质}$。

利用这些简单规律,可得出:对于物理或化学变化而论,几乎没有例外,一个导致气体分子数增加的过程或反应总伴随着熵值的增大($\Delta S > 0$);如果气体分子数减少,$\Delta S < 0$。

从热力学理论得出,在等温可逆过程[①]中,系统所吸收或放出的热量(以 Q_r 表示)除以温度等于系统的熵变 ΔS:

———————————

① 可逆过程指系统内部及系统与环境间在一系列无限接近平衡条件下进行的过程。

$$\Delta S = Q_r / T \qquad (2.4)$$

熵的变化可用可逆过程的热(量)与温(度)之商来计算。"熵"即由"热温商"而得名。式(2.4)表明,对于等温、等压的可逆过程,$T\Delta S = Q_r = \Delta H$。所以 $T\Delta S$ 是对应于能量的一种转化形式,可以与 ΔH 相比较。

例 2.1 计算在 101.325 kPa 和 273.15 K 下,冰融化过程的摩尔熵变。已知冰的熔化热 $Q_{fus}(H_2O) = 6\,007\ J\cdot mol^{-1}$(fus 代表 fusion,熔化)。

解:在 101.325 kPa 和 273.15 K 下,冰融化为水是等温、等压可逆相变过程,根据式(2.4)得

$$\Delta S = Q_{fus}(H_2O)/T_{fus} = 6\,007\ J\cdot mol^{-1} / 273.15\ K$$

$$= 21.99\ J\cdot mol^{-1}\cdot K^{-1}$$

因为熵是状态函数,所以反应(或过程)的熵变取决于始态和终态,而与变化的途径无关。与反应的标准摩尔焓变 $\Delta_r H_m^\ominus$ 相似,对于一般的化学反应,根据式(1.4),反应的**标准摩尔熵变** $\Delta_r S_m^\ominus$ 为

$$\Delta_r S_m^\ominus = \sum_B \nu_B S_{m,B}^\ominus \qquad (2.5)$$

应当指出,虽然物质的标准摩尔熵随温度的升高而增大,但只要温度升高时,没有引起物质聚集状态的改变,$\Delta_r S_m^\ominus$ 随温度升高变化并不大。与 $\Delta_r H_m^\ominus$ 相似,在近似计算中,通常可忽略温度的影响,可认为 $\Delta_r S_m^\ominus$ 基本不随温度而变。即

$$\Delta_r S_m^\ominus(T) \approx \Delta_r S_m^\ominus(298.15\ K)$$

例 2.2 试计算石灰石($CaCO_3$)热分解反应的 $\Delta_r S_m^\ominus(298.15\ K)$ 和 $\Delta_r H_m^\ominus(298.15\ K)$,并初步分析该反应的自发性。

解:写出化学反应方程式,从附录 3 查出反应物和产物的 $\Delta_f H_m^\ominus(298.15\ K)$ 和 $S_m^\ominus(298.15\ K)$ 的值,并在各物质下面标出。

	$CaCO_3(s)$ ===	$CaO(s)$ +	$CO_2(g)$
$\Delta_f H_m^\ominus(298.15\ K) / (kJ\cdot mol^{-1})$	-1\,206.92	-635.09	-393.509
$S_m^\ominus(298.15\ K) / (J\cdot mol^{-1}\cdot K^{-1})$	92.9	39.75	213.74

根据式(1.19a),得

$$\Delta_r H_m^\ominus(298.15\ K) = \sum_B \nu_B \Delta_f H_{m,B}^\ominus(298.15\ K)$$

$$= \left[(-635.09) + (-393.509) - (-1\,206.92) \right]\ kJ\cdot mol^{-1}$$

$$= 178.32\ kJ\cdot mol^{-1}$$

根据式(2.5),得

$$\Delta_r S_m^{\ominus} = \sum_B \nu_B S_{m,B}^{\ominus}$$

$$= [(39.75 + 213.74) - 92.9] \text{ J}\cdot\text{mol}^{-1}\cdot\text{K}^{-1}$$

$$= 160.59 \text{ J}\cdot\text{mol}^{-1}\cdot\text{K}^{-1}$$

该反应的 $\Delta_r H_m^{\ominus}(298.15 \text{ K})$ 为正值,表明此反应为吸热反应。从系统倾向于取得最低的能量这一因素来看,吸热不利于反应自发进行。但反应的 $\Delta_r S_m^{\ominus}$ (298.15 K) 为正值,表明反应过程中系统的熵值增大。从系统倾向于取得最大的混乱度这一因素来看,熵值增大,有利于反应自发进行。因此,该反应的自发性究竟如何,还需要进一步探讨。

既然化学反应自发性的判断不仅与焓变 ΔH 有关,还与熵变 ΔS 有关,能否把这两个因素综合考虑,形成统一的自发性判据呢?

3. 吉布斯函数

1875 年美国物理化学家吉布斯(Gibbs J W)首先提出把焓和熵归并在一起的热力学函数——吉布斯函数(或称为吉布斯自由能),其定义为

$$G = H - TS$$

吉布斯函数 G 是状态函数 H 和 T、S 的组合,当然也是状态函数。

对于等温过程:

$$\Delta G = \Delta H - T\Delta S \tag{2.6a}$$

对于等温化学反应:

$$\Delta_r G_m = \Delta_r H_m - T\Delta_r S_m \tag{2.6b}$$

ΔG 表示过程的吉布斯函数的变化,简称**吉布斯函数变**。

2.1.2 反应自发性的判断

1. 吉布斯函数判据

根据化学热力学的推导可以得到,对于等温、等压、不做非体积功的一般反应(或过程),其自发性的**吉布斯函数判据**(称为**最小自由能原理**)为

$$\left.\begin{array}{l} \Delta G_{T,p,W'=0} < 0 \text{ 自发过程,过程能向正方向进行} \\[2mm] \Delta G_{T,p,W'=0} = 0 \text{ 平衡状态} \\[2mm] \Delta G_{T,p,W'=0} > 0 \text{ 非自发过程,过程能向逆方向进行} \end{array}\right\} \tag{2.7}$$

表 2.1 中将式(2.2)熵判据和式(2.7)吉布斯函数判据进行了比较。由于化学反应大多在等温、等压条件下进行,对于系统不做非体积功的化学反应而

言,式(2.7)比式(2.2)更有用。吉布斯函数极为重要,可用以判断过程自发进行的方向,计算反应的平衡常数(见 2.2 节)等。

表 2.1   熵判据和吉布斯函数判据的比较

比较内容	熵判据	吉布斯函数判据
系统	隔离系统	封闭系统
过程	任何过程	等温、等压、不做非体积功
自发变化的方向	熵值增大,$\Delta S > 0$	吉布斯函数值减小,$\Delta G < 0$
平衡条件	熵值最大,$\Delta S = 0$	吉布斯函数值最小,$\Delta G = 0$
判据法名称	熵增加原理	最小自由能原理

如果化学反应在等温、等压条件下,除体积功外还做非体积功 W',则吉布斯函数判据(可从热力学理论推导出)就变为

$$
\left.
\begin{array}{ll}
\Delta G_{T,p} < W' & \text{自发过程} \\
\Delta G_{T,p} = W' & \text{平衡状态} \\
\Delta G_{T,p} > W' & \text{非自发过程}
\end{array}
\right\}
\tag{2.8}
$$

式(2.8)表明:**在等温、等压下,一个封闭系统所能做的最大非体积功等于其吉布斯函数的减少。**这就是本书第 4 章中叙述的电源和燃料电池中电功的源泉,即

$$
\Delta G = W'_{\max} \tag{2.9}
$$

式中,$W'_{\max}$ 为最大电功。

ΔG 作为反应(或过程)自发性的统一判断依据,实际上包含着焓变(ΔH)和熵变(ΔS)这两个因素。由于 ΔH 和 ΔS 均既可为正值,又可为负值,就有可能出现列于表 2.2 中的四种基本情况。

表 2.2 ΔH、ΔS 及 T 对反应自发性的影响

反应实例	ΔH	ΔS	$\Delta G = \Delta H - T\Delta S$	(正)反应的自发性
① $H_2(g) + Cl_2(g) = 2HCl(g)$	−	+	−	自发(任何温度)
② $CO(g) = C(s) + 0.5O_2(g)$	+	−	+	非自发(任何温度)
③ $CaCO_3(s) = CaO(s) + CO_2(g)$	+	+	升高至某温度时由正值变负值	升高温度,有利于反应自发进行
④ $N_2(g) + 3H_2(g) = 2NH_3(g)$	−	−	降低至某温度时由正值变负值	降低温度,有利于反应自发进行

应当注意:大多数反应属于 ΔH 和 ΔS 同号的上述③或④两类反应,此时温度对反应的自发性有决定性影响,存在一个自发进行的最低或最高温度,称为**转变温度** T_c(此时 $\Delta G = 0$):

$$T_c = \Delta H / \Delta S \tag{2.10a}$$

它取决于 ΔH 与 ΔS 的相对大小,是反应的本性。

2. 反应的标准摩尔吉布斯函数变

与定义标准摩尔生成焓 $\Delta_f H_m^\ominus$ 一致,在标准状态时,由指定单质生成单位物质的量的纯物质时反应的吉布斯函数变,称为该物质的**标准摩尔生成吉布斯函数** $\Delta_f G_m^\ominus$。任何指定单质的标准摩尔生成吉布斯函数为零。对于水合离子,规定**水合 H^+ 的标准摩尔生成吉布斯函数为零**。一些物质在 298.15 K 时的 $\Delta_f G_m^\ominus$ 数据列在附录 3 中,常用单位为 $kJ \cdot mol^{-1}$。

与定义反应的标准摩尔焓变 $\Delta_r H_m^\ominus$ 类似,在标准状态时化学反应的摩尔吉布斯函数变称为反应的**标准摩尔吉布斯函数变** $\Delta_r G_m^\ominus$。显然,对于一般化学反应,根据式(1.4),可得出 298.15 K 时反应的标准摩尔吉布斯函数变的计算式为

$$\Delta_r G_m^\ominus(298.15 \text{ K}) = \sum_B \nu_B \Delta_f G_{m,B}^\ominus(298.15 \text{ K}) \tag{2.11}$$

应当注意,反应的焓变与熵变可视为基本不随温度而变,而反应的吉布斯函数变近似为温度的线性函数(因为一定温度时 $\Delta G = \Delta H - T\Delta S$)。

如果同时已知各物质的 $\Delta_f H_m^\ominus(298.15 \text{ K})$ 和 $S_m^\ominus(298.15 \text{ K})$ 的数据,可先算出 $\Delta_r H_m^\ominus(298.15 \text{ K})$ 和 $\Delta_r S_m^\ominus(298.15 \text{ K})$,再按式(2.6)求得任一温度 T 时的 $\Delta_r G_m^\ominus$,即

$$\Delta_r H_m^\ominus(298.15 \text{ K}) = \sum_B \nu_B \Delta_f H_{m,B}^\ominus(298.15 \text{ K})$$

$$\Delta_r S_m^\ominus(298.15 \text{ K}) = \sum_B \nu_B S_{m,B}^\ominus(298.15 \text{ K})$$

$$\Delta_r G_m^\ominus(T) \approx \Delta_r H_m^\ominus(298.15 \text{ K}) - T\Delta_r S_m^\ominus(298.15 \text{ K}) \tag{2.12}$$

对应的**转变温度** T_c:

$$T_c \approx \frac{\Delta_r H_m^\ominus(298.15 \text{ K})}{\Delta_r S_m^\ominus(298.15 \text{ K})} \tag{2.10b}$$

3. $\Delta_r G_m$ 与 $\Delta_r G_m^\ominus$ 的关系

给定条件下化学反应的吉布斯函数变为 $\Delta_r G_m$,相同温度的标准状态时化学反应的吉布斯函数变为 $\Delta_r G_m^\ominus$。对应给定条件,判断自发与否的依据是 $\Delta_r G_m$(不是 $\Delta_r G_m^\ominus$!),$\Delta_r G_m$ 会随着系统中反应物和产物的分压或浓度的改变而改变。$\Delta_r G_m$ 与

$\Delta_r G_m^\ominus$ 之间的关系可由化学热力学理论推导得出,称为**化学反应的等温方程**。

对于理想气体化学反应,等温方程可表示为

$$\Delta_r G_m(T) = \Delta_r G_m^\ominus(T) + RT\ln \prod_B (p_B/p^\ominus)^{\nu_B} \qquad (2.13a)$$

式中,R 为摩尔气体常数,p_B 为气体 B 的分压力,$p^\ominus$ 为标准压力($p^\ominus = 100 \text{ kPa}$),$\prod_B$ 为连乘算符。因产物的 ν_B 为正,反应物的 ν_B 为负,$\prod_B (p_B/p^\ominus)^{\nu_B}$ 为产物与反应物的 $(p_B/p^\ominus)^{\nu_B}$ 连乘之比,故习惯上将 $\prod_B (p_B/p^\ominus)^{\nu_B}$ 称为**压力商**(或**反应商**)Q,$p_B/p^\ominus$ 称为**相对分压**,所以式(2.13a)又可写成:

$$\Delta_r G_m(T) = \Delta_r G_m^\ominus(T) + RT\ln Q \qquad (2.13b)$$

显然,若所有气体的分压 p 均为标准压力 $p^\ominus$,则 $Q = 1$,$\Delta_r G_m(T) = \Delta_r G_m^\ominus(T)$,此时可用 $\Delta_r G_m^\ominus(T)$ 判断标准状态下化学反应的自发性。但在一般情况下,需要根据等温方程求出指定态的 $\Delta_r G_m(T)$,才能判断该条件下反应的自发性。也就是说,用于判断方向的 $\Delta_r G_m$ 必须与反应条件相对应。

对于水溶液中的离子反应,或有水合离子(或分子)参与的多相反应,由于此类物质变化的不是气体的分压,而是相应的水合离子(或分子)的浓度,根据化学热力学的推导,此时各物质的相对分压$(p_B/p^\ominus)$将换为各相应物质的水合离子的相对浓度$(c_B/c^\ominus)$,$c^\ominus$ 为标准浓度,$c^\ominus = 1 \text{ mol·dm}^{-3}$。若有参与反应的固态或液态的纯物质,则不必列入反应商中。所以,对于一般化学反应方程式:

$$a\text{A}(l) + b\text{B}(aq) \Longrightarrow g\text{G}(s) + d\text{D}(g)$$

等温方程可表示为

$$\Delta_r G_m(T) = \Delta_r G_m^\ominus(T) + RT\ln \frac{(p_D/p^\ominus)^d}{(c_B/c^\ominus)^b} \qquad (2.13c)$$

通常,沸点较低的不易液化的非极性气体,在常温常压时其行为与理想气体行为之间的偏差甚小,可按理想气体处理;SO_2、CO_2、NH_3 等较易液化的实际气体,与理想气体的性质常有较大的偏差,只有在高温低压时,才可近似按理想气体处理。只有在很稀的溶液反应中才能用浓度 c_B 计算,否则需要采用**活度**代替浓度(参见 3.1 节)。

$\Delta_r G_m$ 与 $\Delta_r G_m^\ominus$ 的应用甚广。除用来估计、判断任一反应的自发性,估算反应自发进行的温度条件外,后面还将介绍 $\Delta_r G_m^\ominus$ 或 $\Delta_r G_m$ 的一些其他应用,如计算标准平衡常数 $K^\ominus$(见 2.2 节),计算原电池的最大电功和电动势(见 4.1 节)等。

例 2.3 试计算石灰石($CaCO_3$)热分解反应的 $\Delta_r G_m^\ominus(298.15 \text{ K})$、$\Delta_r G_m^\ominus(1273 \text{ K})$及转变温

度 T_c,并分析该反应在标准状态时的自发性。

解:写出化学反应方程式,从附录 3 查出反应物和产物的 $\Delta_f G_m^{\ominus}(298.15\ K)$,并在各物质下面标出。

$$CaCO_3(s) \Longrightarrow CaO(s) + CO_2(g)$$

$\Delta_f G_m^{\ominus}(298.15\ K)\ /\ (kJ\cdot mol^{-1})$ 　　　 $-1\,128.79$ 　　 -604.03 　 -394.359

(1) $\Delta_r G_m^{\ominus}(298.15\ K)$ 的计算

方法(Ⅰ):利用 $\Delta_f G_m^{\ominus}(298.15\ K)$ 的数据,按式(2.11)可得

$$\Delta_r G_m^{\ominus}(298.15\ K) = \sum_B \nu_B \Delta_f G_{m,B}^{\ominus}(298.15\ K)$$
$$= [\,(-604.03) + (-394.359) - (-1\,128.79)\,]\ kJ\cdot mol^{-1}$$
$$= 130.40\ kJ\cdot mol^{-1}$$

方法(Ⅱ):利用 $\Delta_f H_m^{\ominus}(298.15\ K)$ 和 $S_m^{\ominus}(298.15\ K)$ 的数据,如例 2.2 先求得反应的 $\Delta_r H_m^{\ominus}$ $(298.15\ K)$ 和 $\Delta_r S_m^{\ominus}(298.15\ K)$,再按式(2.12)可得

$$\Delta_r G_m^{\ominus}(298.15\ K) = \Delta_r H_m^{\ominus}(298.15\ K) - 298.15\ K \times \Delta_r S_m^{\ominus}(298.15\ K)$$
$$= (178.32 - 298.15 \times 160.59/1\,000)\ kJ\cdot mol^{-1}$$
$$= 130.44\ kJ\cdot mol^{-1}$$

(2) $\Delta_r G_m^{\ominus}(1\,273\ K)$ 的计算

可利用 $\Delta_r H_m^{\ominus}(298.15\ K)$ 和 $\Delta_r S_m^{\ominus}(298.15\ K)$ 的数值,按式(2.12)可得

$$\Delta_r G_m^{\ominus}(1\,273\ K) \approx \Delta_r H_m^{\ominus}(298.15\ K) - 1\,273\ K \times \Delta_r S_m^{\ominus}(298.15\ K)$$
$$= (178.32 - 1\,273 \times 160.59/1\,000)\ kJ\cdot mol^{-1}$$
$$= -26.11\ kJ\cdot mol^{-1}$$

(3) 反应自发性的分析和 T_c 的估算

298.15 K 的标准状态时,由于 $\Delta_r G_m^{\ominus}(298.15\ K) > 0$,所以石灰石热分解反应非自发;1 273 K的标准状态时,因 $\Delta_r G_m^{\ominus}(1\,273\ K) < 0$,故反应能自发进行。

石灰石分解反应,在一定压力下属低温非自发,高温自发的吸热、熵增反应,在标准状态时自发分解的最低温度即转变温度可按式(2.10b)求得。

$$T_c \approx \frac{\Delta_r H_m^{\ominus}(298.15\ K)}{\Delta_r S_m^{\ominus}(298.15\ K)} = \frac{178.32 \times 10^3\ J\cdot mol^{-1}}{160.59\ J\cdot mol^{-1}\cdot K^{-1}} = 1\,110.4\ K$$

例 2.4 已知空气压力 $p = 101.325\ kPa$,其中所含 CO_2 的体积分数 $\varphi(CO_2) = 0.030\%$。试计算此条件下将潮湿 Ag_2CO_3 固体在 110℃ 的烘箱中烘干时热分解反应的摩尔吉布斯函数变。问此条件下 $Ag_2CO_3(s) \Longrightarrow Ag_2O(s) + CO_2(g)$ 的热分解反应能否自发进行? 有何办法阻止 Ag_2CO_3 的热分解?

解:　　　　　　　　　　　　　　$Ag_2CO_3(s) \Longrightarrow Ag_2O(s) + CO_2(g)$

$\Delta_f H_m^{\ominus}(298.15\ K)/(kJ\cdot mol^{-1})$ 　　 -505.8 　　　 -30.05 　 -393.509

$S_m^{\ominus}(298.15\ K)\ /\ (J\cdot mol^{-1}\cdot K^{-1})$ 　　 167.4 　　　 121.3 　　 213.74

可求得

$$\Delta_r H_m^{\ominus}(298.15\ K) = 82.24\ kJ \cdot mol^{-1}$$

$$\Delta_r S_m^{\ominus}(298.15\ K) = 167.64\ J \cdot mol^{-1} \cdot K^{-1}$$

空气中 CO_2 的分压：

$$p(CO_2) = p\varphi(CO_2) = 101.325\ kPa \times 0.030\% \approx 30\ Pa$$

根据式(2.13c)，在110℃即383 K时：

$$\Delta_r G_m(383\ K) = \Delta_r G_m^{\ominus}(383\ K) + RT\ln[p(CO_2)/p^{\ominus}]$$

$$\approx (82.24 - 383 \times 167.64/1\,000)\ kJ \cdot mol^{-1} + (8.314/1\,000)\ kJ \cdot mol^{-1} \cdot K^{-1} \times$$

$$383\ K \times \ln(30\ Pa/10^5\ Pa)$$

$$= (18.03 - 25.83)\ kJ \cdot mol^{-1}$$

$$= -7.8\ kJ \cdot mol^{-1}$$

由于此条件下，$\Delta_r G_m(383\ K) < 0$，所以在110℃烘箱中烘干潮湿的固体 Ag_2CO_3 时会自发分解。为了避免 Ag_2CO_3 的热分解，应通入含 CO_2 分压较大的气流进行干燥，使此时的 $\Delta_r G_m(383\ K) > 0$。

2.2 化学反应的限度和化学平衡

2.2.1 反应限度和平衡常数

1. 反应限度

如前所述，对于等温、等压下不做非体积功的化学反应，当 $\Delta_r G < 0$ 时，反应沿着确定的方向自发进行；随着反应的不断进行，$\Delta_r G$ 值越来越大；当 $\Delta_r G = 0$ 时，反应达到了极限，即化学平衡状态。所以，$\Delta_r G = 0$ 或化学平衡就是给定条件下化学反应的限度，$\Delta_r G = 0$ 是**化学平衡的热力学标志**或称**反应限度的判据**。

平衡系统的性质不随时间而变化。达到化学平衡时，系统中每种物质的分压力或浓度都保持不变。但是，化学平衡是一种宏观上的动态平衡，是由于微观上持续进行着的正、逆反应的效果相互抵消所致。

2. 标准平衡常数

定义标准平衡常数：

$$K^{\ominus} = \exp\left(\frac{-\Delta_r G_m^{\ominus}}{RT}\right) \qquad (2.14a)$$

或

$$-RT\ln K^{\ominus} = \Delta_r G_m^{\ominus} \qquad (2.14b)$$

这是一个普遍式,对于气相、液相和固相或多相反应均适用。

根据化学反应的等温方程,针对理想气体反应系统(在一般情况下,本书对气体均按理想气体处理):

$$\Delta_r G_m = \Delta_r G_m^\ominus + RT\ln \prod_B (p_B/p^\ominus)^{\nu_B}$$
$$= -RT\ln K^\ominus + RT\ln \prod_B (p_B/p^\ominus)^{\nu_B}$$

当化学反应达到平衡时,$\Delta_r G_m = 0$,得到标准平衡常数的具体表达式:

$$K^\ominus = \prod_B (p_B^{eq}/p^\ominus)^{\nu_B} \tag{2.15}$$

这说明标准平衡常数在数值上等于反应达到平衡时的产物与反应物的$(p_B^{eq}/p^\ominus)^{\nu_B}$连乘之比,$p_B^{eq}$表示 B 组分的平衡分压,上角标 eq 表示"平衡"。例如,对于合成氨的平衡系统:

$$N_2(g) + 3H_2(g) \Longrightarrow 2NH_3(g)$$

$$K^\ominus = \frac{(p_{NH_3}^{eq}/p^\ominus)^2}{(p_{N_2}^{eq}/p^\ominus)(p_{H_2}^{eq}/p^\ominus)^3}$$

对于一般化学反应方程式

$$aA(l) + bB(aq) \Longrightarrow gG(s) + dD(g)$$

由等温方程可得
$$K^\ominus = \frac{(p_D^{eq}/p^\ominus)^d}{(c_B^{eq}/c^\ominus)^b} \tag{2.16}$$

即反应物或产物中液态或固态纯物质可不在 $K^\ominus$ 的表达式中出现。

针对标准平衡常数,有以下值得注意的几个方面:

(1)从定义可知,$K^\ominus$是量纲一的量,其数值取决于反应的本性、温度及标准态的选择,与压力或组成无关。**$K^\ominus$值越大,说明该反应可以进行得越彻底,反应物的转化率越高。**

(2)当规定了$p^\ominus$、$c^\ominus$值后,对于给定反应,**$K^\ominus$只是温度的函数**。在$\Delta_r G_m^\ominus$和$K^\ominus$换算时,两者温度必须一致,且应注明温度。若未注明,一般是指$T = 298.15$ K。

(3)$K^\ominus$的具体表达式可直接根据化学计量方程式(相变化可以看作特殊的化学反应)写出。化学反应方程式中若有固态、液态纯物质或稀溶液中的溶剂(如水),在$K^\ominus$表达式中不必列出,只需考虑平衡时气体的分压和溶质的浓度,而且总是将产物的写在分子位置、反应物的写在分母位置。例如:

$$CaCO_3(s) \Longrightarrow CaO(s) + CO_2(g) ; K^\ominus = p_{CO_2}^{eq}/p^\ominus$$

$$MnO_2(s) + 4H^+(aq) + 2Cl^-(aq) \rightleftharpoons Mn^{2+}(aq) + Cl_2(g) + 2H_2O \quad (1)$$

$$K^{\ominus} = \frac{(c_{Mn^{2+}}^{eq}/c^{\ominus})(p_{Cl_2}^{eq}/p^{\ominus})}{(c_{H^+}^{eq}/c^{\ominus})^4(c_{Cl^-}^{eq}/c^{\ominus})^2}$$

$$Hg(l) \rightleftharpoons Hg(g); K^{\ominus} = p_{Hg}^{eq}/p^{\ominus}$$

（4）$K^{\ominus}$ 的数值与化学计量方程式的写法有关，因此 $K^{\ominus}$ 的数值与热力学函数的增量及反应进度一样，必须与化学反应方程式"配套"。如果有人说"合成氨反应在 500℃ 时的标准平衡常数为 7.9×10^{-5}"，这是不科学的。因为对于合成氨反应的方程式，既可以写成：

$$N_2(g) + 3H_2(g) \rightleftharpoons 2NH_3(g)$$

也可以写成：

$$\frac{1}{2}N_2(g) + \frac{3}{2}H_2(g) \rightleftharpoons NH_3(g)$$

而其相应的标准平衡常数分别为

$$K_1^{\ominus} = \frac{(p_{NH_3}^{eq}/p^{\ominus})^2}{(p_{N_2}^{eq}/p^{\ominus})(p_{H_2}^{eq}/p^{\ominus})^3}$$

$$K_2^{\ominus} = \frac{p_{NH_3}^{eq}/p^{\ominus}}{(p_{N_2}^{eq}/p^{\ominus})^{1/2}(p_{H_2}^{eq}/p^{\ominus})^{3/2}}$$

显然，$K_1^{\ominus} \neq K_2^{\ominus}$。若已知 500℃ 时，$K_1^{\ominus} = 7.9 \times 10^{-5}$，则 $K_2^{\ominus} = (K_1^{\ominus})^{1/2} = 8.9 \times 10^{-3}$。

（5）有时采用基于压力、浓度等表达的如下平衡常数：

$$K_p = \prod_B (p_B^{eq})^{\nu_B}$$

$$K_c = \prod_B (c_B^{eq})^{\nu_B}$$

这些称为**经验平衡常数**。K_p 和 K_c 在 $\sum\limits_B \nu_B \neq 0$ 时都是有量纲的量，容易引起混淆，遇到时应特别加以注意。

3. 多重平衡规则

从以上平衡常数表达式的写法规定，可以推出一个有用的运算规则——**多重平衡规则**：如果某个反应可以表示为两个（或更多个）反应之和（差），则总反应的平衡常数等于各反应平衡常数的相乘（除）。即如果

$$反应(3) = 反应(1) + 反应(2)$$

则

$$K_3^{\ominus} = K_1^{\ominus} K_2^{\ominus} \quad (2.17)$$

利用多重平衡规则，可以从一些已知反应的平衡常数推出未知反应的平衡

常数。这对于新产品合成路线的设计常常是很有用的。

例如,在某温度下生产水煤气时同时存在下列四个平衡:

$$C(s) + H_2O(g) \rightleftharpoons CO(g) + H_2(g) ; \Delta_r G^{\ominus}_{m,1} = -RT\ln K^{\ominus}_1$$

$$CO(g) + H_2O(g) \rightleftharpoons CO_2(g) + H_2(g) ; \Delta_r G^{\ominus}_{m,2} = -RT\ln K^{\ominus}_2$$

$$C(s) + 2H_2O(g) \rightleftharpoons CO_2(g) + 2H_2(g) ; \Delta_r G^{\ominus}_{m,3} = -RT\ln K^{\ominus}_3$$

$$C(s) + CO_2(g) \rightleftharpoons 2CO(g) ; \Delta_r G^{\ominus}_{m,4} = -RT\ln K^{\ominus}_4$$

其中第 3 和第 4 个平衡可以看作是通过第 1 及第 2 个平衡的建立而形成的。由于

$$\Delta_r G^{\ominus}_{m,3} = \Delta_r G^{\ominus}_{m,1} + \Delta_r G^{\ominus}_{m,2}$$

$$\Delta_r G^{\ominus}_{m,4} = \Delta_r G^{\ominus}_{m,1} - \Delta_r G^{\ominus}_{m,2}$$

所以,根据式(2.17)可得

$$K^{\ominus}_3 = K^{\ominus}_1 K^{\ominus}_2$$

$$K^{\ominus}_4 = K^{\ominus}_1 / K^{\ominus}_2$$

2.2.2　化学平衡的有关计算

许多重要的工程实际过程,都涉及化学平衡或需借助平衡产率以衡量实践过程的完善程度。因此,掌握有关**化学平衡的计算**十分重要。此类计算的重点是:从标准热力学函数或实验数据求平衡常数;用平衡常数求各物质的平衡组分(分压、浓度、最大产率等);条件变化对反应的方向和限度的影响等。有关平衡计算中,应特别注意:

(1) 写出配平的化学反应方程式,并注明物质的聚集状态(如果物质有多种晶型,还应注明是哪一种)。这对查找标准热力学函数的数据及进行运算,或正确书写 $K^{\ominus}$ 表达式都是十分必要的。

(2) 当涉及各物质的初始量、变化量、平衡量时,关键是要搞清各物质的变化量之比即为化学反应方程式中各物质的化学计量数之比。

例 2.5　$C(s) + CO_2(g) \rightleftharpoons 2CO(g)$ 是高温加工处理钢铁零件时涉及脱碳氧化或渗碳的一个重要化学平衡式。试分别计算或估算该反应在 298.15 K 和 1 173 K 时的标准平衡常数 $K^{\ominus}$ 值,并简单说明其意义。

解: 从附录 3 查出有关物质的标准热力学函数,并标在相关化学式之下。

	C(s,石墨)+CO₂(g) ⇌ 2CO(g)		
$\Delta_f H^{\ominus}_m(298.15\ K) / (kJ \cdot mol^{-1})$	0	-393.509	-110.525
$S^{\ominus}_m(298.15\ K) / (J \cdot mol^{-1} \cdot K^{-1})$	5.740	213.74	197.674

(1) 298.15 K 时

$$\Delta_r H_m^{\ominus}(298.15\ K) = \sum_B \nu_B \Delta_f H_{m,B}^{\ominus}(298.15\ K)$$
$$= [2 \times (-110.525) - 0 - (-393.509)]\ kJ \cdot mol^{-1}$$
$$= 172.459\ kJ \cdot mol^{-1}$$

$$\Delta_r S_m^{\ominus} = \sum_B \nu_B S_{m,B}^{\ominus}$$
$$= [2 \times 197.674 - 5.740 - 213.74]\ J \cdot mol^{-1} \cdot K^{-1}$$
$$= 175.87\ J \cdot mol^{-1} \cdot K^{-1}$$

$$\Delta_r G_m^{\ominus}(298.15\ K) = \Delta_r H_m^{\ominus}(298.15\ K) - T\Delta_r S_m^{\ominus}(298.15\ K)$$
$$= (172.459 - 298.15 \times 0.175\,87)\ kJ \cdot mol^{-1}$$
$$= 120.02\ kJ \cdot mol^{-1}$$

$$-RT\ln K^{\ominus} = \Delta_r G_m^{\ominus}$$
$$K^{\ominus} = \exp[-\Delta_r G_m^{\ominus}/(RT)] = 9.38 \times 10^{-22}$$

(2) 1 173 K 时

$$\Delta_r G_m^{\ominus}(1\ 173\ K) \approx \Delta_r H_m^{\ominus}(298.15\ K) - T\Delta_r S_m^{\ominus}(298.15\ K)$$
$$= (172.459 - 1\,173 \times 0.175\,87)\ kJ \cdot mol^{-1}$$
$$= -33.84\ kJ \cdot mol^{-1}$$

$$K^{\ominus} = \exp[-\Delta_r G_m^{\ominus}/(RT)] = 32$$

计算结果分析:温度从室温(25℃)增至高温(900℃)时,$\Delta_r G_m^{\ominus}$ 值急剧减小,反应从非自发转变为自发进行,$K^{\ominus}$ 值显著增大;从 $K^{\ominus}$ 值看,25℃ 时钢铁中碳被 CO_2 氧化的脱碳反应实际上没有进行,但 900℃ 时,钢铁中的碳(以石墨或渗碳体 Fe_3C 形式存在)被氧化脱碳程度会较大,但仍具有明显的可逆性。钢铁脱碳会降低钢铁零件的强度等而使其性能变差。欲使钢铁零件既不脱碳又不渗碳,应将钢铁热处理的炉内气氛中 CO 与 CO_2 组分比符合该温度时 $[p(CO)/p^{\ominus}]^2/[p(CO_2)/p^{\ominus}] = K^{\ominus}$ 值。

化学热处理工艺中,也有利用这一化学平衡,在高温时采用含有 CO 的气氛进行钢铁零件表面渗碳(使上述反应逆向进行)处理,以改善钢铁表面性能,提高其硬度、耐磨性、耐热、耐蚀和抗疲劳性能等。

例 2.6 将 1.20 mol SO_2 和 2.00 mol O_2 的混合气体,在 800 K 和 101.325 kPa 的总压力下,缓慢通过 V_2O_5 催化剂使生成 SO_3,在等温等压下达到平衡后,测得混合物中生成的 SO_3 为 1.10 mol。试利用上述实验数据求该温度下反应 $2SO_2(g) + O_2(g) \rightleftharpoons 2SO_3(g)$ 的 $K^{\ominus}$、$\Delta_r G_m^{\ominus}$ 及 SO_2 的转化率,并讨论温度、总压力的高低对 SO_2 转化率的影响。

解:

	$2SO_2(g)$	$+\ O_2(g)$	$\rightleftharpoons 2SO_3(g)$
起始时物质的量/mol	1.20	2.00	0
反应中物质的量的变化/mol	−1.10	−1.10/2	1.10
平衡时物质的量/mol	0.10	1.45	1.10
平衡时的摩尔分数 x	0.10/2.65	1.45/2.65	1.10/2.65
平衡时的分压/kPa	3.82	55.4	42.1

$$K^{\ominus} = \frac{(p_{SO_3}^{eq}/p^{\ominus})^2}{(p_{SO_2}^{eq}/p^{\ominus})^2(p_{O_2}^{eq}/p^{\ominus})} = \frac{(p_{SO_3}^{eq})^2 p^{\ominus}}{(p_{SO_2}^{eq})^2 p_{O_2}^{eq}}$$

$$= \frac{(42.1)^2 \times 100}{(3.82)^2 \times 55.4} = 219$$

$$\Delta_r G_m^{\ominus} = -RT\ln K^{\ominus}$$

$$= -8.314 \ J \cdot mol^{-1} \cdot K^{-1} \times 800 \ K \times \ln 219$$

$$= -3.58 \times 10^4 \ J \cdot mol^{-1}$$

$$SO_2 \ 的转化率 = \frac{平衡时 \ SO_2 \ 已转化的量}{SO_2 \ 的起始量} \times 100\% = \frac{1.10}{1.20} \times 100\% = 91.7\%$$

计算结果讨论:此反应为气体分子数减小的反应,可判断 $\Delta_r S_m^{\ominus} < 0$,从上面计算已得 $\Delta_r G_m^{\ominus} < 0$,则根据关系式 $\Delta G = \Delta H - T\Delta S$ 可判断必为 $\Delta_r H_m^{\ominus} < 0$ 的放热反应,根据平衡移动原理(2.2.3 节将论述),高压低温有利于提高 SO_2 的转化率。(在接触法制 H_2SO_4 的生产实践中,为了充分利用 SO_2,采用比本题更为过量的 O_2,在常压下 SO_2 转化率已高达 96% ~ 98%,所以实际上无须采用高压;对于温度,重要的是要兼顾反应速率,采用能使 V_2O_5 催化剂具有高活性的适当低温,如 475℃。)

2.2.3　化学平衡的移动及温度对平衡常数的影响

一切平衡都只是相对的和暂时的。化学平衡只有在一定的条件下才能保持;条件改变,系统的平衡就会被破坏,气体混合物中各物质的分压或液态溶液中各溶质的浓度就发生变化,直到与新的条件相适应,系统又达到新的平衡。这种因条件的改变使化学反应从原来的平衡状态转变到新的平衡状态的过程叫**化学平衡的移动**。

中学里已学过平衡移动原理——吕·查德里(Le Châtelier H L)原理:假如改变平衡系统的条件之一,如浓度、压力或温度,平衡就向能减弱这个改变的方向移动。应用这个规律,可以改变条件,使所需的反应进行得更完全。

为什么浓度、压力、温度都统一于同一条普遍规律?这一规律的统一依据又是什么?对此,可应用化学热力学原理进行分析。

根据化学反应的等温方程 $\Delta_r G_m(T) = \Delta_r G_m^{\ominus}(T) + RT\ln Q$,以及 $\Delta_r G_m^{\ominus} = -RT\ln K^{\ominus}$,可得

$$\Delta_r G_m = RT\ln \frac{Q}{K^{\ominus}} \tag{2.18}$$

根据此式,只需比较指定态的反应商 Q 与标准平衡常数 $K^{\ominus}$ 的相对大小,就可以判断反应进行(即平衡移动)的方向,可分下列三种情况:

$$\left.\begin{array}{l} 当\ Q < K^{\ominus},则\ \Delta_r G_m < 0,反应正向自发进行 \\[4pt] 当\ Q = K^{\ominus},则\ \Delta_r G_m = 0,平衡状态 \\[4pt] 当\ Q > K^{\ominus},则\ \Delta_r G_m > 0,反应逆向自发进行 \end{array}\right\} \qquad (2.19)$$

在定温下,$K^{\ominus}$ 是常数,而 Q 则可通过调节反应物或产物的量(即浓度或分压)加以改变。若希望反应正向进行,就通过移去产物或增加反应物使 $Q < K^{\ominus}$,$\Delta_r G_m < 0$,从而达到预期的目的。例如,合成氨生产中,用冷冻方法将生成的 NH_3 从系统中分离出去,降低 Q 值,反应能持续进行,且原料气 N_2 与 H_2 可循环使用。

另外,由于 $\Delta_r G_m^{\ominus} = -RT\ln K^{\ominus}$ 和 $\Delta_r G_m^{\ominus} = \Delta_r H_m^{\ominus} - T\Delta_r S_m^{\ominus}$ 可得

$$\ln K^{\ominus} = -\frac{\Delta_r H_m^{\ominus}}{RT} + \frac{\Delta_r S_m^{\ominus}}{R} \qquad (2.20a)$$

设某一反应在不同温度 T_1 和 T_2 时的平衡常数分别为 $K_1^{\ominus}$ 和 $K_2^{\ominus}$,且 $\Delta_r H_m^{\ominus}$ 和 $\Delta_r S_m^{\ominus}$ 为常数,则

$$\ln \frac{K_2^{\ominus}}{K_1^{\ominus}} = -\frac{\Delta_r H_m^{\ominus}}{R}\left(\frac{1}{T_2} - \frac{1}{T_1}\right) = \frac{\Delta_r H_m^{\ominus}}{R}\left(\frac{T_2 - T_1}{T_1 T_2}\right) \qquad (2.20b)$$

式(2.20)称为**范特霍夫方程**。它是表达温度对平衡常数影响的十分有用的公式。它表明了 $\Delta_r H_m^{\ominus}$、T 与 $K^{\ominus}$ 间的相互关系,沟通了量热数据与平衡数据。若已知量热数据(反应焓),及某温度 T_1 时的 $K_1^{\ominus}$,就可推算出另一温度 T_2 下的 $K_2^{\ominus}$;若已知两个不同温度下反应的 $K^{\ominus}$,则不但可以判断反应是吸热还是放热,而且还可以求出 $\Delta_r H_m^{\ominus}$ 的数值。在应用此式进行计算时,应特别注意 $\Delta_r H_m^{\ominus}$ 与 R 中能量单位要一致。

对于一个给定的化学反应,由于 $\Delta_r H_m^{\ominus}$ 和 $\Delta_r S_m^{\ominus}$ 可近似地看作是与温度无关的常数,则从式(2.20a)可得 $\ln K^{\ominus}$ 对 $1/T$(用量值法作图,横坐标要写成 K/T 即 $1/(T/K)$,其中 K 是温度 T 的单位)作图为一直线,如图 2.2 所示。

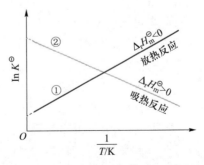

图 2.2　不同热效应时 $\ln K^{\ominus}$ 与 $1/T$ 关系图

这时,式(2.20a)可写成:

$$\ln K^{\ominus} = \frac{A}{T} + B \qquad\qquad (2.21)$$

式中,斜率 $A = -\Delta_r H_m^{\ominus}(298.15\ \text{K})/R$,截距 $B = \Delta_r S_m^{\ominus}(298.15\ \text{K})/R$。对于给定的反应,$A$ 与 B 为其特征常数。显然,对于 $\Delta_r H_m^{\ominus}$ 为负值的放热反应,直线斜率为正值,随着温度的升高(横坐标 K/T 值减小)$K^{\ominus}$ 值将减小,不利于正反应,如图 2.2 中线①。对于 $\Delta_r H_m^{\ominus}$ 为正值的吸热反应,则如图 2.2 中的线②,斜率为负值,表示随着温度的升高,$K^{\ominus}$ 值增大,平衡向正反应方向移动。

综上所述,可知:吕·查德里原理中温度与浓度或分压是分别从 $K^{\ominus}$ 和 Q 这两个不同的方面来影响平衡的,但其结果都归结到系统的 $\Delta_r G_m$ 是否小于零这一判断反应自发性的最小自由能原理。化学平衡的移动或化学反应的方向考虑的是反应的自发性,取决于 $\Delta_r G_m$ 是否小于零;化学平衡则考虑的是反应的限度,即平衡常数,它取决于 $\Delta_r G_m^{\ominus}$(注意不是 $\Delta_r G_m$!)数值的大小。

例 2.7 已知合成氨反应:

$$N_2(g) + 3H_2(g) \rightleftharpoons 2NH_3(g);\Delta_r H_m^{\ominus}(298.15\ \text{K}) = -92.22\ \text{kJ}\cdot\text{mol}^{-1}$$

若 298.15 K 时的 $K_1^{\ominus} = 6.0\times10^5$,试计算 700 K 时平衡常数 $K_2^{\ominus}$。

解:根据范特霍夫方程(2.20b)得

$$\ln\frac{K_2^{\ominus}}{K_1^{\ominus}} = -\frac{\Delta_r H_m^{\ominus}}{R}\left(\frac{1}{T_2} - \frac{1}{T_1}\right) = \frac{-92.22\times10^3\ \text{J}\cdot\text{mol}^{-1}}{8.314\ \text{J}\cdot\text{mol}^{-1}\cdot\text{K}^{-1}}\left(\frac{1}{700\ \text{K}} - \frac{1}{298.15\ \text{K}}\right) = -21.4$$

则
$$K_2^{\ominus}/K_1^{\ominus} = 5.1\times10^{-10}$$
$$K_2^{\ominus} = 3.1\times10^{-4}$$

此系统从室温 25℃升高到 427℃,它的平衡常数下降了约 2×10^9 倍。因此,可以推断,为了获得合成氨的高产率,仅从化学热力学考虑,就需要采用尽可能低的反应温度。

我们知道燃料燃烧反应的 $\Delta_r H_m^{\ominus}$ 和 $\Delta_r G_m^{\ominus}$ 都是绝对值很大的负值,燃烧能放出大量的热,都能自发且进行得相当彻底。但是,为什么在常温时像煤炭之类却能存放在空气中而觉察不出有什么反应呢?像 H_2 这种能与 O_2 发生很剧烈的"爆炸"反应的气体,也能在露置于空气的情况下用锌与稀盐酸来制备,而可以不考虑 H_2 与空气中的 O_2 的"爆炸"反应!这是因为化学热力学所讨论的反应的方向和限度,都只是说明是否可能发生和可能达到的程度。但是可能性不等于现实性。水能自高处向下流,这是可能性。但如果有堤坝拦阻,水是不能下流的;或者高处的水源与低处的水源间有一水道相通,但水道很细,水虽然能下流,然而速率却很小,在短时间内还看不出高处水源的水量在减少,这是现实性,实际上涉及的是速率问题。合成氨是放热反应,原则上讲降低温度有利于平衡向产物方向移动,但降低温度往往会使反应速率明显下降,甚至降至几乎觉察不出的地步。因此,在科学研究及实际工业生产中,应同时从化学热力学与化学动力学两方面来分析,才能获得最佳反应条件。

2.3 化学反应速率

化学动力学是研究化学反应速率和机理的学科。影响反应速率的因素主要可概括为:一是反应物的本性;二是反应物的浓度和系统的温度、压力、催化剂等;三是光、电、磁等外场。实验室和工业生产中,化学反应一般都在反应器中进行,反应速率直接决定了一定尺寸的反应器在一定时间内所能得到的产量。生物反应是在器官乃至细胞中进行,它们也可看作反应器,反应速率影响着营养物质的转化和吸收及生物体的生长和代谢。对于大气和地壳,反应则在更大规模的空间进行,反应速率关系着臭氧层破坏、酸雨产生、废物降解、矿物形成等生态环境和资源的重大问题。通过化学动力学的研究,可以知道如何控制反应条件、提高主反应的速率、抑制或减慢副反应的速率,从而减少消耗、提高产品的质量和产量。

2.3.1 化学反应速率和速率方程

1. 反应速率的定义

对于化学反应,$0 = \sum\limits_{B} \nu_B B$,定义**反应速率**

$$v = \frac{1}{V}\frac{d\xi}{dt} \tag{2.22a}$$

即反应速率为单位时间、单位体积内发生的反应进度,其 SI 单位为 $mol \cdot dm^{-3} \cdot s^{-1}$,对于较慢的反应,时间单位也可采用 min、h 或 a(年)等。

对于等容反应,上式可写成:

$$v = \frac{1}{\nu_B}\frac{dc_B}{dt} \tag{2.22b}$$

这样定义的反应速率的量值与所研究反应中物质 B 的选择无关,即可选择任何一种反应物或产物来表达反应速率,都可得到相同的数值。

应当注意,反应速率与反应进度一样,必须对应于化学反应方程式。因为化学计量数 ν_B 与化学反应方程式的写法有关。例如,对合成氨反应 $N_2(g) + 3H_2(g) \Longrightarrow 2NH_3(g)$,其反应速率:

$$v = \frac{1}{2}\frac{dc_{NH_3}}{dt} = -\frac{dc_{N_2}}{dt} = -\frac{1}{3}\frac{dc_{H_2}}{dt}$$

2. 速率方程和反应级数

化学反应可以分为**基元反应**(又称元反应)和**非基元反应**(**复合反应**)。基元反应即一步完成的反应,是组成复合反应的基本单元。复合反应由两个或两个以上基元反应构成。**反应机理**(或**反应历程**)指明某复合反应由哪些基元反应组成。

对于基元反应,反应速率与各反应物浓度的幂乘积(以化学反应方程式中相应物质的化学计量数的绝对值为指数)成正比,这个定量关系称为**质量作用定律**,是基元反应的**速率方程**,又称**动力学方程**。即对于基元反应:

$$aA + bB \longrightarrow gG + dD$$
$$v = kc_A^a c_B^b \tag{2.23}$$

速率方程中的比例系数 k 称为该反应的**速率常数**,在同一温度、催化剂等条件下,k 是不随反应物浓度而改变的定值。速率常数 k 的物理意义是各反应物浓度均为单位浓度时的反应速率。显然,k 的单位因 $(a+b)$ 值不同而异。速率方程中各反应物浓度项指数之和 $(n = a + b)$ 称为**反应级数**,其中某反应物浓度的指数 a 或 b 称为该反应对于反应物 A 或 B 的**分级数**,即说对 A 为 a 级反应,对 B 为 b 级反应。

质量作用定律只适用于基元反应,反应级数可直接从化学反应方程式得到;对于复合反应,反应级数由实验测定,常见的有一级和二级反应,也有零级和三级反应,甚至分数级的。分数级反应肯定是由多个基元反应组成的复合反应。质量作用定律不适用于复合反应,但有些非基元反应形式上也满足质量作用定律,如 $H_2(g) + I_2(g) \rightleftharpoons 2HI(g)$ 是由三个基元反应组成的复合反应,实验证明其速率方程为 $v = kc_{H_2}c_{I_2}$。不遵从质量作用定律的一定为非基元反应。对于下列反应:

$$2NO + 2H_2 \longrightarrow N_2 + 2H_2O$$

根据实验结果得出速率方程为

$$v = kc_{NO}^2 c_{H_2}$$

则可肯定此反应为非基元反应,其反应机理由以下两个基元反应组成:

$$2NO + H_2 \longrightarrow N_2 + H_2O_2 \text{(慢)}$$
$$H_2 + H_2O_2 \longrightarrow 2H_2O \text{(快)}$$

在这两个步骤中,第二步进行得很快。但是,要使第二步发生,必须先有 H_2O_2 生成。第一步生成 H_2O_2 的过程因进行得较缓慢,成为控制整个反应速率的步骤,所以总的反应速率取决于生成 H_2O_2 的速率,从而可得出与上述实验结果相一致的速率方程。此反应为三级反应(不是四级反应!)。

应当指出:通常所写的化学反应方程式是没有考虑反应机理的化学计量方程式。依热力学原理,这种化学反应方程式是有意义的,但从动力学来看,还需考虑反应机理才更有意义。例如,气态反应 $H_2+I_2 \Longrightarrow 2HI$ 与 $H_2+Br_2 \Longrightarrow 2HBr$ 在形式上无差别,计算它们的热力学函数变化值(如 $\Delta_r H_m^{\ominus}$ 和 $\Delta_r G_m^{\ominus}$)的方法完全相同;但在动力学上,它们的差别很大,反应机理和反应速率方程完全不同。

前一反应由三个基元反应组成(1967 年实验证实):① $I_2 \longrightarrow 2I\cdot$,② $H_2+2I\cdot \longrightarrow 2HI$,③ $2I\cdot \longrightarrow I_2$,$v=kc_{H_2}c_{I_2}$;后一反应由五个基元反应组成(1919 年提出):① $Br_2 \longrightarrow 2Br\cdot$,② $H_2+Br\cdot \longrightarrow HBr+H\cdot$,③ $H\cdot+Br_2 \longrightarrow HBr+Br\cdot$,④ $H\cdot+HBr \longrightarrow H_2+Br\cdot$,⑤ $2Br\cdot \longrightarrow Br_2$,$v=\dfrac{kc_{H_2}(c_{Br_2})^{1/2}}{1+k'(c_{HBr}/c_{Br_2})}$。

因此,研究反应机理,确定一个复合反应的各个基元反应步骤极为重要。

3. 一级反应

以一级反应为例讨论速率方程的具体特征。若化学反应速率与反应物浓度的一次方成正比,即为**一级反应**。某些元素的放射性衰变,一些物质的分解反应(如 $I_2 \longrightarrow 2I\cdot$),蔗糖转化为葡萄糖和果糖的反应等均属一级反应。

一级反应的速率方程为

$$v=-\frac{\mathrm{d}c}{\mathrm{d}t}=kc \tag{2.24}$$

将式(2.24)进行分离变量并积分(设反应时间从 0 到 t,反应物浓度从 c_0 变到 c)可得

$$-\int_{c_0}^{c}\frac{\mathrm{d}c}{c}=\int_{0}^{t}k\mathrm{d}t$$

$$\ln\frac{c_0}{c}=kt \tag{2.25a}$$

即① $$\ln c=\ln c_0-kt \tag{2.25b}$$

或 $$c=c_0\mathrm{e}^{-kt} \tag{2.25c}$$

反应物消耗一半(此时 $c=c_0/2$)所需的时间,称为**半衰期**,符号为 $t_{1/2}$。从式(2.25)可得一级反应的半衰期

---

① $\ln c$ 即 $\ln\{c/[c]\}$,$[c]$ 为浓度 c 的单位。以后相关表达也具有类似的意义。

$$t_{1/2} = \ln2/k = 0.693/k \tag{2.26}$$

根据以上各式可概括出**一级反应的三个特征**(其中任何一条均可作为判断一级反应的依据):

(1) $\ln c$ 对 t 作图得一直线,斜率为 $-k$。

(2) 半衰期 $t_{1/2}$ 与反应物的起始浓度无关。

(3) 速率常数 k 具有(时间)$^{-1}$的量纲,其 SI 单位为 s^{-1}。

某些元素的放射性衰变是估算考古学发现物、化石、矿物、陨石、月亮岩石及地球本身年龄的基础。钾-40 和铀-238 通常用于陨石和矿物年龄的估算;碳-14用于确定考古学发现物和化石的年代。因为宇宙射线恒定地产生碳的放射性同位素 ^{14}C($^{14}_7N + ^1_0n \longrightarrow ^{14}_6C + ^1_1H$),植物不断地将 ^{14}C 吸收进其组织中,使微量的 ^{14}C 在总碳中含量维持一个固定比例:$1.10 \times 10^{-13}\%$。一旦树木被砍伐,种子被采摘,从空气中吸收 ^{14}C 的过程便停止了。由于放射性衰变(已知 ^{14}C 的衰变反应 $^{14}_6C \longrightarrow ^{14}_7N + ^0_{-1}e$,$t_{1/2} = 5\,730$ a),^{14}C 在总碳中含量便下降,由此可以测知所取样品的年代。

例 2.8　从考古发现的某古书卷中取出的小块纸片,测得其中 $^{14}_6C/^{12}_6C$ 的比值为现在活的植物体内 $^{14}_6C/^{12}_6C$ 比值的 0.795 倍。试估算该古书卷的年代。

解:已知 $^{14}_6C \longrightarrow ^{14}_7N + ^0_{-1}e$,$t_{1/2} = 5\,730$ a,可用式(2.26)求得此一级反应速率常数 k:

$$k = 0.693/t_{1/2} = 0.693/5\,730 \text{ a} = 1.21 \times 10^{-4} \text{ a}^{-1}$$

根据式(2.25 a)及题意 $c = 0.795c_0$,可得

$$\ln \frac{c_0}{0.795c_0} = (1.21 \times 10^{-4} \text{ a}^{-1})t$$

$$t = 1\,900 \text{ a}$$

即该古书卷是将近两千年前的文物。

2.3.2　温度对反应速率的影响

温度对化学反应速率的影响特别显著。以氢气和氧气化合生成水的反应为例,在室温下氢气和氧气作用极慢,以致几年都观察不出有反应发生;但如果温度升高到 600℃,它们立即起反应,甚至发生爆炸。实验表明,对于大多数反应,温度升高反应速率增大,即速率常数 k 随温度升高而增大,而且呈指数变化。

阿伦尼乌斯(Arrhenius S)根据大量实验和理论验证,提出反应速率与温度的定量关系式,即**阿伦尼乌斯方程**:

$$k = Ae^{-E_a/(RT)} \tag{2.27a}$$

或　　　　　　　　　　　$$\ln k = \ln A - E_a/(RT) \tag{2.27b}$$

式中,A 为**指前因子**,与速率常数 k 有相同的量纲;E_a 为反应的**活化能**(通常为正值),常用单位为 kJ·mol^{-1};R 为摩尔气体常数;A 与 E_a 都是反应的特性常数,基本与温度无关,均可由实验求得。

如果 A 与 E_a 视为常数,以实验测得的 ln$k$ 对 $1/T$ 作图为一直线,从斜率可得活化能,通常又称**表观活化能**。这是从 k 求活化能 E_a 的重要方法。同时,可得

$$\ln \frac{k_2}{k_1} = -\frac{E_a}{R}\left(\frac{1}{T_2} - \frac{1}{T_1}\right) = \frac{E_a}{R}\left(\frac{T_2 - T_1}{T_1 T_2}\right) \qquad (2.27c)$$

k_1 和 k_2 分别为温度 T_1 和 T_2 时的速率常数。

式(2.27)的三个式子是阿伦尼乌斯方程的不同形式,该式表明活化能的大小反映了反应速率随温度变化的程度。活化能较大的反应,温度对反应速率的影响较显著,升高温度能显著地加快反应速率。可以注意到:动力学中阿伦尼乌斯方程所表达的 k 与 T 的关系,同热力学中范特霍夫方程表达的 $K^{\ominus}$ 与 T 的关系有着相似的形式。

例 2.9 在 301 K 时,鲜牛奶约 4 h 变质,但在 278 K 的冰箱内冷藏,鲜牛奶可保持 48 h 才变质。设在该条件下牛奶变质的反应速率与变质时间成反比,试估算在该条件下牛奶变质反应的活化能。若室温从 288 K 升高到 298 K,则牛奶变质的反应速率将发生怎样的变化? [牛奶变质的反应情况较复杂,其反应速率与具体条件(包括催化剂)有关。本例只要求在给定条件下作一总的估算。]

解:(1) 反应活化能的估算

根据式(2.27c):

$$\ln \frac{v_2}{v_1} = \ln \frac{k_2}{k_1} = \frac{E_a}{R}\left(\frac{T_2 - T_1}{T_1 T_2}\right)$$

式中,$T_1 = 278$ K,$T_2 = 301$ K。

由于变质反应速率与变质时间成反比,即 $\dfrac{v_2}{v_1} = \dfrac{t_1}{t_2} \approx \dfrac{48 \text{ h}}{4 \text{ h}}$,所以

$$\ln \frac{48}{4} \approx \frac{E_a}{8.314 \text{ J·mol}^{-1}·\text{K}^{-1}}\left(\frac{301 \text{ K} - 278 \text{K}}{278 \text{ K} \times 301 \text{ K}}\right)$$

$$E_a \approx 75.0 \text{ kJ·mol}^{-1}$$

(2) 反应速率随温度升高而发生的变化

若温度从 288 K 升高到 298 K,按式(2.27c)可得

$$\ln \frac{v_2}{v_1} = \frac{E_a}{R}\left(\frac{T_2 - T_1}{T_1 T_2}\right) \approx \frac{75\,000 \text{ J·mol}^{-1}}{8.314 \text{ J·mol}^{-1}·\text{K}^{-1}}\left(\frac{298 \text{ K} - 288 \text{ K}}{288 \text{ K} \times 298 \text{ K}}\right) = 1.051$$

$$\frac{v_2}{v_1} \approx 2.9$$

反应速率增大到原来速率的 2.9 倍。

应当指出,并不是所有的反应都符合阿伦尼乌斯方程。例如,对于爆炸反应,当温度升高到某一点时,速率会突然增加;酶催化反应有个最佳反应温度,温度太高或太低都不利于生物酶的活性(见图 2.6);还有些反应(如 $2NO+O_2 \Longrightarrow 2NO_2$)的速率常数随温度升高而下降,情况较为复杂,这里不做进一步讨论。

2.3.3 反应的活化能和催化剂

1. 活化能的意义

在反应过程中,反应物原子间的结合关系必然发生变化,原子间的化学键需先减弱以至于断裂,而后再产生新的结合关系,形成新的化学键,生成新的物质。在这种旧的化学键断裂与新的化学键建立的过程中,必须首先给予足够的能量使旧的化学键减弱以至于断裂。

根据**气体分子运动理论**,只有具有足够高能量的反应物分子(或原子)的碰撞才有可能发生反应。这种能够发生反应的碰撞叫作**有效碰撞**。要发生反应的有效碰撞,不仅需要分子具有足够高的能量,而且还要考虑分子碰撞时的空间取向等因素。

根据**过渡态理论**,当具有足够高能量的分子彼此以适当的空间取向相互靠近到一定程度时(不一定要发生碰撞),会引起分子内部结构的连续性变化,使原来以化学键结合的原子间的距离变长,而没有结合的原子间的距离变短,形成了**过渡态**的构型,称为**活化络合物**(见图 2.3)。例如,对于下列反应:

$$CO+NO_2 \longrightarrow CO_2+NO$$

设想反应过程为

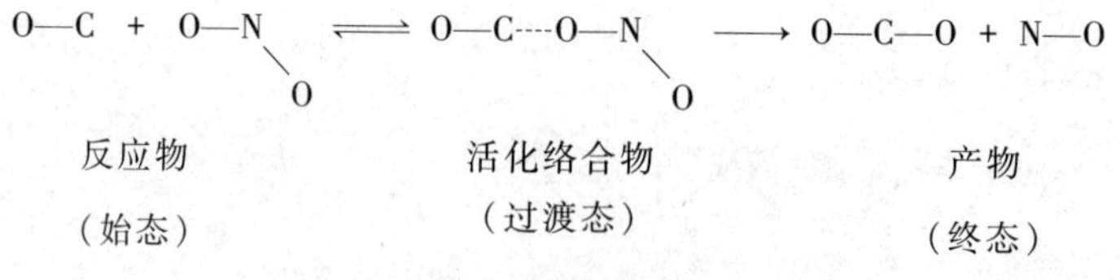

$$
\begin{array}{ccc}
\text{O—C} + \overset{\displaystyle \text{O—N}}{\underset{\displaystyle \text{O}}{|}} & \Longrightarrow & \overset{\displaystyle \text{O—C}\cdots\text{O—N}}{\underset{\displaystyle \text{O}}{|}} & \longrightarrow & \text{O—C—O} + \text{N—O} \\
\text{反应物} & & \text{活化络合物} & & \text{产物} \\
\text{(始态)} & & \text{(过渡态)} & & \text{(终态)}
\end{array}
$$

图 2.3 过渡态示意图

其中短线"—"只表示以化学键相结合,而不代表具体是什么类型的化学键。

过渡态的势能高于始态也高于终态,由此形成一个**能垒**,如图 2.4 所示。要使反应物变成产物,必须使反应物分子"爬上"这个能垒,否则反应不能进行。活化能的物理意义就在于需要克服这个能垒,即在化学反应中破坏旧键所需的最低能量。这种具有足够高的能量,可发生有效碰撞或彼此接近时能形成活化络合物(过渡态)的分子称为**活化分子**。

　　活化络合物分子与反应物分子平均能量之差称为活化能。图 2.4 中简单表示出反应中的活化能。E_I 表示反应物分子的平均能量,E_{II} 表示生成物分子的平均能量,$E^{\neq}$ 表示活化络合物(过渡态)的平均能量,$E_a(正) = E^{\neq} - E_I$,它表示正反应的活化能。若该反应可逆向进行,则 $E_a(逆) = E^{\neq} - E_{II}$,它表示逆反应的活化能。

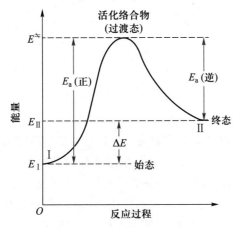

图 2.4　反应系统中活化能示意图

　　反应系统中的能量变化(ΔE)只决定于系统终态的能量(E_{II})与始态的能量(E_I),而与反应过程的具体途径无关,即 $\Delta E = E_{II} - E_I$。系统的能量通常就指热力学能 U,所以 $\Delta E = \Delta U$。对于大多数化学反应来说,$\Delta_r U_m$ 与 $\Delta_r H_m$ 之差很小(见 1.2.2),因而可得

$$E_{II} - E_I = \Delta_r U_m \approx \Delta_r H_m \qquad (2.28)$$

$$E_a(正) - E_a(逆) \approx \Delta_r H_m \qquad (2.29)$$

动态平衡

　　例 2.10　已知下列氨分解反应的活化能约为 $300 \ \text{kJ} \cdot \text{mol}^{-1}$:

$$NH_3(g) \longrightarrow \frac{1}{2}N_2(g) + \frac{3}{2}H_2(g)$$

试应用标准热力学函数估算合成氨反应的活化能。

　　解:按氨分解反应为正反应进行估算。

　　(1)查阅氨分解反应中各物质的 $\Delta_f H_m^{\ominus}(298.15 \ \text{K})$ 的数据,先计算出该反应的 $\Delta_r H_m^{\ominus}$(298.15 K)(注意:需要以上述氨分解的化学反应方程式为依据)。

$$\Delta_r H_m^{\ominus}(298.15 \text{ K}) = \frac{1}{2}\Delta_f H_m^{\ominus}(N_2, g, 298.15 \text{ K}) + \frac{3}{2}\Delta_f H_m^{\ominus}(H_2, g, 298.15 \text{ K}) -$$

$$\Delta_f H_m^{\ominus}(NH_3, g, 298.15 \text{ K})$$

$$= [0+0-(-46.11)] \text{ kJ} \cdot \text{mol}^{-1}$$

$$= 46.11 \text{ kJ} \cdot \text{mol}^{-1}$$

（2）设氨分解反应为正反应，已知其活化能 E_a（正）$\approx 300 \text{ kJ} \cdot \text{mol}^{-1}$，则合成氨反应为逆反应，其活化能为 E_a（逆）。按式（2.29），作为近似计算，$\Delta_r H_m$ 可用 $\Delta_r H_m^{\ominus}(298.15 \text{ K})$ 代替，则可得

$$E_a(正) - E_a(逆) \approx \Delta_r H_m^{\ominus}(298.15 \text{ K})$$

$$E_a(逆) \approx E_a(正) - \Delta_r H_m^{\ominus}(298.15 \text{ K})$$

$$= 300 \text{ kJ} \cdot \text{mol}^{-1} - 46.11 \text{ kJ} \cdot \text{mol}^{-1}$$

$$\approx 254 \text{ kJ} \cdot \text{mol}^{-1}$$

所以，合成氨反应 $\frac{1}{2}N_2(g) + \frac{3}{2}H_2(g) \longrightarrow NH_3(g)$ 的活化能约为 254 kJ·mol⁻¹。

本例也可按合成氨反应为正反应进行估算（读者试自行计算）。

在阿伦尼乌斯方程中，反应的活化能是以负指数的形式出现的，这说明活化能大小对反应速率影响很大。实验表明，一般反应的活化能为 42~420 kJ·mol⁻¹，其中大多数为 63~250 kJ·mol⁻¹。正是由于各反应的活化能不同，所以在同一温度下各反应的速率相差很大。在一定温度下，反应的活化能越大，则反应越慢；若反应的活化能越小，则反应越快。例如，电解质溶液中正、负离子相互作用的许多离子反应的活化能很小（小于 40 kJ·mol⁻¹），在室温下这些反应的速率就很大，往往是瞬间或很短时间内完成的。相反，合成氨反应的活化能相当大，反应速率相当慢，以致在常温常压下不能觉察到它的进行。

2. 热力学稳定性与动力学稳定性

一个系统或化合物是否稳定，要注意到**热力学稳定性**和**动力学稳定性**两个方面。一个热力学稳定系统必然在动力学上也是稳定的（此类例子很多，如水的热稳定性）。但一个热力学上不稳定的系统，由于某些动力学的限制因素（如活化能太高），在动力学上却是稳定的（如上述的合成氨反应等）。对这类热力学判定可自发进行而实际反应速率太慢的反应，若又是我们所需要的，就要研究和开发高效催化剂，促使其反应快速进行。这是科学家重视和潜心研究的一大类化学反应。例如：

$$CO(g) + NO(g) \Longrightarrow CO_2(g) + \frac{1}{2}N_2(g)$$

$$\Delta_r G_m^{\ominus}(298.15 \text{ K}) = -343.74 \text{ kJ} \cdot \text{mol}^{-1}$$

$K^{\ominus} = 1.68 \times 10^{60}$，从热力学平衡角度看，即使在汽车尾气的低浓度条件下，反应也

可能是很完全的。但由于动力学原因,实际转化率很低! 从而迫使人们去寻找高效催化剂来消除汽车尾气中的这些有害物质。

3. 加快反应速率的方法

从活化分子和活化能的观点来看,增加单位体积内活化分子总数可加快反应速率。

活化分子总数＝活化分子分数×分子总数

① **增大浓度(或气体压力)** 给定温度下活化分子分数一定,增大浓度(或气体压力)即增大单位体积内的分子总数,从而增大活化分子总数。用这种方法来加快反应速率的效率通常并不高,而且是有限度的。

② **升高温度** 分子总数不变,升高温度能使更多分子因获得能量而成为活化分子,活化分子分数可显著增加,从而增大单位体积内活化分子总数。升高温度虽能使反应速率迅速地增加,但人们往往不希望反应在高温下进行,因为这不仅需要高温设备,耗费热、电这类能量,而且反应的产物在高温下可能不稳定或者会发生一些副反应。

③ **降低活化能** 常温下,一般反应物分子的能量并不大,活化分子分数通常极小。如果设法降低反应的活化能,即降低反应的能垒,虽然温度、分子总数不变,但也能使更多分子成为活化分子,活化分子分数可显著增加,从而增大单位体积内活化分子总数。通常可选用催化剂以改变反应的历程,提供活化能能垒较低的反应途径。

4. 催化剂

催化剂(又称**触媒**)是能显著增加化学反应速率而本身的组成、质量和化学性质在反应前后保不变的物质。

为什么加入催化剂能显著增加化学反应速率呢? 这主要是**因为催化剂能与反应物生成不稳定的中间络合物,改变了原来的反应历程,为反应提供一条能垒较低的反应途径,从而降低了反应的活化能。**例如,合成氨生产中加入铁催化剂后,如图2.5虚线所示,改变了反应历程,使反应分几步进行,而每一步反应的活化能都大大低于原总反应的活化能,因而每一步反应的活化分子分数大大增加,使每步反应的速率都加快,导致总反应速率的加快。

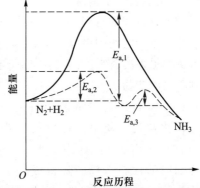

图 2.5　合成氨反应中铁催化剂改变
反应历程、降低活化能示意图

例 2.11   计算合成氨反应采用铁催化剂后在 298 K 和 773 K 时的反应速率各增加多少倍?设未采用催化剂时 $E_{a,1} = 254$ kJ·mol^{-1},采用催化剂后 $E_{a,2} = 146$ kJ·mol^{-1}。

解:设指前因子 A 不因采用铁催化剂而改变,则根据阿伦尼乌斯方程,即式(2.27b)可得

$$\ln \frac{k_2}{k_1} = \ln \frac{v_2}{v_1} = \frac{E_{a,1} - E_{a,2}}{RT}$$

当 $T = 298$ K,可得

$$\ln \frac{v_2}{v_1} = \frac{(254 - 146) \times 1\,000 \text{ J·mol}^{-1}}{8.314 \text{ J·mol}^{-1}·\text{K}^{-1} \times 298 \text{ K}} = 43.59$$

$$\frac{v_2}{v_1} = 8.5 \times 10^{18}$$

如果 $T = 773$ K(工业生产中合成氨反应时的温度),可得

$$\ln \frac{v_2}{v_1} = \frac{(254 - 146) \times 1\,000 \text{ J·mol}^{-1}}{8.314 \text{ J·mol}^{-1}·\text{K}^{-1} \times 773 \text{ K}} = 16.80$$

$$\frac{v_2}{v_1} = 2.0 \times 10^7$$

以上计算说明,有铁催化剂与无催化剂相比较,298 K 和 773 K 时的反应速率分别增大约 8.5×10^{18} 倍和 2×10^7 倍,低温时增大得更显著。

催化剂的主要特性有:

(1)能改变反应途径,降低活化能,使反应速率显著增大。催化剂参与反应后能在生成最终产物的过程中解脱出来,恢复原态,但物理性质如颗粒度、密度、光泽等可能改变。

(2)只能加速达到平衡而不能改变平衡的状态。即同等地加速正向和逆向反应,而不能改变平衡常数。

(3)有特殊的选择性。一种催化剂只加速一种或少数几种特定类型的反应。这在生产实践中极有价值,它能使人们在指定时间内消耗同样数量的原料时可得到更多的所需产品。例如,工业上用水煤气为原料,使用不同的催化剂可得到不同的产物。

(4)催化剂对少量杂质特别敏感。这种杂质可能成为助催化剂,也可能是催化毒物。能增强催化剂活性的物质叫作**助催化剂**,如合成氨的铁催化剂 α-Fe-Al$_2$O$_3$-K$_2$O 中 α-Fe 是主催化剂,Al$_2$O$_3$、K$_2$O 是助催化剂。能使催化剂的活性和选择性降低或失去的物质叫作**催化毒物**,常见的有 S、N、P 的化合物(如 CS$_2$、HCN、PH$_3$ 等)及某些重金属(如 Hg、Pb、As 等)。又如,汽车尾气催化转化器的铂系催化剂中 CeO$_2$ 为助催化剂,而 Pb 化合物为催化毒物,这也是提倡用无铅汽油的原因之一。

催化对化工生产(85%以上使用催化剂)、能源开发与利用、环境治理及生命科学和仿生化学、医学研究等均起着举足轻重的作用。到目前为止,尽管化学家们研制成功了无数种催化剂,并应用于工业生产,但对许多催化剂的奥妙所在,即作用原理和反应机理还是没有完全搞清楚。研究催化剂及其催化过程,仍是科学家们的重要课题。

5. 酶催化

大多数酶是动植物和微生物产生的、具有高效催化性能的蛋白质,其相对分子质量为 $10^4 \sim 10^6$(尺度大小属于胶体范围)。生物体内的化学反应几乎都在酶的催化下进行,可以说,没有酶催化就没有生命。同时酶也可用于工业生产,现在已可用酶法生产不少氨基酸、抗生素、有机酸、酒精等重要化工和医药产品。酶学研究及其催化功能的实际应用已有重大突破和发展。

酶催化比一般催化反应更具特色:

① 高度的选择性(或称高度的专一性)　如尿素酶(即使溶液中只含千万分之一)只能催化尿素$(NH_2)_2CO$水解为CO_2和NH_3,但不能催化尿素的取代物水解。

② 高度的催化活性　酶能显著降低活化能,其催化效率为一般酸碱催化剂的$10^8 \sim 10^{11}$倍。如H_2O_2的分解速率,在0℃时用过氧化氢酶催化是用无机催化剂胶态钯催化的5.7×10^{11}倍,是不用催化剂时的6.3×10^{12}倍。

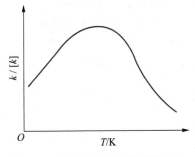

图 2.6　酶催化反应的速率常数 k 与温度 T 的关系

③ 特殊的温度效应　温度对酶催化反应速率也有很大的影响,如图 2.6 所示,有一个最佳温度。温度过高或过低都会引起蛋白质变性而使酶失活,大部分酶在60℃以上变性。

④ 反应条件温和　一般在常温常压下进行。例如,某些植物内部的固氮酶在常温常压下能固定空气中的N_2并将其转化为NH_3,而以铁为催化剂的工业合成氨却需要高温高压。

由于酶催化的诸多优点,使化学模拟生物酶成为催化研究的一个活跃领域。如固定氮和光合作用的模拟等都有十分重要的意义。

2.3.4　链反应和光化反应

1. 链反应(连锁反应)

用热、光或引发剂等使反应引发,就能通过活性中间物(如自由基)的不断再生而使反应像锁链一样,一环扣一环持续进行的一类复合反应称为**链反应**。石油的裂解、碳氢化合物的氧化和卤化、高聚物的合成、一些有机化合物的热分解及燃烧、爆炸反应等都与链反应有关。

链反应由**链引发、链传递和链终止**三个阶段组成:

① **链引发**　这是由起始的分子借助光、热或引发剂等外因作用而裂解生成自由基或原子的反应步骤。这步所需活化能较高(与断裂化学键的能量同一数量级),所以链引发是最困难的阶段。

② **链传递**　这是链反应的主体,为自由原子或自由基与分子相互作用的交替过程,随着一个自由基的消失会产生一个或几个新自由基,若不受阻,这种交替反应会一直自动进行下去,直至反应物被耗尽。由于自由基很活泼、有较强的反应能力,所以链传递反应的活化能较小,一般小于 40 kJ·mol^{-1}。

③ **链终止**　此步反应中因自由基被消除而使链终止。链终止方式有自由基彼此结合成稳定分子,或自由基与惰性物质或反应器壁碰撞而消除,此步反应的活化能较小,有时为零。

链反应是 1913 年博登斯坦(Bodenstein M)在研究 H_2 和 Cl_2 生成 HCl 的光化反应时发现的。H_2 和 Cl_2 在黑暗中反应很慢,在日光照射下能非常快地生成 HCl。其链反应(机理)为

链引发:① $Cl_2 \xrightarrow{h\nu} 2Cl\cdot$

链传递:② $Cl\cdot + H_2 \longrightarrow HCl + H\cdot$

③ $H\cdot + Cl_2 \longrightarrow HCl + Cl\cdot$

链终止:④ $2Cl\cdot \longrightarrow Cl_2$

根据反应中链的持续方式不同,可分为**直链反应**和**支链反应**(见图 1.3)。当一个自由基或原子参加反应后,可以产生两个或两个以上新的自由基或原子的反应称为**支链反应**。在支链反应中,自由基迅速增加,反应速率也急剧加快,最后可以达到爆炸的程度。常见的爆炸,大量的是支链反应所致的链爆炸。为控制支链反应以合适速率进行,除控制温度、压力外,主要应控制好反应物的组成。

一些可燃气体如 H_2、NH_3、CO、CH_4、C_2H_2 等在空气中的氧化反应,均为支链反应,它们都存在着一定的**爆炸范围**,见表 2.3。例如,当空气中含 H_2 的体积分数在 4%~74%时,点火或遇明火都可能发生爆炸。在生产和使用此类气体及城市煤气、液化石油气等时要注意安全,严格控制可能引起爆炸的各种诱发因素。

表 2.3 某些可燃气体在空气中的爆炸范围

可燃气体	在空气中的爆炸界限 (体积分数)/%		可燃气体	在空气中的爆炸界限 (体积分数)/%	
	低限	高限		低限	高限
H_2	4	74	C_2H_6	3.2	12.5
NH_3	16	27	C_3H_8	2.4	9.5
CS_2	1.25	44	C_6H_6	2.5	80
CO	12.5	74	CH_3OH	1.4	6.7
CH_4	5.3	14	C_2H_5OH	7.3	36
C_2H_2	3.2	12.5	$(C_2H_5)_2O$	4.3	19
C_2H_4	3.0	29	$CH_3COOC_2H_5$	1.9	48

2. 光化反应

在光的作用下发生的化学反应称为**光化反应**或**光化学反应**。光化反应是自然界最基本的反应,对地球上的生命活动有重要意义。例如,植物的光合作用,胶片的感光作用(如 $AgBr \xrightarrow{h\nu} Ag + \frac{1}{2}Br_2$),大气中光化学烟雾的形成,塑料制品在环境中的光降解等都是光化反应。相对于光化反应,以前学过的反应称为热反应,两者相比,光化反应有如下特点:

① **速率主要决定于光的强度而受温度影响小** 热反应的活化能来源于分子的碰撞,而这种碰撞来源于热运动,主要在基态进行,受温度的影响较大;光化反应的活化能来源于光活化,即分子吸收了光子后变为激发态,在此高能激发态下,反应更易于发生,速率主要取决于光的强度,而受温度的影响很小。温度每升高 10 ℃,光化反应的速率只增加 0.1~1 倍。

② **光能使某些吉布斯函数增加的过程得以实现** 热反应只能进行吉布斯函数减小的自发反应,而光辐射就是给系统做非体积功,所以也能使某些吉布斯函数增加的反应自发进行。最典型的例子是光合作用:

$$6CO_2 + 6H_2O \xrightarrow[\text{叶绿素}]{h\nu} C_6H_{12}O_6 + 6O_2$$

在日光的照射下,绿色植物中的叶绿素将 CO_2 和 H_2O 化合成糖类和氧气,从而使 $\Delta_r G_m^{\ominus} = 2\,245\ kJ\cdot mol^{-1}$ 的上述反应得以发生。CO_2 和 H_2O 不能吸收波长 400~700 nm 的太阳光,而叶绿素能够吸收,所以叶绿素起光合作用催化剂(也叫光敏剂)的作用。

③ **光化反应比热反应更具有选择性**　利用单色光(如激光)可以激发混合系统中某特定的组分发生反应(如红外激光反应能把供给反应系统的能量集中消耗在选定要活化的化学键上,称为**选键化学**),从而达到根据人们的意愿,设计指定的化学反应。如有机化学中可选择适当频率的红外激光使反应物分子中特定的化学键或官能团活化,让反应按照人们的需要定向进行,即实现所谓"分子裁剪"。

20 世纪 60 年代出现的激光技术,使光化学获得了崭新的武器,近几十年来光化反应迅速发展。激光与化学反应有关的特性主要有两个:高单色性(如氦氖激光器产生的激光谱线宽度小于 10^{-17} m);高强度(即高脉冲功率,如红宝石巨脉冲激光器)。另外,还有高方向性等。

2.4　环境化学和绿色化学

2.4.1　大气污染与环境化学

环境问题是当前世界面临的重大问题之一。酸雨、全球气候变暖与臭氧层的破坏是当前困扰世界的三个全球性大气污染问题。**环境化学**主要研究有害化学物质在环境介质中的存在、化学特性、行为和效应及其控制的化学原理和方法。

干燥清洁空气的组成在地球表面的各处几乎是一致的,可以看作大气中自然不变的组成,或称为**大气的本底值**,见表 2.4。有了这个组成就可以容易地判定大气中的外来污染物。

表 2.4　干燥清洁空气的组成(体积分数 φ)

气体类别	φ /%	气体类别	φ /%
氮(N_2)	78.09	氦(He)	5.24×10^{-4}
氧(O_2)	20.95	氪(Kr)	1.0×10^{-4}
氩(Ar)	0.93	氢(H_2)	0.5×10^{-4}
二氧化碳(CO_2)	0.03	氙(Xe)	0.08×10^{-4}
氖(Ne)	18×10^{-4}	臭氧(O_3)	0.01×10^{-4}

半个多世纪以来,随着工业和交通运输的迅速发展,向大气中大量排放烟尘、有害气体、金属氧化物等,使某些物质的浓度超过它们的本底值,并对人及动植物等产生有害的效应,这就是大气污染。人为排放的大气污染物中,量多且危害较大的主要有:颗粒物质、硫氧化物 SO_x、氮氧化物 NO_x、CO 和 CO_2、烃类化合

物C_xH_y(或简写为 HC)和氟利昂等。

限制污染的具体技术的选择要根据污染物的种类、污染物生成的过程及所要求的洁净程度而定。比如,可以通过烟气脱硫、燃料预先脱硫和燃烧中脱硫等方式实现对SO_2的控制。再如,控制汽车尾气[①]有害物排放的方法,可以用机内净化(改进发动机使污染物产生量减少),也可以用机外净化(在发动机外对排出的废气进行净化治理)。机内净化是解决问题的根本途径,是重点研究的方向。机外净化的主要方法,从化学上看就是催化净化法,其关键是寻找耐高温的高效催化剂,最理想的方法是利用三效催化尾气转化器,同时完成 CO、HC 的氧化和NO_x的还原反应。主要反应可表示如下(碳氢化合物以辛烷为例):

$$CO+NO \Longrightarrow \frac{1}{2}N_2+CO_2$$

$$CO+C_8H_{18}+13O_2 \Longrightarrow 9CO_2+9H_2O$$

当前 Pt、Pd、Ru 催化剂(CeO_2为助催化剂,耐高温陶瓷为载体)可使尾气中有害物质转化率超过 90%。

臭氧是大气中的一种自然微量成分(见表 2.4),臭氧层存在于平流层中,主要分布在距地面 15 ~ 35 km 范围内,浓度峰值在 25 km 处附近,最高浓度为 10 mL·m^{-3}。若把O_3集中起来并校正到标准状态,其气层厚度也不足 0.45 cm。就是这个臭氧层能吸收 99% 以上来自太阳的紫外线,保护了人类和生物免遭紫外辐射的伤害。

不幸的是,人类排入大气的某些物质与臭氧发生作用,导致了臭氧的损耗,引起了臭氧层空洞。这些物质主要有氟利昂 CFC、哈龙[②]等。CFC 中主要是 CFC—11 和 CFC—12,化学式分别为$CFCl_3$和CF_2Cl_2;哈龙中主要有哈龙—1301、哈龙—1211、哈龙—2402,其化学式分别为CF_3Br、CF_2ClBr、$C_2F_4Br_2$。

美国罗兰(Rowland)[③]于 1974 年首先提出氟利昂等物质破坏大气平流层中臭氧层的理论。由于氟利昂很稳定,在低层大气中可长期存在(寿命约为几十年甚至上百年),还未来得及分解即穿过对流层进入平流层(包括N_2O、哈龙等),在短波紫外线的作用下分解成 Cl·、Br·、HO· 等活泼自由基,

---

① 以汽油或柴油为动力的汽车排放气中含有 CO、碳氢化合物、NO_x、醛、有机及无机铅化合物、苯并[a]芘等多种有害物。

② 哈龙是含溴的卤代甲烷和卤代乙烷的商品名,是英文 Halon 的音译,其代号后面的四位数,按碳、氟、氯、溴原子个数顺序排列。

③ 美国加利福尼亚大学 Rowland F S 教授等因阐明臭氧层空洞的成因与危害而荣获 1995 年诺贝尔化学奖。

可作为催化剂引起链反应,促使 O_3 分解。导致 O_3 层破坏的氯催化反应过程可表示为

$$Cl \cdot + O_3 \longrightarrow ClO + O_2$$
$$ClO + O \cdot \longrightarrow Cl \cdot + O_2$$

总反应
$$O_3 + O \cdot \longrightarrow 2O_2$$

其中 $O \cdot$ 也是 O_3 光解 ($O_3 + h\nu \xrightarrow{\lambda = 210 \sim 290\ nm} O_2 + O \cdot$) 的产物。反应中催化活性物种 $Cl \cdot$ 本身不变。反应中一个氯原子能破坏 10 万个 O_3 分子,而溴原子破坏臭氧层的能力比氯原子还要强。

氯原子主要来自氟利昂的光分解、溴原子来自哈龙的光分解(在平流层较强紫外线作用下)。例如:

$$CFCl_3 + h\nu \xrightarrow{\lambda < 226\ nm} CFCl_2 \cdot + Cl \cdot$$

$$CF_2Cl_2 + h\nu \xrightarrow{\lambda < 221\ nm} CF_2Cl \cdot + Cl \cdot$$

大气中臭氧层的损耗,主要是由消耗臭氧的物质引起,因此必须对这些物质的生产及消费加以限制。

2.4.2　清洁生产与绿色化学

若能从废物的末端处理改变为对生产全过程的控制,这是符合可持续发展方向的一个战略性转变。清洁生产、绿色化学等就是这样的先进科学技术。

清洁生产通常是指在产品生产过程和预期消费中,既合理利用自然资源,把对人类和环境的危害减至最小,又能充分满足人类需要,使社会经济效益最大化的一种生产模式。清洁生产的环境经济效益远远超过工业污染末端控制。

绿色化学是一种以保护环境为目标来设计、生产化学产品的一门新兴学科,是一门从源头上阻止污染的化学。它用化学的技术和方法减少或消灭那些对人类健康、安全、生态环境有害的原料、催化剂、溶剂和试剂、产物、副产物等的产生和使用。绿色化学为传统化学工业带来革命性的变化,化学家不仅要研究化学产品生产的可行性,还要设计符合绿色化学要求、不产生或减少污染的化学过程。这给化学发展和化学家带来了重大机遇和挑战。

绿色化学的研究重点可用图 2.7 表示。

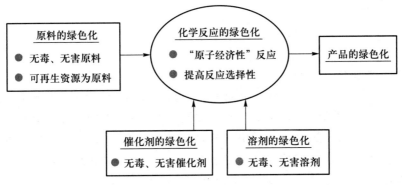

图 2.7 绿色化学示意图

近年来,开发新的"原子经济性"反应已成为绿色化学研究的热点之一。理想的原子经济性反应是原料分子中的原子 100% 地转变为产物,不产生副产物或废物,实现废物的零排放。例如,重要的有机合成中间体环氧乙烷的生产,从经典的氯醇(二步制备)法改为银催化乙烯直接氧化(一步)法,原子利用率从 25% 提高到 100%,理论上没有废物产生。

(1) 经典氯醇法

$$H_2C{=}CH_2 + Cl_2 + H_2O \longrightarrow ClCH_2CH_2OH + HCl$$

$$ClCH_2CH_2OH + Ca(OH)_2 \xrightarrow{HCl} H_2C\overset{O}{\diagup\!\!\diagdown}CH_2 + CaCl_2 + 2H_2O$$

总反应 $\qquad\quad$ $C_2H_4 + Cl_2 + Ca(OH)_2 \longrightarrow C_2H_4O + CaCl_2 + H_2O$

摩尔质量/$(g \cdot mol^{-1})$ $\quad$ 28 $\quad$ 71 $\quad$ 74 $\qquad\qquad$ 44

$$原子利用率 = \frac{期望产品的摩尔质量}{化学反应方程式按计量所用原料的摩尔质量之和} \times 100\%$$

$$= \frac{44 \ g \cdot mol^{-1}}{173 \ g \cdot mol^{-1}} \times 100\% = 25\%$$

(2) 现代直接氧化法

$$H_2C{=}CH_2 + \frac{1}{2}O_2 \xrightarrow{催化} H_2C\overset{O}{\diagup\!\!\diagdown}CH_2$$

原子利用率 = 100%

选读材料

熵与信息和社会

　　物质、能量和信息是客观世界的三要素。物质提供信息,信息控制物质和能量的运动。热力学第二定律告诉我们:隔离系统的总熵是增加的。熵增会使能量弥散、能质衰退。似乎熵增是一种破坏性过程,熵在干"坏事"。耗散结构理论告诉我们,在某些条件下,熵或混沌会成为有序之源。例如,天上的云彩、木星大气层中的涡旋状结构、贝纳德花纹、激光、化学振荡等非生命现象,以及生命科学中生物进化和自组织现象等都是在一定条件下自发形成的宏观有序结构。可见,熵不仅使旧事物消亡,也促进新事物萌生;不仅对科学技术、工农业生产至关重要,也与人类的未来、日常生活休戚相关,理解熵行为的祸福二重性,就能在未来的发展中注意避祸扬福。

1. 信息熵与负熵

　　信息是指对事物状态、存在方式和相互联系进行描述的一组文字、符号、语言、图像或情态。信息的特征在于能减小事物的不确定性。

　　假定某事件的可能结果为 $x_1, x_2, \cdots, x_n$;出现某结果的概率相应为 $P_1, P_2, \cdots, P_n$,且 $\sum_{i=1}^{n} P_i = 1$。信息论引入事件的不确定性 u 为

$$u = -\sum_{i=1}^{n} P_i \ln P_i \qquad (2.30)$$

　　申农(Shannon C E)认为信息熵与不确定性 u 成正比:

$$S = -K \sum_{i=1}^{n} P_i \ln P_i \qquad (2.31)$$

信息熵也称广义熵。熵概念的这一推广,为熵从热力学进入信息、生物、经济与社会领域创造了条件。

　　若不确定事件的每个可能结果的出现概率相同,即 $P_1 = P_2 = \cdots = P_i = P$,$\omega$ 表示可能出现的结果总数,且 $P = 1/\omega$,则式(2.31)变成:

$$S = -K \ln P \qquad (2.32a)$$

或

$$S = K \ln \omega \qquad (2.32b)$$

将比例系数 K 视为玻耳兹曼常数 k,则式(2.32b)与热力学熵 S 的玻耳兹曼公式[式(2.1)]有完全相同的形式。可见更为广泛的信息熵定义式(2.31)或式(2.32)已将热力学熵包含在其中。

信息论认为信息量 I 应与事情的不确定性 u 的减少量成正比,故定义信息量①

$$I = -K(u_2 - u_1) \tag{2.33a}$$

联系式(2.30)和式(2.31)可得

$$I = -(S_2 - S_1) = -\Delta S \tag{2.33b}$$

式(2.33b)表明熵与信息的联系——信息量等于熵的减少,或者说"信息熵就是负熵"。

著名的量子力学创始人之一薛定谔(Schrödinger E)把负熵概念引进生物领域。按热力学第二定律熵增原理,演化总是朝着无序、混乱和衰退方向,为什么生物能避免衰退和死亡呢?薛定谔在《生命是什么》(1944 年出版)一书中指出:"明白的回答是:靠吃、喝、呼吸,……专门术语叫新陈代谢。""一个生命有机体在不断地增加它的熵——你或者可以说是在增加正熵——并趋于接近最大熵值的危险状态,那就是死亡。要摆脱死亡,就是说要活着,唯一的办法是从环境不断吸取负熵,……有机体是依赖负熵为生的"。生物体是一个高度复杂的开放系统,是多等级(如分子、离子、细胞、组织、器官、机体)有序系统,要消耗从外界吸取的有效物质和能量(输入负熵),发散系统的无效物质和能量(输出正熵)。绿色植物的光合作用,凭借阳光供给的能量,将无序的无机化合物(大气中的 CO_2 和土壤里的水分等)转变为有序的有机化合物(糖类、淀粉和纤维素)——宏观有序结构,从而造成活的植物熵的局部减少(即产生了负熵)。当输入负熵多于输出正熵时,生物体就得以生长、发育、进化,即生物体依靠负熵输入提高系统的有序性。这种自组织的有序结构,比利时科学家普里戈金(Prigogine I R)称之为"耗散结构"。普里戈金由于对耗散结构理论的重大贡献而荣获 1977 年诺贝尔化学奖。

2. 不可逆过程与自组织

不可逆过程限制热机效率提高,使生命个体不可抗拒地趋向死亡,使世界趋向均匀、混乱、无序,不可逆过程好像是一种令人悲观和讨厌的东西。然而,远离平衡的开放系统中的自组织现象,改变了不可逆过程的消极形象。在宇宙的一个局部——一个远离平衡的开放系统中,不可逆过程扮演着建设者的角色,它能使系统中的局部表现出惊人的协同一致,为人们构造出奇妙的时空有序结构。为了与平衡结构(如晶体)相区别,称这种有序结构为耗散结构或自组织。

化学振荡和化学波是一类重要的自组织现象。例如,1921 年勃雷(Bray W C)

---

① 在二进制的计算机科学中,定义信息量 $I = \log_2 \omega$(比特)。比特为普遍采用的信息量单位,1 比特 $= 10^{-23}$ J·K^{-1}。即获取 1 比特的信息相当于减少 10^{-23} J·K^{-1} 的信息熵。

发现 H_2O_2 与 KIO_3 在稀硫酸中催化反应时,释放出 O_2 的速率及 I_2 的浓度会随时间呈周期性的变化。当系统中加入淀粉指示剂时,这种振荡能够显示出无色和蓝色的周期性变化。其主要反应为

$$2IO_3^- + 2H^+ + 5H_2O_2 \Longrightarrow I_2 + 5O_2 + 6H_2O$$

$$5H_2O_2 + I_2 \Longrightarrow 2IO_3^- + 2H^+ + 4H_2O$$

　　特别是 1959 年苏联化学家贝洛索夫(Belousov B P)和生物化学家札博廷斯基(Zhabotinsky A M)在著名的 BZ 反应中发现了自组织现象,使人们对化学振荡发生了广泛的兴趣。现已发现了许多不同类型的振荡反应,并进一步发展到化学中的混沌现象的研究。在 BZ 反应中,丙二酸在溶有硫酸铈的稀硫酸溶液中被溴酸钾氧化,当有指示剂(邻菲咯啉)存在时,溶液会显示出红色(Ce^{3+})和蓝色(Ce^{4+})的周期性变化(像钟摆一样做规则的时间振荡,故称**化学振荡**或化学钟),有时也会观察到非周期性的过程(化学湍流)。可定量地测出振荡周期和 Br^-、Ce^{3+}、Ce^{4+} 浓度随时间变化的曲线(其中 Ce^{3+} 是催化剂,Br^- 和 Ce^{4+} 是反应的中间物),见图 2.8。

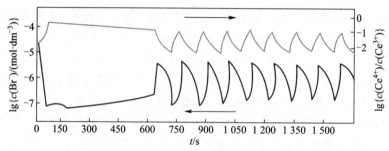

图 2.8　BZ 反应 $\{c(Ce^{4+})/c(Ce^{3+})\}$ 和 $c(Br^-)$ 随时间 t 的振荡

3. 熵与经济和社会

　　熵概念已渗透到经济学和社会学中。世界许多经济学家、社会学家与其他科学家一道,研究与熵有关的各种科学和社会问题,如人口问题、舆论形成问题、经济发展问题、战争与和平问题等。耗散结构理论的创建人普里戈金等把耗散结构理论用于研究城市演化、经济发展等问题。科学家们为社会学的研究开拓了一条新路,促成了新的交叉学科——定量社会学的问世。

　　经济系统是一个复杂的开放系统,它不断与自然界进行物质、能量及熵的交换。在物质交换中,输入物料资源,排出废物和产品;在能量交换中,输入可利用能,排出废热;而物流、能流总是伴随着熵流和熵的产生。在经济过程中固然以得到低熵产品和能量为目标,却总是以同时获得高熵的废物

和废热为代价。

经济过程可分为生产、流通、消费三个子过程,每个子过程都是导致总熵增加的过程。现以生产子过程为例,其物流、能流和熵流情况见图2.9。除了输入原料和能源外,还要具备知识和技术,知识和技术可以使生产安排合理而科学,可以减少能耗和废物,并提高产率和产品质量。所以,知识和技术起着负熵的作用。为了降低生产过程总熵的增加,重视对工人的培训和知识分子的再学习是十分重要的。同样,流通子过程也是个熵增过程。而消费过程则是典型的熵增过程。

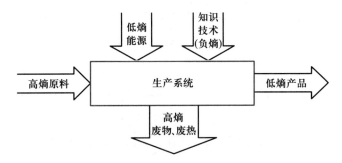

图 2.9 生产过程中的物流、能流和熵流

要满足消费,就要发展生产、发展经济。经济腾飞了、生活改善了,但却有可能导致熵的增加。为此,要提倡节约、增智,倡导低碳生活,实施可持续发展战略,小心熵的"报复"。以人的高度智慧巧妙地掌握和利用自然规律,促使经济、社会不断向前发展,同时又要减少熵的产生。

本 章 小 结

重要的基本概念

自发反应;熵 S;熵变 ΔS;标准摩尔熵 $S_m^\ominus$;反应的标准摩尔熵变 $\Delta_r S_m^\ominus$;熵判据;吉布斯函数 G;吉布斯函数变 ΔG;标准摩尔生成吉布斯函数 $\Delta_f G_m^\ominus$;反应的标准摩尔吉布斯函数变 $\Delta_r G_m^\ominus$;吉布斯函数判据;反应商 Q;标准平衡常数 $K^\ominus$;反应速率 v;反应速率常数 k;基元反应;复合反应;反应级数;活化能;活化分子;催化剂;酶催化;链反应;光化反应;环境化学;清洁生产与绿色化学。

注意:(1) 在298.15 K时,物质的标准摩尔生成吉布斯函数用$\Delta_f G_m^\ominus$(298.15 K)表示[与 $\Delta_f H_m^\ominus$(298.15 K)相对应],物质的标准摩尔熵值用 $S_m^\ominus$(298.15 K)表示。常用单位,前者为 kJ·mol^{-1},后者为 J·mol^{-1}·K^{-1}。(2) 与自发性和化学平衡有关的概念取决于系统的状态,而与反应速率有关的概念取决于反应的过程或具体的途径。

1. 化学反应的方向和限度

封闭系统等温条件下, 焓和熵可通过吉布斯等温方程式联系起来。

$$\Delta_r G_m = \Delta_r H_m - T\Delta_r S_m$$

对于反应 $0 = \sum\limits_B \nu_B B$

$$\Delta_r S_m^\ominus = \sum\limits_B \nu_B S_{m,B}^\ominus$$

隔离系统中过程自发性判据 (熵增加原理)

$$\Delta S_{\text{隔离}} \geq 0 \left.\begin{matrix} \text{自发过程} \\ \text{平衡状态} \end{matrix}\right\}$$

对于等温、等压不做非体积功的封闭系统, 可用最小自由能原理判断反应的自发性:

$$\Delta_r G_m < 0 \ \text{自发过程, 过程能向正方向进行} \left.\vphantom{\begin{matrix}a\\a\\a\end{matrix}}\right\}$$

$$\Delta_r G_m = 0 \ \text{平衡状态}$$

$$\Delta_r G_m > 0 \ \text{非自发过程, 过程能向逆方向进行}$$

理想气体反应的 $\Delta_r G_m$ 可由 $\Delta_r G_m^\ominus$ 通过如下热力学等温方程式求得

热力学意义

$$\Delta_r G_m(T) = \Delta_r G_m^\ominus(T) + RT\ln \prod_B (p_B/p^\ominus)^{\nu_B}$$

反应的标准摩尔吉布斯函数变的计算:

① $\Delta_r G_m^\ominus(298.15\ \text{K})$ 的计算　可由产物和反应物的 $\Delta_f G_m^\ominus(298.15\ \text{K})$ 求得, 也可由反应的 $\Delta_r H_m^\ominus(298.15\ \text{K})$ 和 $\Delta_r S_m^\ominus(298.15\ \text{K})$ 求得。

$$\Delta_r G_m^\ominus(298.15\ \text{K}) = \sum\limits_B \nu_B \Delta_f G_{m,B}^\ominus(298.15\ \text{K})$$

$$\Delta_r G_m^\ominus(298.15\ \text{K}) = \Delta_r H_m^\ominus(298.15\ \text{K}) - 298.15\ \text{K} \times \Delta_r S_m^\ominus(298.15\ \text{K})$$

② $\Delta_r G_m^\ominus(T)$ 的计算　由于反应的 ΔH 和 ΔS 基本不随温度而变, 故

$$\Delta_r G_m^\ominus(T) \approx \Delta_r H_m^\ominus(298.15\ \text{K}) - T\Delta_r S_m^\ominus(298.15\ \text{K})$$

2. 化学平衡

对于反应 $0 = \sum\limits_B \nu_B B$, 定义标准平衡常数:

$$K^{\ominus} = \exp[-\Delta_r G_m^{\ominus}/(RT)]$$

或
$$-RT\ln K^{\ominus} = \Delta_r G_m^{\ominus}$$

当化学平衡的条件发生改变时,平衡会遵循吕·查德里原理发生移动。从化学热力学看,浓度或压力的改变,可能改变反应商 Q 而不改变 $K^{\ominus}$;温度的改变会改变反应的 $K^{\ominus}$。

当 $Q < K^{\ominus}$,则 $\Delta_r G_m < 0$,反应正向自发进行

当 $Q = K^{\ominus}$,则 $\Delta_r G_m = 0$,平衡状态

当 $Q > K^{\ominus}$,则 $\Delta_r G_m > 0$,反应逆向自发进行

温度对 $K^{\ominus}$ 有重要影响——范特霍夫方程:

$$\ln K^{\ominus} = -\frac{\Delta_r H_m^{\ominus}}{RT} + \frac{\Delta_r S_m^{\ominus}}{R}$$

$$\ln\frac{K_2^{\ominus}}{K_1^{\ominus}} = -\frac{\Delta_r H_m^{\ominus}}{R}\left(\frac{1}{T_2} - \frac{1}{T_1}\right) = \frac{\Delta_r H_m^{\ominus}}{R}\left(\frac{T_2 - T_1}{T_1 T_2}\right)$$

3. 反应速率

对于等容反应 $0 = \sum\limits_{B} \nu_B B$,定义化学反应速率

$$v = \frac{1}{\nu_B}\frac{dc_B}{dt}$$

基元反应满足质量作用定律。例如,对于基元反应 $a\mathrm{A} + b\mathrm{B} \longrightarrow g\mathrm{G} + d\mathrm{D}$

$$v = kc_A^a c_B^b$$

式中,k 称为速率常数,$n = a + b$ 称为反应级数,a 或 b 称为分级数。

复合反应的反应级数比较复杂,由实验确定。

一级反应具有三个典型特征:(1) $\ln c$ 对 t 作图得一直线,斜率为 $-k$。(2) 半衰期 $t_{1/2}$ 与反应物的起始浓度无关。(3) 速率常数 k 具有(时间)$^{-1}$ 的量纲,其 SI 单位为 s^{-1}。

温度对反应速率的影响很大,k 和 T 间的定量关系称为阿伦尼乌斯方程(形式上与平衡常数随温度的变化关系相似):

$$k = Ae^{-E_a/(RT)}$$

或
$$\ln k = \ln A - \frac{E_a}{RT}$$

$$\ln \frac{k_2}{k_1} = -\frac{E_a}{R}\left(\frac{1}{T_2}-\frac{1}{T_1}\right) = \frac{E_a}{R}\left(\frac{T_2-T_1}{T_1 T_2}\right)$$

式中，A 为指前因子，E_a 为反应的活化能（通常为正值）。如果 A 与 E_a 视为常数，以实验测得的 $\ln k$ 对 $1/T$ 作图为一直线，从斜率可得活化能，通常又称表观活化能。

链反应由链引发、链传递和链终止三个阶段组成。

光化反应有不同于一般热反应的许多特点。

4. 大气环境污染控制

环境化学主要研究环境污染及其治理，是使人类和自然和谐共处的新兴学科。

清洁生产和绿色化学是改变"三废"末端处理，对生产全过程控制，提高原子利用率、实行少排废甚至零排放的符合可持续发展战略的先进科学技术。

学生课外进修读物

[1] 王明华. 大一化学如何处理平衡常数[J]. 大学化学, 1993, 8(3): 19.

[2] 罗渝然, 俞书勤, 张祖德, 等. 再谈什么是活化能[J]. 大学化学, 2010, 25(3): 35.

[3] 俞汝勤. 漫话化学与人类健康[J]. 大学化学, 2010, 25(增刊): 2.

[4] 闵恩泽, 傅军. 绿色化学的进展[J]. 化学通报, 1999, 62(1): 10.

[5] 沈玉龙, 舒世立, 刘立华. 现代化学动力学的奠基人——迈克尔. 波兰尼 [J]. 化学通报, 2016, 79(3): 283.

[6] 林索斯特. 简论绿色化学的起源与发展[J]. 科学文化评论, 2017, 14(5): 44.

复习思考题

1. 要使木炭燃烧，必须首先加热，为什么？这个反应究竟是放热还是吸热？试说明之。这个反应的 $\Delta_r H$ 是正值还是负值？

2. 如何用物质的标准热力学函数 $\Delta_f H_m^{\ominus}(298.15\ K)$、$S_m^{\ominus}(298.15\ K)$、$\Delta_f G_m^{\ominus}(298.15\ K)$ 的数据，计算反应的 $\Delta_r G_m^{\ominus}(298.15\ K)$ 及某温度 T 时反应的 $\Delta_r G_m^{\ominus}(T)$ 的近似值？举例说明。

3. 有建议在实验室中用甲醇 CH_3OH 的分解来制备甲烷：

$$CH_3OH(l) \Longrightarrow CH_4(g) + \frac{1}{2}O_2(g)$$

试问(注意，CH_3OH 熔点为 175 K，沸点为 338 K)：

(1) 298.15 K 的标准状态下此反应能否自发进行？

（2）此反应能自发进行的温度条件如何？试分析讨论之。

4. 能否用 $K^\ominus$ 来判断反应的自发性？为什么？

5. 如何采用物质的标准热力学函数 $\Delta_f H_m^\ominus(298.15\ \text{K})$、$S_m^\ominus(298.15\ \text{K})$、$\Delta_f G_m^\ominus(298.15\ \text{K})$ 的数据，计算反应的 $K^\ominus$ 值？写出有关的计算公式。

6. 试举出两种计算反应的 $K^\ominus$ 值的方法。

7. 对于反应：

$$2Cl_2(g)+2H_2O(g) \Longrightarrow 4HCl(g)+O_2(g)$$

此反应的 Q 为正值。将 Cl_2，H_2O，HCl，O_2 四种气体混合后，反应达到平衡。下列左面操作条件的改变对右面的平衡时的数值有何影响？（操作条件中没加注明的，是指温度不变、容积不变。）

（1）增大容器体积——H_2O 的物质的量

（2）加 O_2——H_2O 的物质的量

（3）减小容器体积——$K^\ominus$

（4）加催化剂——HCl 的物质的量

8. 试从 $\Delta_r G_m^\ominus$ 和 $K^\ominus$ 的关系，推演多重平衡规则。若反应（3）= 反应（1）+ 反应（2），能否推演得其相应反应的标准摩尔吉布斯函数变间的关系为 $\Delta_r G_{m,3}^\ominus = \Delta_r G_{m,1}^\ominus + \Delta_r G_{m,2}^\ominus$？（提示：这是一种非常有用的方法，叫作反应的耦合。可参阅一般的物理化学教科书。）

9. 能否根据化学反应方程式来表达反应的级数？为什么？举例说明。

10. 阿伦尼乌斯方程有什么重要应用？举例说明。对于"温度每升高 $10\ ^\circ\text{C}$，反应速率通常增大到原来的 $2\sim4$ 倍"这一实验规律（称为范特霍夫规则），你认为如何？

11. 用锌与稀硫酸制取氢气，反应的 $\Delta_r H$ 为负值。在反应开始后的一段时间内反应速率加快，后来反应速率又变慢。试考虑浓度、温度等因素来解释此现象。

12. 什么是阿伦尼乌斯活化能？活化能的大小与温度是否有关？

13. 比较"平衡常数与温度的关系式"同"反应速率常数与温度的关系式"，有哪些相似之处？有哪些不同之处？请说明，并谈谈你的理解。

14. 试从化学反应速率和化学平衡原理，综合分析合成氨生产工艺中所采用的压力、温度和催化剂等条件的理由。

15. 全球性大气污染问题主要有哪些？化学学科怎样在治理大气污染中发挥作用？

习　　题

1. 是非题（对的在括号内填"$+$"号，错的填"$-$"号）

（1）$\Delta_r S$ 为正值的反应均是自发反应。　　　　　　　　　　　　　　　　（　　）

（2）某一给定反应达到平衡后，若平衡条件不变，分离除去某产物，待达到新的平衡后，则各反应物和产物的分压或浓度分别保持原有定值。　　　　　　　　（　　）

（3）对反应系统 $C(s)+H_2O(g) \Longrightarrow CO(g)+H_2(g)$，$\Delta_r H_m^\ominus(298.15\ \text{K})= 131.3\ \text{kJ}\cdot\text{mol}^{-1}$。由于化学反应方程式两边物质的化学计量数（绝对值）的总和相等，所以增加总压力对平衡

无影响。　　　　　　　　　　　　　　　　　　　　　　　　　　　　（　　）

（4）上述（3）中反应达到平衡后，若升高温度，则正反应速率增加，逆反应速率减小。结果平衡向右移动。　　　　　　　　　　　　　　　　　　　　　　　　（　　）

（5）反应的级数取决于化学反应方程式中反应物的化学计量数（绝对值）。　（　　）

（6）催化剂能改变反应历程，降低反应的活化能，但不能改变反应的 $\Delta_r G_m^{\ominus}$。　（　　）

（7）在常温常压下，空气中的 N_2 和 O_2 能长期存在而不化合生成 NO。热力学计算表明 $N_2(g) + O_2(g) \rightleftharpoons 2NO(g)$ 的 $\Delta_r G_m^{\ominus}(298.15 \text{ K}) \gg 0$，则 N_2 和 O_2 混合气必定也是动力学稳定系统。　　　　　　　　　　　　　　　　　　　　　　　　　　　　（　　）

（8）已知 CCl_4 不会与 H_2O 反应，但 $CCl_4(l) + 2H_2O(l) \rightleftharpoons CO_2(g) + 4HCl(aq)$ 的 $\Delta_r G_m^{\ominus}(298.15 \text{ K}) = -379.93 \text{ kJ} \cdot \text{mol}^{-1}$，则必定是热力学不稳定而动力学稳定的系统。　（　　）

2. 选择题（将正确答案的标号填入括号内）

（1）真实气体行为接近理想气体性质的外部条件是　　　　　　　　　　（　　）

（a）低温高压　　　（b）高温低压　　　（c）低温低压　　　（d）高温高压

（2）某温度时，反应 $H_2(g) + Br_2(g) \rightleftharpoons 2HBr(g)$ 的标准平衡常数 $K_1^{\ominus} = 4 \times 10^{-2}$，则反应 $HBr(g) \rightleftharpoons \frac{1}{2}H_2(g) + \frac{1}{2}Br_2(g)$ 的标准平衡常数 $K_2^{\ominus}$ 等于　　　　　　　　（　　）

（a）$\dfrac{1}{4 \times 10^{-2}}$　　　（b）$\dfrac{1}{\sqrt{4 \times 10^{-2}}}$　　　（c）4×10^{-2}

（3）升高温度可以增加反应速率，最主要是因为　　　　　　　　　　（　　）

（a）增加了分子总数　　　　　　　（b）增加了活化分子的百分数

（c）降低了反应的活化能　　　　　（d）促进平衡向吸热方向移动

（4）已知汽车尾气无害化反应：　　　　　　　　　　　　　　　　　（　　）

$$NO(g) + CO(g) \rightleftharpoons \frac{1}{2}N_2(g) + CO_2(g)$$

的 $\Delta_r H_m^{\ominus}(298.15 \text{ K}) \ll 0$，要有利于取得有毒气体 NO 和 CO 的最大转化率，可采取的措施是

（a）低温低压　　　（b）高温高压　　　（c）低温高压　　　（d）高温低压

（5）随温度升高一定增大的量是　　　　　　　　　　　　　　　　　（　　）

（a）$\Delta_r G_m^{\ominus}$　　　　　　　　　　　（b）吸热反应的平衡常数 $K^{\ominus}$

（c）液体的饱和蒸气压　　　　　　（d）反应的速率常数 k

（6）一个化学反应达到平衡时，下列说法中正确的是　　　　　　　　（　　）

（a）各物质的浓度或分压不随时间而变化

（b）$\Delta_r G_m^{\ominus} = 0$

（c）正、逆反应的速率常数相等

（d）如果寻找到该反应的高效催化剂，可提高其平衡转化率

3. 填空题

（1）对于反应：

$$N_2(g) + 3H_2(g) \rightleftharpoons 2NH_3(g); \Delta_r H_m^{\ominus}(298.15 \text{ K}) = -92.2 \text{ kJ} \cdot \text{mol}^{-1}$$

升高温度(如升高 100 K),下列各项将如何变化(填写:不变;基本不变;增大或减小。):

$\Delta_r H_m^{\ominus}$＿＿＿＿,$\Delta_r S_m^{\ominus}$＿＿＿＿,$\Delta_r G_m^{\ominus}$＿＿＿＿,

$K^{\ominus}$＿＿＿＿,v(正)＿＿＿＿,v(逆)＿＿＿＿。

(2) 对于反应:

$$C(s)+CO_2(g) \Longrightarrow 2CO(g)\;;\;\Delta_r H_m^{\ominus}(298.15\ K)=172.5\ kJ\cdot mol^{-1}$$

若增加总压力,升高温度或加入催化剂,则反应速率常数 k(正)和 k(逆)、反应速率 v(正)和 v(逆)及标准平衡常数 $K^{\ominus}$、平衡移动的方向等将如何变化? 分别填入下表中。

	k(正)	k(逆)	v(正)	v(逆)	$K^{\ominus}$	平衡移动的方向
增加总压力						
升高温度						
加入催化剂						

(3) 造成平流层臭氧层破坏的主要物质有＿＿＿＿＿＿;主要的温室气体有＿＿＿＿;形成酸雨的大气污染物主要是＿＿＿＿和＿＿＿＿。

4. 不用查表,将下列物质按其标准摩尔熵 $S_m^{\ominus}$(298.15 K)值由大到小的顺序排列,并简单说明理由。

(1) K(s)　(2) Na(s)　(3) Br_2(l)　(4) Br_2(g)　(5) KCl(s)

5. 定性判断下列反应或过程中熵变的数值是正值还是负值。

(1) 溶解少量食盐于水中;

(2) 活性炭表面吸附氧气;

(3) 碳与氧气反应生成一氧化碳。

6. 根据下列两个反应及其 $\Delta_r G_m^{\ominus}$(298.15 K)值,计算 Fe_3O_4(s)在 298.15 K 时的标准摩尔生成吉布斯函数。

$$2Fe(s)+\frac{3}{2}O_2(g) == Fe_2O_3(s)\;;\;\Delta_r G_m^{\ominus}(298.15\ K)=-742.2\ kJ\cdot mol^{-1}$$

$$4Fe_2O_3(s)+Fe(s) == 3Fe_3O_4(s)\;;\;\Delta_r G_m^{\ominus}(298.15\ K)=-77.7\ kJ\cdot mol^{-1}$$

7. 通过热力学计算说明水结冰过程:

$$H_2O(l) \longrightarrow H_2O(s)$$

在 298.15 K 的标准态时能否自发进行。已知冰在 298.15 K 的标准摩尔生成吉布斯函数为 $-236.7\ kJ\cdot mol^{-1}$。

8. 试用书末附录 3 中的标准热力学数据,计算下列反应的 $\Delta_r S_m^{\ominus}$(298.15 K)和 $\Delta_r G_m^{\ominus}$(298.15 K)。

(1) $3Fe(s)+4H_2O(l) == Fe_3O_4(s)+4H_2(g)$

(2) $Zn(s)+2H^+(aq) == Zn^{2+}(aq)+H_2(g)$

(3) $CaO(s)+H_2O(l) == Ca^{2+}(aq)+2OH^-(aq)$

（4）$AgBr(s) \Longrightarrow Ag(s) + \frac{1}{2}Br_2(l)$

9. 用锡石(SnO_2)制取金属锡，有建议可用下列几种方法：

（1）单独加热矿石，使之分解；

（2）用碳（以石墨计）还原矿石（加热产生 CO_2）；

（3）用 $H_2(g)$ 还原矿石（加热产生水蒸气）。

今希望加热温度尽可能低一些。试采用标准热力学数据，通过计算说明采用何种方法为宜。

10. 糖在新陈代谢过程中所发生的总反应可表示为

$$C_{12}H_{22}O_{11}(s) + 12O_2(g) \Longrightarrow 12CO_2(g) + 11H_2O(l)$$

若在人体内实际上只有 30% 的标准摩尔吉布斯函数可转变为功（非体积功），则一食匙（3.8 g）糖在体温 37℃ 时进行新陈代谢，可以做多少功？

11. 估算利用水煤气制取合成天然气的下列反应在 523 K 时的 $K^\ominus$ 值。

$$CO(g) + 3H_2(g) \Longrightarrow CH_4(g) + H_2O(g)$$

12. 某温度时 8.0 mol SO_2 和 4.0 mol O_2 在密闭容器中进行反应生成 SO_3 气体，测得起始和平衡时（温度不变）系统的总压力分别为 300 kPa 和 220 kPa。试计算该温度时反应 $2SO_2(g) + O_2(g) \Longrightarrow 2SO_3(g)$ 的标准平衡常数和 SO_2 的转化率。

13. 已知下列反应：

$$Ag_2S(s) + H_2(g) \Longrightarrow 2Ag(s) + H_2S(g)$$

在 740 K 时的 $K^\ominus = 0.36$。若在该温度下，在密闭容器中将 1.0 mol Ag_2S 还原为 Ag，试计算最少需用 H_2 的物质的量。

14. 已知下列反应：

$$Fe(s) + CO_2(g) \Longrightarrow FeO(s) + CO(g)；标准平衡常数为 K_1^\ominus$$

$$Fe(s) + H_2O(g) \Longrightarrow FeO(s) + H_2(s)；标准平衡常数为 K_2^\ominus$$

在不同温度时反应的标准平衡常数值如下：

T/K	$K_1^\ominus$	$K_2^\ominus$
973	1.47	2.38
1 073	1.81	2.00
1 173	2.15	1.67
1 273	2.48	1.49

试计算在上述各温度时反应：$CO_2(g) + H_2(g) \Longrightarrow CO(g) + H_2O(g)$ 的标准平衡常数 $K^\ominus$，并说明此反应是吸热还是放热的。

15. 已知反应：

$$\frac{1}{2}H_2(g)+\frac{1}{2}Cl_2(g) \Longrightarrow HCl(g)$$

在 298. 15 K 时的 $K_1^{\ominus}=4.9\times10^{16}$，$\Delta_r H_m^{\ominus}(298.15\ K)=-92.31\ kJ\cdot mol^{-1}$，求在 500 K 时的 $K_2^{\ominus}$。

16. 采用标准热力学函数估算反应：

$$CO_2(g)+H_2(g) \Longrightarrow CO(g)+H_2O(g)$$

在 873 K 时反应的标准摩尔吉布斯函数变和标准平衡常数。若此时系统中各组分气体的分压为 $p_{CO_2}=p_{H_2}=127\ kPa$，$p_{CO}=p_{H_2O}=76\ kPa$，计算该条件下反应的摩尔吉布斯函数变，并判断反应进行的方向。

17. 对于一个在标准态下是吸热、熵减的化学反应，当温度升高时，根据吕·查德里原理判断，反应将向吸热的正方向移动；而根据公式 $\Delta_r G_m^{\ominus}=\Delta_r H_m^{\ominus}-T\Delta_r S_m^{\ominus}$ 判断，$\Delta_r G_m^{\ominus}$ 将变得更正（正值更大），即反应更不利于向正方向进行。在这两种互相矛盾的判断中，哪一种是正确的？请说明原因。

18. 下列反应在一定温度范围内为基元反应：

$$2NO(g)+Cl_2(g) \longrightarrow 2NOCl(g)$$

（1）写出该反应的速率方程。

（2）该反应的总级数是多少？

（3）其他条件不变，如果将容器的体积增加到原来的 2 倍，反应速率将如何变化？

（4）如果容器体积不变而将 NO 的浓度增加到原来的 3 倍，反应速率又将怎样变化？

19. 已知某药物是按一级反应分解的，在 25℃ 分解反应速率常数 $k=2.09\times10^{-5}\ h^{-1}$。该药物的起始浓度为 94 单位·cm^{-3}，若其浓度下降至 45 单位·cm^{-3} 就无临床价值，不能继续使用。问该药物的有效期应当定为多长？

20. 根据实验结果，在高温时焦炭中碳与二氧化碳的反应：

$$C(s)+CO_2(g) \longrightarrow 2CO(g)$$

其活化能为 167. 4 kJ·mol^{-1}，计算自 900 K 升高到 1 000 K 时反应速率的变化。

21. 将含有 0. 1 mol·dm^{-3} Na$_3$AsO$_3$ 和 0. 1 mol·dm^{-3} Na$_2$S$_2$O$_3$ 的溶液与过量的稀硫酸混合均匀，发生下列反应：

$$2H_3AsO_3(aq)+9H_2S_2O_3(aq) \longrightarrow As_2S_3(s)+3SO_2(g)+9H_2O+3H_2S_4O_6(aq)$$

今由实验测得 17℃ 时，从混合开始至溶液刚出现黄色的 As$_2$S$_3$ 沉淀共需时 1 515 s；若将上述溶液温度升到 27℃，重复实验，测得需时 500 s。试求该反应的活化能。

22. 在没有催化剂存在时，H$_2$O$_2$ 的分解反应：

$$H_2O_2(l) \longrightarrow H_2O(l)+\frac{1}{2}O_2(g)$$

的活化能为 75 kJ·mol^{-1}。当有铁催化剂存在时，该反应的活化能降低到 54 kJ·mol^{-1}。计算在

298 K 有无催化剂存在时反应速率的比值。

23. 对于制取水煤气的下列平衡系统：$C(s)+H_2O(g) \rightleftharpoons CO(g)+H_2(g)$；$\Delta_r H_m^\ominus > 0$。问：

（1）欲使平衡向右移动，可采取哪些措施？

（2）欲使正反应进行得较快且较完全（平衡向右移动）的适宜条件如何？这些措施对 $K^\ominus$、k（正）和 k（逆）的影响各如何？

24. 设汽车内燃机内温度因燃料燃烧反应达到 $1\,300\,℃$，试根据热力学函数估算该温度时反应 $\frac{1}{2}N_2(g)+\frac{1}{2}O_2(g) \rightleftharpoons NO(g)$ 的 $\Delta_r G_m^\ominus$ 和 $K^\ominus$，并联系反应速率简要说明其在大气污染中的影响。

第3章 水溶液化学

内容提要和学习要求 本章是化学平衡原理的延伸。由于许多重要的化学反应是在水中进行的,因此水溶液中的化学反应及其平衡需要做进一步的讨论。

本章简述溶液的通性及应用,着重讨论可溶电解质在水溶液中的单相离子平衡和难溶电解质的多相离子平衡,初步介绍表面活性剂溶液及其应用,以及水的净化和废水处理方法。

本章学习的主要要求可分为以下几点:

(1) 理解溶液的通性(蒸气压下降、沸点升高、凝固点降低及渗透压)。

(2) 明确酸碱理论、酸碱的解离平衡和缓冲溶液的概念,能进行同离子效应及溶液 pH 的有关计算,了解配离子的解离平衡及其移动。

(3) 掌握溶度积和溶解度的基本计算。理解溶度积规则及其应用。

(4) 了解表面活性剂溶液的性质和应用。

(5) 了解水的净化与废水处理方法。

3.1 溶液的通性

溶液由溶质和溶剂组成。所有的溶液都具有一些共同的性质,即溶液的通性。下面按溶质的不同,分为非电解质溶液和电解质溶液进行讨论。

3.1.1 非电解质稀溶液的通性

实验表明:由难挥发的非电解质所形成的稀溶液的性质(溶液的蒸气压下降、沸点升高、凝固点降低和溶液渗透压)与一定量溶剂中所溶解溶质的数量(物质的量)成正比,而与溶质的本性无关,故称为**依数性**,又称为**稀溶液定律**。

1. 溶液的蒸气压下降

(1) 蒸气压

在一定条件下,液体内部那些能量较大的分子会克服液体分子间的引力而从液体表面逸出,成为蒸气分子,这个过程叫作**蒸发**(又称为**汽化**)。蒸发是吸热过程。蒸发出来的蒸气分子也可能撞到液面,受液体分子吸引而重新进入液体中,这个过程叫作**凝聚**。凝聚是放热过程。蒸发刚开始时,蒸气分子不多,凝聚的速率远小于蒸发的速率。随着蒸发的进行,蒸气浓度逐渐增大,凝聚的速率也就随之加大。当凝聚的速率和蒸发的速率达到相等时,液体和它的蒸气就处于平衡状态。此时,蒸气所具有的压力等于该温度下液体的饱和蒸气压,简称**蒸气压**。例如 100℃ 时,水的蒸气压为 101.325 kPa,是水与水蒸气在该温度达到相平衡时的压力。

固体(固相)和它的蒸气(气相)之间也能达到平衡,此时固体具有一定的蒸气压。

蒸气压是物质的本性,它与温度一一对应,且随温度升高而增大。表 3.1 中列出了一些不同温度下水和冰的蒸气压值。

表 3.1　不同温度下水和冰的蒸气压值

温度/℃	-20	-15	-10	-6	-5	-4	-3	-2	-1	0
冰的蒸气压/kPa	0.103	0.165	0.260	0.369	0.402	0.437	0.476	0.518	0.563	0.611
水的蒸气压/kPa				0.391	0.422	0.455	0.490	0.527	0.568	0.611
温度/℃	5	10	20	30	40	60	80	100	150	200
水的蒸气压/kPa	0.873	1.228	2.339	4.246	7.381	19.932	47.373	101.325	475.720	1 553.600

注:摘自参考文献[1]。

(2) 蒸气压下降

若往溶剂(如水)中加入难挥发的溶质,实验可以测出溶液的蒸气压下降了。即在同一温度下,溶有难挥发溶质 B 的溶液中,溶液的蒸气压总是低于纯溶剂 A 的蒸气压。在这里,溶液的蒸气压实际就是溶剂的蒸气压(因为溶质是难挥发的,其蒸气压可忽略不计)。同一温度下,纯溶剂蒸气压与溶液蒸气压之差叫作溶液的**蒸气压下降**。

溶液蒸气压下降的原因可以理解为:由于溶剂中溶解了难挥发的溶质后,溶剂的一部分表面被溶质微粒所占据,使得单位面积内从溶液中蒸发出的溶剂分子数比原来从纯溶剂中蒸发出的分子数要少,以致溶液中溶剂的蒸气压低于纯溶剂的蒸气压。显然,溶质在溶液中的浓度越大,溶液的蒸气压下降就越多。

在一定温度时,难挥发的非电解质稀溶液中溶剂的蒸气压下降(Δp)与溶质的摩尔分数成正比,即

$$p_A^* - p_A = \Delta p = \frac{n_B}{n} \times p_A^* = x_B p_A^* \tag{3.1}$$

式中,n_B 表示溶质 B 的物质的量,n 为溶剂 A 与溶质 B 的物质的量之和,$n_B/n =$

x_B 表示溶质 B 的摩尔分数, p_A^* 表示纯溶剂 A 的蒸气压, p_A 表示溶液中溶剂 A 的蒸气压。

2. 溶液的沸点升高和凝固点降低

当某一液体的蒸气压等于外界压力时,液体就会沸腾,此时的温度称为该液体在指定压力下的**沸点**,以 T_{bp} 表示。若无特别说明,外界压力常指101.325 kPa,该压力下的沸点称为**正常沸点**。某物质的液相蒸气压和固相蒸气压相等时的温度为该物质的**凝固点**(即熔点),以 T_{fp} 表示。一切可形成晶体的纯物质,在给定压力下,都有一定的凝固点和沸点。但在溶液中,一般由于溶质的加入会使溶剂的凝固点降低、沸点升高;而且溶液越浓,凝固点和沸点改变越大。

溶液的沸点升高和凝固点降低都是由于溶液中溶剂的蒸气压下降所引起的。现在通过水溶液的例子来说明。

以蒸气压为纵坐标,温度为横坐标,画出水和冰的蒸气压曲线,如图 3.1 所示。如果水中溶解了难挥发性的溶质,其蒸气压就要下降。因此,溶液中溶剂的蒸气压曲线就低于纯水的蒸气压曲线。水在正常沸点(100℃即 373.15 K)时的蒸气压等于常压 101.325 kPa,水溶液的蒸气压就低于 101.325 kPa。要使溶液的蒸气压与外界压力相等,以达到其沸点,就必须把溶液的温度升到 373.15 K 以上。从图 3.1 可见,溶液的沸点比水的沸点高 ΔT_{bp}(沸点升高度数)。

从图 3.1 还可以看到,在 273.16 K 时[①]冰的蒸气压曲线和水的蒸气压曲线相交于一点,即此时冰的蒸气压和水的蒸气压相等,均为 611 Pa。由于溶质的加入使所形成的溶液的溶剂蒸气压下降。这里须注意到,溶质溶于水而不溶于冰中,因此只影响水(液相)的蒸气压,对冰(固相)的蒸气压没有影响。这样,在 273.16 K 时,溶液的蒸气压必定低于冰的蒸气压,冰与溶液不能共存,冰要转化

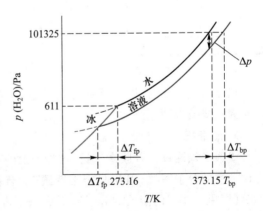

图 3.1 水溶液的沸点升高和凝固点降低示意图

---

① 这里说的是纯液体水与冰和水蒸气三个相组成的单组分(无空气)系统,其平衡点即叫作三相点,水的三相点温度是 273.16 K。如果液体水和冰置于 101.325 kPa 大气环境下,液体水溶有空气并达到饱和,此时水的凝固点为 273.15 K(0℃)。即水的冰点(0℃)是在 101.325 kPa 大气压力下,冰和被空气饱和的水之间的平衡温度。

为水。在 273. 16 K 以下某一温度时,冰的蒸气压曲线与溶液的蒸气压曲线可以相交于一点,此温度就是溶液的凝固点。它比纯水的凝固点要低 ΔT_{fp}(凝固点降低度数)。

溶液的蒸气压下降程度与溶液浓度有关,而溶液的蒸气压下降又是溶液沸点升高和凝固点降低的直接原因。因此,溶液的沸点升高和凝固点降低也必然与溶液的浓度有关。

难挥发[①]非电解质的稀溶液的沸点升高和凝固点降低与溶液的质量摩尔浓度 m(即在 1 kg 溶剂中所含溶质的物质的量)成正比:

$$\Delta T_{bp} = k_{bp} m \tag{3.2}$$

$$\Delta T_{fp} = k_{fp} m \tag{3.3}$$

式中,k_{bp} 与 k_{fp} 分别称为溶剂的摩尔沸点升高常数和摩尔凝固点降低常数(SI 单位为 $K \cdot kg \cdot mol^{-1}$)。表 3.2 中列出了几种溶剂的沸点、凝固点、$k_{bp}$ 与 k_{fp} 的数值。

表 3.2　一些溶剂的摩尔沸点升高常数和摩尔凝固点降低常数

溶剂	沸点 ℃	k_{bp} $K \cdot kg \cdot mol^{-1}$	凝固点 ℃	k_{fp} $K \cdot kg \cdot mol^{-1}$
苯	80. 10	2. 53	5. 533	5. 12
氯仿	61. 15	3. 62	—	—
水	100. 0	0. 515	0. 0	1. 853

在生产和科学实验中,溶液的凝固点降低这一性质得到广泛应用。例如,汽车散热器(水箱)的用水中,在寒冷的季节,通常加入乙二醇 $C_2H_4(OH)_2$ 使溶液的凝固点降低以防止结冰。

3. 渗透压

渗透必须通过一种膜来进行,这种膜上的微孔只允许溶剂的分子通过,而不允许溶质的分子通过,因此叫作**半透膜**[②]。若被半透膜隔开的两边溶液的浓度不等(即单位体积内溶质的分子数不等),则可发生渗透现象。如按图 3.2 的装置用半透膜把溶液和纯溶剂隔开,这时溶剂分子在单位时间内进入溶液内的数目,要比溶液内的溶剂分子在同一时间内进入纯溶剂的数目为多。结果使得溶液的体积逐渐增大,垂直的细玻璃管中的液面逐渐上升。从宏观看,渗透是溶剂

---

　① 对于凝固点降低,可不必考虑溶质是否难挥发。

　② 天然的半透膜,如动物的膀胱、肠衣、细胞膜;人工的半透膜,如硝化纤维膜、醋酸纤维膜、聚砜纤维膜等。

通过半透膜进入溶液的单方向扩散过程。若要使膜内溶液与膜外纯溶剂的液面相平,即要使溶液的液面不上升,必须在溶液液面上增加一定压力。溶液液面上所增加的压力称为溶液的**渗透压**。

图 3.3 示意了一种测定渗透压的装置。在一个坚固(在逐渐加压时不会扩张或破裂)的容器内,溶液与纯水间由半透膜隔开,溶剂(纯水)有通过半透膜渗入溶液的倾向。加压力于溶液上方的活塞上,使观察不到溶剂的转移(即溶液和纯水两液面相平)。这时所必须施加的压力就是该溶液的渗透压,可以从与溶液相连接的压力计读出。

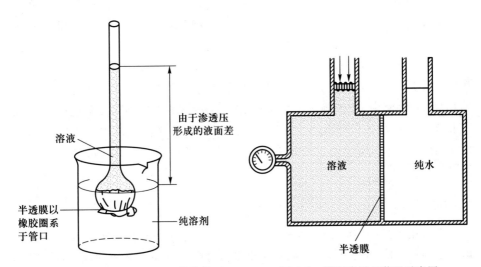

图 3.2   一个显示渗透现象的简单装置   图 3.3   测定渗透压装置示意图

如果外加在溶液上的压力超过了渗透压,则反而会使溶液中的溶剂向纯溶剂方向渗透,使纯溶剂的量增加,这个过程叫作**反渗透**。反渗透的原理可应用于海水淡化、工业废水或污水处理和溶液的浓缩等方面。

对于难挥发非电解质的稀溶液的渗透压,有如下关系式:

$$\varPi = c_{\mathrm{B}}RT \tag{3.4a}$$

或
$$\varPi V = n_{\mathrm{B}}RT \tag{3.4b}$$

式中,$\varPi$ 为渗透压,c_{B} 表示溶液中溶质的浓度,n_{B} 表示溶质的物质的量,V 表示溶液的体积,T 表示热力学温度。这一方程的形式与理想气体状态方程相似,但气体的压力和溶液的渗透压产生的原因不同。气体由于它的分子运动碰撞容器壁而产生压力,但溶液的渗透压是溶剂分子渗透的结果。依据此关系式,采用渗透压法可以测定高分子的相对分子质量。

　　渗透压在生物学中具有重要意义。有机体的细胞膜大多具有半透膜的性质,渗透压是引起水在生物体中运动的重要推动力。渗透压的数值相当可观,以298.15 K 时 0.100 mol·dm⁻³ 溶液的渗透压为例,若可按式(3.4)计算:

$$\Pi = cRT = 0.100\times10^3 \text{ mol·m}^{-3}\times8.314 \text{ Pa·m}^3\text{·mol}^{-1}\text{·K}^{-1}\times298.15 \text{ K}$$
$$= 248 \text{ kPa}$$

一般植物细胞的渗透压约可达 2 000 kPa,所以水分可以从植物的根部运送到数十米高的顶端。

　　人体血液平均的渗透压约为 780 kPa。由于人体有保持渗透压在正常范围的要求,因此,对人体注射或静脉输液时,应使用渗透压与人体内基本相等的溶液,在生物学和医学上称这种溶液为**等渗溶液**。例如,临床常用的是质量分数 5.0%(0.28 mol·dm⁻³)葡萄糖溶液或含 0.9% NaCl 的生理盐水,否则由于渗透作用,可产生严重后果①。如果把红细胞放入渗透压较大(与正常血液的相比)的溶液中,红细胞中的水就会通过细胞膜渗透出来,甚至能引起红细胞收缩并从悬浮状态中沉降下来;如果把这种细胞放入渗透压较小的低渗溶液中,溶液中的水就会通过红细胞膜流入细胞中,使细胞膨胀,甚至能使细胞破裂。

3.1.2　电解质溶液的通性

　　电解质溶液,或者浓度较大的非电解质溶液也与非电解质稀溶液一样具有溶液蒸气压下降、沸点升高、凝固点降低和渗透压等性质。例如,海水不易结冰,其凝固点低于 273.15 K,沸点高于 373.15 K。又如,工业上或实验室中常采用某些易潮解的固态物质,如氯化钙、五氧化二磷等作为干燥剂,就是因为这些物质能使其表面所形成的溶液的蒸气压显著下降,当它低于空气中水蒸气的分压时,空气中水蒸气可不断凝聚而进入溶液,即这些物质能不断地吸收水蒸气。若在密闭容器内,则可进行到空气中水蒸气的分压等于这些干燥剂物质的(饱和)溶液的蒸气压为止。再如,利用溶液凝固点降低这一性质,盐和冰的混合物可以作为冷冻剂。冰的表面上有少量水,当盐与冰混合时,盐溶解在这些水里成为溶液。此时,由于所生成的溶液中水的蒸气压低于冰的蒸气压,冰就融化。冰融化时要吸热,使周围物质的温度降低。例如,采用氯化钠和冰的混合物,温度可以降低到-22℃;用氯化钙和冰的混合物,可以降低到-55℃。

---

①　对于渗透压不等的两种溶液,渗透压高的称为高渗溶液,渗透压低的称为低渗溶液。渗透压略高(与正常血液相比)的高渗溶液只要注射量较少、注射速率较慢,也可被人体内液体稀释为等渗溶液,因而不会有危险。

在金属表面处理中,利用溶液沸点升高的原理,使工件在高于 100℃ 的水溶液中进行处理。例如,使用含 NaOH 和 NaNO$_2$ 的水溶液能将工件加热到140℃以上。在金属热处理工艺中,将钢铁工件在空气中加热到高温时会发生氧化和脱碳现象。因此,加热常在盐浴中进行。盐浴往往用几种盐的混合物(熔融盐),使熔点降低并可调节所需温度范围。例如,BaCl$_2$ 的熔点为 963℃,NaCl 的熔点为 801℃,而组成(质量分数)为 BaCl$_2$ 77.5% 和 NaCl 22.5% 的混合盐的熔点则降低到 630℃ 左右。

但是,稀溶液定律所表达的依数性与溶液浓度的定量关系不适用于浓溶液或电解质溶液。这是因为在浓溶液中,溶质的微粒较多,溶质微粒之间的相互作用及溶质微粒与溶剂分子之间的相互作用大大加强。这些复杂的因素使电解质溶液对稀溶液定律产生偏差。例如,一些电解质水溶液的凝固点降低数值都比同浓度非电解质溶液的凝固点降低数值要大。这一偏差可用电解质溶液与同浓度的非电解质溶液的凝固点降低的比值 i 来表达,如表 3.3 所示。

表 3.3　几种电解质质量摩尔浓度为 0.100 mol · kg^{-1} 时在水溶液中的 i 值

电解质	观察到的 $\Delta T'_{fp}/K$	按式(3.3)计算的 $\Delta T_{fp}/K$	$i = \Delta T'_{fp}/\Delta T_{fp}$
NaCl	0.348	0.186	1.87
HCl	0.355	0.186	1.91
K$_2$SO$_4$	0.458	0.186	2.46
CH$_3$COOH	0.188	0.186	1.01

对于这些电解质的稀溶液,蒸气压下降、沸点升高和渗透压的数值也都比同浓度的非电解质稀溶液的相应数值要大,而且存在着与凝固点降低类似的情况。

可以看出,强电解质如 NaCl、HCl(AB 型)的 i 接近于 2,K$_2$SO$_4$(A$_2$B 型)的 i 为 2~3;弱电解质如 CH$_3$COOH 的 i 略大于 1。因此,对同浓度的溶液来说,其沸点高低或渗透压大小的顺序为

A$_2$B 或 AB$_2$ 型强电解质溶液>AB 型强电解质溶液>弱电解质溶液>非电解质溶液
而蒸气压或凝固点的顺序则相反。

活度和活度因子　弱电解质在水溶液中是部分解离的;强电解质在水溶液中可认为完全解离成离子,但由于离子相互作用的结果,每一离子周围在一段时间内总有一些带异号电荷的离子包围着,这种周围带异号电荷的离子形成了"**离子氛**"。在溶液中的离子不断运动,使离子氛随时拆散,又随时形成。由于离子氛的存在,离子受到牵制,不能完全独立行动。这就是强电解质溶液的 i 值不等于正整数及实验测得的解离度小于 100% 的原因。这种由实验测得的解离

度,并不代表强电解质在溶液中的实际解离率,所以叫作**表观解离度**。溶液浓度或离子电荷数越大,强电解质的表观解离度越小。

为了定量地描述强电解质溶液由于静电引力限制了离子的活动,使其不能百分之百发挥应有的效应,引入了**活度**的概念。所谓活度就是将溶液中离子的浓度乘上一个校正因子——**活度因子**。设溶液浓度为 c,活度因子为 γ,则**活度 a** 为

$$a = \gamma c$$

活度因子直接反映溶液中离子活动的自由程度。一般说来,活度因子越大,表示离子活动的自由程度越大。溶液越稀,活度因子越接近于 1;当溶液无限稀释时,活度因子等于 1,离子活动的自由程度为 100%(表示离子间距离足够远,相互没有影响),活度等于离子的浓度。在要求不太高的计算中,强电解质在稀溶液中的离子浓度往往以 100% 解离计。例如,$0.1\ mol \cdot dm^{-3}$ HCl 溶液,水合 H^{+} 活度可近似以 $0.1\ mol \cdot dm^{-3}$ 计,本书中均采用此种近似计算。

3.1.3 表面活性剂溶液和膜化学

两相的接触面称为**界面**,与气相接触的界面又称为**表面**。固体和液体表面层中的分子和内部的分子受力情况不同,如图 3.4。内部分子受力对称,表面分子有一合力指向物质内部。结果导致表面分子总是尽力向物质内部挤压,有自动收缩表面积的倾向,从而产生**表面张力**。表面张力取决于物质的本性,受温度、压力、添加物等的影响。扩大表面积需要做**表面功**。表面功是非体积功。

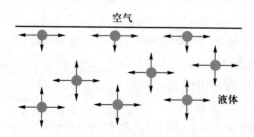

图 3.4   固体和液体表面吸附力示意图

1. 表面活性剂

凡能显著降低溶液表面张力的物质叫作**表面活性剂**。从分子结构看,表面活性剂分子中同时存在着亲水基团(如羟基、羧基、磺酸基、氨基等)和亲油基团(又称疏水基团,如烷基等),故称为双亲分子,如图 3.5 所示。

根据分子结构,一般分为阳离子型、阴离子型、两性和非离子型表面活性剂

等类型。常见的表面活性剂列于表 3.4 中。

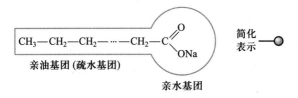

图 3.5 双亲分子的结构

表 3.4 常见的几类表面活性剂

类 型	化合物类别	实例*
阳离子型	伯胺盐	$[RNH_3]^+Cl^-$
	仲胺盐	$[R-NH_2(CH_3)]^+Cl^-$
	叔胺盐	$[R-NH(CH_3)_2]^+Cl^-$
	季铵盐	$[R-N(CH_3)_3]^+Cl^-$
阴离子型	羧酸盐	$R-COONa$
	硫酸酯盐	$R-O-SO_3Na$
	磺酸盐	$R-SO_3Na$
	磷酸酯盐	$R-O-PO_3Na_2$
两性	氨基酸类	$R-NH-CH_2CH_2-COOH$
	内胺盐类	$R-N^+(CH_3)_2-CH_2-COO^-$
非离子型	聚氧乙烯醚类	$R-O-(CH_2-CH_2-O-)_nH$
	多元醇类	$R-COOCH_2C(CH_2OH)_3$

* R 代表烃基(包括脂肪烃和芳香烃)。

在水溶液中,表面活性剂的亲水基团受到极性很强的水分子的吸引而有进入水中的趋势,疏水基团则倾向于翘出水面,从而使表面活性剂分子定向排列在表面层中。这时溶液的表面张力急剧下降。表面活性剂的浓度足够大时,液面上挤满一层定向排列的表面活性剂分子,形成**单分子膜**。溶液本体相中,表面活性剂分子排列成疏水基团向内、亲水基团向外的分子聚集体,称为**胶束**。胶束有多种形状,如球状、棒状、层状、蠕虫状等。形成一定形状的胶束所需表面活性剂的最低浓度称为**临界胶束浓度**(CMC)。

2. 表面活性剂的应用

表面活性剂广泛用于洗涤、纺织、制药、化妆品、食品、土建、采矿等表面处理和改性领域。现举例说明如下。

（1）洗涤作用

洗涤剂是一种表面活性剂。肥皂是含 17 个碳原子的硬脂酸的钠盐；合成洗涤剂的主要成分是十二烷基苯磺酸钠 $\left(R-\bigcirc-SO_3Na \right)$、十二烷基磺酸钠（$RSO_3Na$）等阴离子表面活性剂（R 为 12 个碳原子的烷基）。当用洗涤剂洗涤衣服或织物上的油污时，油污进入表面活性剂形成的胶束中，经搓洗使得胶束进入水中，便可除去织物上的油污。

（2）乳化作用

两种互不相溶的液体，若将其中一种均匀地分散成极细的液滴于另一液体中，便形成**乳状液**。例如，在水中加入一些油，通过搅拌使油成为细小的油珠，均匀地分散于水中，于是油和水形成了乳状液。但这种系统很不稳定，稍置片刻便可使油水分层。要获得稳定的乳状液，必须加入**乳化剂**。乳化剂大都是表面活性剂，对水有亲和力的强极性基团朝向水，而弱极性的亲油基团则朝向油。这样，在油滴或水滴周围就形成了一层有一定机械强度的保护膜，阻碍了分散的油滴或水滴的相互结合和凝聚而使乳状液变得较稳定。这种由于加入表面活性剂而形成稳定的乳状液的作用叫作**乳化作用**。

若水为分散剂而油为分散质，即油分散在水中的乳状液，称为**水包油型乳状液**，以符号 O/W 表示。例如，牛奶就是奶油分散在水中形成的 O/W 型乳状液。若水分散在油中，则称为**油包水型乳状液**，以符号 W/O 表示。例如，新开采出来的含水原油就是细小水珠分散在石油中形成的 W/O 型乳状液。以上两种情况如图 3.6 所示。

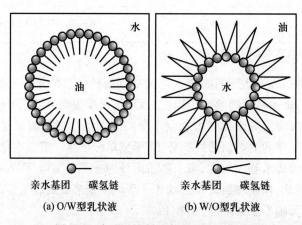

(a) O/W 型乳状液　　　　(b) W/O 型乳状液

图 3.6　表面活性剂稳定乳状液示意图

乳状液的应用很广,例如,农业杀虫剂一般都配制成 O/W 型乳状液,便于喷雾,可使少量农药均匀地分散在大面积的农作物上,同时由于表面活性剂对虫体的润湿和渗透作用也提高了杀虫效果。人体对油脂的消化作用就是因为胆汁(胆酸盐)可以使油形成 O/W 型乳状液而加速消化。内燃机中所用的汽油和柴油若制成含水(质量分数)约 10%的 W/O 型乳状液,则可以提高燃烧效率,节省燃料。

在工业生产中也会遇到一些有害的乳状液。例如,以 W/O 型乳状液形式存在的含水原油会促使石油设备腐蚀,而且不利于石油的蒸馏。因此,必须预先加入**破乳剂**进行破乳。破乳剂也是一种表面活性剂,能强烈地吸附于油－水界面上,以取代原来在乳状液中形成保护膜的乳化剂,而生成一种新膜。这种新膜的强度低,较易被破坏。例如,异戊醇、辛醇、乙醚等是能强烈地吸附于油－水界面的破乳剂。

(3)起泡作用

泡沫是不溶性气体分散于液体或熔融固体中所形成的分散系统。例如,肥皂泡沫、啤酒泡沫等是气体分散在液体中的泡沫;泡沫塑料、泡沫玻璃等是气体分散在固体中的泡沫。

用机械搅拌液态水,这时进入水中的空气被水膜包围形成了气泡,但这些气泡不稳定,当停止搅拌时很快就会消失。若对溶有表面活性剂的水溶液搅拌使之产生气泡,泡沫能较长时间稳定存在。这种能稳定泡沫作用的表面活性剂叫作**起泡剂**。肥皂、十二烷基苯磺酸钠等都具有良好的起泡性能。

起泡剂也用于泡沫浮选法以提高矿石的品位。这主要是将矿石粉碎成粉末,加水搅拌并吹入空气和加入起泡剂及捕集剂(使矿物呈疏水性)等,使产生气泡。这时,由于矿物表面的疏水性,黏附在气泡上而浮起,这样便可收集之,舍去沉在底部不需要的较粗大的矿石碎块。起泡剂也可用来分离固体物质乃至分离溶液中的溶质等。此外,啤酒、汽水、洗发和护发用品等都需用起泡剂,使产生大量的泡沫。灭火器中也有应用。

在另外一些情况下必须消除泡沫,例如洗涤、蒸馏、萃取等过程中,大量的泡沫会带来不利。加入一些短碳链(如 $C_5 \sim C_8$)的醇或醚,它们能将泡沫中的起泡剂分子替代出来;又由于本身碳链短,不能在气泡外围形成牢固的保护膜,从而降低气泡的强度而消除泡沫。

3. 膜化学

膜是向二维伸展的结构体,在界面上形成的**超分子膜**(如单分子膜,LB 膜、双层类脂膜)**是两亲分子组成的有序排列的集合体**。膜是一种重要的基础功能材料,它具有分离功能、能量转化功能和生物功能等。

具有分离功能的膜称为**分离膜**,它是一种能有效选择分离提取所需物质的功能膜。表 3.5 列出一些分离膜的应用实例。根据分离膜中微细孔径的大小及其疏密性的不同,通常可以将膜大致分为致密膜、多孔膜和纤维质膜。致密膜中聚合物的填充方式是分子状,孔径为 0~1.5 nm,适用于反渗透、渗析、电渗析等操作使用;多孔膜孔径 5 nm~1 μm,孔的大小接近胶体粒子的大小,适用于超过滤、膜过滤等操作使用;纤维质膜孔径 2 μm 以上,用于对更大分散质的过滤操作。

表 3.5　分离膜的应用实例

膜	应　用
气体透过膜	富氧制取,富集氯
离子交换膜	海水淡化,硬水软化,电解隔膜
反渗透膜	海水淡化,盐水脱盐,超纯水制备
超滤膜	胶体分离,废液处理,溶液浓缩
透析膜	人工肾等人工器官
释放控制膜	缓释性药剂

另外,生物体从细胞到外皮,膜的功能得到非常精巧的发挥。例如,人体皮肤结实柔韧,既保护人体,又能透气出汗;肺泡的薄膜可以扩张收缩,使血液在膜上和空气接触,而血液又不会外流。大多数动物细胞中,细胞膜内 K^+ 的浓度高于膜外(膜外 3.5~5.0 $mmol \cdot dm^{-3}$,膜内 125 $mmol \cdot dm^{-3}$);Na^+ 的浓度却相反(膜外 135~145 $mmol \cdot dm^{-3}$,膜内 10 $mmol \cdot dm^{-3}$)。这是由于细胞膜上的离子通道起了传送 Na^+ 和 K^+ 的作用而维持了这种浓度梯度。

能量转化功能膜是当今重要的研究课题之一。将光能转化为化学能的重要应用之一是光解水,产生氢和氧。将光能转化为电能关键工作是制造出性能稳定的有机薄膜太阳能电池。大面积利用太阳能一定需要用膜的形式。

LB 膜是由美国科学家朗缪尔(Langmuir I)和布洛杰特(Blodgett K B)建立的一种在固体(如玻璃或金属)表面上沉积的多层单分子膜。可在组成上、次序上做任意安排,其层数与厚度皆可以在分子水平上控制。1980 年以后,微电子材料、非线性光学材料和仿生学等的需求促进了对 LB 膜的研究。在生物膜的功能模拟研究中,以叶绿素、维生素、磷脂和胆固醇等物质形成的 LB 膜,可用以研究生物膜中的电子传递、能量传递、生物膜电现象、物质跨膜输运过程等。利用 LB 膜可制成仿生薄膜,作为仿生传感器。此外,非线性光学的 LB 膜可制成频率转换、参数放大、开关效应和电光调制等特殊器件。光色互变的 LB 膜可作为光记忆材料。LB 膜在生物学、光电子科学、信息科学等现代高科技领域有广阔的应用前景。

3.2 酸碱解离平衡

3.2.1 酸碱的概念

人们对酸碱的认识经历了一个由浅入深、由感性到理性的过程。最初,认为具有酸味,能使蓝色石蕊变为红色的物质是酸;具有涩味,有滑腻感,使红色石蕊变为蓝色的物质是碱。随着科学的发展,提出了一系列的**酸碱理论**,如阿伦尼乌斯(Arrhenius S A)的电离理论(1887 年)、布朗斯特(Brφnsted J N)和劳莱(Lowry T M)的酸碱质子理论(1923 年)、路易斯(Lewis G N)的酸碱电子理论(1923 年)等。

电离理论认为:在水溶液中解离时所生成的正离子全部都是 H^+ 的化合物叫作酸;所生成的负离子全部都是 OH^- 的化合物叫作碱。电离理论把酸、碱的定义局限在以水为溶剂的系统,并把碱限制为氢氧化物。这样就连氨水这个人们熟知的碱也不能解释(因为氨水不是氢氧化物),更不能解释气态氨也是碱(它能与 HCl 气体发生中和反应,生成 NH_4Cl)。又如,金属钠溶解于 100% 乙醇中显示很强的碱性,但钠并非氢氧化物。

酸碱质子理论认为:凡能给出质子的物质都是酸;凡能与质子结合的物质都是碱。简单地说,酸是质子的给体,碱是质子的受体。酸碱质子理论对酸碱的区分只以质子 H^+ 为判据。

例如,在水溶液中:

$$HAc(aq) \rightleftharpoons Ac^-(aq) + H^+(aq)$$

$$NH_4^+(aq) \rightleftharpoons NH_3(aq) + H^+(aq)$$

$$H_2PO_4^-(aq) \rightleftharpoons HPO_4^{2-}(aq) + H^+(aq)$$

其中 HAc、NH_4^+、$H_2PO_4^-$ 都能给出质子,所以它们都是酸。

酸给出质子后,余下的部分 Ac^-、NH_3、HPO_4^{2-} 都能接受质子,它们都是碱。所以,酸和碱可以是分子或离子,"酸中包含碱,碱可以变酸":

$$酸 \rightleftharpoons 质子 + 碱$$

这种相互依存、相互转化的关系叫作**酸碱的共轭关系**。酸失去质子后形成的碱叫作该酸的**共轭碱**,例如,NH_3 是 NH_4^+ 的共轭碱。碱结合质子后形成的酸叫作该碱的**共轭酸**,例如,NH_4^+ 是 NH_3 的共轭酸。酸与它的共轭碱(或碱与它的共轭酸)一起叫作**共轭酸碱对**。表 3.6 中列出了一些常见的共轭酸碱对。

表 3.6　一些常见的共轭酸碱对

酸
性
增
强

$$酸 \Longrightarrow 质子 + 碱$$
$$HCl \Longrightarrow H^+ + Cl^-$$
$$H_3O^+ \Longrightarrow H^+ + H_2O$$
$$HSO_4^- \Longrightarrow H^+ + SO_4^{2-}$$
$$H_3PO_4 \Longrightarrow H^+ + H_2PO_4^-$$
$$HAc \Longrightarrow H^+ + Ac^-$$
$$[Al(H_2O)_6]^{3+} \Longrightarrow H^+ + [Al(H_2O)_5(OH)]^{2+}$$
$$H_2CO_3 \Longrightarrow H^+ + HCO_3^-$$
$$H_2S \Longrightarrow H^+ + HS^-$$
$$H_2PO_4^- \Longrightarrow H^+ + HPO_4^{2-}$$
$$NH_4^+ \Longrightarrow H^+ + NH_3$$
$$HCO_3^- \Longrightarrow H^+ + CO_3^{2-}$$

碱
性
增
强

酸碱质子理论不仅适用于水溶液,还适用于含质子的非水系统。它可把许多平衡归结为酸碱反应,所以有更广的适用范围和更强的概括能力。例如,对于 NH_3、CN^-、CO_3^{2-} 等碱溶液,pH 的计算均可使用同一公式,故本书有关 pH 计算均以质子理论为依据。

酸碱电子理论以电子对的授受来判断酸碱的属性。即凡能接受电子对的物质称为酸;凡能给出电子对的物质称为碱。它摆脱了物质必须含有质子的限制,所包括的范围更为广泛。

3.2.2　酸和碱的解离平衡

大多数酸和碱在水溶液中存在着解离反应,其标准平衡常数叫作**解离常数**。对应于酸和碱,分别用 $K_a^\ominus$ 和 $K_b^\ominus$(有时简写为 K_a 和 K_b)表示。解离常数可通过热力学数据计算,也可由实验测定[①]。$K_a^\ominus$、$K_b^\ominus$ 数据可查附录。

(1) 应用热力学数据计算解离常数

以计算氨水的 $K_b^\ominus$ 为例来说明。先写出氨水中的**解离平衡**,并从附录中查得各物质的 $\Delta_f G_m^\ominus(298.15 \text{ K})$。

$$NH_3(aq) + H_2O(1) \Longrightarrow NH_4^+(aq) + OH^-(aq)$$

$\Delta_f G_m^\ominus(298.15 \text{ K})/(\text{kJ·mol}^{-1})$　-26.50　-237.129　　-79.31　-157.244

---

① 溶液中的平衡常数有许多是实验测定值,且用 $K(K_a$ 或 $K_b)$ 表示;若明确由标准热力学数据算得,则可用 $K^\ominus(K_a^\ominus$ 或 $K_b^\ominus)$ 表示。

$$\Delta_r G_m^{\ominus} = [\Delta_f G_m^{\ominus}(NH_4^+, aq, 298.15\ K) + \Delta_f G_m^{\ominus}(OH^-, aq, 298.15\ K)] -$$
$$[\Delta_f G_m^{\ominus}(NH_3, aq, 298.15\ K) + \Delta_f G_m^{\ominus}(H_2O, l, 298.15\ K)]$$
$$= [(-79.31) + (-157.244) - (-26.50) - (-237.129)] kJ \cdot mol^{-1}$$
$$= 27.08\ kJ \cdot mol^{-1}$$

$$\ln K_b^{\ominus} = -\Delta_r G_m^{\ominus}/(RT) = \frac{-27.08 \times 1\,000\ J \cdot mol^{-1}}{8.314\ J \cdot mol^{-1} \cdot K^{-1} \times 298.15\ K} = -10.92$$

$$K_b^{\ominus} = 1.81 \times 10^{-5}$$

（2）一元酸的解离平衡

以醋酸 HAc 为例：

$$HAc(aq) + H_2O(l) \rightleftharpoons H_3O^+(aq) + Ac^-(aq)$$

或简写为

$$HAc(aq) \rightleftharpoons H^+(aq) + Ac^-(aq)$$

$$K_a^{\ominus}(HAc) = \frac{[c^{eq}(H^+)/c^{\ominus}] \cdot [c^{eq}(Ac^-)/c^{\ominus}]}{c^{eq}(HAc)/c^{\ominus}}$$

由于 $c^{\ominus} = 1\ mol \cdot dm^{-3}$，平时常用如下的经验平衡常数：

$$K_a(HAc) = \frac{c^{eq}(H^+) \cdot c^{eq}(Ac^-)}{c^{eq}(HAc)} = K_a^{\ominus}(HAc) \cdot c^{\ominus} \tag{3.5}$$

值得注意的是，K_a 和 $K_a^{\ominus}$ 的量纲不同，但当浓度 c 的单位为 $mol \cdot dm^{-3}$ 时，两者的数值相等。

设一元酸的浓度为 c，解离度为 α，则

$$K_a = \frac{c\alpha \cdot c\alpha}{c(1-\alpha)} = \frac{c\alpha^2}{1-\alpha} \tag{3.6}$$

当 α 很小时，$1-\alpha \approx 1$，则

$$K_a \approx c\alpha^2 \tag{3.7}$$

$$\alpha \approx \sqrt{K_a/c} \tag{3.8}$$

$$c^{eq}(H^+) = c\alpha \approx \sqrt{K_a \cdot c} \tag{3.9}$$

式(3.8)表明：一元弱酸的解离度近似与其浓度平方根成反比。即浓度越稀，解离度越大。可见 α 和 $K_a^{\ominus}$（或 K_a）都可用来表示酸的强弱，但 α 随 c 而变；在一定温度时，$K_a^{\ominus}$（或 K_a）不随 c 而变，是一个常数。

例 3.1 计算 $0.100\ \text{mol} \cdot \text{dm}^{-3}$ HAc 溶液中的 H^+ 浓度及其 pH。

解：从附录 5 查得 HAc 的 $K_a^{\ominus} = 1.76 \times 10^{-5}$，即 $K_a = 1.76 \times 10^{-5}\ \text{mol} \cdot \text{dm}^{-3}$。

设 $0.100\ \text{mol} \cdot \text{dm}^{-3}$ HAc 溶液中 H^+ 的平衡浓度为 $x\ \text{mol} \cdot \text{dm}^{-3}$，则

$$HAc(aq) \rightleftharpoons H^+(aq) + Ac^-(aq)$$

平衡时浓度/$(\text{mol} \cdot \text{dm}^{-3})$ $0.100-x$ x x

由于 $K_a^{\ominus}$ 很小，所以 $0.100-x \approx 0.100$

$$\frac{x^2}{0.100} \approx 1.76 \times 10^{-5}$$

$$x \approx 1.33 \times 10^{-3}$$

即 $c^{eq}(H^+) \approx 1.33 \times 10^{-3}\ \text{mol} \cdot \text{dm}^{-3}$

或直接代入式（3.9）（注意，上面的 x 即等于 $c\alpha$）

$$c^{eq}(H^+) \approx \sqrt{K_a \cdot c} = \sqrt{1.76 \times 10^{-5} \times 0.100}\ \text{mol} \cdot \text{dm}^{-3}$$

$$\approx 1.33 \times 10^{-3}\ \text{mol} \cdot \text{dm}^{-3}$$

从而可得 $pH \approx -\lg(1.33 \times 10^{-3}) = 2.88$

可以用类似方法计算 $0.100\ \text{mol} \cdot \text{dm}^{-3}$ NH_4Cl 溶液中的 H^+ 浓度及 pH。NH_4Cl 在溶液中以 $NH_4^+(aq)$ 和 $Cl^-(aq)$ 存在。$Cl^-(aq)$ 在溶液中可视为中性，因而只考虑 $NH_4^+(aq)$ 这一弱酸的解离平衡即可：

$$NH_4^+(aq) + H_2O(l) \rightleftharpoons NH_3(aq) + H_3O^+(aq)$$

简写为 $NH_4^+(aq) \rightleftharpoons NH_3(aq) + H^+(aq)$①

查附录 5 得 $NH_4^+(aq)$ 的 $K_a^{\ominus} = 5.65 \times 10^{-10}$，所以

$$c^{eq}(H^+) \approx \sqrt{K_a \cdot c} = \sqrt{5.65 \times 10^{-10} \times 0.100}\ \text{mol} \cdot \text{dm}^{-3}$$

$$= 7.52 \times 10^{-6}\ \text{mol} \cdot \text{dm}^{-3}$$

$$pH \approx -\lg(7.52 \times 10^{-6}) = 5.12$$

（3）多元酸的解离平衡

多元酸的解离是分级进行的，每一级都有一个解离常数，以氢硫酸为例，其解离过程按以下两步进行。一级解离为

$$H_2S(aq) \rightleftharpoons H^+(aq) + HS^-(aq)$$

$$K_{a_1}^{\ominus} = 9.1 \times 10^{-8}$$

---

① NH_4^+ 的解离平衡在电离理论中认为是强酸弱碱盐（如 NH_4Cl）的水解反应。在酸碱质子理论中既无"盐"也无"水解"之概念。本书为了方便教学，有时仍使用"盐的水解"之说。

二级解离为

$$HS^-(aq) \rightleftharpoons H^+(aq) + S^{2-}(aq)$$

$$K_{a_2}^{\ominus} = 1.1 \times 10^{-12}$$

式中，$K_{a_1}^{\ominus}$ 和 $K_{a_2}^{\ominus}$ 分别表示 H_2S 的一级解离常数和二级解离常数。一般情况下，二元酸的 $K_{a_2}^{\ominus} \ll K_{a_1}^{\ominus}$。$H_2S$ 的二级解离使 HS^- 进一步给出 H^+，这比一级解离要困难得多。因此，计算多元酸的 H^+ 浓度时，可忽略二级解离平衡，与计算一元酸 H^+ 浓度的方法相同，即应用式(3.9)作近似计算，不过式中的 K_a 应改为 K_{a_1}。

例 3.2 已知 H_2S 的 $K_{a_1}^{\ominus} = 9.1 \times 10^{-8}$，$K_{a_2}^{\ominus} = 1.1 \times 10^{-12}$。计算在 $0.10 \ mol \cdot dm^{-3} \ H_2S$ 溶液中 H^+ 的浓度和 pH。

解：根据式(3.9)：

$$c^{eq}(H^+) \approx \sqrt{K_{a_1} \cdot c} = \sqrt{9.1 \times 10^{-8} \times 0.10} \ mol \cdot dm^{-3}$$

$$= 9.5 \times 10^{-5} \ mol \cdot dm^{-3}$$

$$pH \approx -lg(9.5 \times 10^{-5}) = 4.0$$

对于 H_2CO_3 和 H_3PO_4 等多元酸，可用类似的方法计算其 H^+ 的浓度和溶液的 pH。

H_3PO_4 是中强酸，$K_{a_1}^{\ominus}$ 较大($K_{a_1}^{\ominus} = 7.52 \times 10^{-3}$)。在按一级解离平衡计算 H^+ 浓度时，不能应用式(3.9)进行计算(即不能认为 $c - x \approx c$)，需按式(3.6)并解一元二次方程得到 $c^{eq}(H^+)$。

(4) 碱的解离平衡

以弱碱 NH_3 为例：

$$NH_3(aq) + H_2O(l) \rightleftharpoons NH_4^+(aq) + OH^-(aq)$$

$$K_b = \frac{c^{eq}(NH_4^+) \cdot c^{eq}(OH^-)}{c^{eq}(NH_3)} \tag{3.10}$$

与一元酸相仿，一元碱的解离平衡中：

$$K_b = c\alpha^2/(1-\alpha) \tag{3.11}$$

当 α 很小时

$$K_b \approx c\alpha^2 \tag{3.12}$$

$$\alpha \approx \sqrt{K_b/c} \tag{3.13}$$

$$c^{eq}(OH^-) = c\alpha \approx \sqrt{K_b \cdot c} \qquad (3.14)$$

从而可得
$$c^{eq}(H^+) = K_w / c^{eq}(OH^-)$$

注意:式(3.11)~式(3.14)与式(3.6)~式(3.9)是完全一致的,只是用 K_b 代替 K_a、用 $c(OH^-)$ 代替 $c(H^+)$。

(5) 共轭酸碱对的关系

一般化学手册中不常列出离子酸、离子碱的解离常数,但根据已知分子酸的 $K_a^{\ominus}$ 或分子碱的 $K_b^{\ominus}$,可以方便地算得其共轭离子碱的 $K_b^{\ominus}$ 或共轭离子酸的 $K_a^{\ominus}$。以 Ac^- 为例:

$$Ac^-(aq) + H_2O(l) \Longrightarrow HAc(aq) + OH^-(aq)$$

$$K_b = \frac{c^{eq}(HAc) \cdot c^{eq}(OH^-)}{c^{eq}(Ac^-)} = K_b^{\ominus} \cdot c^{\ominus}$$

Ac^- 的共轭酸是 HAc:

$$HAc(aq) \Longrightarrow H^+(aq) + Ac^-(aq)$$

$$K_a = \frac{c^{eq}(H^+) \cdot c^{eq}(Ac^-)}{c^{eq}(HAc)} = K_a^{\ominus} \cdot c^{\ominus}$$

$$K_b \cdot K_a = \frac{c^{eq}(HAc) \cdot c^{eq}(OH^-)}{c^{eq}(Ac^-)} \times \frac{c^{eq}(H^+) \cdot c^{eq}(Ac^-)}{c^{eq}(HAc)}$$

$$= c^{eq}(H^+) \cdot c^{eq}(OH^-)$$

$H^+(aq)$ 和 $OH^-(aq)$ 的浓度的乘积是一常数,叫作**水的离子积**,用 K_w 表示,在常温时,水电离的标准平衡常数 $K_w^{\ominus} = 1.00 \times 10^{-14}$。

任何共轭酸碱的解离常数之间都有同样的关系,即

$$K_b^{\ominus} \cdot K_a^{\ominus} = K_w^{\ominus} \qquad (3.15)$$

$K_b^{\ominus}$ 与 $K_a^{\ominus}$ 互成反比,这充分体现了共轭酸碱强度对立统一的辩证关系,酸越强,其共轭碱就越弱。强酸(如 HCl、HNO_3)的共轭碱(Cl^-、NO_3^-)碱性极弱,可认为是中性的。

根据式(3.15),只要知道共轭酸碱中酸的解离常数 $K_a^{\ominus}$,便可算得共轭碱的解离常数 $K_b^{\ominus}$,或已知碱的解离常数 $K_b^{\ominus}$,便可算得共轭酸的解离常数 $K_a^{\ominus}$。例如,已知 HAc 的 $K_a^{\ominus} = 1.76 \times 10^{-5}$,则其共轭碱 Ac^- 的 $K_b^{\ominus} = K_w^{\ominus} / K_a^{\ominus} = 1.00 \times 10^{-14} / (1.76 \times 10^{-5}) = 5.68 \times 10^{-10}$。

不仅可用式(3.14)计算氨水的 pH,也可用来计算诸如 Ac^-、CO_3^{2-} 等离子碱

水溶液的 pH。以 $0.10\ \mathrm{mol\cdot dm^{-3}}$ NaAc 溶液为例,由于 $\mathrm{Na^+(aq)}$ 可视为中性,因而只需考虑 $\mathrm{Ac^-(aq)}$ 这一碱的解离平衡[①],因 $K_b^\ominus(\mathrm{Ac^-,aq})=5.68\times10^{-10}$,可按式(3.14)计算:

$$c^{eq}(\mathrm{OH^-})\approx\sqrt{K_b\cdot c}=\sqrt{5.68\times10^{-10}\times0.10}\ \mathrm{mol\cdot dm^{-3}}$$
$$=7.5\times10^{-6}\ \mathrm{mol\cdot dm^{-3}}$$

$$c^{eq}(\mathrm{H^+})\approx K_w/(7.5\times10^{-6})\ \mathrm{mol\cdot dm^{-3}}=1.3\times10^{-9}\ \mathrm{mol\cdot dm^{-3}}$$
$$\mathrm{pH}\approx-\lg(1.3\times10^{-9})=8.9$$

对于 $\mathrm{CO_3^{2-}(aq)}$,则可近似地以一级解离常数 $K_{b_1}^\ominus$ 计算。

一些常见的液体(溶液)的 pH 范围如表 3.7 所示。实验室常用 pH 试纸粗略测定 pH,用酸度计较精确地测定 pH。

表 3.7 一些常见液体的 pH

液体	pH	液体	pH
柠檬汁	2.2~2.4	牛奶	6.3~6.5
酒	2.8~3.8	人的唾液	6.5~7.5
醋	约 3.0	饮用水	6.5~8.0
番茄汁	约 3.5	人的血液	7.35~7.45
人尿	4.8~8.4	海水	约 8.3

3.2.3 缓冲溶液和 pH 控制

1. 同离子效应和缓冲溶液

与所有的化学平衡一样,当溶液的浓度、温度等条件改变时,弱酸、弱碱的解离平衡会发生移动。在弱酸、弱碱溶液中加入具有相同离子的强电解质,改变某一离子的浓度,可引起弱电解质解离平衡的移动。例如,往 HAc 溶液中加入 NaAc,由于 $\mathrm{Ac^-}$ 浓度增大,使平衡向生成 HAc 的一方移动,结果降低了 HAc 的解离度。又如,往氨水中加入 $\mathrm{NH_4Cl}$($\mathrm{NH_4^+}$ 浓度增大),也会降低 $\mathrm{NH_3}$ 在水中的解离度。可见,在弱酸溶液中加入该酸的共轭碱,或在弱碱的溶液中加入该碱的共轭酸时,可使这些弱酸或弱碱的解离度降低。这种现象叫作**同离子效应**。

共轭酸碱对组成的溶液具有一种很重要的性质,其 pH 能在一定范围内不因稀释或添加的少量酸或碱而发生显著变化。也就是说,对添加的酸和碱具有

---

① $\mathrm{Ac^-(aq)}$ 的解离平衡在电离理论中认为是弱酸强碱盐(如 NaAc)的水解反应。

缓冲的能力。例如,在 HAc 和 NaAc 的混合溶液中,HAc 是弱电解质,解离度较小,NaAc 是强电解质,完全解离;因而溶液中 HAc 和 Ac⁻ 的浓度都较大。由于同离子效应,抑制了 HAc 的解离,而使 H⁺ 浓度变得更小。

$$HAc(aq) \rightleftharpoons H^+(aq) + Ac^-(aq)$$

当往该溶液中加入少量强酸时,H⁺ 与 Ac⁻ 结合形成 HAc 分子,平衡向左移动,使溶液中 Ac⁻ 浓度略有减少,HAc 浓度略有增加,但溶液中 H⁺ 浓度不会有显著变化。如果加入少量强碱,强碱会与 H⁺ 结合,则平衡向右移动,使 HAc 浓度略有减少,Ac⁻ 浓度略有增加,H⁺ 浓度仍不会有显著变化。这种对酸和碱具有缓冲作用或缓冲能力的溶液叫作**缓冲溶液**。组成缓冲溶液的一对共轭酸碱,如 HAc−Ac⁻、NH₄⁺−NH₃、H₂PO₄⁻−HPO₄²⁻ 等称为**缓冲对**。

显然,当加入大量的强酸或强碱,溶液中的弱酸及其共轭碱或弱碱及其共轭酸中的一种消耗将尽时,就失去缓冲能力了,所以缓冲溶液的缓冲能力是有一定限度的。

根据共轭酸碱之间的平衡,可得计算通式:

$$K_a = \frac{c^{eq}(H^+) \cdot c^{eq}(\text{共轭碱})}{c^{eq}(\text{共轭酸})}$$

$$c^{eq}(H^+) = K_a \times \frac{c^{eq}(\text{共轭酸})}{c^{eq}(\text{共轭碱})} \tag{3.16}$$

于是有

$$\frac{c^{eq}(H^+)}{c^\ominus} = K_a^\ominus \times \frac{c^{eq}(\text{共轭酸})}{c^{eq}(\text{共轭碱})}$$

$$pH = pK_a^\ominus - \lg \frac{c^{eq}(\text{共轭酸})}{c^{eq}(\text{共轭碱})} \tag{3.17}$$

式中,$K_a^\ominus$ 为共轭酸的解离常数,$pK_a^\ominus$ 为 $K_a^\ominus$ 的负对数,即 $pK_a^\ominus = -\lg K_a^\ominus$。

例 3.3　计算含有 0.100 mol·dm⁻³ HAc 与 0.100 mol·dm⁻³ NaAc 的缓冲溶液的水合 H⁺ 浓度、pH 和 HAc 的解离度。

解:设溶液中 H⁺ 浓度为 x,根据式(3.16):

$$c^{eq}(H^+) = K_a \times \frac{c^{eq}(HAc)}{c^{eq}(Ac^-)}$$

由于 $K_a^\ominus = 1.76 \times 10^{-5}$,则

$$c^{eq}(HAc) = c(HAc) - x \approx c(HAc) = 0.100 \text{ mol·dm}^{-3}$$

$$c^{eq}(Ac^-) = c(Ac^-) + x \approx c(Ac^-) = 0.100 \text{ mol·dm}^{-3}$$

所以 $c^{eq}(H^+) = x \approx \left(1.76 \times 10^{-5} \times \frac{0.100}{0.100}\right) \text{ mol·dm}^{-3} = 1.76 \times 10^{-5} \text{ mol·dm}^{-3}$

根据式(3.17)

$$pH = pK_a^{\ominus} - \lg \frac{c^{eq}(HAc)}{c^{eq}(Ac^-)} \approx 4.75 - \lg \frac{0.100}{0.100} = 4.75$$

HAc 的解离度:

$$\alpha \approx \frac{1.76 \times 10^{-5} \ mol \cdot dm^{-3}}{0.100 \ mol \cdot dm^{-3}} \times 100\% = 0.0176\%$$

(读者可与例 3.1 的计算结果进行比较,并自行求得 0.100 mol·dm⁻³ HAc 溶液中 HAc 的解离度 $\alpha \approx 1.33\%$。)

2. 缓冲溶液的应用和选择

缓冲溶液在工业、农业、生物学等方面应用很广。例如,在硅半导体器件的生产过程中,需要用氢氟酸腐蚀以除去硅片表面没有用胶膜保护的那部分氧化膜 SiO_2,反应为

$$SiO_2 + 6HF \Longrightarrow H_2[SiF_6] + 2H_2O$$

如果单独用 HF 溶液作腐蚀液,水合 H^+ 浓度较大,而且随着反应的进行水合 H^+ 浓度会发生变化,即 pH 不稳定,造成腐蚀的不均匀。因此需应用 HF 和 NH_4F 的混合溶液进行腐蚀,才能达到工艺的要求。又如,金属器件进行电镀时的电镀液中,常用缓冲溶液来控制一定的 pH。在制革、染料等工业及化学分析中也需应用缓冲溶液。在土壤中,由于含有 $H_2CO_3 - NaHCO_3$ 和 $NaH_2PO_4 - Na_2HPO_4$ 及其他有机弱酸及其共轭碱所组成的复杂的缓冲系统,能使土壤维持一定的 pH,从而保证了植物的正常生长。

人体的血液也必须依赖缓冲系统才能保持 pH 在 7.35~7.45 的狭小范围内。这一 pH 范围最适于细胞新陈代谢及整个肌体的生存。当血液的 pH 低于 7.3 或高于 7.5 时,就会出现酸中毒或碱中毒的现象,严重时甚至危及生命。人体进行新陈代谢所产生的酸或碱进入血液内,并不能显著改变血液的 pH,因为血液中存在着许多缓冲对,主要有 $H_2CO_3 - HCO_3^-$、$H_2PO_4^- - HPO_4^{2-}$、血浆蛋白-血浆蛋白共轭碱、血红蛋白-血红蛋白共轭碱等。其中以 $H_2CO_3 - HCO_3^-$ 在血液中浓度最高,缓冲能力最大,对维持血液正常的 pH 起主要作用。当人体新陈代谢过程中产生的酸(如磷酸、硫酸、乳酸等)进入血液时,缓冲对中的抗酸组分 HCO_3^- 便立即与代谢酸中的 H^+ 结合,生成 H_2CO_3 分子。H_2CO_3 被血液带到肺部并以 CO_2 形式排出体外。人们吃的蔬菜和果类中含有柠檬酸的钠盐和钾盐、磷酸氢二钠和碳酸氢钠等碱性物质进入血液时,缓冲对中的抗碱组分 H_2CO_3 解离出来的 H^+ 就与之结合,H^+ 的消耗可不断由 H_2CO_3 的解离来补充,使血液中的 H^+ 浓度保持在一定范围内。

在实际工作中常会遇到缓冲溶液的选择的问题。从式(3.17)可以看出:缓冲溶液的 pH 取决于缓冲对或共轭酸碱对中的 $K_a^{\ominus}$ 值及缓冲对的两种物质浓度之比值。缓冲对中任一种物质的浓度过小都会使溶液丧失缓冲能力。因此两者浓度之比值最好趋近于 1。如果此比值为 1,则

$$c^{eq}(H^+) = K_a$$

$$pH = pK_a^{\ominus}$$

所以,在选择具有一定 pH 的缓冲溶液时,应当选用 $pK_a^{\ominus}$ 接近或等于该 pH 的弱酸与其共轭碱的混合溶液。例如,如果需要 pH = 5 左右的缓冲溶液,选用 $HAc - Ac^-$ ($HAc - NaAc$)的混合溶液比较适宜,因为 HAc 的 $pK_a^{\ominus}$ 等于 4.75,与所需的 pH 接近。同样,如果需要 pH = 9、pH = 7 左右的缓冲溶液,则可以分别选用 $NH_3 - NH_4^+$ ($NH_3 - NH_4Cl$)、$H_2PO_4^- - HPO_4^{2-}$($KH_2PO_4 - Na_2HPO_4$)的混合溶液($pK_a^{\ominus}$ 可查附录)。

3.3　难溶电解质的多相离子平衡

以上讨论了可溶电解质单相系统的离子平衡。在科学研究和生产实践中,经常还需要研究在含有难溶电解质和水的系统中所存在的固相和液相中离子之间的平衡,也就是多相系统的离子平衡问题。

3.3.1　多相离子平衡和溶度积

所谓"难溶"的电解质在水中不是绝对不能溶解。例如,AgCl 在水中的溶解度虽然很小,但还会有一定数量的 Ag^+ 和 Cl^- 离开晶体表面而溶入水中。同时,已溶解的 Ag^+ 和 Cl^- 又会不断地从溶液中回到晶体的表面而析出。在一定条件下,当溶解与结晶的速率相等时,达到**溶解平衡**,建立了固相和液相中离子之间的动态平衡,这是一个**多相离子平衡**。

$$AgCl(s) \underset{结晶}{\overset{溶解}{\rightleftharpoons}} Ag^+(aq) + Cl^-(aq)$$

其标准平衡常数为

$$K^{\ominus} = K_s^{\ominus}(AgCl) = [c^{eq}(Ag^+)/c^{\ominus}][c^{eq}(Cl^-)/c^{\ominus}]$$

与上节相仿,平时常用:

$$K_s^{\ominus}(AgCl) = c^{eq}(Ag^+) \cdot c^{eq}(Cl^-)$$

该式表明:难溶电解质的饱和溶液中,当温度一定时,其离子浓度的乘积为

一常数,这个平衡常数 $K_s^{\ominus}$ 叫作**溶度积常数**,简称**溶度积**。与其他平衡常数一样,$K_s^{\ominus}$ 的数值既可由实验测得,也可以应用热力学数据计算得到。书末附录中列出了一些常见难溶电解质的溶度积。

根据平衡常数表达式的书写原则,对于难溶电解质 A_nB_m 可用通式表示为

$$A_nB_m(s) \rightleftharpoons nA^{m+}(aq)+mB^{n-}(aq)$$

溶度积的表达式为

$$K_s^{\ominus}(A_nB_m) = [c^{eq}(A^{m+})/c^{\ominus}]^n \cdot [c^{eq}(B^{n-})/c^{\ominus}]^m$$

或

$$K_s(A_nB_m) = [c^{eq}(A^{m+})]^n \cdot [c^{eq}(B^{n-})]^m \tag{3.18}$$

例 3.4　在 25℃时,氯化银的溶度积为 1.77×10^{-10},铬酸银的溶度积为 1.12×10^{-12}。试求氯化银和铬酸银的溶解度(以 $mol\cdot dm^{-3}$ 表示)。

解:(1) 设 AgCl 的溶解度为 s_1(以 $mol\cdot dm^{-3}$ 为单位),则根据

$$AgCl(s) \rightleftharpoons Ag^+(aq)+Cl^-(aq)$$

可得

$$c^{eq}(Ag^+) = c^{eq}(Cl^-) = s_1$$

$$K_s = c^{eq}(Ag^+) \cdot c^{eq}(Cl^-) = s_1 \cdot s_1 = s_1^2$$

$$s_1 = \sqrt{K_s} = \sqrt{1.77\times10^{-10}}\ mol\cdot dm^{-3} = 1.33\times10^{-5}\ mol\cdot dm^{-3}$$

(2) 设 Ag_2CrO_4 的溶解度为 s_2(以 $mol\cdot dm^{-3}$ 为单位),则根据

$$Ag_2CrO_4(s) \rightleftharpoons 2Ag^+(aq)+CrO_4^{2-}(aq)$$

可得

$$c^{eq}(CrO_4^{2-}) = s_2, c^{eq}(Ag^+) = 2s_2$$

$$K_s = [c^{eq}(Ag^+)]^2 \cdot [c^{eq}(CrO_4^{2-})] = (2s_2)^2 \cdot s_2 = 4s_2^3$$

$$s_2 = \sqrt[3]{K_s/4} = \sqrt[3]{1.12\times10^{-12}/4}\ mol\cdot dm^{-3} = 6.54\times10^{-5}\ mol\cdot dm^{-3}$$

上述计算结果表明,AgCl 的溶度积虽比 Ag_2CrO_4 的要大,但 AgCl 的溶解度 $(1.33\times10^{-5}\ mol\cdot dm^{-3})$ 却比 Ag_2CrO_4 的溶解度 $(6.54\times10^{-5}\ mol\cdot dm^{-3})$ 要小。这是因为 AgCl 是 AB 型难溶电解质,Ag_2CrO_4 是 A_2B 型难溶电解质,两者的类型不同且两者的溶度积数值相差不大。对于同一类型的难溶电解质,可以通过溶度积的大小来比较它们的溶解度大小。例如,均属 AB 型的难溶电解质 AgCl、$BaSO_4$ 和 $CaCO_3$ 等,在相同温度下,溶度积越大,溶解度也越大;反之亦然。但对于不同类型的难溶电解质,则不能认为溶度积小的,溶解度也一定小。

必须指出,上述溶度积与溶解度的换算是一种近似的计算,忽略了难溶电解质的离子与水的相互作用等情况。

3.3.2　溶度积规则及其应用

1. 溶度积规则

对一给定难溶电解质来说,在一定条件下沉淀能否生成或溶解,可从反应商 Q 与溶度积 $K_s^{\ominus}$ 的比较来判断。对于 A_nB_m,反应商 Q 的表达式为

$$Q = [c(A^{m+})/c^{\ominus}]^n \cdot [c(B^{n-})/c^{\ominus}]^m$$

显然有

$$\left. \begin{array}{l} Q>K_s^{\ominus} \text{ 有沉淀析出} \\ Q=K_s^{\ominus} \text{ 饱和溶液} \\ Q<K_s^{\ominus} \text{ 不饱和溶液,无沉淀析出,或可使沉淀溶解} \end{array} \right\} \qquad (3.19)$$

这常称为**溶度积规则**。

与其他任何平衡一样,难溶电解质在水溶液中的多相离子平衡也是相对的、有条件的。例如,若在 $CaCO_3(s)$ 溶解平衡的系统中加入 Na_2CO_3 溶液,由于 CO_3^{2-} 的浓度增大,使 $c(Ca^{2+}) \cdot c(CO_3^{2-})>K_s(CaCO_3)$,平衡向生成 $CaCO_3$ 沉淀的方向移动,直到溶液中离子浓度乘积等于溶度积为止。当达到新平衡时,溶液中的 Ca^{2+} 浓度减小了,也就是降低了 $CaCO_3$ 的溶解度。这种因加入含有共同离子的强电解质,而使难溶电解质溶解度降低的现象也叫作同离子效应。

例 3.5　求在 25℃ 时 AgCl 在 0.0100 mol·dm^{-3} NaCl 液中的溶解度。

解:设 AgCl 在 0.0100 mol·dm^{-3} NaCl 溶液中的溶解度为 x mol·dm^{-3}。则在 1.00 dm^3 溶液中所溶解的 AgCl 的物质的量等于 Ag$^+$ 在溶液中的物质的量,即 $c(Ag^+) = x$ mol·dm^{-3}。而 Cl$^-$ 的浓度则与 NaCl 的浓度及 AgCl 的溶解度有关 $c(Cl^-) = (0.0100+x)$ mol·dm^{-3}。

$$AgCl(s) \rightleftharpoons Ag^+(aq)+Cl^-(aq)$$

平衡时浓度/(mol·dm^{-3})　　　　　　　x　　　$0.0100+x$

将上述浓度代入溶度积常数表达式中,得

$$c^{eq}(Ag^+) \cdot c^{eq}(Cl^-) = K_s$$

$$x(0.0100+x) = 1.77\times10^{-10}$$

由于 AgCl 溶解度很小, $0.0100+x \approx 0.0100$,所以 $x\times0.0100 = 1.77\times10^{-10}$, $x = 1.77\times10^{-8}$,即 AgCl 的溶解度为 1.77×10^{-8} mol·dm^{-3}。

本例中所得 AgCl 的溶解度与 AgCl 在纯水中的溶解度(例 3.4 中求得的 1.33×10^{-5} mol·dm^{-3})相比要小得多。这说明由于同离子效应,使难溶电解质的溶解度大大降低了。

2. 沉淀的转化

在实践中,有时需要将一种沉淀转化为另一种沉淀。例如,锅炉中的锅垢的

主要成分为 $CaSO_4$,锅垢的导热能力很小$\left(\text{导热系数只有钢铁的}\dfrac{1}{50}\sim\dfrac{1}{30}\right)$,影响传热,浪费燃料,还可能引起锅炉或蒸汽管的爆裂,造成事故。但 $CaSO_4$ 不溶于酸,难以除去。若用 Na_2CO_3 溶液处理,则可使 $CaSO_4$ 转化为疏松而可溶于酸的 $CaCO_3$ 沉淀,便于锅垢的清除:

$$CaSO_4(s) \rightleftharpoons Ca^{2+}(aq)+SO_4^{2-}(aq)$$
$$+$$
$$Na_2CO_3(s) \longrightarrow CO_3^{2-}(aq)+2Na^+(aq)$$
$$\Updownarrow$$
$$CaCO_3(s)$$

由于 $CaSO_4$ 的溶度积$(K_s^\ominus=7.10\times10^{-5})$大于 $CaCO_3$ 的溶度积$(K_s^\ominus=4.96\times10^{-9})$,在溶液中与 $CaSO_4$ 平衡的 Ca^{2+} 与加入的 CO_3^{2-} 结合生成溶度积更小的 $CaCO_3$ 沉淀。从而降低了溶液中 Ca^{2+} 浓度,破坏了 $CaSO_4$ 的溶解平衡,使 $CaSO_4$ 不断溶解或转化。

沉淀转化的程度可以用以下反应的平衡常数来衡量:

$$CaSO_4(s)+CO_3^{2-}(aq) \rightleftharpoons CaCO_3(s)+SO_4^{2-}(aq)$$

$$K^\ominus=\frac{c^{eq}(SO_4^{2-})}{c^{eq}(CO_3^{2-})}=\frac{c^{eq}(SO_4^{2-})\cdot c^{eq}(Ca^{2+})}{c^{eq}(CO_3^{2-})\cdot c^{eq}(Ca^{2+})}$$
$$=\frac{K_s^\ominus(CaSO_4)}{K_s^\ominus(CaCO_3)}=\frac{7.10\times10^{-5}}{4.96\times10^{-9}}=1.43\times10^4$$

此转化反应的平衡常数较大,表明沉淀转化的程度较大。

对于某些锅炉用水来说,虽经 Na_2CO_3 处理,已使 $CaSO_4$ 锅垢转化为易除去的 $CaCO_3$,但 $CaCO_3$ 在水中仍有一定的溶解度,当锅炉中水不断蒸发时,溶解的少量 $CaCO_3$ 又会不断地沉淀析出。如果要进一步降低已经 Na_2CO_3 处理的锅炉水中的 Ca^{2+} 浓度,还可以再用磷酸钠 Na_3PO_4 补充处理,使生成磷酸钙 $Ca_3(PO_4)_2$ 沉淀而除去:

$$3CaCO_3(s)+2PO_4^{3-}(aq) \rightleftharpoons Ca_3(PO_4)_2(s)+3CO_3^{2-}(aq)$$

这是因为 $Ca_3(PO_4)_2$ 的溶解度为 $1.14\times10^{-7}\ mol\cdot dm^{-3}$,比 $CaCO_3$ 的溶解度 $7.04\times10^{-5}\ mol\cdot dm^{-3}$更小,所以反应能向着生成更难溶的 $Ca_3(PO_4)_2$ 的方向进行。

一般说来,由一种难溶的电解质转化为更难溶的电解质的过程是很易实现的;相反,由一种很难溶的电解质转化为不太难溶的电解质就比较困难。但应指出,沉淀的生成或转化除与溶解度或溶度积有关外,还与离子浓度有关。因此,当涉及两种溶解度或溶度积相差不大的难溶物质的转化,尤其有关离子的浓度有较大差别时,必须进行具体分析或计算,才能明确反应进行的方向。

3. 沉淀的溶解

根据溶度积规则,只要设法降低难溶电解质饱和溶液中有关离子的浓度,就有可能使难溶电解质溶解。常用的方法有下列几种:

(1) 利用酸碱反应

众所周知,如果向含有 $CaCO_3$ 的饱和溶液中加入稀盐酸,能使 $CaCO_3$ 溶解,生成 CO_2 气体。这一反应的实质是利用酸碱反应使 CO_3^{2-}(碱)的浓度不断降低,难溶电解质 $CaCO_3$ 的多相离子平衡发生移动,因而使沉淀溶解。

$$CaCO_3(s) + 2H^+(aq) \Longrightarrow Ca^{2+}(aq) + CO_2(g) + H_2O(l)$$

在难溶金属氢氧化物中加入酸后,由于生成 H_2O,使 OH^- 浓度大为降低,从而使金属氢氧化物溶解。例如,用 15% HAc 溶液洗去织物上的铁锈渍反应可表示为

$$Fe(OH)_3(s) + 3HAc(aq) \Longrightarrow Fe^{3+}(aq) + 3H_2O(l) + 3Ac^-(aq)$$

部分不太活泼金属的硫化物如 FeS、ZnS 等也可用稀酸溶解。例如:

$$FeS(s) + 2H^+(aq) \Longrightarrow Fe^{2+}(aq) + H_2S(g)$$

(2) 利用配位反应

根据第 6 章配位化学的知识,难溶电解质中的金属离子与某些试剂形成配离子时,会使沉淀或多或少地溶解。例如,照相底片上未曝光的 AgBr,可用 $Na_2S_2O_3$ 溶液($Na_2S_2O_3 \cdot 5H_2O$ 俗称海波)溶解,化学反应方程式为

$$AgBr(s) + 2S_2O_3^{2-}(aq) \Longrightarrow [Ag(S_2O_3)_2]^{3-} + Br^-$$

制造氧化铝的工艺通常是由 Al^{3+} 与 OH^- 反应生成 $Al(OH)_3$,再由 $Al(OH)_3$ 焙烧而得 Al_2O_3。在制取 $Al(OH)_3$ 的过程中,根据同离子效应加入适当过量的沉淀剂 $Ca(OH)_2$,可使溶液中 Al^{3+} 更加完全[①]地沉淀为 $Al(OH)_3$。但应注意不能加入过量强碱(如 NaOH),否则两性的 $Al(OH)_3$ 将会溶解在过量强碱中,形成了诸如 $[Al(OH)_4]^-$ 的配离子[②]:

---

① 所谓"完全"并不是使溶液中的某种离子全部沉淀下来,实际上这也是做不到和不必要的。通常只要溶液中残留的离子浓度不超过 1×10^{-5} mol·dm^{-3},就可以认为沉淀完全了。

② 通常也可以 $AlO_2^-(aq)$ 或 AlO_2^- 表示。

$$Al(OH)_3 + OH^-(过量) == [Al(OH)_4]^-$$

或
$$Al^{3+} + 4OH^- == [Al(OH)_4]^-$$

（3）利用氧化还原反应

有一些难溶于酸的硫化物如 Ag_2S、CuS、PbS 等，它们的溶度积太小，不能像 FeS 那样溶解于非氧化性酸，但可以加入氧化性酸使之溶解。例如，加入 HNO_3 作氧化剂，使发生下列反应：

$$3CuS(s) + 8HNO_3(稀) == 3Cu(NO_3)_2 + 3S(s) + 2NO(g) + 4H_2O(l)$$

由于 HNO_3 能将 S^{2-} 氧化为 S，从而大大降低了 S^{2-} 的浓度，使 $c(Cu^{2+}) \cdot c(S^{2-}) < K_s$ (CuS)，从而使 CuS 溶解。

3.4 水的净化与废水处理

生活饮用水、工业用水、渔业用水、农业灌溉用水等都是有特定用途的水资源。人们对这些水中污染物或其他物质的最大容许浓度作出规定，称为**水质标准**。表 3.8 列出我国生活饮用水的水质标准。

表 3.8 我国生活饮用水水质标准

水质指标			标准
分类	序	名称	
感官性状指标	1	色	色度不超过 15 度，并不得呈现其他异色
	2	浑浊度	不超过 5 度
	3	臭和味	不得有异臭、异味
	4	肉眼可见物	不得含有
化学指标	5	pH	6.5~8.5
	6	总硬度	不超过 250 mg·L^{-1}
	7	铁	不超过 0.3 mg·L^{-1}
	8	锰	不超过 0.1 mg·L^{-1}
	9	铜	不超过 1.0 mg·L^{-1}
	10	锌	不超过 1.0 mg·L^{-1}
	11	挥发酚类	不超过 0.002 mg·L^{-1}
	12	阴离子合成洗涤剂	不超过 0.3 mg·L^{-1}

续表

水质指标			标准
分类	序	名称	
毒理学指标	13	氟化物	不超过 1.0 mg·L⁻¹ 适宜浓度 0.5~1.00 mg·L⁻¹
	14	氰化物	不超过 0.05 mg·L⁻¹
	15	砷	不超过 0.04 mg·L⁻¹
	16	硒	不超过 0.01 mg·L⁻¹
	17	汞	不超过 0.001 mg·L⁻¹
	18	镉	不超过 0.01 mg·L⁻¹
	19	铬(六价)	不超过 0.05 mg·L⁻¹
	20	铅	不超过 0.1 mg·L⁻¹
细菌学指标	21	细菌总数	1 mL 水中不超过 100 个
	22	大肠菌群	1 L 水中不超过 3 个
	23	游离性余氯	在接触 30 min 反应不低于 0.3 mg·L⁻¹。集中式给水除出厂水应符合上述要求外,管网末梢不低于 0.05 mg·L⁻¹

对于生活饮用水应尽量采用少受污染的水源(如地表水或地下水)。经过粗滤、混凝、消毒等步骤处理后,可达饮用标准;若需要进一步提高水的纯度,可再用离子交换、电渗析或蒸馏等方法处理,从而制得**纯净水**。

对于要返回到环境中的工业废水和生活污水也应加以处理,使其达到国家规定的排放标准,再行排放。根据处理的程度一般分为三个级别:**一级处理**应用物理处理方法,即用格栅、沉淀池等构筑物,去除污水中不溶解的污染物等;**二级处理**应用生物处理方法,即主要通过微生物的代谢作用,将污水中各种复杂的有机化合物氧化降解为简单的物质;**三级处理**是用化学反应法、离子交换法、反渗透法、臭氧氧化法或活性炭吸附法等除去磷、氮、盐类和难降解有机化合物,以及用氯化法消毒等一种或几种方法组成的污水处理工艺。

下面简单介绍几种与化学有关的水处理方法。

1. 混凝法

水中若有很细小的淤泥及其他污染物微粒等杂质存在,它们往往形成不易沉降的胶态物质悬浮于水中。此时可加入混凝剂使其沉降。铝盐和铁盐是最常用的**混凝剂**。以铝盐为例,铝盐与水的反应可生成 $Al(OH)^{2+}$、$Al(OH)_2^+$ 和 $Al(OH)_3$ 等,它们可从三个方面发挥混凝作用:① 中和胶体杂质的电荷;② 在胶体杂质微粒之间起黏结作用;③ 自身形成氢氧化物的絮状体,在沉淀时对水中胶体杂质起吸附卷带作用。

影响混凝过程的因素有 pH、温度、搅拌强度等。其中以 pH 最为重要。采用铝盐作为混凝剂时,pH 应控制在 6.0~8.5 范围内。采用铁盐时,pH 控制在 8.1~9.6 时效果最佳。

在混凝过程中,有时还同时投加细黏土、膨润土等作为助凝剂。其作用是形成核心,使沉淀物围绕核心长大,增大沉淀物密度,加快沉降速率。

新型的无机高分子混凝剂如聚氯化铝$[Al_2(OH)_nCl_{6-n}xH_2O]_m$,由于价廉、净水效果好,得到普遍采用。有机高分子絮凝剂,如聚丙烯酰胺(俗称 3# 絮凝剂)能强烈且快速地吸附水中胶体颗粒及悬浮物颗粒形成絮状物,大大加快了凝聚速率。

在实际操作中,有时使用复合配方的混凝剂,净化的效果更为理想。例如,投加铁盐和聚丙烯酰胺的复合配方处理皮毛工业废水,要比单一药剂的效果更好。

2. 化学法

(1) 以沉淀反应为主的处理法

对于有毒有害的金属离子可加入沉淀剂与其反应,使生成氢氧化物、碳酸盐或硫化物等难溶物质而除去。常用的**沉淀剂**有:CaO、Na_2CO_3、Na_2S 等。例如,硬水软化方法之一,是用石灰-苏打($CaO-Na_2CO_3$)使水中的 Mg^{2+}、Ca^{2+} 转变为 $Mg(OH)_2$ 和 $CaCO_3$ 沉淀而除去。若欲除去酸性废水中的 Pb^{2+},一般可投加石灰水,使生成 $Pb(OH)_2$ 沉淀。废水中残留的 Pb^{2+} 浓度与水中的 OH^- 浓度(即 pH)有关。根据同离子效应,加入适当过量的石灰水,可使废水中残留的 Pb^{2+} 进一步减小;但石灰水的用量不宜过多,否则会使两性的 $Pb(OH)_2$ 沉淀部分溶解。

又如,含 Hg^{2+} 的废水中加入 Na_2S,可使 Hg^{2+} 转变成 HgS 沉淀而除去。用 FeS 处理含 Hg^{2+} 的废水,发生以下反应:

$$FeS(s)+Hg^{2+}(aq) \Longrightarrow HgS(s)+Fe^{2+}(aq)$$

该反应的平衡常数 $K^{\ominus}$ 值相当大(约 7.9×10^{33},读者可自行计算),因此,沉淀转化程度很高,且成本低。

近年来,在沉淀法的基础上发展了吸附胶体浮选处理含重金属离子废水的新技术。该法利用胶体物质[如 $Fe(OH)_3$ 胶体]作为载体,可使重金属离子(如 Hg^{2+}、Cd^{2+}、Pb^{2+} 等)吸附在载体上,然后加表面活性剂(或称为捕收剂,如十二烷基磷酸钠与正己醇以 1:3 比例的混合物),使载体疏水,则重金属离子会附着于预先在加压下溶解的空气所产生的气泡表面上,浮至液面而除去。

（2）以氧化还原反应为主的处理法

利用氧化还原反应将水中有毒物转变成无毒物、难溶物或易于除去的物质是水处理工艺中较重要的方法之一。常用的氧化剂有：O_2（空气）、Cl_2（或 $NaClO$）、H_2O_2、O_3 等，常用的还原剂有 $FeSO_4$、Fe 粉、SO_2、Na_2SO_3 等。例如，水处理中常用曝气法（即向水中不断鼓入空气），使其中的 Fe^{2+} 氧化，并生成溶度积很小的 $Fe(OH)_3$ 沉淀而除去。又如，Cl_2 可将废水中的 CN^- 氧化成无毒的 N_2、CO_2 等。

处理 $Cr_2O_7^{2-}$ 时，可加入 $FeSO_4$ 作还原剂，使发生以下反应：

$$Cr_2O_7^{2-} + 6Fe^{2+} + 14H^+ \rule[0.5ex]{2em}{0.4pt} 2Cr^{3+} + 6Fe^{3+} + 7H_2O$$

然后再加 $NaOH$，调节溶液的 pH 为 6～8，使 Cr^{3+} 生成 $Cr(OH)_3$ 沉淀而从污水中除去。

3. 离子交换法

离子交换法在硬水软化和含重金属离子的污水处理方面得到广泛应用。其原理是利用离子交换树脂与水中杂质离子进行交换反应，将杂质离子交换到树脂上去，达到使水纯化的目的。

离子交换树脂是不溶于水的合成高分子化合物，有阳离子交换树脂和阴离子交换树脂。它们均由树脂母体（有机高聚物）及活性基团（能起交换作用的基团）两部分组成。**阳离子交换树脂**含有的活性基团如磺酸基（—SO_3H）能以 H^+ 与溶液中的金属离子或其他正离子发生交换；阴离子交换树脂含有的活性基团如季铵基 [—$N(CH_3)_3OH$] 能以 OH^- 与溶液中的负离子发生交换。若以 R 表示树脂母体部分，则阳离子交换树脂可表示为 R—SO_3H 剂，阴离子交换树脂可表示为 R—$N(CH_3)_3OH$。水中杂质离子（正离子以 M^+ 表示，负离子以 X^- 表示）与离子交换树脂的交换反应分别可表示如下：

$$R—SO_3H + M^+ \rule[0.5ex]{2em}{0.4pt} R—SO_3M + H^+$$

$$R—N(CH_3)_3OH + X^- \rule[0.5ex]{2em}{0.4pt} R—N(CH_3)_3X + OH^-$$

离子交换过程是可逆的，离子交换树脂使用一段时间后，R—SO_3H 转变成 R—SO_3M，R—$N(CH_3)_3OH$ 转变成 R—$N(CH_3)_3X$，丧失了交换能力。此时的树脂就需进行化学处理，使其恢复交换能力，这一过程称为**离子交换树脂的再生**。

4. 电渗析法和反渗透法

电渗析法和反渗透法都是应用**薄膜分离**新技术的水处理工艺，可用于海水淡化。电渗析法的原理是在外加直流电源作用下，水中的正、负离子分别向阴、阳两极迁移。在阴、阳两极之间布置了若干对离子交换膜［一张阳离子交换膜

(简称阳膜)和一张阴离子交换膜(简称阴膜)称为一对],由于阳膜只允许正离子通过,阴膜只允许负离子通过,在电场作用下,水中的正离子在向阴极迁移过程中能透过阳膜则不能通过阴膜,负离子在向阳极迁移过程中能透过阴膜而不能通过阳膜。待处理水经这样处理后,造成了淡水区和浓水区,如图 3.7 所示,把淡水引出,可得到较纯的水或称为除盐水。

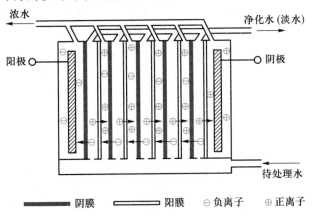

图 3.7　电渗析示意图

反渗透法是应用一种强度足以经受所用的高压力,同时又只能让水分子透过,不让待处理水中杂质离子透过的薄膜(半透膜),在相当大的外加压力下,能将纯水从含杂质离子的水中分离出来的方法。

选读材料

水污染及其危害

　　水是一种宝贵的自然资源。水是一切生命机体的组成物质,约占人体体重的 2/3。每人每天约需 5 dm^3 水,没有水就没有生命。水对生物体起着散发热量、调节体温的作用。水在工业生产上作为传递热量的介质、生产的原料或反应介质,工艺过程中的溶剂、洗涤剂、吸收剂等。

　　引起水体污染的原因来自两个方面:自然污染和人为污染,后者是主要的。**自然污染**主要是自然原因所造成的,如特殊地质条件使某些地区有某种化学元素大量富集,天然植物在腐烂过程中产生某种毒物,以降雨淋洗大气和地面后夹带各种物质流入水体。**人为污染**是人类生活和生产活动中给水源带进了污染物,包括生活污水、工业废水、农田排水和矿山排水等。废渣和垃圾倾倒在水中或岸边或堆积在土地上,经降雨淋洗流入水体也会造成污染。

下面简述几类主要污染物质的来源及危害。

1. 无机污染物

污染水体的无机污染物主要是指重金属、氧化物、酸、碱等。

(1) 重金属

重金属主要包括汞、镉、铅、铬等,此外还有砷。砷虽不是重金属,但毒性与重金属相似,故经常和重金属一起讨论,常称为"金属五毒"。重金属的致害作用在于使人体中的酶失去活性,它们的共同特点是即使含量很小也有毒性,因为它们能在生物体内积累,不易排出体外,因此危害很大。

水中的**汞**来源于汞极电解食盐厂、汞制剂农药厂、用汞仪表厂等的废水。汞中毒后,会引起神经损害、瘫痪、精神错乱、失明等症状,称为**水俣病**。汞的毒性大小与其存在形态有关,+1 价汞的化合物如甘汞 Hg_2Cl_2(难溶于水)毒性小,而 +2 价汞的毒性就大。水中的无机汞在微生物的作用下,会转变成有机汞:

$$HgCl_2 + CH_4 \xrightarrow{\text{微生物}} CH_3HgCl + HCl$$

有机汞如甲基氯化汞的毒性更大,1953 年发生在日本的水俣病就是无机汞转变为有机汞、累积性的汞中毒事件。我国规定工业废水中汞的最大允许排放浓度(以 Hg 计)为 $0.05\ \text{mg·dm}^{-3}$。

水中**镉**的主要存在形态是 Cd^{2+},来源于金属矿山、冶炼厂、电镀厂、某些电池厂、特种玻璃制造厂及化工厂等的废水。镉有很高的潜在毒性,饮用水中含量不得超过 $0.01\ \text{mg·dm}^{-3}$,否则将因累积而引起贫血、肾损害,并且使大量钙质从尿中流失,引起骨质疏松。1955 年发生在日本富山县的骨痛病就是镉污染所引起。中毒后骨骼变脆,全身骨节疼痛难忍,最终以剧痛而死亡。我国工业废水中镉的最大允许排放浓度(以 Cd 计)为 $0.1\ \text{mg·dm}^{-3}$。

水中**铅**的主要存在形态为 Pb^{2+},来源于金属矿山、冶炼厂、电池厂、油漆厂等的废水及汽车尾气。铅是重金属污染中数量最大的一种,能毒害神经系统和造血系统,引起痉挛、精神迟钝、贫血等。我国工业废水中铅的最大允许排放浓度(以 Pb 计)为 $1.0\ \text{mg·dm}^{-3}$。

水中**铬**的主要存在形态是铬酸根离子(CrO_4^{2-})或重铬酸根离子($Cr_2O_7^{2-}$),来源于冶炼厂、电镀厂及制革、颜料等工业的废水。Cr^{3+} 是人体中的一种微量营养元素,但过量也会引起毒害。铬的毒害作用是引起皮肤溃痛、贫血、肾炎等,并可能有致癌作用。我国工业废水中铬的最大允许排放浓度(以 +6 价 Cr 计)为 $0.5\ \text{mg·dm}^{-3}$。

水中**砷**的主要存在形态是亚砷酸根离子(AsO_3^{3-})和砷酸根离子(AsO_4^{3-}),AsO_3^{3-} 的毒性比 AsO_4^{3-} 的要大。冶金工业、玻璃陶瓷、制革、染料和杀虫剂生产的废水中都含有砷或砷的化合物。砷中毒会引起细胞代谢紊乱、肠胃道失常、肾衰退等。我国工业废水中砷的最大允许排放浓度(以 As 计)为 $0.5\ mg\cdot dm^{-3}$。

（2）**氰化物、酸和碱**

氰化物的毒性很强，在水中以 CN^- 存在。若遇酸性介质，则 CN^- 能生成毒性极强的挥发性氢氰酸 HCN。氰化物主要来源于电镀、煤气、冶金等工业的废水。CN^- 的毒性是由于它与人体中的氧化酶结合，使氧化酶失去传递氧的作用，引起呼吸困难，全身细胞缺氧而窒息死亡。口腔黏膜吸进约 $50\ mg$ 氢氰酸，瞬时即能致死。我国工业废水中氰化物的最大允许排放浓度(以 CN^- 计)为 $0.5\ mg\cdot dm^{-3}$。

在水中还有一些金属离子，如：Cu^{2+}、Zn^{2+}、Fe^{3+}、Mn^{2+}、Ca^{2+} 和 Mg^{2+} 等，它们虽然都是人体必需的微量营养元素，但过量时对人体也会引起毒害。此外，水中的 Ca^{2+}、Mg^{2+} 还会增加水的硬度。含 Fe^{2+} 或 Fe^{3+} 量高的水不仅要产生水垢，还会形成锈斑。冶金和金属加工时的酸洗工序、合成纤维等工业所排放的酸性废水中含有 H^+ 或其他离子酸，以及氯碱、造纸、印染、制革、炼油等工业所排放的碱性废水含有 OH^-、CO_3^{2-} 等离子均可使废水的 pH 发生变化（pH 过低或过高），会消灭或抑制一些有助于水净化的细菌及微生物的生长，从而影响了水的自净能力（水中某些微生物能分解有机污染物而使水净化），同时也增加了对水下设备和船舶的腐蚀作用。我国规定对酸、碱废水 pH 的最大允许排放标准是大于 6、小于 9。

2. 有机污染物

（1）**糖类、脂肪和蛋白质**

城市生活污水和食品、造纸等工业废水中含有大量的糖类、蛋白质、脂肪等。它们在水中的好氧微生物（指生活时需要氧气的微生物）的参与下，与氧作用分解（通常也称为降解）为结构简单的物质（如 CO_2、H_2O、NO_3^-、SO_4^{2-} 等）时，要消耗水中溶解的氧，所以常称这些有机化合物为**耗氧有机物**。

水中含有大量耗氧有机物时，水中溶解的氧将急剧下降，降至低于 $4\ mg\cdot dm^{-3}$ 时，鱼就难以生存。若水中含氧量太低，这些有机化合物又会在厌氧微生物（指在缺氧的环境中才能生活的微生物）作用下，与水作用产生甲烷、硫化氢、氨等物质，即发生腐败，使水变质。

（2）**杀虫剂、合成洗涤剂和多氯联苯、苯并[a]芘等**

随着现代石油化学工业的高速发展，产生了多种原来自然界没有的有机毒物，如有机氯农药、有机磷农药、合成洗涤剂、多氯联苯（工业上用于油漆和油墨的添加剂，热交换剂和塑料软化剂等）、苯并[a]芘（来源于煤焦油、汽油、煤油、煤、香烟等的不完全燃烧）。这些化合物在水中很难被微生物降解，因而称为**难降解有机物**。它们被生物吸收后，在食物链中逐步被浓缩而造成严重危害。其中如苯并[a]芘、多氯联苯等还有致癌作用。

（3）石油产品

石油在开采、加工、贮运、使用的过程中,原油和各种石油制品进入环境而造成污染可带来严重的后果。这是因为石油成分有一定的毒性,具有破坏生物的正常生活环境,造成生物机能障碍的物理作用。石油比水轻又不溶于水,覆盖在水面上形成薄膜层,一方面阻止大气中氧在水中溶解,另一方面因石油膜的生物分解和自身的氧化作用,消耗水中大量的溶解氧,致使水体缺氧。同时,石油膜堵塞鱼的鳃部,使鱼呼吸困难,甚至引起鱼死亡。若以含油污水灌田,也可因石油膜黏附在农作物上而使其枯死。

3. 水体的富营养化

流入水体的生活污水、食品工业废水、农田排水和人畜粪便中,常含有磷、氮等水生植物生长、繁殖所必需的营养元素。对流动的水体,营养元素可随水流而稀释,一般影响不大。但在湖泊、水库、内海、海湾、河口等水体,水流缓慢,停留时间长,既适宜于植物营养元素的富集,又适宜于水生植物的繁殖。在含磷、氮有机化合物分解过程中,大量消耗水中的溶解氧,并释放出养分,而使藻类及浮游生物大量繁殖,以致阻塞水道。由于占优势的浮游生物的颜色不同,水面往往呈现蓝色、红色、棕色或绿色等。这种现象在江河、湖泊中称为**"水华"**,在海中则叫作**"赤潮"**。

水体发生"富营养化"时,还由于缺氧,致使大多数水生动、植物不能生存,致死的动植物遗骸,在水底腐烂沉积,使水质不断恶化。

含磷洗衣粉(内含三聚磷酸钠)的使用是造成水体富营养化的重要原因之一,因此我国已于 2000 年禁止生产与出售含磷洗衣粉,以无磷洗衣粉(硅酸钠、硅铝酸钠代替三聚磷酸钠)取代,走**"绿色洗涤"**之路。

4. 热污染

一些热电厂、核电站及各种工业过程中的冷却水,若不采取措施而直接排入水体,均可引起**热污染**。热污染对水体的危害不仅仅是由于温度的提高直接杀死水中某些生物(例如鳟鱼在水温 20℃ 时,可致死亡),而且,温度升高后,必然降低了水中氧的溶解量。在这样不适宜的温度及缺氧的条件下,对水中生态系统的破坏是严重的。

此外,还有来自原子能工业和原子反应堆设施的废水,以及核武器制造和核试验的**放射性污染**,病毒、病菌、寄生虫等病原微生物引起的污染等。

水是一种可以回收和重复利用的物资。现代水荒并不是由于自然界水分不足以支持人类的发展,而是人类使用得过于粗放和无序。一方面有严重的水量浪费,另一方面有水质的严重污染。节水防污并不只是一个科学问题,更是一项关系全社会、需全社会共同参与的重大事业。

本 章 小 结

重要的基本概念

蒸气压;稀溶液依数性;渗透与反渗透;表面张力;表面活性剂;乳状液;膜;酸解离常数 $K_a^\ominus$ 与碱解离常数 $K_b^\ominus$;共轭酸碱对;同离子效应;缓冲溶液;溶度积 $K_s^\ominus$;溶度积规则;离子交换树脂。

1. 难挥发性非电解质的稀溶液的蒸气压下降、沸点升高、凝固点降低和渗透压与一定量溶剂中溶质的物质的量成正比。难挥发性的电解质溶液也具有溶液蒸气压下降、沸点升高、凝固点降低和渗透压等现象,但稀溶液定律所表明的这些依数性与溶液浓度的定量关系却发生偏差(从而引入 i 值)。

2. 酸碱质子理论认为,凡能给出质子的物质都是酸;凡能与质子结合的物质都是碱。酸和碱的共轭关系为

$$\text{酸} \Longleftrightarrow \text{质子} + \text{碱} \qquad\qquad K_a^\ominus \cdot K_b^\ominus = K_w^\ominus$$

酸碱电子理论认为凡能接受电子对的物质称为酸,凡能给出电子对的物质称为碱。

酸、碱的解离常数 $K_a^\ominus$、$K_b^\ominus$ 可应用热力学数据按第 2 章方法计算求得,也可由实验测定。已有一套完整的数据可查阅引用。

(1) 一元酸(HAc,HCN)

例如: $HAc(aq) \Longleftrightarrow H^+(aq) + Ac^-(aq)$

$$K_a = \frac{c\alpha^2}{1-\alpha}$$

α 很小时
$$K_a \approx c\alpha^2$$

$$\alpha \approx \sqrt{K_a/c}$$

$$c^{eq}(H^+) = c\alpha \approx \sqrt{K_a \cdot c}$$

(2) 多元酸(H_2S,H_2CO_3)

分级解离,其 H^+ 浓度可按一级解离近似计算,即上面公式中的 K_a、α 相应用 K_{a_1}、α_1 代替。

(3) 碱(NH_3)

例如: $NH_3(aq) + H_2O(l) \Longleftrightarrow NH_4^+(aq) + OH^-(aq)$

$$K_b = \frac{c\alpha^2}{1-\alpha}$$

α 很小时

$$K_b \approx c\alpha^2$$

$$\alpha \approx \sqrt{K_b/c}$$

$$c^{eq}(OH^-) = \sqrt{K_b \cdot c}$$

$$c^{eq}(H^+) = K_w / c^{eq}(OH^-)$$

同离子效应,可使弱酸或弱碱的解离度降低。

缓冲溶液是由弱酸及其共轭碱或弱碱及其共轭酸所组成的溶液。缓冲溶液具有在外加少量酸、碱或稀释时,pH 保持基本不变的性质。H^+ 浓度和 pH 计算的一般公式为

$$c^{eq}(H^+) = K_a \times \frac{c^{eq}(共轭酸)}{c^{eq}(共轭碱)}$$

$$pH = pK_a^{\ominus} - \lg \frac{c^{eq}(共轭酸)}{c^{eq}(共轭碱)}$$

当 $c^{eq}(共轭酸) = c^{eq}(共轭碱)$ 时,$c^{eq}(H^+) = K_a$

$$pH = pK_a^{\ominus}$$

在选择具有一定 pH 的缓冲溶液时,应当选用 $pK_a^{\ominus}$ 接近或等于该 pH 的缓冲对或共轭酸碱对的混合溶液。

3. 难溶电解质在溶液中存在着溶解平衡:

$$A_nB_m(s) \rightleftharpoons nA^{m+}(aq) + mB^{n-}(aq)$$

溶度积的表达式为

$$K_s^{\ominus} = [c^{eq}(A^{m+})/c^{\ominus}]^n \cdot [c^{eq}(B^{n-})/c^{\ominus}]^m$$

或

$$K_s = [c^{eq}(A^{m+})]^n \cdot [c^{eq}(B^{n-})]^m$$

注意:对于不同类型的难溶电解质,$K_s^{\ominus}$ 越小,溶解度不一定越小。

溶度积规则为

$Q < K_s^{\ominus}$ 时,溶液未饱和,无沉淀析出;

$Q = K_s^{\ominus}$ 时,为饱和溶液;

$Q > K_s^{\ominus}$ 时,会有 A_nB_m 沉淀析出,直到溶液中 $[c(A^{m+})]^n \cdot [c(B^{n-})]^m = K_s$ 时

为止。

根据溶度积规则,一种难溶电解质在适当的条件下可以转化为更难溶的电解质。若向含有难溶电解质 A_nB_m 沉淀的溶液中加入某种能降低某一离子浓度的物质,如强酸、配合剂、氧化剂等,使 $[c(A^{m+})]^n \cdot [c(B^{n-})]^m = K_s^{\ominus}$ 时,则沉淀 A_nB_m 就会溶解。

4. 表面活性剂分子具有既亲油又亲水的双亲结构,有洗涤、乳化、起泡等作用,广泛应用于化工、医药、食品等工业及农业中。

膜是一种重要的基础功能材料,它具有分离功能、生物功能和能量转换等多种功能,应用前景广泛。

5. 水的净化和废水处理任务很重。常用的水处理方法有混凝法、化学法、离子交换法、电渗析法和反渗透法等。

学生课外进修读物

[1] 周公度.浅谈水的结构化学[J].大学化学,2002,17(1):54.

[2] 朱文祥.缓冲溶液的机制——关于征答(17)的应答综述[J].大学化学,1991,(64):47.

[3] 徐徽.关于难溶无机盐的溶解度与溶度积[J].化学通报,1992,55(2):43.

[4] 刘绍乾,王稼国,钟世安.质子酸的酸性强弱比较[J].大学化学,2018,33(4):57.

[5] 邱天然,况彩菱,郑祥,等.全球气体膜分离技术的研究和应用趋势[J].化工进展,2016,35(7):2299.

[6] 郑智颖,李凤臣,李倩,等.海水淡化技术应用研究及发展现状[J].科学通报,2016,61(21):2344.

复习思考题

1. 为什么水中加入乙二醇可以防冻?比较在内燃机水箱中使用乙醇或乙二醇的优缺点。(提示:查阅溶质的沸点,乙二醇的沸点为 470 K。)

2. 什么叫作渗透压?什么叫作反渗透?盐碱土地上栽种植物难以生长,试以渗透现象解释。

3. 稀溶液定律的内容是什么?对具有相同质量摩尔浓度的非电解质溶液、AB 型及 A_2B 型强电解质溶液来说,凝固点高低的顺序应如何进行判断?

4. 为什么氯化钙和五氧化二磷可作为干燥剂,而食盐和冰的混合物可以作为冷冻剂?

5. 为什么冰总是结在水面上? 水的这种特性对水生动植物和人类有何重要意义?

6. 酸碱质子理论如何定义酸和碱? 有何优势? 什么叫作共轭酸碱对?

7. 路易斯电子理论如何定义酸和碱? 你如何理解生物碱是路易斯碱,而 H_3BO_3 是路易斯酸?

8. 为什么某酸越强,则其共轭碱越弱,或某酸越弱,其共轭碱越强? 共轭酸碱对的 $K_a^\ominus$ 与 $K_b^\ominus$ 之间有何定量关系?

9. 下列说法是否正确? 若不正确,则予以更正。

(1) 根据 $K_a \approx c\alpha^2$,弱酸的浓度越小,则解离度越大,因此酸性越强(即 pH 越小)。

(2) 在相同浓度的一元酸溶液中,$c(H^+)$ 都相等,因为中和同体积同浓度的 HAc 溶液或 HCl 溶液所需的碱是等量的。

10. 为什么计算多元弱酸溶液中的氢离子浓度时,可近似地用一级解离平衡进行计算?

11. 为什么 Na_2CO_3 溶液是碱性的,而 $ZnCl_2$ 溶液却是酸性的? 试用酸碱质子理论予以说明。以上两种溶液的离子碱或离子酸在水中的单相离子平衡如何表示?

12. 往氨水中加少量下列物质时,NH_3 的解离度和溶液的 pH 将发生怎样的变化?

(1) $NH_4Cl(s)$ (2) $NaOH(s)$ (3) $HCl(aq)$ (4) $H_2O(l)$

13. 下列几组等体积混合物溶液中哪些是较好的缓冲溶液? 哪些是较差的缓冲溶液? 还有哪些根本不是缓冲溶液?

(1) 10^{-5} mol·dm^{-3} HAc+10^{-5} mol·dm^{-3} NaAc

(2) 1.0 mol·dm^{-3} HCl+1.0 mol·dm^{-3} NaCl

(3) 0.5 mol·dm^{-3} HAc+0.7 mol·dm^{-3} NaAc

(4) 0.1 mol·dm^{-3} NH_3+0.1 mol·dm^{-3} NH_4Cl

(5) 0.2 mol·dm^{-3} HAc+0.000 2 mol·dm^{-3} NaAc

14. 当往缓冲溶液中加入大量的酸或碱,或者用很大量的水稀释时,pH 是否仍保持基本不变? 说明其原因。

15. 欲配制 pH 为 3 的缓冲溶液,已知有下列物质的 $K_a^\ominus$ 数值:

(1) HCOOH $K_a^\ominus = 1.77 \times 10^{-4}$

(2) HAc $K_a^\ominus = 1.76 \times 10^{-5}$

(3) NH_4^+ $K_a^\ominus = 5.65 \times 10^{-10}$

问选择哪一种弱酸及其共轭碱较合适?

16. 配离子的不稳定性可用什么平衡常数来表示? 是否所有的配离子都可用该常数直接比较它们的不稳定性的大小? 为什么?

17. 若要比较一些难溶电解质溶解度的大小,是否可以根据各难溶电解质的溶度积大小直接比较? 即溶度积较大的,溶解度就较大,溶度积较小的,溶解度也就较小? 为什么?

18. 如何从化学平衡观点来理解溶度积规则? 试用溶度积规则解释下列事实。

(1) $CaCO_3$ 溶于稀 HCl 溶液中;

(2) $Mg(OH)_2$ 溶于 NH_4Cl 溶液中;

(3) ZnS 能溶于盐酸和稀硫酸中,而 CuS 不溶于盐酸和稀硫酸中,却能溶于硝酸中;

（4）$BaSO_4$ 不溶于稀盐酸中。

19. 往草酸（$H_2C_2O_4$）溶液中加入 $CaCl_2$ 溶液，得到 CaC_2O_4 沉淀。将沉淀过滤后，往滤液中加入氨水，又有 CaC_2O_4 沉淀产生。试从离子平衡观点予以说明。

20. 试从难溶物质的溶度积的大小及配离子的不稳定常数或稳定常数的大小定性地解释下列现象。

（1）在氨水中 $AgCl$ 能溶解，$AgBr$ 仅稍溶解，而在 $Na_2S_2O_3$ 溶液中 $AgCl$ 和 $AgBr$ 均能溶解；

（2）KI 能自 $[Ag(NH_3)_2]NO_3$ 溶液中将 Ag^+ 沉淀为 AgI，但不能从 $K[Ag(CN)_2]$ 溶液中使 Ag^+ 以 AgI 沉淀形式析出。

21. 要使沉淀溶解，可采用哪些措施？举例说明。

22. 本章总共讨论了哪几类离子平衡？它们各自的特点是什么？特征的平衡常数是什么？如何利用热力学数据计算得到这些平衡常数？

23. 表面活性剂在分子结构上有何特点？为什么表面活性剂能有洗涤、乳化和起泡等作用？

24. 你知道有哪些地方应用膜来为人类的生活和生产服务？

25. 水的净化和废水处理的方法主要有哪些类型？举例说明化学在保护水资源中的重要贡献。

习　　题

1. 是非题（对的在括号内填"+"号，错的填"−"号）

（1）两种分子酸 HX 和 HY 的溶液有同样的 pH，则这两种酸的浓度（$mol \cdot dm^{-3}$）相同。

（　　）

（2）$0.10\ mol \cdot dm^{-3}$ NaCN 溶液的 pH 比相同浓度的 NaF 溶液的 pH 要大，这表明 CN^- 的 $K_b^{\ominus}$ 值比 F^- 的 $K_b^{\ominus}$ 值要大。

（　　）

（3）由 $HAc-Ac^-$ 组成的缓冲溶液，若溶液中 $c(HAc) > c(Ac^-)$，则该缓冲溶液抵抗外来酸的能力大于抵抗外来碱的能力。

（　　）

（4）PbI_2 和 $CaCO_3$ 的溶度积均近似为 10^{-9}，从而可知在它们的饱和溶液中，前者的 Pb^{2+} 浓度与后者的 Ca^{2+} 浓度近似相等。

（　　）

（5）$MgCO_3$ 的溶度积 $K_s^{\ominus} = 6.82 \times 10^{-6}$，这意味着所有含有固体 $MgCO_3$ 的溶液中，$c(Mg^{2+}) = c(CO_3^{2-})$，而且 $[c(Mg^{2+})/c^{\ominus}][c(CO_3^{2-})/c^{\ominus}] = 6.82 \times 10^{-6}$。

（　　）

2. 选择题（将正确答案的标号填入括号内）

（1）往 $1\ dm^3\ 0.10\ mol \cdot dm^{-3}$ HAc 溶液中加入一些 NaAc 晶体并使之溶解，会发生的情况是

（　　）

（a）HAc 的解离度 α 值增大　　　　　　（b）HAc 的 α 值减小

（c）溶液的 pH 增大　　　　　　　　　　（d）溶液的 pH 减小

（2）设氨水的浓度为 c，若将其稀释 1 倍，则溶液中 $c(OH^-)$ 为

（　　）

(a) $\dfrac{1}{2}c$　　　　(b) $\dfrac{1}{2}\sqrt{K_b \cdot c}$　　　　(c) $\sqrt{K_b \cdot c/2}$　　　　(d) $2c$

(3) 下列各种物质的溶液浓度均为 $0.01\ \mathrm{mol \cdot dm^{-3}}$,按它们的渗透压递减的顺序排列正确的是　　　　　　　　　　　　　　　　　　　　　　　　　　　　　(　　)

(a) $HAc—NaCl—C_6H_{12}O_3—CaCl_2$

(b) $C_6H_{12}O_3—HAc—NaCl—CaCl_2$

(c) $CaCl_2—NaCl—HAc—C_6H_{12}O_3$

(d) $CaCl_2—HAc—C_6H_{12}O_3—NaCl$

(4) 设 $AgCl$ 在水中,在 $0.01\ \mathrm{mol \cdot dm^{-3}}\ CaCl_2$ 中,在 $0.01\ \mathrm{mol \cdot dm^{-3}}\ NaCl$ 中及在 $0.05\ \mathrm{mol \cdot dm^{-3}}\ AgNO_3$ 中的溶解度分别为 s_0、s_1、s_2 和 s_3,这些量之间的正确关系是　　(　　)

(a) $s_0 > s_1 > s_2 > s_3$　　　　　　　　　　(b) $s_0 > s_2 > s_1 > s_3$

(c) $s_0 > s_1 = s_2 > s_3$　　　　　　　　　　(d) $s_0 > s_2 > s_3 > s_1$

(5) 下列固体物质在同浓度 $Na_2S_2O_3$ 溶液中溶解度(以 $1\ \mathrm{dm^3}\ Na_2S_2O_3$ 溶液中能溶解该物质的物质的量计)最大的是　　　　　　　　　　　　　　　　　　　(　　)

(a) Ag_2S　　　　　(b) $AgBr$　　　　　(c) $AgCl$　　　　　(d) AgI

3. 填空题

在下列各系统中,各加入约 $1.00\ \mathrm{g}\ NH_4Cl$ 固体并使其溶解,对所指定的性质(定性地)影响如何? 并简单指出原因。

(1) $10.0\ \mathrm{cm^3}\ 0.10\ \mathrm{mol \cdot dm^{-3}}\ HCl$ 溶液(pH)＿＿＿＿＿＿＿＿＿＿

(2) $10.0\ \mathrm{cm^3}\ 0.10\ \mathrm{mol \cdot dm^{-3}}\ NH_3$ 的水溶液(氨在水溶液中的解离度)＿＿＿＿＿＿＿＿

(3) $10.0\ \mathrm{cm^3}$ 纯水(pH)＿＿＿＿＿＿＿＿＿＿

(4) $10.0\ \mathrm{cm^3}$ 带有 $PbCl_2$ 沉淀的饱和溶液($PbCl_2$ 的溶解度)＿＿＿＿＿＿＿＿

4. 将下列水溶液按其凝固点的高低顺序排列为＿＿＿＿＿＿＿＿＿＿

(1) $1\ \mathrm{mol \cdot kg^{-1}}\ NaCl$　　　　　　　(2) $1\ \mathrm{mol \cdot kg^{-1}}\ C_6H_{12}O_6$

(3) $1\ \mathrm{mol \cdot kg^{-1}}\ H_2SO_4$　　　　　　(4) $0.1\ \mathrm{mol \cdot kg^{-1}}\ CH_3COOH$

(5) $0.1\ \mathrm{mol \cdot kg^{-1}}\ NaCl$　　　　　　(6) $0.1\ \mathrm{mol \cdot kg^{-1}}\ C_6H_{12}O_6$

(7) $0.1\ \mathrm{mol \cdot kg^{-1}}\ CaCl_2$

5. 对极稀的同浓度溶液来说,$MgSO_4$ 的摩尔电导率差不多是 $NaCl$ 摩尔电导率的两倍。而凝固点降低却大致相同,试解释之。

6. 海水中盐的总浓度约为 $0.60\ \mathrm{mol \cdot dm^{-3}}$(以质量分数计约为 3.5%)。若均以主要组分 $NaCl$ 计,试估算海水开始结冰的温度和沸腾的温度,以及在 $25\,^{\circ}\mathrm{C}$ 时用反渗透法提取纯水所需的最低压力。

7. 利用水蒸发器提高卧室的湿度。卧室温度为 $25\,^{\circ}\mathrm{C}$,体积为 $3.0 \times 10^4\ \mathrm{dm^3}$。假设开始时室内空气完全干燥,也没有潮气从室内逸出。(假设水蒸气符合理想气体行为。)

(1) 问需使多少克水蒸发才能确保室内空气为水蒸气所饱和($25\,^{\circ}\mathrm{C}$ 时水蒸气压为 $3.2\ \mathrm{kPa}$)?

(2) 如果将 $800\ \mathrm{g}$ 水放入蒸发器中,室内最终的水蒸气压力是多少?

（3）如果将 400 g 水放入蒸发器中,室内最终的水蒸气压力是多少?

8. （1）写出下列各物质的共轭酸

（a）CO_3^{2-}　　　（b）HS^-　　　（c）H_2O　　　（d）HPO_4^{2-}　　　（e）NH_3　　　（f）S^{2-}

（2）写出下列各种物质的共轭碱

（a）H_3PO_4　　　（b）HAc　　　（c）HS^-　　　（d）HNO_2　　　（e）HClO　　　（f）H_2CO_3

9. 在某温度下 0.10 $mol \cdot dm^{-3}$ 氢氰酸（HCN）溶液的解离度为 0.007%,试求在该温度时 HCN 的解离常数。

10. 计算 0.050 $mol \cdot dm^{-3}$ 次氯酸（HClO）溶液中的 H^+ 浓度和次氯酸的解离度。

11. 已知氨水的浓度为 0.20 $mol \cdot dm^{-3}$

（1）求该溶液中的 OH^- 的浓度、pH 和氨的解离度。

（2）在上述溶液中加入 NH_4Cl 晶体,使其溶解后 NH_4Cl 的浓度为 0.20 $mol \cdot dm^{-3}$。求所得溶液的 OH^- 的浓度、pH 和氨的解离度。

（3）比较上述（1）、（2）两小题的计算结果,说明了什么?

12. 试计算 25℃时 0.10 $mol \cdot dm^{-3}$ H_3PO_4 溶液中 H^+ 的浓度和溶液的 pH（提示:在 0.10 $mol \cdot dm^{-3}$ 酸溶液中,当 $K_a^{\ominus} > 10^{-4}$ 时,不能应用稀释定律近似计算）。

13. 利用书末附录的数据（不进行具体计算）,将下列化合物的 0.10 $mol \cdot dm^{-3}$ 溶液按 pH 增大的顺序排列。

（1）HAc　　　　　（2）NaAc　　　　　（3）H_2SO_4

（4）NH_3　　　　　（5）NH_4Cl　　　　　（6）NH_4Ac

14. 取 50.0 cm^3 0.100 $mol \cdot dm^{-3}$ 某一元弱酸溶液,与 20.0 cm^3 0.100 $mol \cdot dm^{-3}$ KOH 溶液混合,将混合液稀释至 100 cm^3,测得此溶液的 pH 为 5.25。求此一元弱酸的解离常数。

15. 在烧杯中盛放 20.00 cm^3 0.100 $mol \cdot dm^{-3}$ 氨的水溶液,逐步加入 0.100 $mol \cdot dm^{-3}$ HCl 溶液。试计算:

（1）当加入 10.00 cm^3 HCl 溶液后,混合液的 pH;

（2）当加入 20.00 cm^3 HCl 溶液后,混合液的 pH;

（3）当加入 30.00 cm^3 HCl 溶液后,混合液的 pH。

16. 现有 1.0 dm^3 由 HF 和 F^- 组成的缓冲溶液。试计算:

（1）当该缓冲溶液中含有 0.10 mol HF 和 0.30 mol NaF 时,其 pH 等于多少?

（2）往（1）缓冲溶液中加入 0.40 g NaOH（s）,并使其完全溶解（设溶解后溶液的总体积仍为 1.0 dm^3）,问该溶液的 pH 等于多少?

（3）当缓冲溶液的 pH = 3.15 时,$c^{eq}(HF)$ 与 $c^{eq}(F^-)$ 的比值为多少?

17. 现有 125 cm^3 1.0 $mol \cdot dm^{-3}$ NaAc 溶液,欲配制 250 cm^3 pH 为 5.0 的缓冲溶液,需加入多少 6.0 $mol \cdot dm^{-3}$ HAc 溶液?

18. 判断下列反应进行的方向,并作简单说明（设各反应物的浓度均为 1 $mol \cdot dm^{-3}$）。

（1）$[Cu(NH_3)_4]^{2+} + Zn^{2+} \Longrightarrow [Zn(NH_3)_4]^{2+} + Cu^{2+}$

（2）$PbCO_3(s) + S^{2-} \Longrightarrow PbS(s) + CO_3^{2-}$

19. 根据 PbI_2 的溶度积,计算在 25℃时,

(1) PbI_2 在水中的溶解度($mol \cdot dm^{-3}$);

(2) PbI_2 饱和溶液中 Pb^{2+} 和 I^- 的浓度;

(3) PbI_2 在 $0.010\ mol \cdot dm^{-3}$ KI 的饱和溶液中 Pb^{2+} 的浓度;

(4) PbI_2 在 $0.010\ mol \cdot dm^{-3}$ $Pb(NO_3)_2$ 溶液中的溶解度($mol \cdot dm^{-3}$)。

20. 应用标准热力学数据计算 298.15 K 时 AgCl 的溶度积常数。

21. 将 $Pb(NO_3)_2$ 溶液与 NaCl 溶液混合,设混合液中 $Pb(NO_3)_2$ 的浓度为 $0.20\ mol \cdot dm^{-3}$,问:

(1) 当在混合溶液中 Cl^- 的浓度等于 $5.0 \times 10^{-4}\ mol \cdot dm^{-3}$ 时,是否有沉淀生成?

(2) 当混合溶液中 Cl^- 的浓度多大时,开始生成沉淀?

(3) 当混合溶液中 Cl^- 的浓度为 $6.0 \times 10^{-2}\ mol \cdot dm^{-3}$ 时,残留于溶液中 Pb^{2+} 的浓度为多少?

22. 若加入 F^- 来净化水,使 F^- 在水中的质量分数为 $(1.0 \times 10^{-4})\%$。问往含 Ca^{2+} 浓度为 $1.0 \times 10^{-4}\ mol \cdot dm^{-3}$ 的水中按上述情况加入 F^- 时,是否会产生沉淀?

23. 工业废水的排放标准规定 Cd^{2+} 降到 $0.10\ mol \cdot dm^{-3}$ 以下即可排放。若用加消石灰中和沉淀法除去 Cd^{2+},按理论上计算,废水溶液中的 pH 至少应为多少?

24. 某电镀公司将含 CN^- 废水排入河流。环保监察人员发现,每排放一次氰化物,该段河水的 BOD 就上升 $3.0\ mol \cdot dm^{-3}$。假设反应为

$$2CN^-(aq) + \frac{5}{2}O_2(g) + 2H^+(aq) \longrightarrow 2CO_2(aq) + N_2(g) + H_2O$$

求 CN^- 在该段河水中的浓度($mol \cdot dm^{-3}$)。(提示:BOD 即生化需氧量,指水中有机化合物由微生物作用进行生物氧化,在一定期间内所消耗溶解氧的量。)

第4章 电化学与金属腐蚀

内容提要和学习要求 前面几章中讨论的化学反应过程一般都不伴随非体积功,本章所讨论的化学反应过程却伴随着非体积功(电功),因此学习本章内容时应该抓住化学反应产生电功(电池)和电功引起化学反应(电解)两个方面。本章在介绍原电池组成和原电池中化学反应的基础上,着重讨论电极电势及其在化学上的应用,如比较氧化剂、还原剂的相对强弱,判断氧化还原反应进行的方向和程度,计算原电池的电动势等。并简单介绍化学电源、电解的应用、电化学腐蚀及其防护的原理。

本章学习主要要求可分为以下几点:

(1) 了解原电池的组成及其中化学反应的热力学原理。

(2) 了解电极电势概念,能用能斯特方程计算电极电势和原电池电动势。

(3) 能用电极电势判断氧化还原反应进行的方向和程度。

(4) 了解化学电源、电解的原理及电解在工业生产中的一些应用。

(5) 了解金属电化学腐蚀的原理及基本的防护方法。

4.1 原电池

4.1.1 原电池中的化学反应

1. 原电池的组成

原电池是一种利用氧化还原反应对环境输出电功的装置[①]。

实验室中可采取如图 4.1 所示的原电池装置来实现这一转变。让 Zn 的氧化反应与 Cu^{2+} 的还原反应分别在两只烧杯中进行。一只烧杯中放入硫酸锌溶液和锌片,另一只烧杯中放入硫酸铜溶液和铜片,将两只烧杯中的溶液用盐桥联系起来。用导线将锌片和铜片分别连接到电流计的两接线端,就可以看到电流计的指针发生偏转,原电池就对外做了电功。

---

① 在本章讨论所涉及的原电池中,一般只考虑电池反应为热力学可逆的情况。

　　该原电池对外做电功的过程可以这样理解:左边锌片上 Zn 原子失去电子,氧化成为 Zn^{2+} 进入溶液,右边溶液中 Cu^{2+} 从铜片上得到电子,还原成为 Cu 沉积在铜片上;锌片上的电子经过导线和电流计流到铜片;右边溶液中的负离子通过盐桥向左边溶液移动,同时左边溶液中的正离子通过盐桥向右边溶液移动。

电化学装置

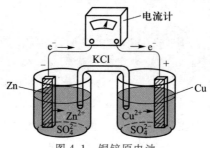

图 4.1   铜锌原电池

　　盐桥通常是一 U 形管,其中装入含有琼胶的饱和氯化钾溶液。盐桥的存在,使得正、负离子能够在左右溶液之间移动,又能防止两边溶液迅速混合。盐桥中的 K^+ 和 Cl^- 分别向硫酸铜溶液和硫酸锌溶液移动,参与溶液中的导电。

　　可见,原电池是由两个电极浸在相应的电解质溶液中,再用盐桥连接两溶液而构成的装置。原电池可用图式表示,例如图 4.1 的原电池可用以下图式表示:

$$(-)\mathrm{Zn} \mid \mathrm{ZnSO_4}(c_1) \parallel \mathrm{CuSO_4}(c_2) \mid \mathrm{Cu}(+)$$

或　　　　　　　$$(-)\mathrm{Zn} \mid \mathrm{Zn^{2+}}(c_1) \parallel \mathrm{Cu^{2+}}(c_2) \mid \mathrm{Cu}(+)$$

用图式表示原电池时,我们约定把负极[①]写在左边,正极写在右边;以单垂线 $\mid$ 表示两相的界面;以双虚垂线 $\parallel$ 表示盐桥,盐桥的两边应是两个电极所处的溶液。

　　2. 电极和电极反应

　　在原电池中,由氧化态的物质和对应的还原态物质构成**电极**,这里的氧化态的物质和对应的还原态物质被称作氧化还原电对。

　　金属与其正离子是最常见的氧化还原电对。例如图 4.1 的原电池中,锌电极由金属 Zn 与 Zn^{2+} 组成,其氧化还原电对用符号 $Zn^{2+}(c_1)/Zn$ 表示;铜电极由金属 Cu 与 Cu^{2+} 组成,用符号 $Cu^{2+}(c_2)/Cu$ 表示铜电极的氧化还原电对。符号中的 c 表示溶液中离子的浓度。在原电池放电过程中,组成原电池的两个电极上分别发生氧化和还原反应。由上述分析可知,在图 4.1 的原电池放电过程中,锌

---

　　① 无论在原电池还是在电解池中,正极、负极的定义与物理学中是一致的,即正极总是电势较高的电极,负极总是电势较低的电极。需要注意的是,在原电池中,正极上发生的是还原反应,负极上发生的是氧化反应;而在电解池中,正极上发生的是氧化反应,负极上发生的是还原反应。

电极和铜电极分别发生氧化反应和还原反应：

$$Zn(s)-2e^- \Longrightarrow Zn^{2+}(aq)$$
$$Cu^{2+}(aq)+2e^- \Longrightarrow Cu(s)$$

上式括号中的 s 和 aq 分别表示固态和水溶液。

电极上发生的氧化反应或还原反应，都称为**电极反应**。

同种元素不同价态的离子也能形成氧化还原电对，例如 Fe^{3+} 和 Fe^{2+} 构成铁离子电极，该电极的电极反应为

$$Fe^{3+}(c_1)+e^- \Longrightarrow Fe^{2+}(c_2)$$

或
$$Fe^{2+}(c_2)-e^- \Longrightarrow Fe^{3+}(c_1)$$

非金属单质与它的离子也可以形成氧化还原电对，如氯气与氯离子 Cl_2/Cl^- 构成的氯电极就是非金属电极；氯电极的还原反应为

$$Cl_2(p)+2e^- \Longrightarrow 2Cl^-(c)$$

不同价态的同种元素所组成的物质，也可以构成氧化还原电对，例如 O_2/OH^-，$AgCl/Ag$。这两个电极上所进行的还原反应分别是

$$O_2(g)+2H_2O(l)+4e^- \Longrightarrow 4OH^-(aq)$$
$$AgCl+e^- \Longrightarrow Ag+Cl^-$$

其中括号内的 g、l 和 aq，分别表示气态、液态和水溶液。

在原电池中，某一电极上究竟发生氧化反应还是还原反应，取决于该电极氧化或还原能力（即得失电子能力）的强弱。任何电极的氧化能力或还原能力的强弱，除了与构成电极的物质种类有关以外，还与组成电极的物质的相态及浓度（或压力）有关。因此，用符号表示一个电极时，除了标明氧化态和还原态的物质种类以外，还应该标明物质的相态及浓度（或压力）。对于不包含固态导体的电极，为了把电流导入（导出）溶液，需要一种能导电而本身不发生氧化还原反应的材料，如金属 Pt 或石墨，称为惰性电极。在书写电极时，所用的惰性电极也应该标明。例如，作为负极的氯电极可完整地表示为

$$Pt \mid Cl_2(g,p) \mid Cl^-(aq,c)$$

作为正极的氯电极则完整地表示为

$$Cl^-(aq,c) \mid Cl_2(g,p) \mid Pt$$

式中，p 和 c 分别表示氯气的压力和溶液中 Cl^- 的浓度。因为压力 p 隐含着气体的意思，浓度 c 隐含溶液的意思，所以有时也可以省略掉符号 g 和 aq，写成：

$$Pt \mid Cl_2(p) \mid Cl^-(c)$$

因为铁离子电极中的 Fe^{3+} 和 Fe^{2+} 处在同一相(水溶液)中,所以它们之间不用单垂线或斜线分隔,而改用逗号分开,表示为

$$Pt \mid Fe^{3+}(c_1), Fe^{2+}(c_2)$$

对于用以下通式表示的电极反应:

$$a(氧化态) + ne^- \Longleftrightarrow b(还原态)$$

其中电子的化学计量数 n 为单位物质的量的氧化态物质在还原过程中获得的电子的物质的量,也就是在该过程中金属导线内通过的电子的物质的量。由于1个电子所带的电荷量为 $1.602\ 177 \times 10^{-19}$ C(库仑),所以单位物质的量的电子所带电荷量为

$$Q = N_A \cdot e = 6.022\ 1 \times 10^{23}\ mol^{-1} \times 1.602\ 177 \times 10^{-19} C = 96\ 485\ C \cdot mol^{-1}$$

通常把单位物质的量的电子所带电荷量称为 1 Faraday(法拉第),简写为 $1\ F$,即

$$1\ F = 96\ 485\ C \cdot mol^{-1}$$

3. 电池反应

如前所述,在原电池中发生的过程,包括了两电极上的还原反应和氧化反应、电解质溶液中的离子移动及外电路中的电子流动。因此,原电池放电过程所发生的化学反应,显然为两电极上的电极反应之和,称为**电池反应**。

在图 4.1 的铜锌原电池中,锌电极发生氧化反应,铜电极发生还原反应:

锌电极反应 $\quad\quad Zn(s) - 2e^- \Longrightarrow Zn^{2+}(aq)$

铜电极反应 $\quad\quad Cu^{2+}(aq) + 2e^- \Longrightarrow Cu(s)$

所以,电池反应为

$$Zn(s) + Cu^{2+}(aq) \Longrightarrow Zn^{2+}(aq) + Cu(s)$$

在铜电极(Cu^{2+}/Cu)与银电极(Ag^+/Ag)构成的原电池中,由于相同浓度的 Ag^+ 和 Cu^{2+} 相比,Ag^+ 更容易得到电子,所以铜电极发生氧化反应,银电极发生还原反应:

铜电极反应 $\quad\quad Cu(s) - 2e^- \Longrightarrow Cu^{2+}(aq)$

银电极反应 $\quad\quad 2Ag^+(aq) + 2e^- \Longrightarrow 2Ag(s)$

此时,银铜原电池反应为

$$Cu(s) + 2Ag^+(aq) \Longrightarrow Cu^{2+}(aq) + 2Ag(s)$$

因为在原电池中发生氧化反应的电极是负极,因此银铜原电池的图式为

$$(-)\text{Cu} \mid \text{Cu}^{2+}(c_1) \vdots \text{Ag}^+(c_2) \mid \text{Ag}(+)$$

从以上铜锌原电池和银铜原电池两个例子可以看到,同样一个铜电极 $\text{Cu} \mid \text{Cu}^{2+}(c_1)$,在铜锌原电池中发生的是还原反应(电极作为原电池的正极),而在银铜原电池中则发生氧化反应(成为原电池的负极)。一个电极在原电池中究竟是正极还是负极,即在电池反应中该电极究竟是发生还原还是氧化反应,显然与原电池中的另一个电极有关,将在 4.3 中做进一步讨论。

4.1.2 原电池的热力学

1. 电池反应的 $\Delta_r G_m$ 与电动势 E 的关系

原电池在本身发生化学反应的同时对环境做**电功**。

根据热力学原理,等温等压下进行的可逆化学反应,摩尔吉布斯函数变 $\Delta_r G_m$ 与系统在反应过程中能够对环境做的非体积功 W' 之间存在以下关系:

$$\Delta_r G_m = W' \tag{4.1a}$$

例如,如果以下化学反应在标准状态下进行:

$$\text{Zn}(s) + \text{Cu}^{2+}(\text{aq}) =\!=\!=\!= \text{Zn}^{2+}(\text{aq}) + \text{Cu}(s)$$

容易算得 298.15 K 时该反应的标准摩尔吉布斯函数变

$$\Delta_r G_m^{\ominus}(298.15 \text{ K}) = -212.55 \text{ kJ} \cdot \text{mol}^{-1}$$

所以反应过程中系统能够对环境做的非体积功为

$$W' = \Delta_r G_m^{\ominus} = -212.55 \text{ kJ} \cdot \text{mol}^{-1}$$

如果非体积功是电功,那么上述原电池系统每进行 1 mol 反应进度的化学反应,最多可以对环境做 212.55 kJ 的电功。

考虑一个电动势为 E 的原电池,其中进行的可逆电池反应为

$$a\text{A}(\text{aq}) + b\text{B}(\text{aq}) =\!=\!=\!= g\text{G}(\text{aq}) + d\text{D}(\text{aq})$$

如果在 1 mol 的可逆电池反应过程中有 n 电子(即 nF 电荷量)通过电路,根据物理学电功的概念,则电池所做的电功为

$$W' = -nFE \tag{4.1b}$$

所以电池反应的 $\Delta_r G_m$ 与电动势 E 的关系为

$$\Delta_r G_m = -nFE \tag{4.1c}$$

如果原电池的各组分都处于标准状态下(活度等于 1),则

$$\Delta_r G_m^\ominus = -nFE^\ominus \tag{4.1d}$$

其中 $E^\ominus$ 称为原电池的**标准电动势**。

反应的摩尔吉布斯函数变 $\Delta_r G_m$ 可用热力学等温方程式表示:

$$\Delta_r G_m = \Delta_r G_m^\ominus + RT \ln \frac{[c(G)/c^\ominus]^g [c(D)/c^\ominus]^d}{[c(A)/c^\ominus]^a [c(B)/c^\ominus]^b}$$

由此可得

$$E = E^\ominus - \frac{RT}{nF} \ln \frac{[c(G)/c^\ominus]^g [c(D)/c^\ominus]^d}{[c(A)/c^\ominus]^a [c(B)/c^\ominus]^b} \tag{4.2a}$$

式(4.2a)称为**电动势的能斯特方程**,表达了组成原电池的各种物质的浓度与原电池电动势的关系,对于气态物质,用压力代替式(4.2a)中的浓度。

在原电池对外做电功的过程中,随着电池反应的进行,作为原料的化学物质 A 与 B 的浓度逐渐减少,而产物 G 与 D 的浓度逐渐增加,从能斯特方程可看出,原电池的电动势将逐渐变小。

当 $T = 298.15$ K 时,将式(4.2a)中自然对数换成常用对数,可得

$$E = E^\ominus - \frac{0.059\ 17\ \text{V}}{n} \lg \frac{[c(G)/c^\ominus]^g [c(D)/c^\ominus]^d}{[c(A)/c^\ominus]^a [c(B)/c^\ominus]^b} \tag{4.2b}$$

应该注意,原电池电动势数值与电池反应化学计量方程式的写法无关。例如,上述电池的化学计量数扩大 2 倍,则电池反应成为

$$2aA(aq) + 2bB(aq) \Longrightarrow 2gG(aq) + 2dD(aq)$$

与此同时,1 mol 的反应过程中所通过电子的物质的量也扩大为 $2n$,所以

$$\begin{aligned}
E &= E^\ominus - \frac{RT}{2nF} \ln \frac{[c(G)/c^\ominus]^{2g} [c(D)/c^\ominus]^{2d}}{[c(A)/c^\ominus]^{2a} [c(B)/c^\ominus]^{2b}} \\
&= E^\ominus - \frac{RT}{nF} \ln \frac{[c(G)/c^\ominus]^g [c(D)/c^\ominus]^d}{[c(A)/c^\ominus]^a [c(B)/c^\ominus]^b}
\end{aligned}$$

可见,电动势数值不因电池反应方程式的化学计量数改变而改变。

2. 电池反应的标准平衡常数 $K^\ominus$ 与标准电动势 $E^\ominus$ 的关系

我们已经知道化学反应的平衡常数 $K^\ominus$ 与标准摩尔吉布斯函数变 $\Delta_r G_m^\ominus$ 有如下关系:

$$-RT \ln K^\ominus = \Delta_r G_m^\ominus$$

因为

$$\Delta_r G_m^\ominus = -nFE^\ominus$$

所以 $\qquad\qquad\qquad\qquad \ln K^{\ominus} = nFE^{\ominus}/(RT)$ $\qquad\qquad$ (4.3a)

在 $T = 298.15$ K 时,如果将上式改用常用对数表示,则

$$\lg K^{\ominus} = nE^{\ominus}/(0.059\ 17\ \text{V}) \qquad\qquad (4.3b)$$

可见,如果能**测量原电池的标准电动势 $E^{\ominus}$**,就容易求得该电池反应的**平衡常数 $K^{\ominus}$**。由于电动势能够测量得很精确,所以用这一方法得到的反应平衡常数,比根据测量平衡浓度而得出的结果要准确得多。

4.2 电极电势

4.2.1 标准电极电势

原电池的电动势就是构成原电池的两个电极的电极电势的差值,即

$$E = \varphi(\text{正极}) - \varphi(\text{负极})$$

式中,$\varphi($正极$)$ 和 $\varphi($负极$)$ 分别表示正电极和负电极的**电极电势**。

电池的电动势 E(即两电极电势差值)可以用仪器测量,但是没有办法测量出各个电极的电极电势 φ 的绝对数值。这就像能够测量两地的高度差,但无法测量高度的绝对值一样。我们平时所说某地的高度,都是相对于指定位置(比如海平面)的高度,即以某指定位置的高度为零来表示其他位置的高度。在电化学中,也用相似的方法来表示电极电势。目前,国际上统一规定"标准氢电极"的电极电势为零,其他电极的电极电势数值都是通过与"**标准氢电极**"比较而确定的。

标准氢电极是指处于标准状态下的氢电极,可表示为

$$\text{Pt} \mid \text{H}_2(p = 100\ \text{kPa}) \mid \text{H}^+(c = 1\ \text{mol} \cdot \text{dm}^{-3})$$

标准氢电极的组成和结构如图 4.2 所示。将镀有一层疏松铂黑的铂片插入标准 H^+ 浓度的酸溶液中,并不断通入压力为 100 kPa 的纯氢气流。这时溶液中的氢离子与被铂表面所吸附的氢气建立起下列动态平衡:

$$2\text{H}^+(\text{aq}) + 2\text{e}^- \rightleftharpoons \text{H}_2(\text{g})$$

严格地说,H^+ 的标准状态应该是 H^+ 的活度等于 $1(a = 1)$ 的状态,为简便起见,本书中近似地用 H^+ 的浓度等于 $1(c = 1\ \text{mol} \cdot \text{dm}^{-3})$ 的状态代替严格的标准状态。严格的讨论可参看物理化学教科书。

规定标准氢电极的电极电势 $\varphi^{\ominus}(\text{H}^+/\text{H}_2) = 0$ V 以后,可以按照以下的方法来确定其他电极的电极电势 $\varphi($某电极$)$。

让某电势的电极与标准氢电极一起构成如下的原电池:

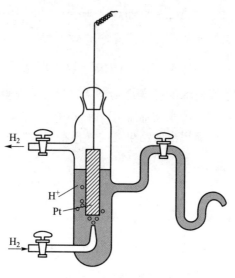

图 4.2   氢电极示意图

(−)标准氢电极 ⫶ 某电极(+)

或者

(−)某电极 ⫶ 标准氢电极(+)

上述原电池的电动势就等于某电极的电极电势的绝对值,即

$$E = \varphi(\text{某电极}) - \varphi^{\ominus}(\text{H}^{+}/\text{H}_2) = \varphi(\text{某电极})$$

或者

$$E = \varphi^{\ominus}(\text{H}^{+}/\text{H}_2) - \varphi(\text{某电极}) = -\varphi(\text{某电极})$$

在上述电池中,若某电极上实际进行的是还原反应,则电极电势为正值;若某电极实际进行的是氧化反应,则电极电势为负值。

根据上述方法,一系列电极在标准状态下的电极电势 $\varphi^{\ominus}$ 已被测定,本书后附录中列有若干在 298.15 K 标准状态(活度 $a = 1$,压力 $p = 100$ kPa)下的标准电极电势 $\varphi^{\ominus}$ 供参考。

由于标准氢电极要求氢气纯度高、压力稳定,并且铂在溶液中易吸附其他组分而失去活性,因此实际上常用易于制备、使用方便且电极电势稳定的甘汞电极或氯化银电极等作为电极电势的对比参考,称为参比电极。以下是两种常用的参比电极。

① 甘汞电极   甘汞电极如图 4.3 所示,其电极反应为

$$\text{Hg}_2\text{Cl}_2(\text{s}) + 2\text{e}^- \Longrightarrow 2\text{Hg}(\text{l}) + 2\text{Cl}^-(\text{aq})$$

电极电势为

$$\varphi(Hg_2Cl_2/Hg) = \varphi^{\ominus}(Hg_2Cl_2/Hg) -$$
$$\frac{RT}{2F}\ln[c(Cl^-)/c^{\ominus}]^2$$

从上式可见,甘汞电极的电极电势大小与 KCl 溶液中
Cl^- 浓度有关。常用的参比电极有饱和甘汞电极、Cl^-
浓度为 1 $mol \cdot dm^{-3}$ 的甘汞电极和 Cl^- 浓度为
0.1 $mol \cdot dm^{-3}$ 的甘汞电极。它们在 298.15 K 时的电
极电势分别为0.243 8 V、0.282 8 V 和 0.336 5 V。

② 氯化银电极　氯化银电极的电极反应为

$$AgCl(s) + e^- \rightleftharpoons Ag(s) + Cl^-(aq)$$

电极电势为

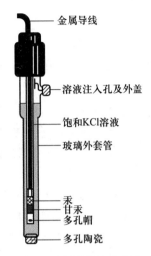

图 4.3　甘汞电极示意图

（图注：金属导线、溶液注入孔及外盖、饱和KCl溶液、玻璃外套管、汞、甘汞、多孔帽、多孔陶瓷）

$$\varphi(AgCl/Ag) = \varphi^{\ominus}(AgCl/Ag) - (RT/F)\ln[c(Cl^-)/c^{\ominus}]$$

电极电势也与 KCl 溶液中 Cl^- 浓度有关。当 $c(Cl^-) = 1$ $mol \cdot dm^{-3}$,温度为 298.15 K
时,电极电势为0.222 33 V。

4.2.2　电极电势的能斯特方程

大多数情况下电极并不处在标准状态下,因此有必要进一步讨论电极在非
标准状态下的电极电势 φ。

任何电极都可能发生氧化反应,也可能发生还原反应;无论发生氧化反应还
是还原反应,该电极的电极电势是一样的,都等于与标准氢电极比较得到的那个
数值。

对任意给定的电极,如果把电极反应写成还原反应,即

$$a(氧化态) + ne^- \rightleftharpoons b(还原态)$$

则
$$\varphi = \varphi^{\ominus} - \frac{RT}{nF}\ln\frac{[c(还原态)/c^{\ominus}]^b}{[c(氧化态)/c^{\ominus}]^a} \tag{4.4a}$$

例如,对于铜电极 Cu^{2+}/Cu,

$$Cu^{2+} + 2e^- \rightleftharpoons Cu$$

$$\varphi = \varphi^{\ominus} - \frac{RT}{2F}\ln\frac{c(Cu)/c^{\ominus}}{c(Cu^{2+})/c^{\ominus}}$$

在 298.15 K 时,如果将式(4.4a)改用常用对数表示,则

$$\varphi = \varphi^{\ominus} + \frac{0.059\ 17\ \text{V}}{n} \lg \frac{[c(氧化态)/c^{\ominus}]^a}{[c(还原态)/c^{\ominus}]^b} \tag{4.4b}$$

式(4.4a)和式(4.4b)称为**电极电势的能斯特方程**,它与原电池电动势的能斯特方程具有相同的形式。

应用能斯特方程时,对于反应组分浓度的表达应注意以下两点:

(1)电池反应或电极反应中某物质若是纯的固体或纯的液体(不是混合物),则能斯特方程中该物质的浓度作为 1(因为热力学规定纯固体和纯液体的活度等于 1);

(2)电池反应或电极反应中某物质若是气体,则能斯特方程中该物质的相对浓度 $c/c^{\ominus}$ 改用相对压力 $p/p^{\ominus}$ 表示。例如,对于氢电极,电极反应 $2H^+(aq) + 2e^- \Longrightarrow H_2(g)$,能斯特方程中氢离子用相对浓度 $c(H^+)/c^{\ominus}$ 表示,氢气用相对分压 $p(H_2)/p^{\ominus}$ 表示,即

$$\varphi(H^+/H_2) = \varphi^{\ominus}(H^+/H_2) - \frac{RT}{2F} \ln \frac{p(H_2)/p^{\ominus}}{[c(H^+)/c^{\ominus}]^2}$$

例 4.1   计算 298.15 K $c(Zn^{2+}) = 0.001\ 00\ \text{mol} \cdot \text{dm}^{-3}$ 时,锌电极的电极电势。

解:从附录查得锌电极的标准电极电势 $\varphi^{\ominus}(Zn^{2+}/Zn) = -0.761\ 8\ \text{V}$

电极反应为 $Zn^{2+}(aq) + 2e^- \Longrightarrow Zn(s)$

根据能斯特方程,当 $c(Zn^{2+}) = 0.001\ 00\ \text{mol} \cdot \text{dm}^{-3}$ 时,

$$\varphi(Zn^{2+}/Zn) = \varphi^{\ominus}(Zn^{2+}/Zn) + \frac{RT}{2F} \ln[c(Zn^{2+})/c^{\ominus}]$$

$$= -0.761\ 8\ \text{V} + (0.059\ 17\ \text{V}/2) \lg(0.001\ 00)$$

$$= -0.850\ 6\ \text{V}$$

从本例可以看出,离子浓度的改变对电极电势有影响,但在通常情况下影响不大。与标准状态 $c(Zn^{2+}) = 1\ \text{mol} \cdot \text{dm}^{-3}$ 时的电极电势($-0.761\ 8\ \text{V}$)相比,当锌离子浓度减小到 1/1 000 时,锌电极的电极电势改变不到 0.1 V。

例 4.2   已知 $c(MnO_4^-) = c(Mn^{2+}) = 1.000\ \text{mol} \cdot \text{dm}^{-3}$,计算 298.15 K 不同 pH 时,$MnO_4^-/Mn^{2+}$ 电极的电极电势。

(1)pH = 5;(2)pH = 1。

解:电极反应为 $MnO_4^- + 8H^+ + 5e^- \Longrightarrow Mn^{2+} + 4H_2O$

标准电极电势为 $\varphi^{\ominus}(MnO_4^-/Mn^{2+}) = 1.507\ \text{V}$

(1)pH = 5 时,$c(H^+) = 1.000 \times 10^{-5}\ \text{mol} \cdot \text{dm}^{-3}$

$$\varphi(MnO_4^-/Mn^{2+}) = \varphi^{\ominus}(MnO_4^-/Mn^{2+}) - \frac{RT}{5F} \ln \frac{c(Mn^{2+})/c^{\ominus}}{[c(MnO_4^-)/c^{\ominus}][c(H^+)/c^{\ominus}]^8}$$

$$= 1.507 \text{ V}+(0.059\ 17 \text{ V}/5)\lg(1.000\times10^{-5})^8$$

$$= 1.507 \text{ V}-0.473 \text{ V}=1.034 \text{ V}$$

（2）pH = 1 时，$c(H^+)=1.000\times10^{-1} \text{ mol}\cdot\text{dm}^{-3}$

$$\varphi(MnO_4^-/Mn^{2+}) = \varphi^{\ominus}(MnO_4^-/Mn^{2+}) - \frac{RT}{5F}\ln\frac{c(Mn^{2+})/c^{\ominus}}{[c(MnO_4^-)/c^{\ominus}][c(H^+)/c^{\ominus}]^8}$$

$$= 1.507 \text{ V}+(0.059\ 17 \text{ V}/5)\lg(1.000\times10^{-1})^8$$

$$= 1.507 \text{ V}-0.095 \text{ V}=1.412 \text{ V}$$

从本例可以看出，电解质溶液的酸碱性对含氧酸盐的电极电势有较大的影响。酸性增强，电极电势明显增大，则含氧酸盐的氧化性显著增强。

例 4.3 测得某铜锌原电池的电动势为 1.06 V，并已知其中 $c(Cu^{2+})=0.02 \text{ mol}\cdot\text{dm}^{-3}$，问该原电池中 $c(Zn^{2+})$ 为多少？

解：该原电池反应为

$$Cu^{2+}(aq)+Zn(s)\Longrightarrow Cu(s)+Zn^{2+}(aq)，n=2$$

从附录 8 查得 $\varphi^{\ominus}(Zn^{2+}/Zn)=-0.761\ 8 \text{ V}$，$\varphi^{\ominus}(Cu^{2+}/Cu)=0.341\ 9 \text{ V}$。

该原电池的标准电动势为

$$E^{\ominus}=\varphi^{\ominus}(正)-\varphi^{\ominus}(负)=0.341\ 9 \text{ V}-(-0.761\ 8 \text{ V})=1.103\ 7 \text{ V}$$

根据能斯特方程

$$E=E^{\ominus}-\frac{0.059\ 17 \text{ V}}{2}\lg\frac{c(Zn^{2+})/c^{\ominus}}{c(Cu^{2+})/c^{\ominus}}$$

将有关数据代入，得

$$1.06 \text{ V}=1.103\ 7 \text{ V}-0.029\ 59 \text{ V}\lg[c(Zn^{2+})/0.02]$$

解得 $c(Zn^{2+})=0.60 \text{ mol}\cdot\text{dm}^{-3}$

电极电势因离子浓度的不同而不同，容易想象，将同一金属离子不同浓度的两个溶液分别与该金属组成电极，因为两电极的电极电势不相等，所以组成电池的电动势不为零。这种原电池称为**浓差电池**。

前面所讨论的都是原电池中通过的电流无限小，即电极反应和电池反应可逆情况下的电极电势，这种电极电势称为可逆电势或平衡电势。如果电流不是无限小，电极电势就不能简单地用上述能斯特方程进行计算。

4.3 电动势与电极电势的应用

电极电势值是电化学中很重要的数据，除了可用来计算原电池的电动势和电池反应的摩尔吉布斯函数变外，还可以比较氧化剂和还原剂的相对强弱、判断氧化还原反应进行的方向和程度等。

4.3.1 氧化剂和还原剂相对强弱的比较

电极电势的大小反映了电极中氧化态物质和还原态物质在溶液中氧化还原能力的相对强弱。

设有电极 A^+｜A,电极 B^+｜B 和电极 C^+｜C,电极电势的大小次序为

$$\varphi(A^+/A)>\varphi(B^+/B)>\varphi(C^+/C)$$

由这三个电极两两组合,可以构成三个原电池:

原电池(1)　　　 C｜C^+ ‖ A^+｜A

原电池(2)　　　 C｜C^+ ‖ B^+｜B

原电池(3)　　　 B｜B^+ ‖ A^+｜A

根据电极电势大小可知,在原电池(1)和(2)中,电极 A^+/A 和电极 B^+/B 分别是正极,发生还原反应;但在由电极 A^+｜A 和电极 B^+｜B 构成的原电池(3)中,由于电极 B^+｜B 的电势比电极 A^+｜A 的电极电势低,所以电极 B^+｜B 为负极,发生氧化反应。

若某电极电势代数值越小,则该电极上越容易发生氧化反应,或者说该电极的还原态物质越容易失去电子,是较强的还原剂;而该电极的氧化态物质越难得到电子,是较弱的氧化剂。若某电极电势的代数值越大,则该电极上越容易发生还原反应,该电极的氧化态物质越容易得到电子,是较强的氧化剂;而该电极的还原态物质越难失去电子,是较弱的还原剂。

例如,对于下列三个电极:

电极	电极反应	标准电极电势 $\varphi^\ominus$/V
I_2/I^-	$I_2(s)+2e^- \rightleftharpoons 2I^-(aq)$	$+0.5355$
Fe^{3+}/Fe^{2+}	$Fe^{3+}(aq)+e^- \rightleftharpoons Fe^{2+}(aq)$	$+0.771$
Br_2/Br^-	$Br_2(l)+2e^- \rightleftharpoons 2Br^-(aq)$	$+1.066$

从标准电极电势可以看出,在离子浓度为 $1\ mol\cdot dm^{-3}$ 的条件下,I^- 是其中最强的还原剂,它可以还原 Fe^{3+} 或 Br_2;而其对应的 I_2 是最弱的氧化剂,它不能氧化 Br^- 或 Fe^{2+}。Br_2 是其中最强的氧化剂,它可以氧化 Fe^{2+} 或 I^-;而其对应的 Br^- 是其中最弱的还原剂,它不能还原 I_2 或 Fe^{3+}。Fe^{3+} 的氧化性比 I_2 要强而比 Br_2 要弱,因而它只能氧化 I^-,而不能氧化 Br^-;Fe^{2+} 的还原性比 Br^- 要强而比 I^- 要弱,因而它可以还原 Br_2 而不能还原 I_2。

当电极中氧化态或还原态离子浓度不是 $1\ mol\cdot dm^{-3}$,或者还有 H^+ 或 OH^- 参加电极反应时,不能直接使用标准电极电势 $\varphi^\ominus$ 来判断氧化还原能力,而应考虑

离子浓度或溶液酸碱性对电极电势的影响,运用能斯特方程计算 φ 值后,再比较氧化剂或还原剂的相对强弱。不过,对于简单的电极反应,由于离子浓度的变化对 φ 值的影响不大,因而只要两个电极在标准电极电势表中的位置相距较远时,通常也可直接用 $\varphi^{\ominus}$ 来进行比较。

  例 4.4   下列三个电极中,在标准条件下哪个是最强的氧化剂?若其中的 MnO_4^-/Mn^{2+} 电极改为在 pH = 5.00 的条件下,它们的氧化性相对强弱次序将怎样改变?

$$\varphi^{\ominus}(MnO_4^-/Mn^{2+}) = +1.507 \text{ V}$$

$$\varphi^{\ominus}(Br_2/Br^-) = +1.066 \text{ V}$$

$$\varphi^{\ominus}(I_2/I^-) = +0.535\ 5 \text{ V}$$

  解:(1) 在标准状态下可用 $\varphi^{\ominus}$ 值的相对大小进行比较。$\varphi^{\ominus}$ 值的相对大小次序为

$$\varphi^{\ominus}(MnO_4^-/Mn^{2+}) > \varphi^{\ominus}(Br_2/Br^-) > \varphi^{\ominus}(I_2/I^-)$$

所以在上述物质中 MnO_4^-(或 $KMnO_4$)是最强的氧化剂,I^- 是最强的还原剂,即氧化性的强弱次序为

$$MnO_4^- > Br_2 > I_2$$

  (2) $KMnO_4$ 溶液中的 pH = 5.00,即 $c(H^+) = 1.00 \times 10^{-5} \text{ mol·dm}^{-3}$ 时,根据能斯特方程进行计算得 $\varphi(MnO_4^-/Mn^{2+}) = 1.034 \text{ V}$。此时电极电势大小次序为

$$\varphi^{\ominus}(Br_2/Br^-) > \varphi(MnO_4^-/Mn^{2+}) > \varphi^{\ominus}(I_2/I^-)$$

这就是说,当 $KMnO_4$ 溶液的酸性减弱成 pH = 5.00 时,氧化性的强弱次序变为

$$Br_2 > MnO_4^- > I_2$$

  还需指出,在选择氧化剂和还原剂时,除了需要考虑上面所讨论的电极电势大小以外,有时还必须注意其他的因素。例如,欲从溶液中将 Cu^{2+} 还原成为金属铜,若只从电极电势大小考虑,可选用金属钠作为还原剂;但实际上,金属钠放入水溶液中,首先便会与水作用,生成 NaOH 和 H_2,而生成的 NaOH 进而与 Cu^{2+} 反应生成 $Cu(OH)_2$ 沉淀。若选用较活泼的金属锌,则过量的锌与还原产物铜会混在一起而不易分离。而选用像 H_2SO_3 或 SO_2 这样的还原剂就较合理,一方面可将 Cu^{2+} 还原成铜,同时又易于分离,既不产生副反应,又不带进其他杂质,且价廉。

4.3.2   反应方向的判断

  一个化学反应能否自发进行,根据最小自由能原理,可用反应的吉布斯函数变 ΔG 来判断。在没有非体积功的等温等压条件下,若反应的 $\Delta G < 0$,反应就能自发进行;若反应的 $\Delta G > 0$,反应就不能自发进行;若反应的 $\Delta G = 0$,则反应处于

平衡状态。

如果能设计一个原电池,使电池反应正好是所需判断的化学反应,由于反应的吉布斯函数变 ΔG 与原电池电动势的关系为 $\Delta G = -nEF$,若 $E > 0$,则 $\Delta G < 0$,在没有非体积功的等温等压条件下,反应就可以自发进行。

例 4.5　在 298.15 K 时,判断下列氧化还原反应进行的方向。

(1) $Sn + Pb^{2+}(1\ mol\cdot dm^{-3}) \Longrightarrow Sn^{2+}(1\ mol\cdot dm^{-3}) + Pb$

(2) $Sn + Pb^{2+}(0.100\ 0\ mol\cdot dm^{-3}) \Longrightarrow Sn^{2+}(1.000\ mol\cdot dm^{-3}) + Pb$

解: 先从附录 8 中查出各电极的标准电极电势。

$$\varphi^{\ominus}(Sn^{2+}/Sn) = -0.137\ 5\ V,\ \varphi^{\ominus}(Pb^{2+}/Pb) = -0.126\ 2\ V$$

(1) 当 $c(Sn^{2+}) = c(Pb^{2+}) = 1\ mol\cdot dm^{-3}$,因为 $\varphi^{\ominus}(Pb^{2+}/Pb) > \varphi^{\ominus}(Sn^{2+}/Sn)$,所以 Pb^{2+} 作氧化剂、Sn 作还原剂。反应按下列反应正向进行

$$Sn + Pb^{2+}(1\ mol\cdot dm^{-3}) \Longrightarrow Sn^{2+}(1\ mol\cdot dm^{-3}) + Pb$$

(2) 当 $c(Sn^{2+}) = 1.000\ mol\cdot dm^{-3}$,$c(Pb^{2+}) = 0.100\ 0\ mol\cdot dm^{-3}$,

$$\varphi(Pb^{2+}/Pb) = \varphi^{\ominus}(Pb^{2+}/Pb) - \frac{RT}{2F}\ln\frac{1}{c(Pb^{2+})/c^{\ominus}}$$

$$= -0.126\ 2\ V + (0.059\ 17\ V/2)\lg(0.1) = -0.155\ 8\ V$$

$$\varphi^{\ominus}(Sn^{2+}/Sn) > \varphi(Pb^{2+}/Pb)$$

所以反应按(1)中反应的逆向进行,即

$$Pb + Sn^{2+}(1.000\ mol\cdot dm^{-3}) \Longrightarrow Pb^{2+}(0.100\ 0\ mol\cdot dm^{-3}) + Sn$$

4.3.3　反应进行程度的衡量

对于水溶液中的氧化还原反应 $aA(aq) + bB(aq) \Longrightarrow gG(aq) + dD(aq)$,氧化还原反应进行的程度,反应平衡时生成物浓度与反应物浓度之比,可由氧化还原反应的标准平衡常数 $K^{\ominus}$ 的大小来衡量,即

$$\frac{[c(G)/c^{\ominus}]^g[c(D)/c^{\ominus}]^d}{[c(A)/c^{\ominus}]^a[c(B)/c^{\ominus}]^b} = K^{\ominus}$$

在原电池的热力学讨论中,我们已经知道 $T = 298.15\ K$ 时电池反应的平衡常数 $K^{\ominus}$ 与电池的标准电动势 $E^{\ominus}$ 的关系为

$$\lg K^{\ominus} = nE^{\ominus}/(0.059\ 17\ V)$$

所以,如能设计一个原电池,其电池反应正好是需讨论的化学反应,就可以通过该原电池的 $E^{\ominus}$ 推算该反应的平衡常数 $K^{\ominus}$,分析该反应能够进行的程度。

例 4.6　计算 298.15 K 时下面反应的标准平衡常数,并分析该反应能够进行的程度。

$$Sn + Pb^{2+}(1\ mol\cdot dm^{-3}) \Longrightarrow Sn^{2+}(1\ mol\cdot dm^{-3}) + Pb$$

解:从例 4.5 已知上述反应在标准条件下能自发正向进行,对应原电池的标准电动势 $E^\ominus =$
$\varphi(Pb^{2+}/Pb) - \varphi^\ominus(Sn^{2+}/Sn) = -0.126\ 2\ V - (-0.137\ 5\ V) = 0.011\ 3\ V$。

$$\lg K^\ominus = \frac{nE^\ominus}{0.059\ 17\ V} = \frac{2 \times 0.011\ 3\ V}{0.059\ 17\ V} = 0.382$$

$$\lg \frac{c(Sn^{2+})}{c(Pb^{2+})} = 0.382$$

$$K^\ominus = \frac{c(Sn^{2+})}{c(Pb^{2+})} = 2.41$$

即 $c(Sn^{2+}) = 2.41c(Pb^{2+})$

从计算结果可知,当溶液中 Sn^{2+} 浓度等于 Pb^{2+} 浓度的 2.41 倍时,反应便达到平衡状态。
由此可见,该反应进行得不很完全。

例 4.7 计算下列反应在 298.15 K 时的标准平衡常数 $K^\ominus$。

$$Cu(s) + 2Ag^+(aq) \Longrightarrow Cu^{2+}(aq) + 2Ag(s)$$

解:先设计一个原电池以实现上述氧化还原反应:

负极 $Cu(s) \Longrightarrow Cu^{2+}(aq) + 2e^-$; $\varphi^\ominus(Cu^{2+}/Cu) = 0.341\ 9\ V$

正极 $2Ag^+(aq) + 2e^- \Longrightarrow 2Ag(s)$; $\varphi^\ominus(Ag^+/Ag) = 0.799\ 6\ V$

该原电池的标准电动势为

$$E^\ominus = \varphi^\ominus(正) - \varphi^\ominus(负) = \varphi^\ominus(Ag^+/Ag) - \varphi^\ominus(Cu^{2+}/Cu)$$
$$= 0.799\ 6\ V - 0.341\ 9\ V = 0.457\ 7\ V$$

$$\lg K^\ominus = \frac{nE^\ominus}{0.059\ 17\ V} = 15.47$$

$$K^\ominus = 3.0 \times 10^{15}$$

从以上结果可以看出,该反应进行的程度是相当彻底的。

4.4 化学电源

借自发的氧化还原反应将化学能直接转变为电能的装置叫作化学电源。一
般可将化学电源分为一次电池、二次电池和连续电池三类。化学电源所供应的
电源比较稳定可靠,又便于移动。由于航天事业、计算机、心脏起搏器等迫切要
求能量密度高、体积小、寿命长、恒定可靠的化学电源,也由于火力发电、核电等
对环境的影响,近几十年来,化学电源工业已成为电化学工业的一个重要部分,
获得快速发展,新产品不断涌现。下面简单介绍一些常见的及新颖的化学电源。

4.4.1 一次电池

一次电池是放电后不能充电或补充化学物质使其复原的电池。日常生活中

人们经常使用一次电池,使用最普遍的是酸性的锌锰干电池和碱性的锌汞电池。

锌锰干电池(见图 4.4)由于使用方便,价格低廉,至今仍是一次电池中使用最广,产值、产量最大的一种电池。它以金属锌筒作为负极,正极物质为 MnO_2 和石墨棒(导电材料),两极间为 $ZnCl_2$ 和 NH_4Cl 的糊状混合物。

锌锰干电池的简单图式表示为

$$(-)Zn\,|\,ZnCl_2,NH_4Cl(糊状)\,|\,MnO_2\,|\,C(+)$$

接通外电路放电时,负极上锌进行氧化反应:

$$Zn(s) \Longrightarrow Zn^{2+}(aq)+2e^-$$

正极上 MnO_2 发生还原反应:

$$2MnO_2(s)+2NH_4^+(aq)+2e^- \Longrightarrow Mn_2O_3(s)+2NH_3(aq)+H_2O(l)$$

电池总反应为

$$Zn(s)+2MnO_2(s)+2NH_4^+(aq) \Longrightarrow$$
$$Zn^{2+}(aq)+Mn_2O_3(s)+2NH_3(aq)+H_2O(l)$$

锌锰干电池的电动势为 1.5 V,与电池体积的大小无关。锌锰干电池的缺点是产生的 NH_3 气能被石墨棒吸附,导致电池内阻增大,电动势下降,性能较差。已有若干种改良型,如碱性锌锰干电池,放电能力是上述糊式电池的 5 ~ 7 倍。

锌汞电池构造如图 4.5 所示,因其外形像纽扣,又称纽扣电池。它以锌汞齐为负极,HgO 和碳粉(导电材料)为正极,饱和 ZnO 的 KOH 糊状物为电解质,其中 ZnO 与 KOH 形成 $[Zn(OH)_4]^{2-}$ 配离子。锌汞电池的特点是工作电压稳定,整个放电过程中,电压变化不大,保持在 1.34 V 左右。用作手表、计算器、助听器、心脏起搏器等小型装置的电源。

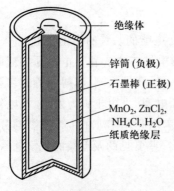

图 4.4　锌锰干电池示意图

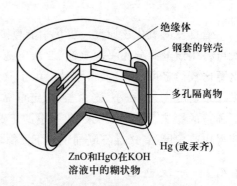

图 4.5　锌汞电池示意图

该电池可用简单图式表示为

$$(-)Zn(Hg)|KOH(糊状,含饱和 ZnO)|HgO|C(+)$$

锌银电池是一种放电电压十分平稳、比能量大的新颖电池(也可做成二次电池)。常制成纽扣状或矩形状电池,被广泛使用于通讯、航天、导弹及小型计算器、手表、照相机中,但价格比较昂贵。电池的工作电压约为 1.6 V,电池的简图式为

$$(-)Zn|KOH|Ag_2O(+)$$

锂电池是以金属锂作为负极的新型电池,其性能十分吸引人。由于金属锂的密度小(0.534 g·cm^{-3}),标准电极电势低(-3.045 V),所以电池的能量密度大,电池电压高($2.8\sim3.6$ V),被称为高能电池。由于金属锂遇水会发生剧烈反应引起爆炸,因此电池的电解质溶液选用非水溶液。

4.4.2 二次电池

放电后能通过充电使其复原的电池称为二次电池,常用的二次电池有铅蓄电池和锂离子电池等。

1. 铅蓄电池

铅蓄电池是用两组铅锑合金格板(相互间隔)作为电极导电材料,其中一组格板的孔穴中填充二氧化铅,在另一组格板的孔穴中填充海绵状金属铅,并以稀硫酸(密度为 $1.25\sim1.3$ g·cm^{-3})作为电解质溶液而组成的。铅蓄电池在放电时相当于一个原电池的作用[见图 4.6(b)],简单图式表示为

$$(-)Pb|H_2SO_4(1.25\sim1.30 \text{ g·cm}^{-3})|PbO_2(+)$$

放电时两极反应为

负极 $\quad Pb(s)+SO_4^{2-}(aq) \Longrightarrow PbSO_4(s)+2e^-$

正极 $\quad PbO_2(s)+4H^+(aq)+SO_4^{2-}(aq)+2e^- \Longrightarrow PbSO_4(s)+2H_2O(l)$

电池总反应为

$$Pb(s)+PbO_2(s)+2H_2SO_4(aq) \Longrightarrow 2PbSO_4(s)+2H_2O(l)$$

铅蓄电池在放电以后,可以利用外界直流电源进行充电输入能量[见图 4.6(a)]。铅蓄电池在充电时两电极反应即为上述放电时两极反应的逆反应,因此充电后电极恢复到原先状态,铅蓄电池可以继续循环使用。铅蓄电池的充放电可逆性好,稳定可靠,温度及电流密度适应性强,价格低,因此是二次电池中使用最广泛、技术最成熟的。铅蓄电池主要缺点是笨重,主要用作汽车和柴油机车的启动电源;搬运车辆,坑道、矿山车辆和潜艇的动力电源,以及变电站的备用电源。20 世

纪 80 年代以来,铅蓄电池在轻量高能化、免维护密闭化等方面有了很大的改进。

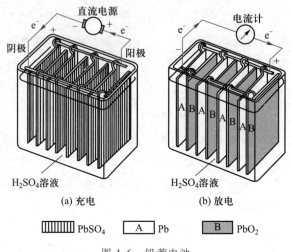

图 4.6　铅蓄电池

2. 锂离子电池

锂离子电池是一种二次电池,依靠锂离子在正极和负极之间可逆移动来工作。锂离子电池常被称呼为"锂电池",但实际上与以金属锂为负极的一次电池并不相同。

锂离子电池的负极通常采用锂与碳(石墨)的层间化合物,如 Li_xC_6,正极采用含锂的金属化合物,如 $LiCoO_2$,$LiNiO_2$ 或它们的复合物。

典型的锂离子电池系统为

$$(-)Li_xC_6 \,|\, 含锂离子的电解质 \,|\, LiCoO_2(+)$$

锂离子电池充电过程中,正极上发生氧化,Li 失去电子成为 Li^+,脱离正极材料进入电解质溶液,并定向移动到负极表面,获取电子成为 Li 原子,嵌入负极的石墨层间。

充电过程中,正极与负极发生的电极反应分别为

正极反应:$LiCoO_2 =\!=\!= Li_{1-x}CoO_2 + xLi^+ + xe^-$

负极反应:$6C + xLi^+ + xe^- =\!=\!= Li_xC_6$

电池总反应:$LiCoO_2 + 6C =\!=\!= Li_{1-x}CoO_2 + Li_xC_6$

放电过程中,负极上嵌在石墨层间的 Li 原子失去电子成为 Li^+,经过电解质溶液定向移动到正极,获得电子并嵌入正极。

所以,充电过程中负极的锂含量渐渐增加,放电过程正极的锂含量渐渐增加。充放电过程中锂离子在两电极间来回运动,所以锂离子电池又被戏称为"摇椅电池"。如图 4.7 所示。

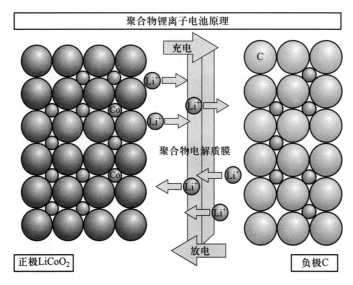

图 4.7　锂离子电池工作原理示意图

锂离子电池的工作电压约为 3.6 V,远高于水的分解电压,所以电解质溶液的溶剂通常采用有机溶剂,如乙烯碳酸酯(EC)、二乙基碳酸酯(DEC)等,电解质常采用六氟磷酸锂($LiPF_6$)。

有机溶剂在充电过程中会破坏负极石墨的结构,而且还存在易燃易爆的安全性问题,所以正逐渐被固体聚合物电解质所替代。固体聚合物电解质分为固态与凝胶状态两类。聚合物电解质中,可用聚环氧乙烷作为不移动的溶剂,加入增塑剂等添加剂,提高离子电导率,使电池可在常温下使用。

固体聚合物电解质可制成薄膜的形状,与薄片状的正极与负极一起组装成薄片状电池,厚度可小于 1 mm,被广泛应用于手机和笔记本计算机中。

锂离子电池中基本上不存在有害物质,对环境无污染,是名副其实的"绿色电池"。

但是,锂离子电池非常害怕电池内部短路、电池外部短路,以及过度充电这些情况。锂的化学性质非常活跃,很容易燃烧,当电池放电、充电时,电池内部会持续升温,活化过程中产生气体膨胀,使电池内压加大,压力达到一定程度,如外壳有伤痕,即会破裂,引起起火,甚至爆炸。在使用各种锂离子电池时候,一定要注意安全。

4.4.3　连续电池

连续电池在放电过程中不断地输入化学物质、使放电可以连续不间断地进行。燃料电池就是一种连续电池,与前面介绍的电池的主要差别在于,燃料电池不是把还原剂、氧化剂物质全部贮藏在电池内,而是在工作时不断从外界输入氧化剂和还原剂,同时将电极反应产物不断排出电池。因此燃料电池是名副其实的将燃料的化学能直接转化为电能的"能量转换器"。

燃料电池以还原剂(如氢气、肼、烃、甲醇、煤气、天然气等)为负极反应物质,以氧化剂(如氧气、空气等)为正极反应物质。为了使燃料便于进行电极反应,要求电极材料兼具有催化剂的特性,可用多孔碳、多孔镍和铂、银等贵金属作电极材料。电解质则有碱性、酸性、熔融盐、固体电解质及高聚物电解质离子交换膜等。燃料电池能量转换率很高,理论上可达 100%。实际转化率为 70% ~ 80%。而传统的火力发电,能量转化率达不到 40%。现在的燃料电池,不仅能量转化率高、寿命长,而且还能够连续大功率供电。其无噪声、无污染的优点,更展示了化学在能源领域中的作用和魅力。

下面简单介绍两种燃料电池。

碱性燃料电池常用 30% ~ 50% 的 KOH 溶液为电解液,燃料是氢气,氧化剂是氧气(见图 4.8)。氢氧燃料电池的燃烧产物为水,因此对环境无污染。电池可用图式表示为

$$(-)C \mid H_2(p) \mid KOH(aq) \mid O_2(p) \mid C(+)$$

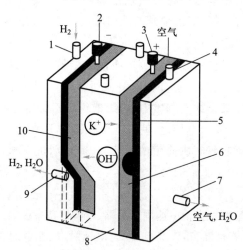

图 4.8 燃料电池示意图

1—氢气入口;2,3—正负极接线柱;4—空气入口;

5,11—隔板;6—多孔正极板;7—空气和水蒸气出口;

8—由氢氧化钾溶液组成的电解质;9—氢气和水蒸气出口;10—多孔负极板

电极反应为

负极 $\qquad 2H_2(g) + 4OH^-(aq) \Longrightarrow 4H_2O(l) + 4e^-$

正极 $O_2(g) + 2H_2O(l) + 4e^- === 4OH^-(aq)$

电池总反应

$$2H_2(g) + O_2(g) === 2H_2O(l)$$

当 H_2 和 O_2 的分压均为 100 kPa,KOH 溶液的浓度为 30% 时,电池的理论电动势约为 1.23 V。

碱性氢氧燃料电池已经被应用于载人宇宙飞船上,也曾用于叉车、牵引车。缺点是使用贵金属为催化剂,实际使用寿命有限。

磷酸型燃料电池采用磷酸为电解质,利用廉价的碳材料为骨架。除了可以用氢气为燃料外,现在还有可能直接利用甲醇、天然气等廉价燃料。磷酸型燃料电池是目前最成熟的燃料电池。目前世界上最大的燃料电池发电厂是东京电能公司经营的 11 MW 美日合作磷酸型燃料电池发电厂。

4.4.4 化学电源与环境污染

在一次电池和二次电池中,含有汞、锰、镉、铅、锌等重金属。电池使用后如果随意丢弃,其中的重金属元素就会慢慢渗透到土壤和水体中,若焚烧则会散发到大气中,造成环境污染。尽管废电池数量在日常垃圾中似乎微不足道,但由于重金属元素容易在生物体内积蓄,到一定量后就会对生物体健康产生严重的后果,所以绝不能小看废电池的环境污染问题。

重金属往往通过食物链对人体造成危害,受污染的水体中的鱼虾吃了含有重金属的浮游生物,重金属就会在鱼虾体内积蓄,人吃了这样的鱼虾后,重金属就在人体内积蓄。1953 年发生在日本的震惊世界的水俣病事件,就是人们食用了被汞污染的鱼类后导致的中毒惨案。除了汞污染造成的严重危害以外,过量的锰积累在人体内可引起神经功能障碍,双手颤抖、双脚僵硬,重症会得脑炎而死亡;长期食用受镉污染的水或食物,可导致骨质软化,骨骼变形,严重时形成自然骨折;其他重金属,如果过量进入人体内,也都会严重影响人体健康。

电池在我们日常生活中的用量正在迅速增加,2000 年时全国的电池消费量已经达到 100 亿只。如此大量的废电池如果未经处理就随意丢弃,或将干电池与可燃垃圾混在一起进行焚烧,都将对环境和人类健康带来巨大威胁。加强废电池的管理,不乱扔废旧干电池,实现有害废弃物的"资源化、无害化",已是一个十分紧迫的问题。

研制生产无汞、无镉的新电池,实现无污染的燃料电池的民用化,对于减少废电池的污染危害将起到十分重要的作用。

4.5   电解

电解是环境对系统做电功的电化学过程,在电解过程中,电能转变为化学能。例如水的分解反应:

$$H_2O(l) \Longrightarrow H_2(p^\ominus) + \frac{1}{2}O_2(p^\ominus)$$

因为 $\Delta_r G_m(298.15\ K) = +237.19\ kJ \cdot mol^{-1} > 0$,所以在没有非体积功的情况下,反应不能自发进行。但是,根据热力学原理 $\Delta_r G_m \leqslant W'$ 知道,如果环境对上述系统做非体积功(例如电功),就有可能进行水的分解反应。所以,可以认为电解是利用外加电能的方法迫使反应进行的过程。

在电解池中,与直流电源的负极相连的极叫作阴极,与直流电源的正极相连的极叫作阳极。电子从电源的负极沿导线进入电解池的阴极;另一方面,电子又从电解池的阳极离去,沿导线流回电源正极。这样在阴极上电子过剩,在阳极上电子缺少,电解液(或熔融液)中的正离子移向阴极,在阴极上得到电子,进行还原反应;负离子移向阳极,在阳极上给出电子,进行氧化反应。在电解池的两极反应中氧化态物质得到电子或还原态物质给出电子的过程都叫作放电。通过电极反应这一特殊形式,使金属导线中电子导电与电解质溶液中离子导电联系起来。

4.5.1   分解电压和超电势

在电解一给定的电解液时,需要对电解池施以多少电压才能使电解顺利进行? 下面以铂作电极,电解 $0.100\ mol \cdot dm^{-3}\ Na_2SO_4$ 溶液为例说明之。

将 $0.100\ mol \cdot dm^{-3}\ Na_2SO_4$ 溶液按图 4.9 的装置进行电解,通过可变电阻 R 调节外电压 V,从电流计 A 可以读出在一定外加电压下的电流数值。接通电路并逐渐增大外加电压,可以发现,在外加电压逐渐增加到 1.23 V 时,电流仍很小,电极上没有气泡发生;当电压增加到约 1.7 V 时,电流开始明显增大。而以后随电压的增加,电流迅速增大,同时,在两极上有明显的气泡发生,电解能够顺利进行。通常把能使电解顺利进行的最低电压称为实际分解电压,简称**分解电压**。

把上述实验结果以电压对电流密度(单位面积电极上通过的电流)作图,可得图 4.10 的曲线。图中 D 点的电压读数即为实际分解电压。各种物质的分解电压可通过实验测定。

不同电解反应的分解电压不相同,原因可以从电极反应和电极电势来分析。理论分解电压的产生和理论计算:

以电解水为例(以硫酸钠为导电物质),

阴极反应析出氢气 $2H^+ + 2e^- \Longrightarrow H_2$

阳极反应析出氧气 $2OH^- \Longrightarrow H_2O + \dfrac{1}{2}O_2 + 2e^-$

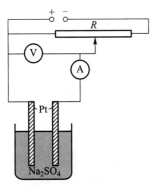

图 4.9   分解电压的测定

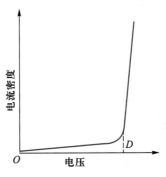

图 4.10   分解电压

而部分氢气和氧气分别吸附在铂电极表面,组成了氢氧原电池:

$$Pt \mid H_2(100 \ kPa) \mid Na_2SO_4(0.100 \ mol \cdot dm^{-3}) \mid O_2(100 \ kPa) \mid Pt$$

该原电池的电动势与外加直流电源的电动势相反,只有当外加直流电源(例如蓄电池)的电压大于该原电池的电动势,才能使电解顺利进行。容易想象,如果外加的电压小于该原电池的电动势,原电池将对外加电源输出电功,使外加电源发生电解反应;如果外加的电压等于该原电池的电动势,则电路中不会有电流通过,电解池和外加电源(蓄电池)中也不会有氧化还原反应发生。这样看来,分解电压是由于电解产物在电极上形成某种原电池,产生反向电动势而引起的。

分解电压的理论数值可以根据电解产物及溶液中有关离子的浓度计算得到。例如,对于上述电解水时形成的氢氧原电池,容易通过计算得出该原电池的电动势 E。

$0.100 \ mol \cdot dm^{-3} \ Na_2SO_4$ 水溶液中 $pH = 7$,即 $c(H^+) = c(OH^-) = 1.00 \times 10^{-7} \ mol \cdot dm^{-3}$。

氧电极反应 $H_2O + \dfrac{1}{2}O_2 + 2e^- \Longrightarrow 2OH^-$

氧电极电势 $\varphi(O_2/OH^-) = \varphi^{\ominus} - \dfrac{RT}{2F} \ln \dfrac{[c(OH^-)/c^{\ominus}]^2}{[p(O_2)/p^{\ominus}]^{1/2}}$

$$= 0.401 \ V - (0.059 \ 17 \ V/2) \ \lg(1.00 \times 10^{-7})^2 = 0.815 \ V$$

氢电极反应　　　$H_2 \Longrightarrow 2H^+ + 2e^-$

氢电极电势　　　$\varphi(H^+/H_2) = \varphi^\ominus - \dfrac{RT}{2F}\ln \dfrac{p(H_2)/p^\ominus}{[c(H^+)/c^\ominus]^2}$

$$= (0.059\ 17\ V/2)\lg(1.00\times10^{-7})^2 = -0.414\ V$$

此电解产物组成的氢氧原电池的电动势为

$$E = 0.815\ V - (-0.414\ V) = 1.23\ V$$

这就是说,为使电解水的反应能够发生,外加直流电源的电压不能小于 1.23 V,这个电压称为理论分解电压。然而实验中所测得的实际分解电压约为 1.7 V,比理论分解电压高出很多,下面分析其原因。

按照能斯特方程计算得到的电极电势,是在电极上几乎没有电流通过的条件下的平衡电极电势。但当有可察觉量的电流通过电极时,电极的电势会与上述的平衡电势有所不同。这种电极电势偏离了没有电流通过时的平衡电极电势值的现象,在电化学上称为极化。电解池中实际分解电压与理论分解电压之间的偏差,除了因电阻所引起的电压降以外,就是由于电极的极化所引起的。

电极极化包括浓差极化和电化学极化两个方面。

（1）**浓差极化**

浓差极化现象是由于离子扩散速率缓慢所引起的。它可以通过搅拌电解液和升高温度,使离子扩散速率增大而得到一定程度的消除。

在电解过程中,离子在电极上放电的速率总是比溶液中离子扩散速率快,使得电极附近的离子浓度与溶液中间部分的浓度有差异(在阴极附近的正离子浓度小于溶液中间部分的浓度,而在阳极附近的正离子浓度大于溶液中间部分的浓度),这种差异随着电解池中电流密度的增大而增大。不难理解,在浓差极化的情况下,为使电解池阳极上发生氧化反应,外电源加在阳极上的电势必须比没有浓差极化时的更正(大)一些;同样可以理解,为使电解池阴极上发生还原反应,外电源加在阴极上的电势必须比没有浓差极化时的更负(小)一些,也就是说,在浓差极化的情况下,实际分解电压(外电源两极之间的电势差)比理论分解电压更大。

（2）**电化学极化**

电化学极化是由电解产物析出过程中某一步骤(如离子的放电、原子结合为分子、气泡的形成等)反应速率迟缓而引起电极电势偏离平衡电势的现象。即电化学极化是由电化学反应速率决定的。对电解液的搅拌,一般并不能消除电化学极化的现象。

有显著大小的电流通过时电极的电势 φ(实)与没有电流通过时电极的电势

φ(理)之差的绝对值被定义为电极的**超电势 η**,即

$$\eta = \mid \varphi(实) - \varphi(理) \mid$$

电解时电解池的实际分解电压 E(实)与理论分解电压 E(理)之差则称为超电压 E(超),即

$$E(超) = E(实) - E(理)$$

显然,超电压与超电势之间的关系为 E(超) $= \eta$(阴) $+ \eta$(阳)

在上述电解 $0.100 \ mol \cdot dm^{-3} Na_2SO_4$ 水溶液的电解池中,超电压为

$$E(超) = E(实) - E(理) = 1.70 \ V - 1.23 \ V = 0.47 \ V$$

影响超电势的因素主要有以下三个方面:

① **电解产物**　金属超电势较小,气体的超电势较大,而氢气、氧气的超电势则更大。

② **电极材料和表面状态**　同一电解产物在不同电极上的超电势数值不同,且电极表面状态不同时超电势数值也不同(见表 4.1)。

③ **电流密度**　随着电流密度增大超电势增大。使用超电势的数据时,必须指明电流密度的数值或具体条件(见表 4.1)。

表 4.1　298.15 K 时 H_2、O_2、Cl_2 在一些电极上的超电势

电极	电流密度/$(A \cdot m^{-2})$				
	10	100	1 000	5 000	50 000
从 $0.5 \ mol \cdot dm^{-3} H_2SO_4$ 溶液中释放 $H_2(g)$					
Ag	0.097	0.13	0.30	0.48	0.69
Fe	—	0.56	0.82	1.29	—
石墨	0.002	—	0.32	0.60	0.73
光亮 Pt	0.000 0	0.16	0.29	0.68	—
镀 Pt	0.000 0	0.030	0.041	0.048	0.051
Zn	0.48	0.75	1.06	1.23	—
从 $1 \ mol \cdot dm^{-3} KOH$ 溶液中释放 $O_2(g)$					
Ag	0.58	0.73	0.96	—	1.13
Cu	0.42	0.58	0.66	—	0.79
石墨	0.53	0.90	1.09	—	1.24
光亮 Pt	0.72	0.85	1.28	—	1.49
镀 Pt	0.40	0.52	0.64	—	0.77

续表

电极	电流密度/(A·m^{-2})				
	10	100	1 000	5 000	50 000
从饱和 NaCl 溶液中释放 Cl$_2$(g)					
石墨	—	—	0.25	0.42	0.53
光亮 Pt	0.008	0.03	0.054	0.161	0.236
镀 Pt	0.006	—	0.026	0.05	—

注:摘自参考文献[3]。

电极上超电势的存在,使得电解所需的外加电压增大,消耗更多的能源,因此人们常常设法降低超电势。但是,有时超电势也会给人们带来便利。例如,在铁板上电镀锌(利用电解的方法在铁板上沉积一层金属锌)时,如果没有超电势,由于 $\varphi(H^+/H_2) > \varphi(Zn^{2+}/Zn)$,所以在阴极铁板上析出的是氢气而不是金属锌。但是,控制电解条件,使得氢的超电势很大,实际上就可以析出金属锌。

4.5.2 电解池中两极的电解产物

在讨论了分解电压和超电势的概念以后,便可进一步讨论电解时两极的产物。

如果电解的是熔融盐,电极采用铂或石墨等惰性电极,则电极产物只可能是熔融盐的正、负离子分别在阴、阳两极上进行还原和氧化后所得的产物。例如,电解熔融 CuCl$_2$,在阴极得到金属铜,在阳极得到氯气。

如果电解的是盐类的水溶液,电解液中除了盐类离子外还有 H$^+$ 和 OH$^-$ 存在,电解时究竟是哪种离子先在电极上析出就值得讨论了。

从热力学角度考虑,首先在阳极上进行氧化反应的是析出电势(考虑超电势因素后的实际电极电势)代数值较小的还原态物质;首先在阴极上进行还原反应的是析出电势代数值较大的氧化态物质。

简单盐类水溶液电解产物的一般情况如下。

阴极析出的物质:

(1) 电极电势代数值比 $\varphi(H^+/H_2)$ 大的金属正离子首先在阴极还原析出;

(2) 一些电极电势比 $\varphi(H^+/H_2)$ 小的金属正离子(如 Zn^{2+}、Fe^{2+} 等),则由于 H$_2$ 的超电势较大,这些金属正离子的析出电势仍可能大于 H$^+$ 的析出电势(可小于 -1.0 V),因此这些金属也会首先析出。

(3) 电极电势很小的金属离子(如 Na$^+$、K$^+$、Mg^{2+}、Al^{3+} 等),在阴极不易被还原,而总是水中的 H$^+$ 被还原成 H$_2$ 而析出。

阳极析出的物质:

（1）金属材料（除 Pt 等惰性电极外，如 Zn 或 Cu、Ag 等）作阳极时，金属阳极首先被氧化成金属离子溶解。

（2）用惰性材料作电极时，溶液中存在 S^{2-}、Br^-、Cl^- 等简单负离子时，如果从标准电极电势数值来看，$\varphi^{\ominus}(O_2/OH^-)$ 比它们的小，似乎应该是 OH^- 在阳极上易于被氧化而产生氧气。然而由于溶液中 OH^- 浓度对 $\varphi(O_2/OH^-)$ 的影响较大，再加上 O_2 的超电势较大，OH^- 析出电势可大于 1.7 V，甚至还要大。因此在电解 S^{2-}、Br^-、Cl^- 等简单负离子的盐溶液时，在阳极可以优先析出 S、Br_2 和 Cl_2。

（3）用惰性阳极且溶液中存在复杂离子如 SO_4^{2-} 等时，由于其电极电势 $\varphi^{\ominus}(SO_4^{2-}/S_2O_8^{2-}) = +2.01$ V，比 $\varphi^{\ominus}(O_2/OH^-)$ 还要大，因而一般都是 OH^- 首先被氧化而析出氧气。

例如，在电解 NaCl 浓溶液（以石墨作阳极，铁作阴极）时，在阴极能得到氢气，在阳极能得到氯气；在电解 $ZnSO_4$ 溶液（以铁作阴极，石墨作阳极）时，在阴极能得到金属锌，在阳极能得到氧气。

4.5.3　电解的应用

电解的应用很广，在机械工业和电子工业中广泛应用电解进行金属材料的加工和表面处理。最常见的是电镀、阳极氧化、电解加工等。在我国于 20 世纪 80 年代兴起应用电刷镀的方法对机械的局部破损进行修复，在铁道、航空、船舶和军事工业等方面均已推广应用。下面简单介绍电镀、阳极氧化和电刷镀的原理。

1. 电镀

电镀是应用电解的方法将一种金属覆盖到另一种金属零件表面上的过程。以电镀锌为例说明电镀的原理。它是将被镀的零件作为阴极材料，用金属锌作为阳极材料，在锌盐溶液中进行电解。电镀用的锌盐通常不能直接用简单锌离子的盐溶液。若用硫酸锌作电镀液，由于锌离子浓度较大，结果使镀层粗糙、厚薄不均匀，镀层与基体金属结合力差。若采用碱性锌酸盐镀锌，则镀层较细致光滑。这种电镀液是由氧化锌、氢氧化钠和添加剂等配制而成的（见第 6 章）。氧化锌在氢氧化钠溶液中形成配合物 $Na_2[Zn(OH)_4]$：

$$2NaOH + ZnO + H_2O \Longrightarrow Na_2[Zn(OH)_4]$$

$$[Zn(OH)_4]^{2-} \Longrightarrow Zn^{2+} + 4OH^-$$

NaOH 一方面作为配位剂，另一方面又可增加溶液导电性。由于 $[Zn(OH)_4]^{2-}$ 配离子的形成，降低了 Zn^{2+} 的浓度，使金属晶体在镀件上析出的过程中有个适宜（不致太快）的晶核生成速率，可得到结晶细致的光滑镀层。随着电解的进行，

Zn^{2+} 不断放电,同时 $[Zn(OH)_4]^{2-}$ 不断解离,能保证电镀液中 Zn^{2+} 的浓度基本稳定。两极主要反应为

阴极 $Zn^{2+}+2e^- \Longrightarrow Zn$

阳极 $Zn \Longrightarrow Zn^{2+}+2e^-$

2. 阳极氧化

有些金属在空气中就能生成氧化物保护膜,而使内部金属在一般情况下免遭腐蚀。例如,金属铝与空气接触后即形成一层均匀而致密的氧化膜(Al_2O_3),而起到保护作用。但是这种自然形成的氧化膜厚度仅 $0.02 \sim 1~\mu m$,保护能力不强。另外,为使铝具有较大的机械强度,常在铝中加入少量其他元素,组成合金。但一般铝合金的耐蚀性能不如纯铝,因此常用阳极氧化的方法使其表面形成氧化膜以达到防腐耐蚀的目的。阳极氧化就是把金属在电解过程中作为阳极,使之氧化而得到厚度达到 $5 \sim 300~\mu m$ 的氧化膜。

铝及铝合金的阳极氧化。将经过表面抛光、除油等处理的铝及铝合金工件作为电解池的阳极材料,并用铅板作为阴极材料,稀硫酸[或铬酸、草酸($H_2C_2O_4$)]溶液作为电解液。通电后,适当控制电流和电压条件,阳极的铝制工件表面就能被氧化生成一层氧化铝膜。阳极氧化过程中氧化膜的生成是两种不同的化学反应同时进行的结果。一种是 Al_2O_3 的形成反应,另一种是 Al_2O_3 被电解液不断溶解的反应。当生成速率大于溶解速率时,氧化膜就能形成,并保持一定的厚度。电极反应如下:

阳极 $2Al+6OH^-(aq) \Longrightarrow Al_2O_3+3H_2O+6e^-$(主要)

$4OH^-(aq) \Longrightarrow 2H_2O+O_2(g)+4e^-$(次要)

阴极 $2H^+(aq)+2e^- \Longrightarrow H_2(g)$

阳极氧化所得氧化膜能与金属结合得很牢固,因而大大地提高铝及其合金的耐腐蚀性和耐磨性,并可提高表面的电阻和热绝缘性。经过阳极氧化处理的铝导线可做电机和变压器的绕组线圈。除此以外,氧化物保护膜还富有多孔性,具有很好的吸附能力,能吸附各种染料。常用各种不同颜色的染料使吸附于表面孔隙中,以增强工件表面的美观或作为使用时的区别标记。例如,光学仪器和仪表中有些需要降低反光性的铝合金制件的表面往往用黑色染料填封。对于不需要染色的表面孔隙,需进行封闭处理,使膜层的疏孔缩小,并可改善膜层的弹性、耐磨性和耐蚀性。所谓封闭处理通常是将工件浸在重铬酸盐或铬酸盐溶液中;此时重铬酸根或铬酸根离子能为氧化膜所吸收而形成碱式盐[$Al(OH)Cr_2O_7$]或[$Al(OH)CrO_4$]。

3. 电刷镀

当较大型或贵重的机械发生局部损坏后,整个机械就不能使用,这样就会造成经济上的损失。那么,能不能对局部损坏进行修复呢?电刷镀是能以很小的代价,修复价值较高的机械的局部损坏的一种技术,而被誉为"机械的起死回生术"。是一种较理想的机械维修技术。

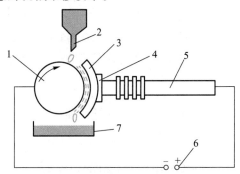

图 4.11 电刷镀工作原理示意图
1—工件(阴极);2—电镀液加入管;3—棉花包套;
4—石墨阳极;5—镀笔;6—直流电源;7—电镀液回收盘

电刷镀是按照图 4.11 的装置进行工作的。它的阴极是经清洁处理的工件(受损机械零部件),阳极用石墨(或铂铱合金、不锈钢等),外面包以棉花包套,称为镀笔。在镀笔的棉花包套中浸满金属电镀溶液,工件在操作过程中不断旋转,与镀笔间保持相对运动。当把直流电源的输出电压调到一定的工作电压后,将镀笔的棉花包套部分与工件接触,使电镀液刷于工件表面,就可将金属镀到工件上。

电刷镀的电镀液不是放在电镀槽中,而是在电刷镀过程中不断滴加电镀液,使之浸湿在棉花包套中,在直流电的作用下不断刷镀到工件阴极上。这样就把固定的电镀槽改变为不固定形状的棉花包套,从而摆脱了庞大的电镀槽,使设备简单而操作方便。

电刷镀可根据需要对工件进行修补,也可以采用不同的镀液,镀上铜、锌、镍等。例如对远洋轮发电机的曲轴修复时,可先镀镍打底,然后依次镀锌、镀镍或镀铬,以达到性能上的一定要求。

4.6 金属的腐蚀及防护

当金属与周围介质接触时,由于发生化学作用或电化学作用而引起金属的破坏叫作金属的腐蚀。因此,了解腐蚀发生的原理及防护方法有十分重要的意义。

4.6.1　腐蚀的分类

根据金属腐蚀过程的不同特点,可以分为化学腐蚀和电化学腐蚀两大类。

1. 化学腐蚀

单纯由化学作用而引起的腐蚀叫作化学腐蚀。金属在干燥气体或无导电性的非水溶液中的腐蚀,都属于化学腐蚀。温度对化学腐蚀的影响很大。例如,钢材在高温下容易被氧化,生成一层由 FeO、Fe_2O_3 和 Fe_3O_4 组成的氧化皮,同时还会发生脱碳现象。这主要由于钢铁中的渗碳体(Fe_3C)按下式与气体介质作用所产生的结果:

$$Fe_3C+O_2 \mathrel{=\!=\!=} 3Fe+CO_2$$

$$Fe_3C+CO_2 \mathrel{=\!=\!=} 3Fe+2CO$$

$$Fe_3C+H_2O \mathrel{=\!=\!=} 3Fe+CO+H_2$$

反应生成的气体产物离开金属表面,而碳从邻近尚未反应的金属内部逐渐地扩散到这一反应区,于是金属层中的碳逐渐减少,形成了脱碳层(图 4.12)。钢铁表面由于脱碳致使硬度减小、疲劳极限降低。

此外在原油中含有多种形式的有机硫化物,对金属输油管及容器也会产生化学腐蚀。

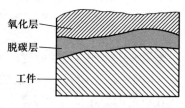

氧化层

脱碳层

工件

图 4.12　工件表面氧化脱碳示意图

2. 电化学腐蚀

当金属与电解质溶液接触时,由电化学作用而引起的腐蚀叫作电化学腐蚀。金属在大气中的腐蚀,在土壤及海水中的腐蚀和在电解质溶液中的腐蚀都是电化学腐蚀。

电化学腐蚀的特点是形成腐蚀电池,电化学腐蚀过程的本质是腐蚀电池放电的过程。电化学腐蚀过程中,金属通常作为阳极,被氧化而腐蚀;阴极则根据腐蚀类型不同,可发生氢或氧的还原,析出氢气或氧气。

钢铁在大气中的腐蚀通常为吸氧腐蚀,腐蚀电池的阴极反应为

$$\frac{1}{2}O_2(g)+H_2O(l)+2e^- \mathrel{=\!=\!=} 2OH^-(aq)$$

将铁完全浸没在酸溶液中,由于溶液中氧气含量较低,阴极反应也可以是析氢反应:

$$2H^+(aq)+2e^- \!=\!=\! H_2(g)$$

4.6.2　金属腐蚀的防护

金属防腐的方法很多。例如,可以根据不同的用途选用不同的金属或非金属使组成耐腐合金以防止金属的腐蚀;也可以采用油漆、电镀、喷镀或表面钝化等使形成非金属或金属覆盖层而与介质隔绝的方法以防止腐蚀。下面介绍缓蚀剂法和阴极保护法。

1. 缓蚀剂法

在腐蚀介质中,加入少量能减小腐蚀速率的物质以防止腐蚀的方法叫作缓蚀剂法。所加的物质叫作缓蚀剂。缓蚀剂按其组分可分成无机缓蚀剂和有机缓蚀剂两大类。

（1）无机缓蚀剂

在中性或碱性介质中主要采用无机缓蚀剂,如铬酸盐等。它们主要在金属的表面形成氧化膜或沉淀物。例如铬酸钠(Na_2CrO_4)在中性水溶液中,可使铁氧化成氧化铁(Fe_2O_3),并与铬酸钠的还原产物 Cr_2O_3 形成复合氧化物保护膜。

$$2Fe+2Na_2CrO_4+2H_2O \!=\!=\! Fe_2O_3+Cr_2O_3+4NaOH$$

又如,在含有氧气的近中性水溶液中,硫酸锌对铁有缓蚀作用。这是因为锌离子能与阴极上经 $O_2+2H_2O+4e^- \!=\!=\! 4OH^-$ 反应产生的 OH^-,生成难溶的氢氧化锌沉淀保护膜。

$$Zn^{2+}+2OH^- \!=\!=\! Zn(OH)_2(s)$$

（2）有机缓蚀剂

在酸性介质中,无机缓蚀剂的效率较低,因而常采用有机缓蚀剂。它们一般是含有 N、S、O 的有机化合物。常用的缓蚀剂有乌洛托品［六亚甲基四胺($CH_2)_6N_4$］、若丁(其主要组分为二邻苯甲基硫脲)等。

在有机缓蚀剂中还有一类气相缓蚀剂,它们是一类挥发速率适中的物质,其蒸气能溶解于金属表面的水膜中。当金属制品吸附缓蚀剂后,再用薄膜包起来,就可达到缓蚀的作用。常用的气相缓蚀剂有亚硝酸二环己烷基胺,碳酸环己烷基胺和亚硝酸二异丙烷基胺等。

不同的缓蚀剂各自对某些金属在特定的温度和浓度范围内才有效,具体需由实验决定。

2. 阴极保护法

阴极保护法就是将被保护的金属作为腐蚀电池的阴极(原电池的正极)或

作为电解池的阴极而不受腐蚀。前一种是牺牲阳极(原电池的负极)保护法,后一种是外加电流法。

(1) 牺牲阳极保护法

牺牲阳极保护法是将较活泼金属或其合金连接在被保护的金属上,使形成原电池的方法。较活泼金属作为腐蚀电池的阳极而被腐蚀,被保护的金属则得到电子作为阴极而达到保护的目的。一般常用的牺牲阳极材料有铝合金、镁合金、锌合金和锌铝镉合金等。牺牲阳极法常用于保护海轮外壳、锅炉和海底设备。

(2) 外加电流法

在外加直流电的作用下,用废钢或石墨等难溶性导电物质作为阳极,将被保护金属作为电解池的阴极而进行保护的方法称为外加电流法。

我国海轮外壳、海湾建筑物(如防波堤、闸门、浮标)、地下建筑物(如输油管、水管、煤气管、电缆、铁塔脚)等大多已采用了阴极保护法来保护,防腐效果十分明显。

应当指出,工程上制造金属制品时,除了应该使用合适的金属材料以外,还应从金属防腐的角度对结构进行合理的设计,以避免因机械应力、热应力、流体的停滞和聚集等原因加速金属的腐蚀过程。由于金属的缝隙、拐角等应力集中部分容易成为腐蚀电池的阳极而受到腐蚀,所以合理地设计金属构件的结构是十分重要的。此外还要注意避免使电极电势相差很大的金属材料互相接触。当必须把不同的金属装配在一起时,最好使用橡胶、塑料及陶瓷等不导电的材料把金属隔离开。

选读材料

电抛光、电解加工和非金属电镀

1. 电抛光

电抛光是金属表面精加工方法之一。用电抛光可获得平滑和有光泽的金属表面。电抛光的原理,是在电解过程中利用金属表面上凸出部分的溶解速率大于金属表面上凹入部分的溶解速率,从而使金属表面平滑光亮。电抛光时,将工件(钢铁)作为阳极材料,可用铅板作为阴极材料,在含有磷酸、硫酸和铬酐(CrO_3)的电解液中进行电解。此时工件(阳极)铁的表面被氧化而溶解。

阳极反应 $Fe = Fe^{2+} + 2e^-$ 产生的 Fe^{2+},能与溶液中的 $Cr_2O_7^{2-}$(铬酐在酸性介质中形成 $Cr_2O_7^{2-}$)发生氧化还原反应:

$$6Fe^{2+} + Cr_2O_7^{2-} + 14H^+ = 6Fe^{3+} + 2Cr^{3+} + 7H_2O$$

生成的 Fe^{3+} 又进一步与溶液中的磷酸二氢根形成磷酸二氢盐 $[Fe(H_2PO_4)_3]$ 和硫酸盐 $[Fe_2(SO_4)_3]$。由于阳极附近盐的浓度不断增加，在金属表面形成一种黏性薄膜(图 4.13)。这种薄膜的导电性不良，并能使阳极的电极电势代数值增大；同时在金属凹凸不平的表面上黏性薄膜厚薄分布不均匀，凸起部分薄膜较薄，凹入部分薄膜较厚，因而阳极表面各处的电阻有所不同。凸起部分电阻较小，电流密度较大，这样就使凸起部分比凹入部分溶解得较快，于是粗糙的平面逐渐得以平整。这种薄膜还有另一种作用，即在阳极溶解时能使其表面形成一层氧化物薄膜，使金属处于微钝化状态，从而使阳极溶解不致过快。电抛光时阴极的主要反应为 $Cr_2O_7^{2-} + 14H^+ + 6e^- \rightleftharpoons 2Cr^{3+} + 7H_2O$ 和 $2H^+ + 2e^- \rightleftharpoons H_2(g)$。

2. 非金属电镀

如何在塑料、陶瓷、玻璃、木材等非金属材料上进行电镀？关键是首先采用化学镀的方法，使非金属表面转变为金属表面，然后再进行一般的电镀。

化学镀是指使用合适的还原剂使镀液中的金属离子还原成金属而沉积在非金属零件表面的一种镀覆工艺。

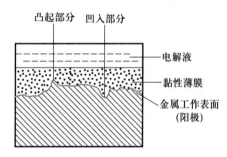

图 4.13　电抛光形成薄膜示意图

为使金属的沉积过程只发生在非金属零件表面上而不发生在溶液中，就先要将非金属表面进行预处理，使非金属表面具有催化性能。从而使还原剂能在非金属表面的催化作用下进行还原。

下面以常用的 ABS 工程塑料(参见第 7 章)上化学镀铜为例说明之。

ABS(苯乙烯-丁二烯-丙烯腈共聚物)在化学镀铜之前，须进行预处理，主要有下面几步。

① 除油　其目的是清除表面的污垢，提高镀层的结合力，一般可用碱和有机溶剂等进行除油。

② 粗化　粗化的作用是使塑料零件表面呈微观的粗糙不平的状态，以增大镀层与塑料间的接触面。粗化液的主要组分是由铬酐(CrO_3)、硫酸、磷酸、重铬酸盐等酸性物质和强氧化剂所组成的。它能与塑料表面的高分子化合物反应而使表面形成凹槽、微孔，使塑料表面变粗糙。粗化液还能使塑料表面的高分子化合物发生断链，使长链变成短链，同时还可能发生氧化、磺化等作用，使表面断链处生成较多的亲水性极性基团如羧基、羟基、磺酸基团等，而提高表面的亲水性，

有利于化学结合,提高镀层与基体的结合力。

③ 敏化   敏化的作用是在经粗化的零件表面上吸附一层易于氧化的金属离子(如 Sn^{2+}),用于还原某一金属离子(如 Ag^+)。最常用的敏化剂是氯化亚锡的酸性溶液。经敏化液浸渍过的零件,表面附有一层敏化液。移入清洗槽中时,二价锡盐遇水发生水解作用,可能生成微溶于水的凝胶状的碱式氯化亚锡薄层,一般厚度为 1~200 nm。

$$SnCl_2+H_2O \Longrightarrow Sn(OH)Cl(s)+HCl$$

④ 活化   活化是在镀层表面吸附一层具有催化活性的金属微粒,形成催化中心,使 Cu^{2+} 能够在这些催化中心上发生还原作用。

活性处理是将经过敏化处理过的零件与具有催化活性的金属(如银、钯等)的化合物(如 $AgNO_3$ 等)的溶液进行反应。此时零件表面的二价锡离子就将 Ag^+ 还原成为金属银微粒,使其紧紧附着在零件的表面上,其反应为

$$2Ag^++Sn^{2+} \Longrightarrow Sn^{4+}+2Ag(s)$$

这些金属银微粒具有催化活性,是化学镀的结晶中心。

经过上述处理的零件,其表面已经具有催化活性的金属银粒子。此时将该零件置于含有铜离子及还原剂的水溶液中,使其发生催化还原作用而连续地沉积出金属铜。常用的一种化学镀铜液是由硫酸、酒石酸钾钠、氢氧化钠、甲醛和少量稳定剂组成的,反应可表达如下:

$$HCHO+OH^- \xrightarrow{\text{Ag}} H_2(g)+HCOO^- \tag{1}$$

$$Cu^{2+}+H_2(g)+2OH^- \Longrightarrow Cu(s)+2H_2O \tag{2}$$

$$HCHO+OH^- \xrightarrow{\text{铜膜}} H_2(g)+HCOO^- \tag{3}$$

式(1)是以 Ag 微粒作催化剂时的反应,式(2)为使铜离子还原的反应,式(3)为自动催化过程,其中已还原的铜膜作为自催化表面。

以上反应主要可概括为

$$Cu^{2+}+2e^- \Longrightarrow Cu(s)$$

$$2HCHO+4OH^- \Longrightarrow 2HCOO^-+H_2(g)+2H_2O+2e^-$$

总反应 $Cu^{2+}+2HCHO+4OH^- \Longrightarrow Cu(s)+2HCOO^-+2H_2O+H_2(g)$

物件经化学镀后,表面附着一层厚度为 0.05~0.2 μm 的金属导电薄层,并不能满足产品在防腐、耐磨、耐热、导电等方面的要求。因此必须再采用常规电镀的方法,镀到所需的厚度。

本 章 小 结

重要的基本概念

电极与电极反应;原电池的组成与电池反应;电极电势与标准电极电势;原电池的电动势;理论分解电压与实际分解电压;超电势;化学电源;金属腐蚀;缓蚀剂;阴极保护法。

1. 自发进行的氧化还原反应可以组装成原电池而将化学能转变为电能。负极上还原态物质失去电子发生氧化反应,正极上氧化态物质得到电子发生还原反应。

电极由氧化还原电对组成,书写成 Cu^{2+}/Cu。若电极中包含导电用的惰性材料(如 Pt),则电极书写成 $Pt \mid Cl_2(p) \mid Cl^-(c)$。

原电池可用图式表示,例如 $(-)Zn \mid Zn^{2+} \parallel Fe^{2+}, Fe^{3+} \mid Pt(+)$

对应的电极反应为　　负极　$Zn(s) =\!=\!= Zn^{2+}(aq) + 2e^-$

　　　　　　　　　　正极　$Fe^{3+}(aq) + e^- =\!=\!= Fe^{2+}(aq)$

原电池的电动势与电池反应的摩尔吉布斯函数变为

$$\Delta_r G_m = -nFE, \quad \Delta_r G_m^{\ominus} = -nFE^{\ominus}$$

2. 标准电极电势是以标准氢电极的电极电势 $\varphi^{\ominus}(H^+/H_2) = 0$ 作为比较标准的相对值。

非标准的电极电势 φ 或电动势 E 可用能斯特方程计算。

对于电池反应 $aA(aq) + bB(aq) =\!=\!= gG(aq) + dD(aq)$,电动势为

$$E = E^{\ominus} - \frac{RT}{nF} \ln \frac{[c(G)/c^{\ominus}]^g [c(D)/c^{\ominus}]^d}{[c(A)/c^{\ominus}]^a [c(B)/c^{\ominus}]^b}$$

$T = 298.15\ K$ 时,

$$E = E^{\ominus} - \frac{0.059\ 17\ V}{n} \lg \frac{[c(G)/c^{\ominus}]^g [c(D)/c^{\ominus}]^d}{[c(A)/c^{\ominus}]^a [c(B)/c^{\ominus}]^b}$$

对于电极反应 $aA + ne^- =\!=\!= bB$,电极电势为

$$\varphi = \varphi^{\ominus} - \frac{RT}{nF} \ln \frac{[c(B)/c^{\ominus}]^b}{[c(A)/c^{\ominus}]^a}$$

$T = 298.15\ K$ 时, $\varphi = \varphi^{\ominus} - \dfrac{0.059\ 17\ V}{n} \lg \dfrac{[c(B)/c^{\ominus}]^b}{[c(A)/c^{\ominus}]^a}$

注意:(1)若组成氧化还原电对的物质是气体,则用相对压力($p/p^{\ominus}$)表示。对于金属或 H_2 电极来说,当氧化态物质金属正离子或 H^+ 浓度减小时,电极电势值减小,而使金属单质或氢气的还原性增强;对于一些非金属来说,则当还原态物质非金属负离子浓度减小时,电极电势值增大,而使非金属单质的氧化性增强。

(2)对于有 H^+ 或 OH^- 参加的氧化还原反应,介质的酸碱性对电极电势有较大影响,在计算时也应根据电极反应方程式或半反应方程式把 H^+ 或 OH^- 列入能斯特方程中。

3. 电极电势在化学上的应用

① 氧化剂还原剂相对强弱的比较　电极电势值越小,则该电对中的还原态物质是越强的还原剂;电极电势值越大,则该电对中的氧化态物质是越强的氧化剂。

② 氧化还原反应方向的判断　电极电势值较大的氧化态物质与电极电势值较小的还原态物质发生的氧化还原反应,在非体积功为零的等温等压条件下,能自发进行。

③ 氧化还原反应进行程度的衡量　氧化还原反应在达到平衡时进行的程度可由标准平衡常数 $K^{\ominus}$ 的大小反映出来。由

$$\ln K^{\ominus} = \frac{nFE^{\ominus}}{RT}$$

$$T = 298.15 \text{ K 时},\lg K^{\ominus} = \frac{nE^{\ominus}}{0.059\ 17 \text{ V}}$$

只要知道原电池的标准电动势,就可以计算原电池反应的标准平衡常数 $K^{\ominus}$。

4. 化学电源是采用还原剂作负极,氧化剂作正极,在一定介质条件下,利用自发进行的氧化还原反应发电的装置。

多数电池中含有重金属,掩埋和焚烧废电池会污染环境。回收废电池及研制生产无汞、无铅的绿色电池,对于环境保护十分重要。

5. 电解是将直流电通过电解质溶液(或熔体),使电解质在阴阳两极上分别发生还原反应和氧化反应,以制备所需产品的过程。

电解池中能使电解顺利进行的最低电压为实际分解电压。由电解产物所形成的原电池产生的反电动势就是理论分解电压。实际分解电压与理论分解电压的差异主要是由电极的极化所引起的。

有电流通过时的电极电势 φ(实)与无电流通过时的电极电势 φ(理)之差的绝对值,称为电极的超电势 η,即

$$\eta = |\ \varphi(\text{实}) - \varphi(\text{理})\ |$$

电解池中对于简单盐类水溶液,电极产物的一般情况如下:

阴极:析出电势代数值大的氧化态物质首先在阴极得电子而放电。但由于 H_2 的超电势较大,且一般情况下 H^+ 的浓度较小,使 Zn^{2+}、Fe^{2+}、Cu^{2+} 等金属离子可以先于 H^+ 被还原为金属析出,不过 Na^+、Mg^{2+}、Al^{3+} 等在水溶液中不会被还原。

阳极:析出电势代数值小的还原态物质首先在阳极失去电子而放电。由于 OH^- 的实际析出电势可大于 1.7 V,致使阳极放电先后次序为:可溶性金属(如 Zn、Cu)阳极;简单离子 S^{2-}、Br^-、Cl^-、OH^-;而 SO_4^{2-} 难被氧化。

6. 电化学腐蚀是在电解质溶液中发生的,金属阳极与杂质阴极组形成腐蚀电池。一般金属在大气中、甚至酸性不太强的水膜中的腐蚀主要是吸氧腐蚀。

金属的防腐方法主要有组成合金法、保护层法、缓蚀剂法和阴极保护法。

学生课外进修读物

[1] 秦效慈,余尚银. 表面涂覆技术——化学镀的进展[J]. 化学通报,1996,58 (8):30.

[2] 刘伟,童汝亭,王孟歌. 铅酸蓄电池的发展[J]. 大学化学,1997,12(3):25.

[3] 陆兆锷. 漫谈燃料电池[J]. 大学化学,1993,8(1):7.

[4] 游效曾. 电位-pH 图及其应用[J]. 化学通报,1975,(2):60.

[5] 叶康明. 金属腐蚀与防护概论.3 版. 北京:高等教育出版社,1993.

复习思考题

1. 什么是电极反应? 举例说明。

2. 如何用图式表示原电池?

3. 什么叫作标准电极电势? 电极电势的正、负号是怎么确定的?

4. 怎样利用电极电势来决定原电池的正、负极,并计算原电池的电动势?

5. 原电池的电动势与离子浓度的关系如何? 电极电势与离子浓度的关系如何?

6. 怎样理解介质的酸性增强,$KMnO_4$ 的电极电势代数值增大、氧化性增强?

7. 同一种金属及其盐溶液能否组成原电池? 试举出两种不同情况的例子。

8. 查阅标准电极电势时,除了需要注意物质的价态(氧化值)以外,为什么还需要注意物质具体存在的形式及所处介质的条件?

9. 判断氧化还原反应进行方向的原则是什么?

10. 试从电极电势[如 $\varphi(Sn^{2+}/Sn)$、$\varphi(Sn^{4+},Sn^{2+})$ 及 $\varphi(O_2/H_2O)$],说明为什么常在 $SnCl_2$

溶液加入少量纯锡粒以防止 Sn^{2+} 被空气(O_2)氧化?

11. 判断氧化还原反应进行程度的原则是什么? 与 E 有关,还是只与 $E^{\ominus}$ 有关?

12. 氢气氧化成为水的反应,显然是热力学自发的反应,是否可能借助于原电池装置,使得这一反应可逆地进行? 为什么?

13. 由标准锌电极和标准铜电极组成原电池:

$Zn \mid ZnSO_4(1 \ mol \cdot dm^{-3}) \ \vdots \ CuSO_4(1 \ mol \cdot dm^{-3}) \mid Cu$

(1) 改变下列条件对原电池电动势有何影响?

(a) 增加 $ZnSO_4$ 溶液的浓度　　(b) 在 $ZnSO_4$ 溶液中加入过量的 NaOH

(c) 增加铜片的电极表面积　　(d) 在 $CuSO_4$ 溶液中加入 H_2S

(2) 当铜锌原电池工作半小时以后,原电池的电动势是否会发生变化? 为什么?

14. 试分别写出铅蓄电池和锡镍蓄电池在放电时的两极反应。

15. 燃料电池的组成有何特点? 试写出氢氧燃料电池的两极反应及电池总电极反应方程式。

16. 原电池和电解池在结构和原理上各有何特点? 各举一例说明(从电极名称、电极反应、电子流动方向等方面进行比较)。

17. 实际分解电压为什么高于理论分解电压? 简单说明超电压或超电势的概念。

18. H^+/H_2 电对的电极电势代数值往往比 Zn^{2+}/Zn 电对的或 Fe^{2+}/Fe 电对的要大,为什么电解锌盐或亚铁盐溶液时在阴极常得到金属锌或金属铁?

19. 用电解法精炼铜,以硫酸铜为电解液,粗铜为阳极、精铜在阴极析出。试说明通过此电解法可以除去粗铜中的 Ag、Au、Pb、Ni、Fe、Zn 等杂质的原理。

20. 电镀锌和铝的阳极氧化在原理上有何差别? 写出它们的电极反应。

21. 根据电极极化的原理,讨论原电池中是否也存在电极极化的现象? 其结果对原电池输出的电压有何影响?

22. 通常金属在大气中的腐蚀主要是析氢还是吸氧腐蚀? 写出腐蚀电池的电极反应。

23. 防止金属腐蚀的方法主要有哪些? 各根据什么原理?

习　　题

1. 是非题(对的在括号内填"+"号,错的填"-"号)

(1) 取两根铜棒,将一根插入盛有 $0.1 \ mol \cdot dm^{-3} CuSO_4$ 溶液的烧杯中,另一插入盛有 $1 \ mol \cdot dm^{-3} CuSO_4$ 溶液的烧杯中,并用盐桥将两只烧杯中的溶液连接起来,可以组成一个浓差原电池。　　　　　　　　　　　　　　　　　　　　　　　　　　　(　　)

(2) 金属铁可以置换 Cu^{2+},因此三氯化铁不能与金属铜反应。　　　　　　(　　)

(3) 电动势 E(或电极电势 φ)的数值与电极反应的写法无关,而平衡常数 $K^{\ominus}$ 的数值随电极反应方程式的写法(即化学计量数不同)而变。　　　　　　　　　　　(　　)

(4) 钢铁在大气的中性或弱酸性水膜中主要发生吸氧腐蚀,只有在酸性较强的水膜中才主要发生析氢腐蚀。　　　　　　　　　　　　　　　　　　　　　　　　　(　　)

（5）有下列原电池：

$(-)Cd|CdSO_4(1.0\ mol\cdot dm^{-3}) \parallel CuSO_4(1.0\ mol\cdot dm^{-3})|Cu(+)$

若往 $CdSO_4$ 溶液中加入少量 Na_2S 溶液，或往 $CuSO_4$ 溶液中加入少量 $CuSO_4\cdot 5H_2O$ 晶体，都会使原电池的电动势变小。　　　　　　　　　　　　　　　　　（　　）

2. 选择题（将正确答案的标号填入括号内）

（1）在标准条件下，下列反应均向正方向进行：

$Cr_2O_7^{2-}+6Fe^{2+}+14H^+ \Longrightarrow 2Cr^{3+}+6Fe^{3+}+7H_2O$

$2Fe^{3+}+Sn^{2+} \Longrightarrow 2Fe^{2+}+Sn^{4+}$

它们中最强的氧化剂和最强的还原剂是　　　　　　　　　　　　　　　　（　　）

（a）Sn^{2+} 和 Fe^{3+} 　　　　　　　　（b）$Cr_2O_7^{2-}$ 和 Sn^{2+}

（c）Cr^{3+} 和 Sn^{4+} 　　　　　　　　（d）$Cr_2O_7^{2-}$ 和 Fe^{3+}

（2）有一个原电池由两个氢电极组成，其中一个是标准氢电极，为了得到最大的电动势，另一个电极浸入的酸性溶液［设 $p(H_2)=100\ kPa$］应为　　　　　　　　　（　　）

（a）$0.1\ mol\cdot dm^{-3}$ HCl 溶液　　（b）$0.1\ mol\cdot dm^{-3}$ HAc 溶液+$0.1\ mol\cdot dm^{-3}$ NaAc 溶液

（c）$0.1\ mol\cdot dm^{-3}$ HAc 溶液　　（d）$0.1\ mol\cdot dm^{-3}$ H_3PO_4 溶液

（3）在下列电池反应中

$$Ni(s)+Cu^{2+}(aq) \Longrightarrow Ni^{2+}(1.0\ mol\cdot dm^{-3})+Cu(s)$$

当该原电池的电动势为零时，Cu^{2+} 浓度为　　　　　　　　　　　　　　（　　）

（a）$5.05\times10^{-27}\ mol\cdot dm^{-3}$ 　　　（b）$5.71\times10^{-21}\ mol\cdot dm^{-3}$

（c）$7.10\times10^{-14}\ mol\cdot dm^{-3}$ 　　　（d）$7.56\times10^{-11}\ mol\cdot dm^{-3}$

（4）电镀工艺是将欲镀零件作为电解池的（　　）；阳极氧化是将需处理的部件作为电解池的（　　）。

（a）阴极　　　　　（b）阳极　　　　　（c）任意一个极

3. 填空题

（1）有一种含 Cl^-、Br^- 和 I^- 的溶液，要使 I^- 被氧化而 Cl^-、Br^- 不被氧化，则在以下常用的氧化剂中应选（　　）为最适宜。

（a）$KMnO_4$ 酸性溶液　　（b）$K_2Cr_2O_7$ 酸性溶液　　（c）氯水　　（d）$Fe_2(SO_4)_3$ 溶液

（2）有下列原电池

$(-)Pt|Fe^{2+}(1\ mol\cdot dm^{-3}),Fe^{3+}(0.01\ mol\cdot dm^{-3}) \parallel Fe^{2+}(1\ mol\cdot dm^{-3}),Fe^{3+}(1\ mol\cdot dm^{-3})|Pt(+)$

该原电池的负极反应为（　　　　　　），正极反应为（　　　　　　）。

（3）电解含有下列金属离子的盐类水溶液：Li^+、Na^+、K^+、Zn^{2+}、Ca^{2+}、Ba^{2+}、Ag^+。其中（　　　　　　）能被还原成金属单质，（　　　　　　）不能被还原成金属单质。

4. 根据下列原电池反应，分别写出各原电池中正、负电极的电极反应（配平）。

（1）$Zn+Fe^{2+} \Longrightarrow Zn^{2+}+Fe$

（2）$2I^-+2Fe^{3+} \Longrightarrow I_2+2Fe^{2+}$

（3）$Ni+Sn^{4+} \Longrightarrow Ni^{2+}+Sn^{2+}$

（4）$5Fe^{2+}+8H^++MnO_4^- \Longrightarrow Mn^{2+}+5Fe^{3+}+4H_2O$

5. 将上题各氧化还原反应组成原电池,分别用图式表示各原电池。

6. 参见附录标准电极电势表,分别选择一种合适的氧化剂,能够氧化( ):

(a) Cl^- 成 Cl_2 (b) Pb 成 Pb^{2+} (c) Fe^{2+} 成 Fe^{3+}。

再分别选择一种合适的还原剂,能够还原( ):

(a) Fe^{2+} 成 Fe^{3+} (b) Ag^+ 成 Ag (c) NO_2^- 成 NO

7. 将锡和铅的金属片分别插入含有该金属离子的溶液中并组成原电池(用图式表示,要注明浓度)。

(1) $c(Sn^{2+}) = 0.010\ 0\ mol \cdot dm^{-3}$,$c(Pb^{2+}) = 1.00\ mol \cdot dm^{-3}$;

(2) $c(Sn^{2+}) = 1.00\ mol \cdot dm^{-3}$,$c(Pb^{2+}) = 0.100\ mol \cdot dm^{-3}$。

分别计算原电池的电动势,写出原电池的两电极反应和电池总反应式。

8. 求反应 $Zn + Fe^{2+}(aq) \Longrightarrow Zn^{2+}(aq) + Fe$ 在 298.15 K 时的标准平衡常数。若将过量极细的锌粉加入 Fe^{2+} 溶液中,求平衡时 $Fe^{2+}(aq)$ 浓度对 $Zn^{2+}(aq)$ 浓度的比值

9. 将下列反应组成原电池(温度为 298.15 K):

$$2I^-(a) + 2Fe^{3+}(aq) \Longrightarrow I_2(s) + 2Fe^{2+}(aq)$$

(1) 计算原电池的标准电动势;

(2) 计算反应的标准摩尔吉布斯函数变;

(3) 用图式表示原电池;

(4) 计算 $c(I^-) = 1.0 \times 10^{-2}\ mol \cdot dm^{-3}$ 及 $c(Fe^{3+}) = c(Fe^{2+})/10$ 时原电池的电动势。

10. 当 pH = 5.00,除 $H^+(aq)$ 外,其余有关物质均处于标准条件下时,下列反应能否自发进行? 试通过计算说明之。

$$2MnO_4^-(aq) + 16H^+(aq) + 10Cl^- \Longrightarrow 5Cl_2(g) + 2Mn^{2+}(aq) + 8H_2O(l)$$

11. 由镍电极和标准氢电极组成原电池。若 $c(Ni^{2+}) = 0.010\ 0\ mol \cdot dm^{-3}$ 时,原电池的电动势为 0.315 V,其中镍为负极,计算镍电极的标准电极电势。

12. 由两个氢电极

$$Pt | H_2(100\ kPa) | H^+(0.10\ mol \cdot dm^{-3})\ 和\ Pt | H_2(100\ kPa) | H^+(x\ mol \cdot dm^{-3})$$

组成原电池,测得该原电池的电动势为 0.016 V。若后一电极作为该原电池的正极,问组成该电极的溶液中 H^+ 的浓度 x 值为多少?

13. 判断下列氧化还原反应进行的方向(设离子浓度均为 $1\ mol \cdot dm^{-3}$):

(1) $Ag^+ + Fe^{2+} \Longrightarrow Ag + Fe^{3+}$

(2) $2Cr^{3+} + 3I_2 + 7H_2O \Longrightarrow Cr_2O_7^{2-} + 6I^- + 14H^+$

(3) $Cu + 2FeCl_3 \Longrightarrow CuCl_2 + 2FeCl_2$

14. 在 pH = 4.0 时,下列反应能否自发进行? 试通过计算说明之(除 H^+ 及 OH^- 外,其他物质均处于标准条件下)。

(1) $Cr_2O_7^{2-}(aq) + H^+(aq) + Br^-(aq) \longrightarrow Br_2(l) + Cr^{2+}(aq) + H_2O(l)$

(2) $MnO_4^-(aq) + H^+(aq) + Cl^-(aq) \longrightarrow Cl_2(g) + Mn^{2+}(aq) + H_2O(l)$

15. 计算下列反应的标准平衡常数和所组成的原电池的标准电动势。

$$Fe^{3+}(aq) + I^-(aq) \Longrightarrow Fe^{2+}(aq) + \frac{1}{2}I_2(s)$$

又当等体积的 2 mol·dm^{-3}Fe^{3+}和 2 mol·dm^{-3}I$^-$溶液混合后,会产生什么现象?

16. 由标准钴电极(Co^{2+}/Co)与标准氯电极组成原电池,测得其电动势为 1.64 V,此时钴电极为负极。已知 $\varphi^\ominus$(Cl$_2$/Cl$^-$)= 1.36 V,问:

（1）标准钴电极的电极电势为多少?（不查表）

（2）此电池反应的方向如何?

（3）当氯气的压力增大或减小时,原电池的电动势将发生怎样的变化?

（4）当 Co^{2+}的浓度降低到 0.010 mol·dm^{-3}时,原电池的电动势将如何变化? 数值是多少?

17. 从标准电极电势值分析下列反应向哪一方向进行?

$$MnO_2(s)+2Cl^-(aq)+4H^+(aq) =\!=\!= Mn^{2+}(aq)+Cl_2(g)+2H_2O(l)$$

实验室中是根据什么原理,采取什么措施,利用上述反应制备氯气的?

18. 用图式表示下列反应可能组成的原电池,并利用标准电极电势数据计算反应的标准平衡常数。

$$Cu(s)+2Fe^{3+}(aq) =\!=\!= Cu^{2+}(aq)+2Fe^{2+}(aq)$$

19. 为什么 Cu$^+$在水溶液中不稳定,容易发生歧化反应? 25℃时歧化反应的 $\Delta_r G_m^\ominus$ 和 $K^\ominus$ 分别是多少?

［提示:铜的歧化反应为 2Cu$^+$(aq) =\!=\!= Cu^{2+}(aq)+Cu(s)］

20. 用两极反应表示下列物质的主要电解产物。

（1）电解 Ni$_2$SO$_4$ 溶液,阳极用镍,阴极用铁;

（2）电解熔融 MgCl$_2$,阳极用石墨,阴极用铁;

（3）电解 KOH 溶液,两极都用铂。

21. 电解镍盐溶液,其中 c(Ni^{2+})= 0.10 mol·dm^{-3}。如果在阴极上只要 Ni 析出,而不析出氢气,计算溶液的最小 pH(设氢气在 Ni 上的超电势为 0.21 V)。

22. 分别写出铁在微酸性水膜中,与铁完全浸没在稀硫酸(1 mol·dm^{-3})中发生腐蚀的电极反应方程式。

23. 已知下列两个电对的标准电极电势如下:

Ag$^+$(aq)+e$^-$ =\!=\!= Ag(s); $\qquad \varphi^\ominus$(Ag$^+$/Ag)= 0.799 6 V

AgBr(s)+e$^-$ =\!=\!= Ag(s)+Br$^-$(aq); $\qquad \varphi^\ominus$(AgBr/Ag)= 0.073 0 V

试从 $\varphi^\ominus$ 值及能斯特方程,计算 AgBr 的溶度积。

24. 银不能溶于 1.0 mol·dm^{-3}的 HCl 溶液,却可以溶于 1.0 mol·dm^{-3}HI 溶液,试通过计算说明之。

［提示:溶解反应为:2Ag(s)+2H$^+$(aq)+2I$^-$(aq) =\!=\!= 2AgI(s)+H$_2$(g),可从 $\varphi^\ominus$(Ag$^+$/Ag)及 $K_{sp}^\ominus$(AgI),求出 $\varphi^\ominus$(AgI/Ag),再判别。］

25. 氢气在锌电极上的超电势 η 与电极上通过的电流密度 j(单位为 A·cm^{-2})的关系为

$$\eta = 0.72\ V+0.116\ V\ \lg \frac{j}{A\cdot cm^{-2}}.$$ 在 298 K 时,用 Zn 作阴极,惰性物质作阳极,电解液浓度为 0.1 mol·kg^{-1}的 ZnSO$_4$ 溶液,设 pH 为 7.0。若要使 H$_2$(g)不与 Zn 同时析出,应控制电流密度在什么范围内?（提示:注意分析超电势使氢电极电势增大还是减小。）

第5章 物质结构基础

内容提要和学习要求　物质的组成和结构决定了物质的性质,深刻认识造成物质性质差异的结构原因,有可能创造出更符合人们需求的新物质。化学的物质结构基础,包括原子结构、分子结构和分子聚集体结构。原子结构是物理学概念,化学上很有用,本章简要介绍以量子力学为基础的现代原子结构概念;分子结构中最重要的是分子的空间结构、定量结构,晶体 X 射线衍射是测定分子空间结构、定量结构的最有效方法。本章将简要介绍通过晶体结构测定分子结构的基本理论和方法,并在此基础上介绍一些重要的物质结构的例子。

本章学习主要要求可分为以下几点:

(1) 了解原子核外电子运动的基本特征,掌握 s、p、d 轨道波函数及电子云空间分布情况。

(2) 掌握原子核外电子分布的一般规律及其与元素周期表的关系,了解元素按 s、p、d、ds、f 分区的情况;联系原子结构和周期表,了解元素某些性质递变的情况。

(3) 了解化学键的本质,理解共价键键长、键角数据的实验依据,能根据结构数据判断分子间、离子间作用的类型。

(4) 掌握杂化轨道理论的要点,能用该理论解释一些常见分子的空间结构。

(5) 了解测定分子空间结构的晶体 X 射线衍射实验。

5.1　原子结构的近代概念

5.1.1　波函数

在 20 世纪初,物理学的研究发现,原先被公认为是电磁波的光,其实还具有微粒性。在光的波粒二象性的启发下,1924 年德布罗意(de Broglie)根据逆向思维提出了一个全新的假设:电子也具有波粒二象性,即具有静止质量的电子、原子等微观粒子,也应该具有波动性的特征,并预言微观粒子的波长 λ、质量 m 和

运动速率 v 关系如下：

$$\lambda = \frac{h}{mv}$$

式中，h 为普朗克常量，数值为 6.626×10^{-34} J·s。例如，对于围绕原子核运动的电子（质量为 9.1×10^{-31} kg），若运动速率为 1.0×10^{6} m·s^{-1}，则可求得其波长为 0.73 nm，这与其直径（约 10^{-6} nm）相比，显示出明显的波动特征。对于宏观物体，因其质量大，所显示的波动性是极其微弱的，通常可不予考虑。

这种物质微粒所具有的波称为德布罗意波或物质波。1927 年德布罗意的大胆假设果然被电子衍射实验所证实。将一束很弱的电子束投射到极薄的金属箔上，电子穿透金属箔，在箔后的照相底片上记录下分散的感光斑点，这表明电子显示出微粒的性质。当电子束投射的时间较长，底片上出现了环状的衍射条纹，显示出电子的波动性。电子的波动性是电子多次行为的统计结果，就电子的一次行为来说，并不能确定它将会出现的具体位置。因此，也可以认为电子是一种遵循一定统计规律的概率波。

既然原子核外的电子可以被当作一种波，就应该可以用波动方程来描述电子的运动规律。物理学的研究表明，像电子这样的微观粒子的运动规律并不符合牛顿力学，而应该用量子力学来描述。量子力学与牛顿力学的最显著区别在于，量子力学认为微观粒子的能量是**量子化**的。粒子平时处在不同级别的能级上，当粒子从一个能级跃迁到另一个能级上时，粒子能量的改变是跳跃式的，而不是连续的。图 5.1 是氢原子的能级示意图。

在用量子力学描述原子核外电子的运动规律时，也不可能像牛顿力学描述宏观物体那样，明确指出物体某瞬间存在于什么位置，而只能描述某瞬间电子在某位置上出现的概率为多大。量子力学告诉我们，上述概率与描述电子运动情况的"**波函数**"（用希腊字母 ψ 表示）的数值的平方有关，而波函数本身是原子周围空间位置（用空间坐标 x, y, z 表示）的函数。对于最简单的氢原子，描述其核外电子运动状况的波函数 ψ 是一个二阶偏微分方程，称为**薛定谔（Schrödinger）方程**，形式如下：

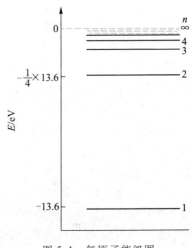

图 5.1　氢原子能级图

$$\frac{\partial^2 \psi}{\partial x^2} + \frac{\partial^2 \psi}{\partial y^2} + \frac{\partial^2 \psi}{\partial z^2} + \left(\frac{8\pi^2 m}{h^2}\right)(E-V)\psi = 0 \qquad (5.1)$$

式中,m 为电子的质量,E 为电子的总能量,V 为电子的势能。

　　因为波函数与原子核外电子出现在原子周围某位置的概率有关,所以又被形象地称为"**原子轨道**",使人感觉原子核外电子好像就在这种"原子周围的轨道"上围绕原子核运动似的。"轨道"一词带有"道路"的含义,而实际上原子核外的电子并非沿着某条"道路"运动,因此,用"原子轨道"一词来代替物理学名词"波函数",看来并非很严格。但是,由于电子这样的微观粒子的运动情况,与人类所熟悉的宏观物体的运动情况有本质的不同,因此,用"原子轨道"这样形象的名词,对于理解"波函数"这样抽象的概念是很有帮助的。

　　氢原子中代表电子运动状态的波函数可以通过求解薛定谔方程而得到,但求解过程很复杂,下面只介绍求解所得到的一些重要概念。若设法将代表电子不同运动状态的各种波函数在空间坐标下用图表示出来,可直观看到各种波函数的图形。

　　尽管**薛定谔方程**是描述最简单的原子的核外电子运动的方程,但是对薛定鄂方程的求解仍旧是一件非常复杂的数学物理工作。本书略去复杂的求解过程,只简单说明一些求解所得的主要结果。一些求解的结果见表 5.2。

1. 波函数和量子数

　　求解薛定谔方程不仅可得到氢原子中电子的能量 E 的计算公式,而且可以自然地导出几个**量子数**:主量子数 n、角量子数 l 和磁量子数 m。这就是说,波函数 ψ 与上述三个量子数有关。现扼要介绍三个量子数如下。

　　① 主量子数 n　可取的数值为 $1,2,3,\cdots$。n 值是确定电子离原子核远近(平均距离)和能级的主要参数,**n 值越大,表示电子离核的平均距离越远,所处状态的能级越高。**

　　② 角量子数 l　可取的数值为 $0,1,2,\cdots,(n-1)$,共可取 n 个值。l 的数值受 n 的数值限制,例如,当 $n=1$ 时,l 只能取 0;当 $n=2$ 时,l 可取 0 或 1 两个数值;当 $n=3$ 时,l 分别可取 0,1 或 2 三个数值。**l 值反映波函数(即原子轨道,简称轨道)的形状**。$l=0,1,2,3$ 的轨道分别称为 s,p,d,f 轨道。

　　③ 磁量子数 m　可取的数值为 $0,\pm1,\pm2,\pm3,\cdots,\pm l$,共可取 $(2l+1)$ 个数值,m 的数值受 l 数值的限制,例如,当 $l=1$ 时,m 可取 $(2\times1+1)=3$ 个数值,即可取值 $-1,0,+1$。**m 值反映波函数(轨道)在空间的取向。**

　　当三个量子数的各自数值确定时,波函数的函数式也就随之而确定。例如,当 $n=1$ 时,l 只可取 0,m 也只可取 0 一个数值,n,l,m 三个量子数组合形式有一种,即 $(1,0,0)$,此时波函数的函数式也只有一种,就是氢原子基态波函数(见式 5.3);当

$n=2,3,4$ 时，n,l,m 三个量子数组合的形式分别有 $4,9,16$ 种，并可得到相应数目的波函数或原子轨道。氢原子轨道与 n,l,m 三个量子数的关系列于表 5.1 中。

表 5.1　氢原子轨道与三个量子数的关系

n	l	m	轨道名称	轨道数
1	0	0	1s	1
2	0	0	2s	1 ⎫
2	1	0,±1	2p	3 ⎬ 4
3	0	0	3s	1 ⎫
3	1	0,±1	3p	3 ⎬ 9
3	2	0,±1,±2	3d	5 ⎭
4	0	0	4s	1 ⎫
4	1	0,±1	4p	3 ⎪
4	2	0,±1,±2	4d	5 ⎬ 16
4	3	0,±1,±2,±3	4f	7 ⎭

　　除上述确定轨道运动状态的三个量子数以外，量子力学中还引入第四个量子数，称为自旋量子数 m_s（这原是从研究原子光谱线的精细结构中提出来的），但是从量子力学的观点来看，电子并不存在像地球那样绕自身轴而旋转的经典的自旋概念。m_s 可以取的数值只有 $+1/2$ 和 $-1/2$，通常用向上的箭头 ↑ 和向下的箭头 ↓ 来表示电子的两种所谓自旋状态。如果两个电子处于不同的自旋状态则称为自旋反平行，用符号 ↑↓ 或 ↓↑ 表示；处于相同的自旋状态则称为自旋平行，用符号 ↑↑ 或 ↓↓ 表示状态。

　　综上所述，原子核外的电子的运动状态可以用四个量子数来确定。

2. 波函数（原子轨道）的角度分布图

　　空间位置除可用直角坐标 x、y、z 来描述外，还可用球坐标 r、θ、φ 来表示。代表原子核外电子运动状态的波函数用球坐标 $(r、\theta、\varphi)$ 来表示更为方便。

　　直角坐标和球坐标的转换关系如下（见图 5.2）：

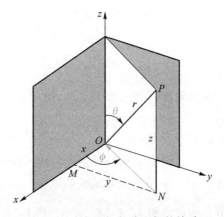

图 5.2　直角坐标与球坐标的关系

$$x = r\,\sin\theta\cos\varphi$$

$$y = r\,\sin\theta\sin\varphi$$

$$z = r\,\cos\theta$$

经坐标变换后,用直角坐标所描述的波函数 $\psi(x,y,z)$ 就可以转化为以球坐标描述的波函数 $\psi(r,\theta,\varphi)$(见表 5.2)。

表 5.2   氢原子的波函数(a_0 = Bohr 半径)

轨道	$\psi(r,\theta,\phi)$	$R(r)$	$Y(\theta,\phi)$
1s	$\sqrt{\dfrac{1}{\pi a_0^3}}\,e^{-r/a_0}$	$2\sqrt{\dfrac{1}{a_0^3}}\,e^{-r/a_0}$	$\sqrt{\dfrac{1}{4\pi}}$
2s	$\dfrac{1}{4}\sqrt{\dfrac{1}{2\pi a_0^3}}\left(2-\dfrac{r}{a_0}\right)e^{-r/2a_0}$	$\sqrt{\dfrac{1}{8a_0^3}}\left(2-\dfrac{r}{a_0}\right)e^{-r/2a_0}$	$\sqrt{\dfrac{1}{4\pi}}$
2p$_z$	$\dfrac{1}{4}\sqrt{\dfrac{1}{2\pi\,a_0^3}}\left(\dfrac{r}{a_0}\right)e^{-r/2a_0}\cos\theta$	$\left.\rule{0pt}{48pt}\right\}\sqrt{\dfrac{1}{24\,a_0^3}}\left(\dfrac{r}{a_0}\right)e^{-r/2a_0}$	$\sqrt{\dfrac{3}{4\pi}}\cos\theta$
2p$_x$	$\dfrac{1}{4}\sqrt{\dfrac{1}{2\pi\,a_0^3}}\left(\dfrac{r}{a_0}\right)e^{-r/2a_0}\sin\theta\cos\phi$		$\sqrt{\dfrac{3}{4\pi}}\sin\theta\cos\phi$
2p$_y$	$\dfrac{1}{4}\sqrt{\dfrac{1}{2\pi\,a_0^3}}\left(\dfrac{r}{a_0}\right)e^{-r/2a_0}\sin\theta\sin\phi$		$\sqrt{\dfrac{3}{4\pi}}\sin\theta\sin\phi$

波函数 $\psi(r,\theta,\phi)$ 可以用**径向分布函数 R** 和**角度分布函数 Y** 的乘积来表示:

$$\psi(r,\theta,\phi) = R(r)Y(\theta,\phi) \tag{5.2}$$

式中,$R(r)$ 是波函数的径向部分,其自变量 r 为电子离原子核的距离;$Y(\theta,\phi)$ 是波函数的角度部分,它是两个角度变量 θ 和 ϕ 的函数。

例如,氢原子基态波函数可表示为

$$\psi_{1s} = \sqrt{\frac{1}{\pi a_0^3}}\,e^{-\frac{r}{a_0}} = R_{1s}\cdot Y_{1s} = 2\sqrt{\frac{1}{a_0^3}}\,e^{-\frac{r}{a_0}}\cdot\sqrt{\frac{1}{4\pi}} \tag{5.3}$$

若将角度分布函数 $Y(\theta,\phi)$ 随 θ、ϕ 角变化的规律作图,可以获得波函数(原子轨道)的角度分布图,如图 5.3 所示。

以下分别对 s 轨道、p 轨道和 d 轨道加以简要说明。

角量子数 $l=0$ 的原子轨道称为 **s 轨道**,此时主量子数 n 可以取 1,2,3,$\cdots$。对应于 $n=1,2,3$ 的 s 轨道分别被称为 1s 轨道,2s 轨道,3s 轨道。各 s 轨道的角度分布函数都和 1s 轨道的相同,$Y_s = \left(\dfrac{1}{4\pi}\right)^{1/2}$,是一个与角度$(\theta,\phi)$无关的常数,所以 s 轨道的角度分布是球形对称的(见图 5.3)。

角量子数 $l=1$ 的原子轨道称为 **p 轨道**,此时主量子数 n 可以取 $2,3,\cdots$。对应的轨道分别是 2p 轨道、3p 轨道等。从 p 轨道的角度分布图(图 5.3)可见,p 轨道是有方向性的,根据空间取向可分成三种 p 轨道:p_x,p_y 和 p_z 轨道。

所有 p_z 轨道波函数的角度部分为

$$Y_{p_z} = \left(\frac{3}{4\pi}\right)^{1/2} \cos\theta$$

若以 Y_{p_z} 对 θ 作图,可得两个相切于原点的球面(见图 5.3),即为 p_z 轨道的角度分布图。

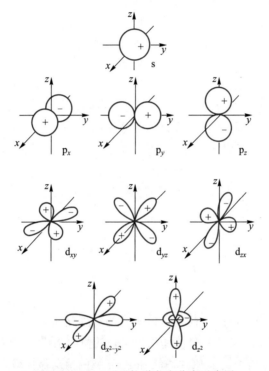

图 5.3 s、p、d 原子轨道角度分布示意图

Y_{p_z} 轨道的角度分布图的画法如下:

θ	0°	30°	60°	90°	120°	150°	180°
$\cos\theta$	1.00	0.87	0.50	0	−0.50	−0.87	−1.00
Y_{p_z}	0.49	0.42	0.24	0	−0.24	−0.42	−0.49

根据 $Y_{p_z} = \left(\frac{3}{4\pi}\right)^{1/2} \cos\theta$,先列出不同 θ 值时的 Y_{p_z} 值,如上表所示,再从原点出发

引出不同 θ 时的直线,并令直线的长度等于该角度时的 Y_{p_z} 值。例如,$\theta = 30°$ 时,Y_{p_z} 值为 0.42,在对应该角度的直线上取 0.42 个单位的线段,并标出端点。连接不同 θ 角所对应的线段的端点,就可以得到如图 5.4 所示的两个相切于原点的圆。因 Y_{p_z} 值与 ϕ 角无关,将该圆绕 z 轴旋转 180°,可得两个相切的球面(见图 5.4)。

图 5.4 中球面上每点至原点的距离,代表在该角度方向上 Y_{p_z} 数值大小;正、负号表示波函数角度部分 Y_{p_z} 在这些角度上为正值或负值。整个球面表示 Y_{p_z} 随 θ 和 ϕ 角变化的规律。由于在 z 轴上 θ 角为 0°,$\cos\theta = 1$,所以 Y_{p_z} 在沿 z 轴的方向出现极大值,也就是说 p_z 轨道的极大值沿 z 轴取向。从图 5.3 看到 p_x,p_y,p_z 轨道角度分布的形状相同,只是空间取向不同,它们的极大值分别沿 x,y,z 三个轴取向。

五种 d 轨道的角度分布图中,d_{z^2} 和 $d_{x^2-y^2}$ 等两种轨道 Y 的极大值都在沿 z 轴和 x,y 轴的方向上,d_{xy},d_{yz},d_{xz} 等三种轨道 Y 的极大值都在沿两个轴间(x 和 y,y 和 z,x 和 z)45°夹角的方向上。除 d_{z^2} 轨道外,其余四种轨道的角度分布图的形状相同,只是空间取向不同(见图 5.3)。

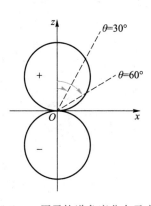

上述这些原子轨道的角度分布图在说明化学键的形成中有着重要意义。图 5.3 中的正、负号表示波函数角度函数的符号,它们代表角度函数的对称性,并不代表电荷。

图 5.4　p_z 原子轨道角度分布示意图

5.1.2　电子云

1. 电子云与概率密度

波函数 ψ 本身虽不能与任何可以观察的物理量相联系,但波函数平方 ψ^2 可以反映电子在空间某位置上单位体积内出现的概率大小,即概率密度。

电子与光子一样具有二象性,所以可与光波的情况做比较。从光的波动性分析,光的强度与光波的振幅平方成正比,从光的粒子性来考虑,光的强度与光子密度成正比。若将波动性和微粒性统一起来,则光的振幅平方与光子密度成正比。把这个概念移用过来,电子波的波函数平方 ψ^2 与电子出现的概率密度就有正比关系。若 ρ 为电子在空间某处出现的概率密度,因为 $\psi^2 \propto \rho$,所以认为波函数的平方 ψ^2 可用来反映在空间某位置上单位体积内电子出现的概率的大小,即电子的概率密度。例如,由式(5.3)知道氢原子基态波函数的平方为

$$\psi_{1s}^2 = \frac{1}{\pi a_0^3} e^{-\frac{2r}{a_0}}$$

$$(5.4)$$

式(5.4)表明 1s 电子出现的概率密度是电子离原子核距离 r 的函数。r 越小,电子离原子核越近,出现的概率密度越大;反之,r 越大,电子离原子核越远,则概率密度越小。若以黑点的疏密程度来表示空间各点的概率密度的大小,则 ψ^2 大的地方,黑点较密,表示电子出现的概率密度较大;ψ^2 小的地方,黑点较疏,表示电子出现的概率密度较小。这种以黑点的疏密表示概率密度分布的图形叫做**电子云**。氢原子基态电子云呈球形(见图 5.5)。

当氢原子处于激发态时,也可以按上述规则画出各种电子云的图形,例如,2s、2p、3s、3p、3d、…,但要复杂得多。为了使问题简化,通常分别从电子云的径向分布图和角度分布图这两个不同的侧面来反映电子云。

图 5.5 氢原子 1s 电子云

2. 电子云角度分布图

电子云的角度分布图是波函数角度部分的平方 Y^2 随 θ、ϕ 角变化关系的图形(见图 5.6),其画法与波函数角度分布图相似。这种图形反映了电子出现在原子核外各个方向上的概率密度的分布规律,其特征如下。

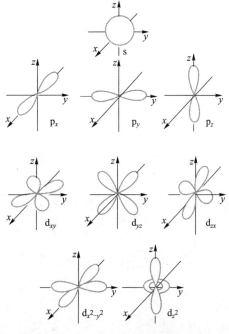

图 5.6 s、p、d 电子云角度分布示意图

(1) 从外形上看到 s、p、d 电子云角度分布图的形状与波函数角度分布图相

似,但电子云角度分布图稍"瘦"些。

(2) 波函数角度分布图中有正、负之分,而电子云角度分布图则无正、负号。

电子云角度分布图和波函数角度分布图只与 l、m 两个量子数有关,而与主量子数 n 无关。电子云角度分布图只能反映出电子在空间不同角度所出现的概率密度,并不反映电子出现概率离核远近的关系。

3. 电子云径向分布图

电子云径向分布图反映离核 r 远的地方、厚度为 dr 的薄球壳中(体积为 $4\pi r^2 dr$)电子出现的概率的大小。这种图形能反映电子出现概率的大小与离核远近的关系,不能反映概率与角度的关系。

从电子云的径向分布图(见图 5.7)可以看出,当主量子数增大时,例如,从 1s、2s 变化到 3s 轨道,电子离核的距离越来越远。主量子数 n 为 3 的情况下,角量子数可取不同的值,对应地存在 3s、3p、3d 轨道。在这三个轨道上的电子其 n 值同为 3,通常称这些电子处于同一电子层,在同一电子层中将 l 相同的轨道合称为一电子亚层。

顺便指出,上述电子云的角度分布和径向分布的图形,只是反映电子云的两

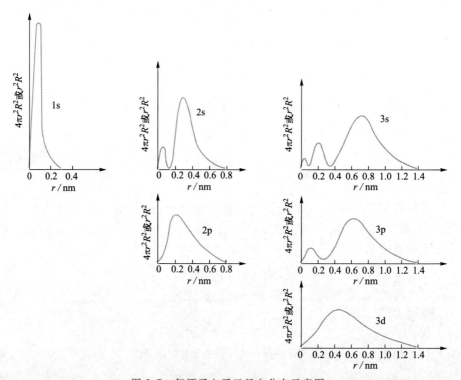

图 5.7 氢原子电子云径向分布示意图

个侧面。

氢原子 1s,2p,3d 电子云的形状示意图如图 5.8 所示。

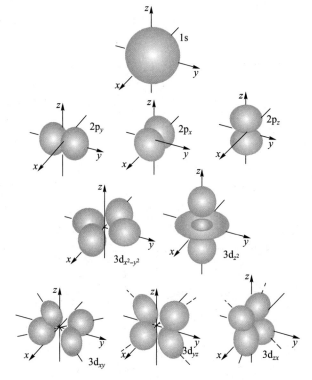

图 5.8　氢原子 1s,2p,3d 电子云的形状示意图

5.2　多电子原子的电子分布方式和周期系

在已发现的 118 种元素中,除氢以外的原子,都属于多电子原子。在多电子原子中,电子不仅受原子核的吸引,而且还存在着电子之间的相互排斥,作用于电子上的核电荷数及原子轨道的能级也远比氢原子中的要复杂。

5.2.1　多电子原子轨道的能级

氢原子轨道的能量决定于主量子数 n,但在多电子原子中,轨道能量除取决于主量子数 n 以外,还与角量子数 l 有关。根据光谱实验结果,可归纳出以下三条规律。

（1）角量子数 l 相同时,随着主量子数 n 值增大,轨道能量升高。例如,$E_{1s}<E_{2s}<E_{3s}$。

（2）主量子数 n 相同时,随着角量子数 l 值增大,轨道能量升高。例如,$E_{ns}<$

$E_{np} < E_{nd} < E_{nf}$。

（3）当主量子数和角量子数都不同时,有时会出现能级交错现象。例如,在某些元素中,$E_{4s} < E_{3d}$,$E_{5s} < E_{4d} < E_{6s} < E_{4f} < E_{5d}$ 等。

n、l 都相同的轨道,能量相同,称为等价轨道。所以同一层的 p、d、f 亚层各有 3、5、7 个等价轨道。

影响多电子原子能级的因素较复杂,随着原子序数的递增,原子轨道能级高低的变化规律还会发生改变。从图 5.9 可以看出,自 7 号元素氮（N）开始至 20 号元素钙（Ca）,它们的 3d 轨道能量高于 4s 轨道能量,出现了交错现象。从 21 号元素钪（Sc）开始,3d 能量急剧下降,出现了 3d 轨道能量又低于 4s 轨道能量。由此可知 3d 和 4s 轨道能级交错并不发生在所有元素之中。其余如 4d 和 5s 轨道,5d 和 6s 轨道等,也有类似情况。

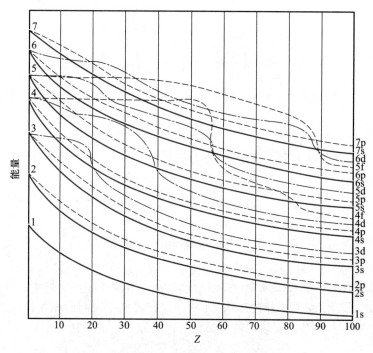

图 5.9　原子轨道的能量与原子序数的关系

5.2.2　核外电子分布原理和核外电子分布方式

1. 核外电子分布的三个原理

原子核外电子的分布情况可根据光谱实验数据来确定。各元素原子核外电子的分布规律基本上遵循三个原理,即:泡利（Pauli）不相容原理、能量最低原理及洪德(Hund)规则。

泡利不相容原理指的是同一个原子的核外电子不可能四个量子数完全相同。由这一原理可以确定,第 n 电子层可容纳的电子数最多为 $2n^2$。

能量最低原理则表明核外电子尽可能优先占据能级较低的轨道,使系统能量处于最低。它表达了在 n 或 l 值不同的轨道中电子的分布规律。为了表示不同元素的原子电子在核外排布的规律,著名化学家鲍林根据大量光谱实验总结出多电子原子各轨道能级从低到高的近似顺序(见图 5.10):1s;2s、2p;3s、3p;4s、3d、4p;5s、4d、5p;6s、4f、5d、6p;7s、5f、6d、7p。

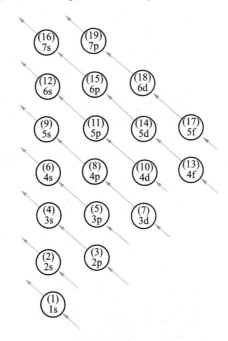

图 5.10　原子轨道近似能级图

根据这一顺序可以确定各原子的电子在核外排布的一般规律:

$1s^1$			$1s^2$	第 1 能级组
$2s^{1\sim2}$			$2p^{1\sim6}$	第 2 能级组
$3s^{1\sim2}$			$3p^{1\sim6}$	第 3 能级组
$4s^{1\sim2}$		$3d^{1\sim10}$	$4p^{1\sim6}$	第 4 能级组
$5s^{1\sim2}$		$4d^{1\sim10}$	$5p^{1\sim6}$	第 5 能级组
$6s^{1\sim2}$	$4f^{1\sim14}$	$5d^{1\sim10}$	$6p^{1\sim6}$	第 6 能级组
$7s^{1\sim2}$	$5f^{1\sim14}$	$6d^{1\sim10}$	$7p^{1\sim6}$	第 7 能级组

　　能量相近的能级划为一组,称为能级组,七个能级组对应于周期表中七个周期。

　　洪德规则说明主量子数和角量子数都相同的轨道中,电子尽先占据磁量子数不同的轨道,而且自旋量子数相同,即自旋平行。它反映在 n、l 值相同的轨道中电子的分布规律。例如,碳原子核外电子分布为 $1s^2$、$2s^2$、$2p^2$,其中 2 个 p 电子应分别占不同 p 轨道,且自旋平行,可用右图表示。

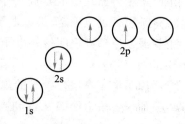

　　洪德规则虽然是一个经验规律,但运用量子力学理论也可证明,电子按洪德规则排列能使原子系统的能量最低。

　　作为洪德规则的补充:等价轨道在全充满状态(p^6、d^{10}、f^{14})、半充满状态(p^3、d^5、f^7)或全空状态(p^0、d^0、f^0)时比较稳定。

　　按上述电子排布的三个基本原理和近似能级顺序,可以确定大多数元素原子电子在核外排布的方式(见书末元素周期表)。

2. 核外电子分布方式和外层电子分布式

　　多电子原子核外电子分布的表达式叫作**电子分布式**,又称**电子构型**。例如,钛(Ti)原子有 22 个电子,按上述三个原理和近似能级顺序,电子的分布式为

$$1s^2\ 2s^2\ 2p^6\ 3s^2\ 3p^6\ 4s^2\ 3d^2$$

但在书写电子分布式时,一般习惯将内电子层放在前面,所以把 3d 轨道写在 4s 前面,即把钛原子的电子分布式写成:

$$1s^2\ 2s^2\ 2p^6\ 3s^2\ 3p^6\ 3d^2\ 4s^2$$

又如,锰原子中有 25 个电子,其电子分布式应为

$$1s^2\ 2s^2\ 2p^6\ 3s^2\ 3p^6\ 3d^5\ 4s^2$$

由于必须服从洪德规则,所以 3d 轨道上的 5 个电子应分别分布在 5 个等价的不同 3d 轨道上,而且自旋平行。此外,铬、钼或铜、银、金等原子的 $(n-1)$d 轨道上的电子都处于半充满状态或全充满状态(见书末元素周期表)。例如,Cr 和 Cu 的电子分布式分别为

$$1s^2\ 2s^2\ 2p^6\ 3s^2\ 3p^6\ 3d^5\ 4s^1 \quad 和 \quad 1s^2\ 2s^2\ 2p^6\ 3s^2\ 3p^6\ 3d^{10}\ 4s^1 [①]$$

　　由于化学反应中通常只涉及外层电子的改变,所以一般不必写完整的电子分布

---

　　①　对于原子序数大于 18 的元素,其原子的电子分布式可以用更简单的方法表达,即用相应的稀有气体加外层电子构型的方法表达。例如,Cl 和 Zn 的电子分布式可表达为 $[Ne]3s^2 3p^5$ 和 $[Ar]3d^{10}4s^2$。

式,只需写出外层电子分布式即可。外层电子分布式又称为外层电子构型。对于主族元素即为最外层电子分布的形式。例如,氯原子的外层电子分布式为 $3s^23p^5$。对于副族元素则是指最外层 s 电子和次外层 d 电子的分布形式。例如,上述钛原子和锰原子的外层电子分布式分别为 $3d^24s^2$ 和 $3d^54s^2$。对于镧系和锕系元素一般除指最外层电子以外还需考虑处于外数(自最外层向内计数)第三层的 f 电子。

应当指出,当原子失去电子而成为正离子时,一般是能量较高的最外层的电子先失去,而且往往引起电子层数的减少。例如,Mn^{2+} 的外层电子构型是 $3s^23p^63d^5$,而不是 $3s^23p^63d^34s^2$ 或 $3d^34s^2$,也不能只写成 $3d^5$。又如,Ti^{4+} 的外层电子构型是 $3s^23p^6$。原子成为负离子时,原子所得的电子总是分布在它的最外电子层上。例如,Cl^- 的外层电子分布式是 $3s^23p^6$。有关离子的外层电子构型将在 5.2.3 中做进一步介绍。

我国化学家徐光宪根据原子轨道能量与主量子数 n 及角量子数 l 的相互关系,归纳得到一个 $(n+0.7l)$ 的近似规律。他认为 $(n+0.7l)$ 值越大,原子轨道能量越高。并把 $(n+0.7l)$ 值的首位数相同的原子轨道归纳为一个能级组,如 6s、4f、5d 和 6p 轨道的 $(n+0.7l)$ 值分别为 6.0、6.1、6.4 和 6.7,因而都归为第 6 能级组;得出与鲍林近似能级图相同的能级分组结果。徐光宪还同时提出离子外层电子的能量高低次序,可根据 $(n+0.4l)$ 值来判断。例如,4s、3d 轨道的 $(n+0.4l)$ 值分别为 4.0 和 3.8,即离子中 $E_{4s}>E_{3d}$。故 Mn^{2+} 是由 Mn 原子失去 $4s^2$ 电子而得到;较好地说明了原子总是先失去最外层电子的客观规律。

5.2.3 原子的结构与性质的周期性规律

原子的基本性质如原子半径、氧化值、电离能、电负性等都与原子的结构密切相关,因而也呈现明显的周期性变化。

1. 原子结构与元素周期律

原子核外电子分布的周期性是元素周期律的基础。而元素周期表是周期律的表现形式。周期表有多种形式,现在常用的是长式周期表(见书末所附元素周期表)。

元素在周期表中所处的周期号数等于该元素原子核外电子的层数。对元素在周期表中所处族的号数来说,主族元素及第 I、第 II 副族元素的号数等于最外层的电子数;第 III 至第 VII 副族元素的号数等于最外层的电子数与次外层 d 电子数之和。VIII 族元素包括三个纵列,最外层电子数与次外层 d 电子数之和为 8 至 10。零族元素最外层电子数为 8(氦为 2)。

根据原子的外层电子构型可将长式周期表分成 5 个区,即 s 区、p 区、d 区、ds 区和 f 区。表 5.3 反映了原子外层电子构型与周期表分区的关系。

表5.3　原子外层的电子构型与周期表分区

	I A						0
1		II A				III A~VII A	
2	s 区					p 区	
3		III B~VII B	VIII	I B	II B		
4	ns^1~ns^2					ns^2np^1~ns^2np^6	
5		d 区		ds 区			
6		$(n-1)d^1ns^2$~$(n-1)d^8ns^2$ (有例外)		$(n-1)d^{10}ns^1$~ $(n-1)d^{10}ns^2$			

镧系元素	f 区
锕系元素	$(n-2)f^1ns^2$~$(n-2)f^{16}ns^2$（有例外）

2. 元素的氧化值

同周期主族元素从左至右最高氧化值逐渐升高,并等于元素的最外层电子数即族数。副族元素的原子中,除最外层 s 电子外,次外层 d 电子也可参加反应。因此,d 区副族元素最高氧化值一般等于最外层的 s 电子数和次外层 d 电子数之和(但不大于8)。其中第III至第VII副族元素与主族相似,同周期从左至右最高氧化值也逐渐升高,并等于所属族的族数。第VIII族中除钌(Ru)和锇(Os)外,其他元素未发现有氧化值为+8的化合物。ds 区第II副族元素的最高氧化值为+2,即等于最外层的 s 电子数。而第I副族中Cu、Ag、Au 的最高氧化值分别为+2,+1,+3。此外,副族元素与 p 区一样,其主要特征是大多有可变氧化值。

表5.4中列出了第四周期副族元素的主要氧化值。

表5.4　第四周期副族元素的主要氧化值

族	III B	IV B	V B	VI B	VII B	VIII			I B	II B
元素	Sc	Ti	V	Cr	Mn	Fe	Co	Ni	Cu	Zn
氧化值	+3	+3 +4	+3 +4 +5	+2 +3 +6	+2 +3 +4 +6 +7	+2 +3	+2 +3	+2 +3	+1 +2	+2

3. 电离能

金属元素易失电子变成正离子,非金属元素易得电子变成负离子。因此常用金属性表示在化学反应中原子失去电子的能力,非金属性表示在化学反应中原子得电子的能力。

元素的原子在气态时失去电子的难易,可以用电离能来衡量。气态原子失去一个电子成为气态+1价离子,所需吸收的能量叫该元素的**第一电离能** I_1,常用单位 $kJ \cdot mol^{-1}$。气态+1价离子再失去一个电子成为气态+2价离子,所需吸收的能量叫第二电离能 I_2。余类推。电离能的大小反映原子得失电子的难易,电离能越大,失电子越难。电离能的大小与原子的核电荷数、半径及电子构型等因素有关,图5.11表示出各元素的第一电离能随原子序数周期性的变化情况。对主族元素来说,第Ⅰ主族元素的电离能最小,同一周期原子的电子层数相同,从左至右,随着原子核电荷数增加,原子核对外层电子的吸引力也增加,原子半径减小,电离能随之增大。所以元素的金属活泼性逐渐减弱。同一主族的原子最外层电子构型相同,从上到下,电子层数增加,原子核对外层电子吸引力减小,原子半径随之增大,电离能逐渐减小,元素的金属活泼性逐渐增强。

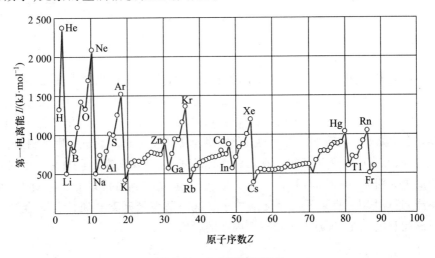

图 5.11 电离能的周期性

副族元素电离能的变化缓慢,规律性不明显。因为周期表从左到右,副族元素新增加的电子填入 $(n-1)d$ 轨道,而最外电子层基本相同。

4. 电负性

为了衡量分子中各原子吸引电子的能力,鲍林在1932年引入了电负性的概念。

　　电负性数值越大的原子在分子中吸引电子的能力越强；电负性值越小的原子在分子中吸引电子的能力越弱。元素的电负性较全面反映了元素的金属性和非金属性的强弱。一般金属元素（除铂系外）的电负性数值小于 2.0，而非金属元素（除 Si 外）则大于 2.0。鲍林从热化学数据推算得出的电负性数值，列于图 5.12 中。

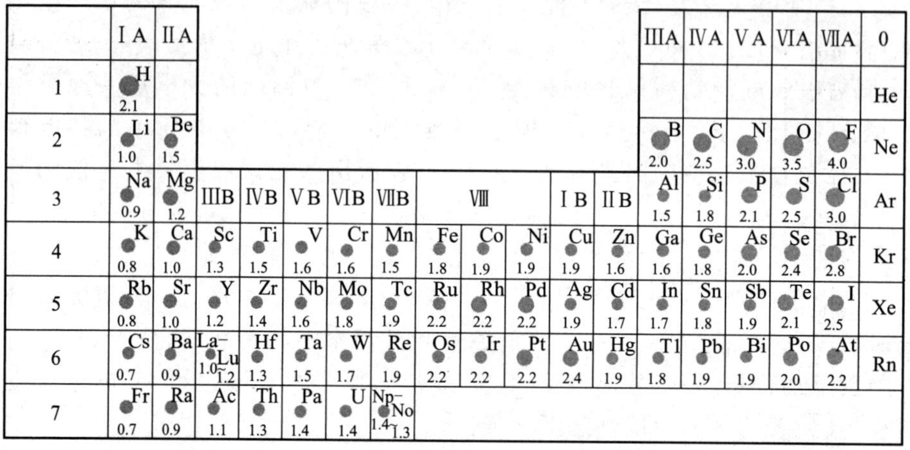

图 5.12　元素的电负性数值

注：摘自参考文献[4]。

　　从图 5.12 中可以看出，主族元素的电负性具有较明显的周期性变化，同一周期从左到右电负性递增，从上到下电负性递减。而副族的电负性值则较接近，变化规律不明显。f 区的镧系元素的电负性值更为接近。反映在金属性和非金属性上，主族元素也显示了较明显的周期性变化规律，而副族元素的变化规律则不明显。

　　此外，元素的**原子半径**也呈现出周期性的变化，并且主族元素的变化比副族元素的更为明显（见图 5.13）。以第 2 周期为例，从左到右可以看出电负性（及电离能）逐渐增大，而原子半径逐渐减小。这表明衡量元素金属性与非金属性的电离能和电负性，与原子半径有着内在的联系。

5.2.4　电子跃迁

　　根据以上对量子力学结果的简要说明，我们知道原子核外的电子在各自的原子轨道上运动着。处于不同轨道上的电子的能量不同，通常称为电子能级不同，也称为轨道能级不同。当原子中所有电子都处于最低能量的轨道上时，就说该原子处于基态。如果原子中某些电子处于能量较高的轨道，则原子处于激发态。显然，原子的基态只有一个，但可以有许多个能量高低不同的激发态，分别被称为第一激发态,第二激发态,等等。图 5.1 中 $n \geqslant 2$ 的能级均为氢原子的激发态。

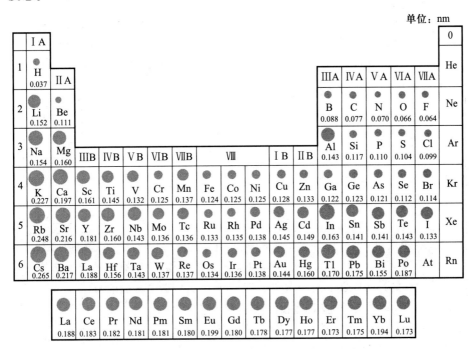

图 5.13　元素的原子半径

注:摘自参考文献[2]。

处于低能量轨道的电子,如果接受外界提供的适当的能量,就可以跃迁到高能量的轨道上,两轨道能量之差等于电子所接受的外界能量。反过来,如果处在高能量轨道上的电子返回低能量轨道,则向外界释放能量。电子在不同能级的轨道之间发生跃迁时所吸收或释放的能量,是以电磁波的形式出现的。若以 ν 代表吸收或释放的电磁波的频率,$\Delta\varepsilon$ 代表不同能级之间的能量差,则

$$\Delta\varepsilon = h\nu \tag{5.5}$$

对于不同种类的原子来说,电子能级是不相同的。如果能够测量出电子从一个能级跃迁到另一个能级时,所吸收或释放的电磁波的频率,就可据此分析原子的种类。上述分析方法被称为原子光谱法,将在第 9 章中介绍。

5.3　分子结构

5.3.1　分子结构的概念

人们常用结构式来表示分子结构,例如,对于化学式为 $C_8H_6O_4$ 的邻苯二甲酸,人们用如下的结构式来表示它的分子结构。

从结构式可以看出,邻苯二甲酸分子由一个苯环和两个羧基构成,但是,结构式并不显示分子的立体结构。结构式并不显示羧基与苯环是否处于同一平面,也不反映分子中原子间距离的远近。所以,结构式表示的分子结构是平面的、定性的,并不是分子客观存在的形态。

人们已经知道,绝大多数分子的结构是立体的,分子中不同种类原子的间距是不同的,分子这种立体的、定量的结构,是决定物质性质的根本原因。分子的空间结构、定量结构,能够提供给我们更丰富的信息,帮助我们理解和解释物质的性质。

人们常用球棍模型来显示分子的空间结构。图 5.14 是邻苯二甲酸分子结构的球棍模型。球棍模型清楚地显示了邻苯二甲酸分子的空间立体结构,从图中可以看出,苯环与两个羧基并不处于同一平面,两个羧基平面与苯环形成不同角度的二面角。球棍模型也给出分子中化学键的键长、键角等几何信息。与结构式相比,球棍模型能显示分子更真实和丰富的结构信息。

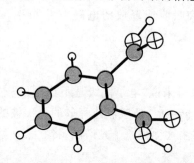

图 5.14　邻苯二甲酸分子结构的球棍模型

需要指出,分子结构的球棍模型不是凭空想象搭建的。正确的球棍模型,一定是在分子空间结构测定的实验基础上搭建(绘制)的。我们在搭建球棍模型时,必须参考分子结构测定的实验结果,才能使所搭建的模型符合分子空间结构的客观事实。本书中所有分子结构球棍模型,都是根据分子结构测定的文献数据绘制的。

近几十年来,主要采用晶体 X 射线衍射实验来测定分子的空间结构,在此基础上搭建(绘制)球棍模型,以此帮助人们看到肉眼所观测不到的分子空间结构。分子空间结构的测定,还能获得分子中键长、键角等定量的结构数据;人们目前所知道的键长数据,几乎都是通过晶体 X 射线衍射实验获得的。本书将在5.5 节简要介绍相关的实验和原理。

5.3.2 分子结构的规律

1. 共价键的键长

迄今为止,人们已经测定了数十万个化合物的分子空间结构,得到大量共价键键长数据。对这些键长数据的统计发现,共价键的键长具有一些基本固定的数值。例如,以共价键连接的碳原子,相邻原子间的距离主要为 1.54Å,1.33Å或 1.20Å(1Å = 0.1 nm)。

显然,越长的键长说明原子间的结合力越弱。因此,人们认为 1.54Å 对应的是碳原子间的单重结合力(单键),1.33Å 和 1.20Å 对应的是双重结合力(双键)和三重结合力(三键),因此,碳原子间共价单键、双键、三键的键长分别为1.54Å、1.33Å 和 1.20Å。

人们测定了更多有机化合物的分子结构以后发现,有些碳原子间的键长并不符合上述结论。例如,在苯分子中,碳原子间的键长几乎都接近1.39Å,小于通常碳碳单键键长 1.54Å 而大于碳碳双键键长 1.33Å。像这种介于共价单键和共价双键之间的化学键,被称为离域共价键,简称离域键。在有机化合物中,离域键是相当常见的。本书将在 5.4.3 中,简要讨论苯分子中的离域键。

2. 原子的共价半径

如果认为原子是球状的,且成键时相邻的原子小球是互相紧密接触的,那么,由碳碳单键键长 1.54Å 可知,碳原子小球的半径为 0.77Å,这个距离称为碳原子单键的共价半径;同样,由 1.33Å 的碳碳双键键长可知,C 原子双键的共价半径为 0.665Å。

键长

根据大量已被测定的共价键键长数据,人们统计得出各种原子的共价半径。常见原子的共价半径列于表 5.5。

原子	H	C	N	O	Si	P	S	Cl
单键	0.30	0.771	0.70	0.66	1.17	1.10	1.04	0.99
双键		0.665	0.60	0.55	1.07	1.00	0.94	
三键		0.602	0.547		1.00	0.93		

表 5.5   常见原子的共价半径   单位：Å

利用表 5.5 的半径数据,简单相加就可以估算通常情况下的共价键键长。

事实上,原子并非硬球,原子核外的电子云也没有明确的边界,所以原子半径的概念是模糊的。表 5.5 所列出的半径只能用来估算共价键的键长,而不代表原子的实际大小。

3. 键角规律

人们测定了大量分子结构,发现分子中共价键的键角也存在相对固定的数值。

例如,以 C 原子为顶点的化学键,大多形成 109°左右的键角。化学家们曾因找不到二氯甲烷的异构体,猜想二氯甲烷分子具有正四面体的立体结构,其中 C 原子处于正四面体中心。当年的猜想,现在已经被分子结构测定的科学实验证实了。

图 5.15 是两个氨基酸缩合而成的二肽分子的空间结构,从图中圆圈内可以清楚地看到,该分子中不仅 C1 原子和 C2 原子都处于正四面体中心,而且 N1 原子也处于一个正四面体的中心。而 C3 原子和 N2 原子分别与 3 个原子成键,各自形成三角形的平面结构,N2 和 C3 分别处于两个三角形的中心,以 N2 和 C3 为顶点的键角,都接近 120°。

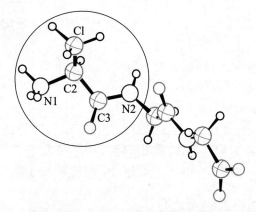

图 5.15   正四面体结构和三角形结构

大量分子结构的测定还发现,在过渡金属配合物中(见第 6 章 6.2.4 节),很多以金属原子为中心的共价配位键的键角都接近 90°。

5.4 价键理论

大量分子结构的实验测定,揭示了分子中键长、键角的规律,科学家们进一步提出了价键理论、杂化轨道理论等,用来解释形成这些规律的原因。本节对价键理论做简要的介绍。

5.4.1 共价键和离子键

化学键是原子间的强结合力,这种结合力的物理学本质是什么?

狭义相对论用质能转换来解释原子间的强结合力(见第 1 章"阅读材料 核能"),但化学课程中并未普遍采用质能转换理论;经典物理学用正、负电荷互相吸引来解释"离子键"的形成,而化学中更普遍的是用量子力学(薛定谔方程)来解释"共价键"的形成,即价键理论。

离子键和共价键反映了人们从不同视角对化学键的理解,分别适用于不同的成键情况。对于阴、阳离子之间的强结合力,我们通常愿意采用离子键解释;但对于中性原子间的强结合力,显然只能用共价键来解释了。事实上,有些化合物的化学键,用共价键或离子键都不能得到令人满意的解释,这时往往会认为,这些化学键中既有共价键成分也有离子键成分。

5.4.2 共价键的形成

价键理论运用量子力学近似处理,以相邻原子之间电子相互配对为基础来说明共价键的形成。

两个氢原子相互靠近时,如果两个 1s 电子自旋状态反平行,电子就不再局限于各自原先的 1s 轨道,还可以出现于对方原子的 1s 轨道中。靠得很近的两个原子的轨道发生重叠,两核间电子出现的概率密度增大,增加了两核对电子的吸引,导致系统能量降低,原子间形成化学键,原子结合形成稳定的分子。如果两个靠近的氢原子的 1s 电子处于自旋平行状态,则两个原子轨道不能重叠,此时两核间的电子出现的概率密度就会减小,好像在自旋平行的电子之间存在一种排斥作用,使系统能量升高,因而这两个氢原子间不形成化学键。

在两个相互重叠的原子轨道中不可能出现两个自旋平行的电子,这与每一原子轨道中不可能出现两个自旋平行的电子一样,也是符合泡利不相容原理的。

将上述结果定性地推广到其他分子,就发展为价键理论,主要内容有以下两点:

（1）形成共价键的原子必须具有未成对的电子,且电子的自旋反平行。所以原子能形成的共价键数目受到未成对电子数的限制,共价键具有饱和性。例如,H—H、Cl—Cl、H—Cl 等分子中,2 个原子各有 1 个未成对电子,可以相互配对,形成 1 个共价键;又如,NH_3 分子中的 1 个氮原子有 3 个未成对电子,可以分别与 3 个氢原子的电子配对,形成 3 个共价键。而 N_2 分子是两个氮原子共享三对电子,以三重键结合而成,三重键相当于 3 个共价键。不具有未成对电子的原子不能成键,稀有气体(如 He)通常以单原子分子存在,原因就在于此。因此,原子所能提供的未成对电子数一般就是该原子所能形成的共价键的数目,称为共价数。

（2）原子轨道相互重叠形成共价键时,原子轨道要对称性匹配,并满足最大重叠的条件。即自旋相反的未成对电子相互接近时,必须考虑其波函数的正、负号,只有同号轨道(即对称性匹配)才能实行有效的重叠。因为电子运动具有波的特性,原子轨道的正、负号类似于经典机械波中含有波峰和波谷部分;当两波相遇时,同号则相互加强(如波峰与波峰或波谷与波谷相遇时相互叠加),异号则相互减弱甚至完全抵消(如波峰与波谷相通时,相互减弱或完全抵消)。

同时,原子轨道重叠时,总是沿着重叠最大的方向进行,重叠部分越大,共价键越牢固,这就是原子轨道的最大重叠条件。除 s 轨道外,p、d 等轨道的最大值都有一定的空间取向,所以共价键具有方向性。例如,HCl 分子中氢原子的1s轨道与氯原子的 $3p_x$ 轨道有四种可能的重叠方式,如图 5.16 所示。其中(c)为异号重叠,(d)为由于同号和异号两部分相互抵消而为零的重叠,所以(c)、(d)都不能有效重叠而成键;只有(a)、(b)为同号重叠。当两核距离为一定时,(a)的重叠比(b)的要多。可以看出,氯化氢分子采用(a)重叠方式成键的话,可使 s 和 p_x 轨道的有效重叠最大。

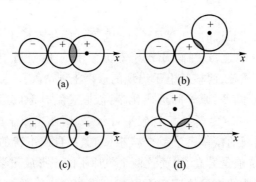

图 5.16　s 轨道和 p_x 轨道重叠方式示意图

根据上述原子轨道重叠的原则,p 轨道和 p 轨道有两类不同的重叠方式,可形成重叠方式不同的两类共价键。一类称为 σ 键,另一类称为 π 键,如图 5.17 所示。σ 键的特点是原子轨道沿两核连线方向以"头碰头"的方式进行重叠,轨道重叠部分沿着键轴(两核连线)呈圆柱形对称。π 键的特点是原子轨道沿两核连线方向以"肩并肩"的方式进行重叠,重叠部分对于通过键轴的一个平面具有镜面反对称(形状相同,符号相反)。共价单键一般是 σ 键,在共价双键和三键中,除 σ 键外,还有 π 键。例如,N 原子有 3 个未成对的电子分别处在 p_x、p_y 和 p_z 轨道上,当 2 个 N 原子结合成 N_2 分子时,N 原子间除形成 p_x-p_x 头对头重叠形成的 σ 键以外,还能形成 p_y-p_y 和 p_z-p_z 肩并肩重叠形成的两个相互垂直的 π 键,如图 5.18 所示。

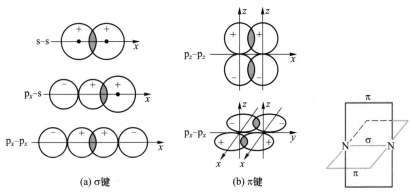

图 5.17 σ 键和 π 键重叠方式示意图 　　图 5.18 氮分子中的 σ 键和 π 键示意图

一般认为,σ 键比 π 键更牢固,两个以共价单键结合的原子间,这个单键往往是 σ 键。π 键比较容易断裂,所以含双键或三键的化合物,比较容易发生 π 键断裂的化学反应。

原子间如果存在多重键,原子间的结合显然更紧密,原子间的距离更近,键长更短。分子结构测定的实验已经显示,碳原子之间的键长通常为 1.54Å、1.33Å 和 1.20Å,它们分别对应了碳原子间的共价单键、双键和三键。这样,价键理论就合理地解释了化学键的键长规律。

仅以 σ 键结合的两个原子,键两端的基团如果绕 σ 键做相对转动,并不会影响原子轨道"头对头"的重叠,即不会破坏 σ 键。但是,以 π 键结合的两个原子,如果键两端的基团绕着 π 键转动,就会破坏原子轨道"肩并肩"的重叠,使得 π 键断裂。所以,以单键结合的化合物,单键两端的基团可以自由地绕单键(σ 键)旋转,使得分子呈现不同的构象。例如,乙烷分子中的两个甲基,可以绕 C—C 单键自由旋转形成各种不同构象,其中,交叉式构象最稳定,重叠式构象最不稳定(见图 5.19)。

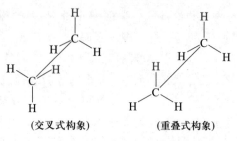

（交叉式构象）　　　　　　（重叠式构象）

图 5.19 乙烷分子的两种构象

5.4.3 杂化轨道理论

分子结构测定的实验表明,在有机化合物的分子中,碳原子经常处于正四面体的中心,与碳原子相连的 4 个化学键互相并不垂直,而是形成约 109°的键角。

人们能否用 5.4.2 中所讲的价键理论来解释这种现象呢?

碳原子核外电子排布的方式为 $1s^2 2s^2 2p_x^{\ 1} 2p_y^{\ 1}$,2 个未成对电子分别占据着 2 个互相垂直的 p 轨道。根据以上所述的价键理论,每个碳原子只有 2 个未成对电子,最多只能形成 2 个共价键,而且这 2 个共价键应该互相垂直,这显然与碳正四面体结构的事实不符。

大量分子结构的测定还显示了氮原子、硅原子也经常具有正四面体的结构。例如,在硅酸盐分子中,硅原子与氧原子结合形成类似甲烷分子中的四面体结构;在图 5-15 中的 N1 原子也处于正四面体的中心。这些都不能用上述价键理论来解释。

为了合理地解释化学键的键角规律,解释分子的空间结构,1931 年鲍林在原有价键理论基础上,提出共价键的杂化轨道理论。

杂化轨道理论认为,描述核外电子运动的波函数可以相加。例如,把 1 个 2s 波函数 $\Psi(2s)$ 与 3 个 2p 波函数 $\Psi(2p_x)$、$\Psi(2p_y)$、$\Psi(2p_z)$ 按以下方法相加:

$$\Psi_1(sp^3) = \frac{1}{2}\Psi(2s) + \frac{1}{2}\Psi(2p_x) + \frac{1}{2}\Psi(2p_y) + \frac{1}{2}\Psi(2p_z)$$

$$\Psi_2(sp^3) = \frac{1}{2}\Psi(2s) - \frac{1}{2}\Psi(2p_x) + \frac{1}{2}\Psi(2p_y) - \frac{1}{2}\Psi(2p_z)$$

$$\Psi_3(sp^3) = \frac{1}{2}\Psi(2s) - \frac{1}{2}\Psi(2p_x) - \frac{1}{2}\Psi(2p_y) + \frac{1}{2}\Psi(2p_z)$$

$$\Psi_4(sp^3) = \frac{1}{2}\Psi(2s) + \frac{1}{2}\Psi(2p_x) - \frac{1}{2}\Psi(2p_y) - \frac{1}{2}\Psi(2p_z)$$

可以得到 4 个新的波函数,每一个对应于一个"杂化"的轨道,每个杂化轨道既含有 s 轨道的成分,也含有 p 轨道的成分。因为以上的杂化轨道是由 1 个 s 轨道和 3 个 p 轨道组成,所以称为 sp^3 杂化轨道。

参照图 5.4 的作图方法,绘制 sp^3 杂化轨道角度分布图(见图 5.20)。从图中可见,4 个 sp^3 杂化轨道角度分布函数的最大值方向指向正四面体的 4 个顶点,相互之间的夹角为 109°28′。

杂化轨道理论的主要内容如下:

(1)同一原子中若干个能量相近的原子轨道,可以线性组合形成杂化轨道,杂化轨道的能量介于形成杂化轨道的原子轨道之间。因此,sp^3 杂化轨道的能量介于 p 轨道能量和 s 轨道能量之间。

(2)杂化轨道的数目等于参与形成杂化轨道的原子轨道数目。因此,1 个 s 轨道和 3 个 p 轨道形成 4 个 sp^3 杂化轨道。

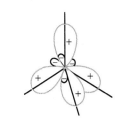

图 5.20 sp^3 杂化轨道角度分布示意图

(3)电子在杂化轨道上的排布,仍需符合泡利不相容原理、能量最低原理及洪德规则。

(4)形成共价键所需的轨道重叠,可以是杂化轨道间的互相重叠,也可以是杂化轨道与未杂化的原子轨道间的互相重叠。

采用 sp^3 杂化的理论,可以较好地解释一些常见化合物的成键方式和空间结构。

(1)**甲烷**

如图 5.21 所示,碳原子的 1 个 2s 轨道与 3 个 2p 轨道杂化,形成 4 个 sp^3 杂化轨道,每个 sp^3 杂化轨道上排布 1 个电子。这 4 个杂化轨道分别与 4 个氢原子的 1s 轨道重叠并共用一对电子,形成 4 个相交约 109° 的共价键,甲烷分子中的碳原子处于正四面体中心。

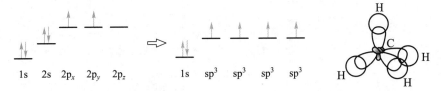

图 5.21 碳原子轨道的 sp^3 杂化(左)与甲烷分子的正四面体结构(右)

(2)**NH_3 分子和 NH_4^+ 离子**

如图 5.22 所示,氮原子的 1 个 2s 轨道与 3 个 2p 轨道形成 4 个 sp^3 杂化轨道,第 2 电子层的 5 个电子排布在这 4 个 sp^3 杂化轨道上,3 个杂化轨道上各排布 1 个电子,另 1 个杂化轨道上排布 1 对电子。排布 1 个电子的杂化轨道与 3

个氢原子的 1s 轨道重叠,形成 3 个 N—H 单键,使得 NH_3 分子具有三角锥形的空间结构。如果氢离子的 1s 轨道与氮原子排布 1 对电子的 sp^3 杂化轨道重叠,共用氮原子的这对电子,则可形成第 4 个 N—H 共价键,得到 NH_4^+,在 NH_4^+ 中氮原子处于正四面体的中心。

季铵盐分子中的氮原子也具有正四面体的结构(见图 5.15),同样可以用氮原子的 sp^3 杂化来解释。

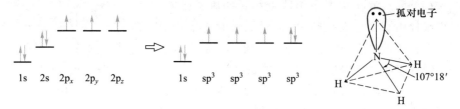

图 5.22　氮原子轨道的 sp^3 杂化(左)与氨分子的结构(右)

(3) 水

如图 5.23 所示,氧原子第 2 电子层的 1 个 s 轨道和 3 个 p 轨道形成 4 个 sp^3 杂化轨道,第 2 电子层的 6 个电子排布在这 4 个 sp^3 杂化轨道上,其中 2 个杂化轨道上各排布 1 个电子,另 2 个杂化轨道上各排布 2 个电子。排布 1 个电子的 sp^3 杂化轨道分别与 2 个氢原子的 1s 轨道重叠,共用电子对,形成 2 个 O—H 单键,成为 V 形结构的水分子。按照以上解释,2 个 O—H 键夹角应该接近 109°,但分子结构测定发现实际的键角约为 105°。对于这一差异,我们或许可以这样理解:未成键的 2 个杂化轨道上成对电子对共价键上电子对的排斥,使得 2 个 O—H 键的夹角比理论值 109°稍小一些。

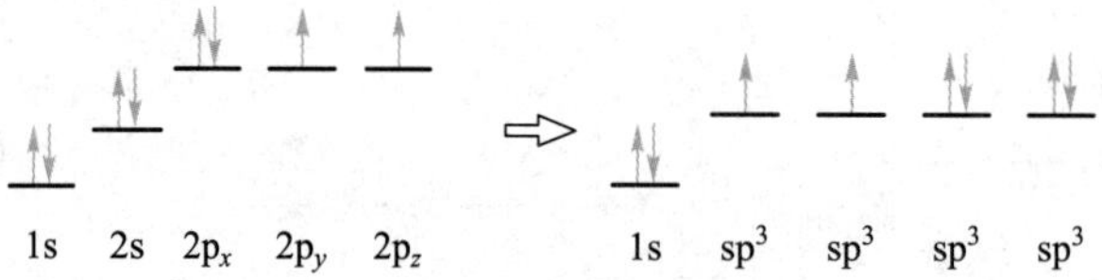

图 5.23　水分子中氧原子轨道的杂化

除了 sp^3 杂化方式以外,原子轨道的杂化方式还有 sp^2 杂化和 sp 杂化(见图 5.24)。

sp^2 杂化:1 个 s 和 2 个 p 轨道形成 3 个 sp^2 杂化轨道;3 个 sp^2 杂化轨道两两之间的夹角为 120°。

sp 杂化:1 个 s 和 1 个 p 轨道形成 2 个 sp 杂化轨道,2 个 sp 杂化轨道的夹角为 180°。

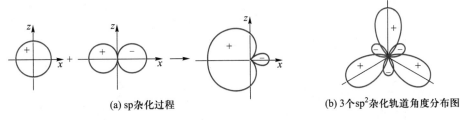

(a) sp杂化过程   (b) 3个sp^{2}杂化轨道角度分布图

图 5.24   sp 杂化轨道(a)和 sp^2 杂化轨道(b)示意图

(4) 苯

苯分子中 6 个碳原子的原子轨道分别进行 sp^2 杂化,相邻碳原子的 sp^2 轨道重叠形成 σ 键,使 6 个碳原子首尾相连形成平面状的六元环;6 个碳原子上未杂化的 p 轨道都垂直于六元环平面,所以是互相平行的(如图 5.25 所示),这 6 个 p 轨道一起肩并肩形成 1 个大的 π 键,各个 p 轨道上的电子不再局限在本原子周围运动,而是被 6 个碳原子共用,所以这个大的 π 键被称为"离域"大 π 键。离域大 π 键中,每个碳原子上的 p 电子同时被两侧的碳原子共用,形成的离域大 π 键不如通常的 π 键那么强;因此苯环中相邻碳原子间的距离,比碳碳单键短,但比正常碳碳双键长,即苯环中碳碳键长介于通常的碳碳单键与碳碳双键之间。

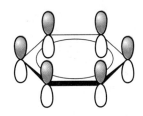

图 5.25   苯环中离域大 π 键的形成

5.5   晶体结构

结构测定

科学家研究晶体的周期性和对称性,至少已经有两百年的历史了,但是,晶体中原子坐标测定的普及,是在最近几十年。现在,人们已经借助晶体 X 射线衍射实验测定晶体中原子的坐标,掌握了大量化学分子和生物大分子的空间结构。本节简要介绍利用晶体来测定分子空间结构的原理和重要结果,展示晶体对结构化学研究的特殊重要性。

5.5.1   晶体结构的概念

晶体是由原子、离子、分子等物质微粒,在三维空间中周期地聚集而形成的固体。也就是说,晶体是由分子等微粒构成的,这些微粒在空间呈现出周期性。

图 5.26 显示了苯晶体的结构。显然,苯晶体是由大量苯分子聚集而成的,这些苯分子在三维空间中的排列呈现出周期性(即重复周期出现的特点)。在苯的晶体中,一个周期包含了 2 个苯分子(如圆圈内所示),这 2 个苯分子朝上下、左右、前后(图中未呈现)方向周期地重复出现,就形成了苯的晶体。

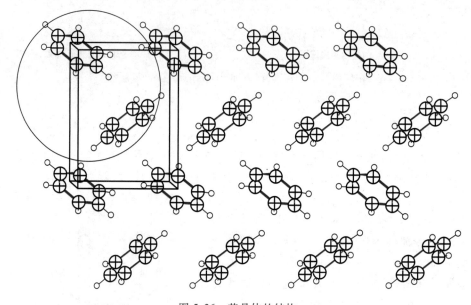

图 5.26　苯晶体的结构

晶胞坐标

在晶体中,包含一个周期分子的平行六面体被称为晶胞。晶胞的边长是空间 3 个方向上周期的长度,晶胞的夹角是 3 个周期方向之间的夹角。晶胞的边长和邻边构成的夹角,称为晶胞参数。不同的晶体通常具有不同的晶胞参数,晶胞边长一般具有纳米的数量级,晶胞夹角可以不是直角。

5.5.2　晶体结构测定

晶体结构是由晶胞与晶胞中所有原子的位置决定的,测定晶体结构就是测定晶胞参数及一个晶胞中原子的坐标。

晶体中的微粒排布具有周期性,所以能对入射光产生衍射,类似于光学中杨氏双缝实验现象。晶体中微粒排布的周期为纳米数量级,所以入射光应是波长为纳米数量级的 X 射线。用一束平行 X 射线照射晶体,能从晶体上产生很多衍射光束,射向四面八方。这些衍射光束投射到感光底片上,产生许许多多的感光斑点,得到如图 5.27 那样的衍射图。衍射图记录了衍射光强度、衍射光方向等物理量,它们中隐藏着晶体结构的信息。

根据衍射照片上衍射斑点所携带的信息,通过复杂的计算,能够推算出晶胞参数及晶胞中原子的坐标,这样就测定了晶体的结构。以上计算用到的数学、物理知识比较复杂,由于课时原因,此处不做进一步的阐述,有兴趣的读者,可以参考本章末的阅读材料和晶体结构测定的相关书籍。

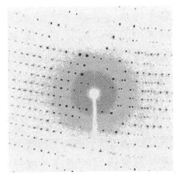

衍射

计算得到晶胞中原子的坐标,就能够计算原子间的距离。相距较近的原子之间应该存在化学键,键长就是以上计算得到的原

图 5.27 单晶体 X 射线衍射图

子间距。在原子位置上画指定半径的"球"来代表原子[见图 5.28(a)],在成键原子间画上"棍"代表化学键[见图 5.28(b)],这样就得到晶体结构图。从晶体结构图中,可以看到显示分子空间结构的球棍模型。

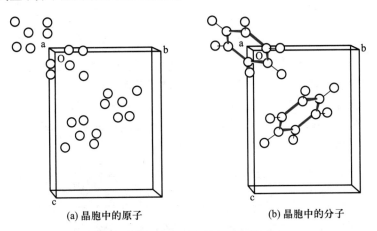

(a) 晶胞中的原子　　　　　　(b) 晶胞中的分子

图 5.28 苯晶体结构的球棍模型

小分子例

5.5.3 用晶体测定分子空间结构

从苯晶体结构(见图 5.28)可以发现,苯的晶胞中有 12 个碳原子和 12 个氢原子,它们由化学键连接形成 2 个苯分子;每个苯分子的 6 个碳原子互相连接形成平面的六元环,每个碳原子还连接 1 个氢原子,所有氢原子也都在苯环平面上,所以,苯分子具有平面结构。根据原子坐标计算出原子间距,可以发现苯环上相邻碳原子间的距离都近似相等,约为 1.39Å。

通过这样的晶体 X 射线衍射实验,人们测定了苯的分子结构,证实了苯分子具有平面状的结构,在苯环的碳原子间不存在间隔的单双键,而存在离域大 π 键。

迄今为止,人们已经用上述实验方法测定了近百万个晶体结构,也就测定了这些晶体中的众多的分子空间结构。

需要指出的是,这样测定得到的分子结构,是分子在晶体中所呈现的结构;在液态或气态中分子的结构可能与晶体中的并不相同,尤其是分子的构象可能有很大的改变,而分子构象可能与分子的性质有关。所以,采用晶体 X 射线衍射以外的实验方法,测定分子在液态或气态的空间结构,也是很重要的。

用晶体 X 射线衍射方法测定分子结构,首先需要制备晶体。氧气、氯化氢、甲烷等气态物质显然很难形成晶体,此外,蛋白质等结构复杂的生物大分子也难以周期排列形成晶体,所以,用晶体 X 射线衍射测定分子结构的实验方法,也是具有很大局限性的。

5.6 分子间作用与离子间作用

5.6.1 范德华半径

在晶体中,分子总是趋向于紧密堆积,邻近的分子总会尽量靠近聚集在一起,这是因为分子之间普遍存在着范德华作用。通常我们把范德华作用理解成相邻原子间的弱静电作用。相邻分子中最接近的原子之间的距离,称为范德华接触距离,图 5.29 中的 3.00Å 就是氧原子之间的范德华接触距离。大量晶体结构测定所得到的数据表明,互相靠近但又不成键的氧原子之间的距离都在 3Å 左右,这个距离的一半称为氧原子的范德华半径。

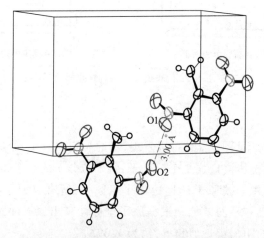

图 5.29   晶体中分子之间的范德华接触距离

根据大量晶体结构测定得到的数据,总结出多种原子的范德华半径数据,常见原子的范德华半径列于表 5.6 中。

表 5.6 一些常见原子的范德华半径 单位:Å

原子	H	N	O	S	Cl	Br
范德华半径	1.1	1.6	1.5	1.85	1.8	1.95

范德华半径与共价半径都代表了原子的"半径",如果说共价半径相当于原子的"领土",那么范德华半径就是"领海"或"领空";原子的电子云"巡游"在范德华半径的范围内,其他不与该原子成键的原子,都不得进入这个空间。

绘制分子结构的球棍模型时,通常我们用较小的半径(小于共价半径)来绘制原子,从所绘制的球棍模型看,似乎苯环中间还存在较大空间,可以容纳其他原子。

如果我们采用范德华半径来绘制代表原子的小球,则得到图 5.30(b)那样的空间填充模型(space filling model)。用空间填充模型表示苯分子的结构,可以清楚地认识到,苯环上 6 个碳原子都是紧挨着的,苯环的中间完全没有能够容纳其他原子的空间。

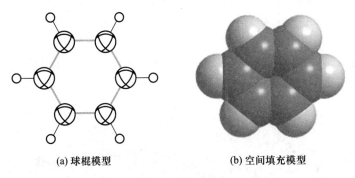

填充模型

(a) 球棍模型   (b) 空间填充模型

图 5.30 苯分子空间结构的两种模型

5.6.2 氢键

考察晶体中相邻分子的原子间距离,发现有很多显著地小于两原子的范德华半径之和。例如,在图 5.31 所示的结构中,虚线所指的 H⋯O 原子间距约为 2.1Å,比 H 原子和 O 原子的范德华半径之和(2.7Å)小很多,但是又比两原子的共价半径之和

图 5.31 水分子之间的氢键

(0.96Å)大很多,说明 H 原子和 O 原子间存在着一种比共价键弱、但比范德华作用强的作用力,这种作用力被称为氢键。

当氢原子与电负性较大的某 X 原子以共价键结合后,共价键中的电子对偏向电负性强的 X 原子一方,氢原子就相应地带有部分正电荷。这样的氢原子能被另一个电负性较大的 Y 原子以静电吸引,形成如下所示的氢键。

$$X—H\cdots Y$$

上式中的虚线表示氢键,但是氢键实际上是 3 个原子间的相互作用,除了 H 与 X、Y 间的吸引之外,X 与 Y 之间存在着排斥作用。因此,确切地说,X—H⋯Y 系统的整体才是氢键。如果 X—H—Y 角度太小,X 与 Y 间距就小,它们之间的排斥会较强烈,3 原子系统的能量升高,就不能形成氢键。所以,要根据距离和角度两方面的数据来判断是否存在氢键:H⋯Y 距离明显小于范德华半径之和,X—H—Y 角度大于 120°。

氢键虽然比共价键弱得多,但比范德华作用强得多。电负性越强的原子,参与形成的氢键越强。除了 N、O 原子以外,Cl、S 等原子也能形成氢键。

能够形成氢键的物质很多,晶体中原子间距离、角度等几何数据能证明氢键的存在,液体中虽然没有直接的几何数据作证据,但人们相信氢键也是普遍存在的。有机化合物的羧酸、醇及胺类化合物中普遍存在氢键,蛋白质、核酸等生物大分子中也广泛存在着氢键。氢键直接影响着物质的性质与功能,越来越受到人们的重视。

氢键不仅普遍存在于分子间,也广泛存在于分子内,分子内氢键如图 5.32 所示。因此,把氢键称为分子间作用力,其实并不准确。

氢键

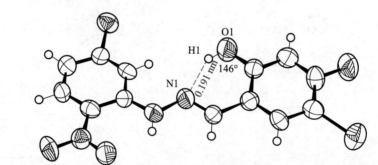

图 5.32   分子内氢键

5.6.3   离子间作用

我们以离子晶体为例来讨论离子间的相互作用。

离子晶体是由阴离子和阳离子组成的晶体。离子晶体中,带负电荷的阴离子和带正电荷的阳离子之间存在着静电引力。静电引力是不是就形成离子键呢？

　　氯化钠是最早被测定晶体结构的离子晶体。在氯化钠晶体中，阴离子和阳离子都是由单个原子形成的，它们都是球形对称的。每个阴离子依靠静电引力结合6个阳离子，每个阳离子结合6个阴离子，所有的离子都结合在一起，形成聚合的结构。氯离子和钠离子之间的静电引力很强，属于离子键，阴、阳离子间的结合很牢固，所以晶体的熔点非常高。氯化铯晶体的情况与氯化钠相仿，熔点也很高。

　　随着科学研究的深入，近几十年来，大量离子晶体的晶体结构被测定了，人们对离子晶体有了新的认识。人们发现，在很多离子晶体中，阴离子和阳离子是依靠氢键而不是离子键连接的。

　　例如，在硫酸铵晶体中（见图5.33），O2原子与H3原子的距离为2.11Å，显示了SO_4^{2-}与NH_4^+之间存在N—H…O氢键。在S1硫酸根与N2铵根之间，原子间最短的距离2.11Å，远大于离子键的键长（离子键的键长应该与共价键键长相仿），所以，硫酸根与铵根离子之间不存在离子键。

　　离子键与氢键的本质都是静电引力，需要强调的是，依靠静电引力不一定能形成离子键。硫酸铵晶体结构告诉我们，弱的静电引力在离子间形成的是氢键而不是离子键。硫酸铵晶体中，阴、阳离子是依靠氢键而不是离子键结合的，要让硫酸根与铵根分离并不困难，所以硫酸铵晶体熔点（230℃）并不高。

晶体结构

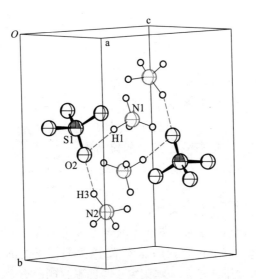

图5.33　硫酸铵晶体结构

铵盐晶体

　　醋酸铵晶体结构（见图5.34）也显示了醋酸根与铵根是依靠氢键结合

的,这就清楚地解释了为什么醋酸铵晶体的熔点(112℃)远低于氯化钠。可以想象,在所有含铵根离子的铵盐晶体中,铵根离子与各阴离子的离子间作用都是氢键。

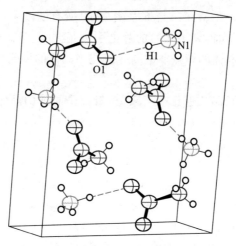

图 5.34   醋酸铵晶体结构

　　大量晶体结构测定的结果表明,在有机化合物的铵盐晶体中,阴、阳离子大多也是依靠氢键相结合的。例如,在乙胺盐酸盐的晶体中(见图 5.35),$CH_3CH_2NH_3^+$阳离子与氯阴离子之间存在着 N—H⋯Cl 氢键,在邻苯二甲酸吡啶盐晶体中(见图 5.36),$C_5NH_6^+$吡啶阳离子与邻苯二甲酸根阴离子间存在着 N—H⋯O 氢键;在这些离子晶体中,阴、阳离子间都没有离子键。由于氢键较弱,所以这些晶体中阴、阳离子之间的结合不牢固,晶体的熔点都不高,乙胺盐酸盐晶体的熔点 102℃,邻苯二甲酸吡啶盐晶体的熔点为 72℃。

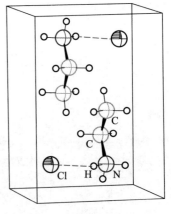

图 5.35   乙胺盐酸盐晶体结构

　　图 5.37 显示的甲基乙基咪唑四氟硼酸盐的晶体结构,更值得我们关注。该晶体的熔点仅为 15℃,在室温下该离子化合物呈现液态。在这个离子化合物的晶体中,因为阳离子的 N 原子烷基化了(不再有 N—H 键),所以甲基乙基咪唑阳离子与四氟化硼阴离子之间没有通常的氢键;虽然阴、阳离子分别带一个负电荷和正电荷,但是离子体积大、间距远,阴、阳

离子间的静电引力也就变得很微弱,与范德华作用的强度差不多了。容易理解,这样的离子化合物,熔点当然很低。

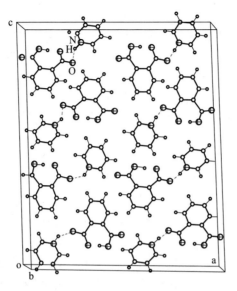

图 5.36　邻苯二甲酸吡啶盐晶体结构

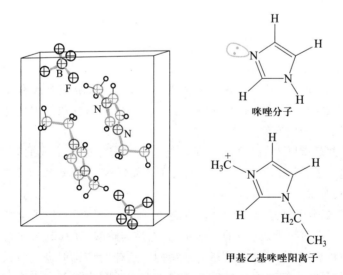

咪唑分子

甲基乙基咪唑阳离子

图 5.37　甲基乙基咪唑四氟硼酸盐的晶体结构

5.6.4　离子液体

以上介绍的那些低熔点离子化合物,在低温下是离子晶体,但在稍高的温度下(如室温)就熔化成液体,这类离子化合物被人们称为离子液体。

阳离子、阴离子的不同组合,可以设计合成出各种各样的离子液体,有人认为,根据目前所知道的化合物,可以设计合成一万亿种离子液体。当前被研究得比较多的离子液体的阳离子,主要有烷基季铵离子、烷基季𬭸离子、1,3-二烷基取代的咪唑离子及 N-烷基取代的吡啶离子等,阴离子主要有卤素离子、四氟化硼离子、六氟磷酸根离子等,还有一些有机化合物的阴离子。

由于离子液体所具有的独特性能,目前已经被广泛应用于化学化工各领域中。例如,离子液体虽然熔点低,但是沸点高、蒸气压低,产生有害气体的量少,所以有望取代蒸气压高的有机溶剂。离子液体具有导电性,有望用作电池的液态电解质。

离子液体的种类非常多,化学家可以根据需要设计、合成各种不同组成、不同性能的离子液体,用于生产和科研。总之,离子液体受到越来越多的化学工作者的关注。

我们现在学习离子液体的知识,有利于加深对离子晶体性质的正确认识,体会科学发展推动知识更新的魅力。

5.6.5　超分子结构

超分子化学是建立在对超分子结构认识基础上发展起来的化学分支,它所研究的内容是,分子如何利用相互间的非共价键作用,聚集形成有序的空间结构,以及具有这样有序结构的聚集体所表现出来的特殊性质。因此超分子化学也被称为分子以上层次的化学。

超分子并非指巨大的"分子",而是指由许多分子聚集形成的有序系统,所以也称为超分子系统。超分子系统中,分子依靠氢键、范德华作用及疏水作用等聚集,形成具有特定结构的分子群。

图 5.38 是分子通过氢键自组装成超分子的一个例子。质子化的双乙酰基脒先通过分子内氢键形成(1)的空间结构,然后与磷酸二酯(2)的磷酸基上的三个氧原子通过氢键,自组装形成超分子结构。这样的结构促进了磷酸酯中一个酯键的水解断裂,水解产物为对硝基苯酚。在化学和生物领域中广泛存在的分子识别机制,主要就是这种自组装作用。

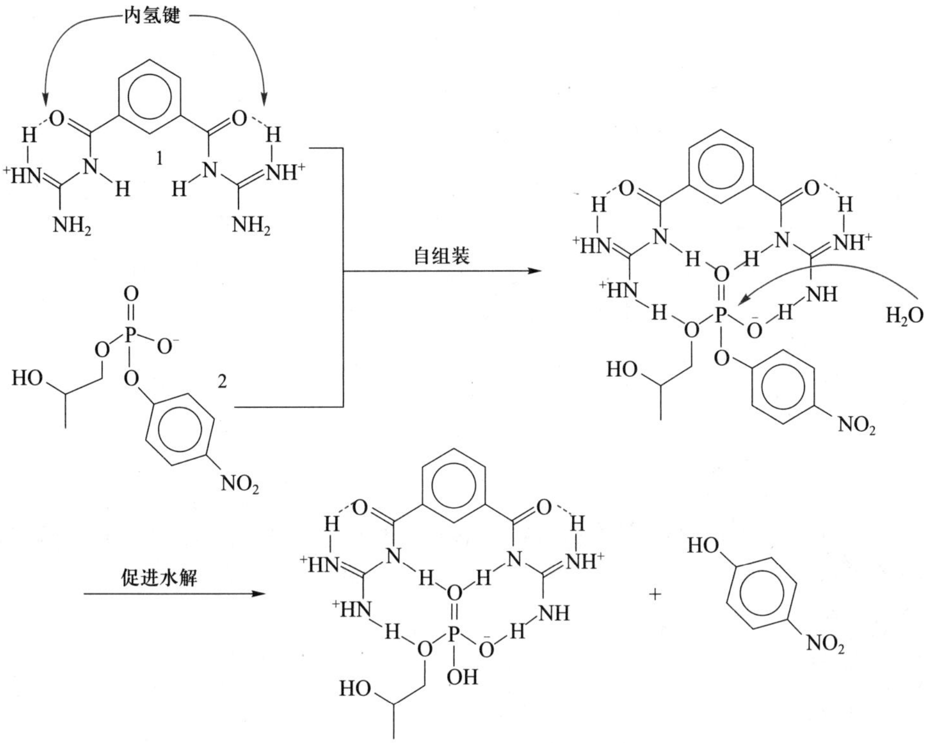

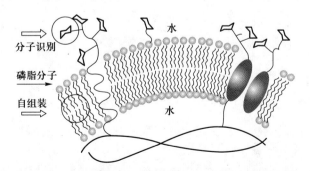

图 5.38 双乙酰基胍(1)与磷酸二酯(2)的自组装

　　自然界中自组装的典型例子是细胞膜。磷脂分子依靠范德华作用和疏水作用,自动组装形成如图 5.39 的双分子层结构,即细胞膜。依靠疏水作用和范德华作用,细胞膜的双层结构中还镶嵌着蛋白质和糖脂等大分子,它们在生命过程中发挥着各种各样的重要作用。

图 5.39 磷脂分子自动组装成细胞膜双层结构

　　过去人们一直认为,分子是体现物质化学性质的最小微粒,也就是说,单一分子也具备该物质的化学性质。随着近年来对生命系统的深入研究,上述结论已经得到动摇。人们已经开始认识到,在生化反应中的某些催化剂,必须依靠许多分子聚集形成超分子系统,才能完成催化作用,单一的催化剂分子是不管用的。例如,单一的叶绿素分子并不具备催化光合作用的能力,只有多个叶绿素分子通过非共价作用聚集成特定的有序结构,才能发挥催化功能。因此,超分子系统可具备分子单独存在时所没有的性质。细胞膜是由许多类磷脂分子依靠分子间力有序聚集的典型例子,细胞膜所具有的许多生物功能,都是与分子的有序聚集有关。显然,超分子化学的研究,对于人类更深入地认识生命现象是极为重要的。

5.7　晶体缺陷

5.7.1　晶体缺陷的概念

晶体是由分子、离子等物质微粒周期排列形成的固体,但实际上晶体中微粒的排列并非像数学要求的那样周期整齐,多数晶体都存在着结构的缺陷。晶体缺陷通常有点缺陷、线缺陷、面缺陷和体缺陷。

在晶体中,构成晶体的微粒在其平衡位置上做热振动,当温度升高时,有些微粒获得足够能量使振幅增大,可脱离原来的位置而"逃脱",这样在晶格中便出现空缺,如图 5.40(a)中的 M 处。另一方面,从晶格中脱落的粒子又可进入晶格的空隙,形成间隙粒子,这类缺陷在实际晶体中较普遍存在。此外,晶体中某些原子的位置可能被杂质原子所取代,这样就使晶体中出现无序的排列,如图5.40(b)、图 5.40(c)所示。上述三种缺陷都属于点缺陷。

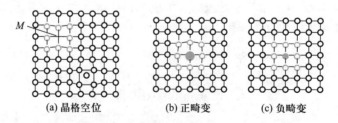

(a) 晶格空位　　　　　(b) 正畸变　　　　　(c) 负畸变

图 5.40　晶体中点缺陷示意图

在晶体中出现线状位置的短缺或错乱的现象叫作线缺陷,如图 5.41 所示。线缺陷又称位错。所谓位错是晶体的某一部分相对于另一部分发生了位移。如果将点缺陷和线缺陷推及平面和空间即构成面缺陷和体缺陷,面缺陷主要指晶体中缺少一层粒子而形成了"层错"现象;体缺陷则指完整的晶体结构中存在着空洞或包裹物。

总之,在实际晶体中存在着各种缺陷。由于晶体的缺陷使正常晶体结构受到一定程度的破坏或搅乱,从而导致晶体的某些性质发生变化。例如,由于缺陷使晶体的机械强度降低,晶体的韧性、脆性等性能也会产生显著的影响。但当大量的位错(线缺陷)存在时,由于位错之间的相互作用,阻碍位错运动,也会提高晶体的强度。此外,晶体的导电性与缺陷密切相关。例如,离子晶体在电场的作用下,离子会通过缺陷的空位而移动,从而提高了离子晶体的电导率;对于金

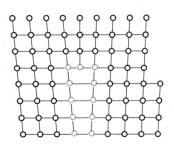

图 5.41　晶体中线缺陷示意图

属晶体来说,由于缺陷而使电阻率增大,导电性能降低;对于作半导体材料的固体而言,晶体的某些缺陷将会增加半导体的电导率。

实际上有的晶体材料需要克服晶体缺陷,更多的晶体材料需要人们有计划、有目的地制造晶体缺陷,使晶体性质产生各种改变,以满足多种需要。如掺杂百万分之一 AgCl 的硫化锌可做蓝色荧光粉,掺杂半导体的应用则更广泛。

5.7.2　非整比化合物

我们通常所讨论的化合物,其组成元素的原子数都具有简单的整数比,但是,随着对晶体结构和性质的研究工作深入,发现了一系列原子数目非整比的无机化合物,它们的组成可以用化学式 $A_aB_{b+\delta}$ 来表示,其中 δ 为一个小的正值或负值。1987 年发现的高温超导体 $YBa_2Cu_3O_{7-\delta}$ 就是一种非整比化合物,只有 $0 < \delta < 0.5$ 时,才具有超导性。非整比化合物的整个分子是电中性的,但是其中某些元素可能具有混合的化合价。例如,在 $YBa_2Cu_3O_{7-\delta}$ 中,部分 Cu 为+2 价,部分为+3 价,随着+2 价与+3 价 Cu 离子数比值的改变,δ 就有不同的数值。

非整比化合物的存在,与晶体的缺陷有关。晶格的空位与间隙粒子的存在,都能引起原子数目非整比的结果。例如,将普通氧化锌 ZnO 晶体放在 600～1 200℃ 的锌蒸气中加热,可以得到非整比氧化锌 $Zn_{1+\delta}O$,晶体变为红色,生成的 $Zn_{1+\delta}O$ 是半导体。这是由于晶体中的锌原子进入普通氧化锌的晶格,成为间隙原子而形成的。非整比氧化锌的导电能力比普通氧化锌强得多,可归因于间隙锌原子的存在。

非整比化合物中元素的混合价态,可能是该类化合物具有催化性能的重要原因。非整比化合物中的晶体缺陷,可能对化合物的电学、磁学等物理性能有大的影响。因此,研究非整比化合物的组成、结构、价态及性能,对于探索新的无机功能材料是很有帮助的。熟练掌握晶体掺杂技术,生成各种各样的非整比化合

物,可以获得各种性能各异的晶体材料。

选读材料

单晶结构测定

晶体通常可分成两类,像单粒白砂糖那样的称为单晶体,很多非常细小的晶体聚集体称为粉末晶体(也称多晶体)。测定晶体结构的 X 射线衍射实验,主要用单晶体。

测定晶体结构,最根本的目的就是确定样品晶体中原子的位置(坐标)。由于晶体是原子周期地、对称地聚集而形成的,如果我们事先已经掌握了晶体的周期和对称情况,则只需要测定一个不对称单元内的原子坐标(对于化学分子,通常约为几十个原子),晶体中其他原子的坐标,可以通过对称性和周期性推算得到。知道原子的坐标,就可以计算原子间的距离,获得键长等结构化学的重要信息。

晶体的周期性、对称性,以及晶体不对称单元内原子的坐标,都可以利用单晶体的 X 射线衍射实验来测定。将单晶体样品安放在现代单晶衍射仪上,仪器发出的 X 射线照射到晶体样品上,就会发生衍射现象,衍射产生许许多多的衍射光,沿着不同方向投射到感光材料上(现在普遍用数码相机里的 CCD),在感光材料上留下了一个个衍射斑点,这样就得到了如图 5.27 所示的单晶衍射照片。

衍射照片上衍射斑点之间的间隔,与晶胞参数有关。可以根据衍射斑点的相对位置,推算出晶胞参数(晶胞边长和夹角)。

衍射照片上衍射斑点的黑度,与投射到该处的那束衍射光的强度有关,不同衍射斑点的黑度不同,说明不同方向上产生的衍射光的强度是不一样的。物理学的理论证明,一粒单晶样品产生的各衍射光的强度,与该晶体晶胞中各处电子概率密度的分布有关。不同化学物质晶胞中电子云分布的情况不一样,所以不同单晶衍射照片上斑点的黑度各不相同;也就是说,用蔗糖或食盐的单晶做 X 射线衍射实验,得到的衍射照片是不一样的。

如上所述,我们测量衍射照片上各衍射斑点的黑度,就能推算出各束衍射光的相对强度,进一步根据下式计算晶胞中各处的电子概率密度 $\rho(xyz)$。电子概率密度大的地方,就是原子核的位置,这样我们就知道了晶胞中原子的坐标。

$$\rho(xyz) = \frac{1}{V} \sum_{hkl} F(hkl) \exp\left[-\mathrm{i}2\pi(hx + ky + lz)\right]$$

上式中,$\rho(xyz)$ 是晶体中坐标为 x, y, z 处的电子概率密度(单位体积中的电子出现的概率),h, k, l 是衍射指标,$F(hkl)$ 是与指标为 hkl 的衍射光的强度有关

电子云密度

的物理量,称为结构因子。这里需要用到较多的物理和数学知识,有兴趣深入学习的读者可以参看单晶衍射的专著。

绘图

在计算得到晶胞中所有原子的坐标后,就可以方便地计算出分子中的键长、键角等结构的几何参数,准确了解分子的空间结构。并借助于现代计算机绘图技术,绘制出直观的晶体结构图。从晶体结构图,我们不仅能看到分子本身的立体结构,还能了解分子相互间的位置关系,计算相邻分子最靠近的原子之间的距离,判断分子之间是否存在氢键等分子间作用力。

目前人们所知道的化学分子的立体结构,以及大多数蛋白质、核酸等生物大分子的立体结构,都是以上介绍的单晶 X 射线衍射实验得到的。测定得到的结果,被收集在晶体结构数据库里,本书的晶体结构图都是根据晶体结构数据库中的数据绘制而成的。

涉及原子坐标计算的单晶衍射,其理论和计算都相当复杂,过去的化学家对这领域缺少深刻的认识。近 50 年来晶体学理论有了很大的发展进步,复杂的晶体学计算也已经被编写成各种实用的程序,能解决复杂计算问题的计算机也早已普及,晶胞中原子坐标的计算已变得不再那么困难了。因此,近几十年中化学家渐渐熟悉了晶体结构测定,迄今为止已经有数十万个单晶结构得到测定,大大加深了化学家对物质结构的认识。

本 章 小 结

重要的基本概念

波函数、量子数与电子云;波函数角度分布与电子云角度分布;原子和离子的电子分布式与外层电子分布式;能级组与周期系;金属性与电离能及电负性;化学键;分子空间结构键长、键角;杂化与杂化轨道;分子间力与氢键;超分子;晶体 X 射线衍射、晶体结构、晶胞;离子晶体、离子液体;晶体缺陷与非整比化合物。

1. 围绕原子核运动的电子具有能量量子化、波粒二象性和统计性的特性,其运动规律用波函数(原子轨道)描述。波函数由三个量子数确定,主量子数 n、角量子数 l、磁量子数 m 分别确定原子轨道的能量、基本形状和空间取向等特征,多电子原子轨道的能量还与 l 有关。此外,自旋量子数 m_s 的两个值分别代表两种不同的自旋状态。

波函数的平方表示电子在核外空间某单位体积内出现的概率大小,即概率密度。用黑点疏密的程度描述原子核外电子的概率密度分布规律的图形叫作电子云。

波函数角度分布图(Y)和电子云角度分布图(Y^2)的对比如下:

轨道名称	Y	Y^2
s 轨道	圆球形,为正值(1 种)	圆球形,为正值(1 种)
p 轨道	双球形,有正、负值在轴向出现极大值(3 种)	形状较 Y_p "瘦小"些,均为正值,在轴向出现极大值(3 种)
d 轨道	较复杂,有正、负值(5 种)	形状较 Y_d "瘦小"些,均为正值(5 种)

2. 多电子原子的轨道能量由 n、l 决定,并随 n、l 值的增大而升高。n、l 都不同的轨道,能级可出现交错。

分区	s	d	ds	p	f
外层电子构型	$ns^{1\sim2}$	$(n-1)d^{1\sim8}ns^2$	$(n-1)d^{10}ns^{1\sim2}$	$ns^2np^{1\sim6}$	$(n-2)f^{1\sim14}ns^2$

多电子原子核外电子分布一般遵循三个基本规则,以使系统的能量最低。元素原子的外层电子构型按周期系可分为五个区,各区元素原子的外层电子构型具有明显特征如上表。

元素的性质随原子外层电子构型的周期性变化而变化,主要表现为:

① 元素的氧化值　对于主族元素,同周期从左至右最高氧化值逐渐升高,并等于最外层电子数,即等于所属族的族数。对于副族元素,第Ⅲ副族至第Ⅶ副族同周期从左至右最高氧化值也逐渐升高,一般等于最外层 s 电子和次外层 d 电子数之和,并等于所属族的族数,第Ⅰ、第Ⅱ副族和第Ⅷ族有例外。

② 原子的电离能　主族元素的原子电离能按周期表呈现规律性变化。同一周期中的元素,从左到右,原子的电离能逐渐变大,元素的金属性逐渐减弱。同一主族的元素,从上到下,原子的电离能逐渐变小,元素的金属性逐渐增大。

③ 元素的电负性　主族元素的电负性值具有明显的周期性变化规律。而副族元素的电负性值则彼此较接近。元素的电负性数值越大,表明原子在分子中吸引电子的能力越强。元素的金属性与电负性值相关,一般金属元素(除铂系和金外)电负性值小于 2.0,而非金属元素(除 Si 外)的电负性值大于 2.0。

原子核外电子在不同能级间跃迁,吸收或发射一定波长的电磁波而产生的光谱,称为原子光谱(原子发射光谱和原子吸收光谱)。可用来分析样品中元素的种类和含量。

3.(1) 共价键可用价键理论来说明。价键理论认为共价键的形成是由于相邻两原子之间自旋状态不同的未成对电子相互配对而形成的。在成键时原子轨道要对称性匹配并实现最大程度的重叠。所以共价键具有饱和性和方向性。

（2）分子的空间结构与杂化轨道理论

杂化轨道理论强调成键时能级相近的原子轨道互相杂化，以增强成键能力，可以用来解释分子的空间结构。一般有 sp、sp^2、sp^3 杂化。对应于上述三种杂化的典型分子的空间结构分别呈直线形（如 $HgCl_2$）、平面三角形（如 BF_3）、正四面体形（如 CH_4）。

（3）分子空间结构可以用晶体 X 射线衍射的方法来测定。根据衍射所得的实验数据可以计算出晶胞中原子的坐标，计算原子间距，从而获知晶体中的分子空间（立体）结构；计算出分子中的键长、键角。

4.（1）氢键存在于氢原子和电负性较大的原子之间。可以根据晶体中原子的坐标，通过计算原子间距来判断是否存在氢键。氢键也可存在于分子内。

（2）离子是带电荷的原子或原子团，离子之间存在静电作用。带异种电荷的原子（阴、阳离子）之间，静电吸引形成离子键，例如，氯离子和钠离子之间存在离子键；带异种电荷的原子团之间，静电吸引形成的是氢键，例如，硫酸根与铵根之间存在氢键而不存在离子键。

（3）超分子是利用分子间非共价作用，由多个分子自组装而形成的有序系统。典型的例子是细胞膜。在超分子系统中，依靠多个分子之间的协同作用实现系统的功能。

5.（1）实际晶体中存在着点缺陷、线缺陷、面缺陷和体缺陷。晶体的缺陷对晶体的物理性质有显著影响。

（2）二组分非整比化合物的组成可以用化学式 $A_aB_{b+\delta}$ 来表示，其中 δ 为一个小的正值或负值。形成非整比化合物的原因是元素的混合价态及晶体的缺陷。

学生课外进修读物

［1］胡盛志. 现代晶体学与化学［J］. 大学化学，1991，6（2）：5.

［2］陈小明，蔡继文. 单晶结构分析的原理与实践. 北京：科学出版社，2013 年.

［3］周公度. 氢的新键型［J］. 大学化学，1998，13（4）：8.

［4］宋心琦，郭志新，周富添. 分子调控的概念及其意义［J］. 大学化学，1996，11（2）：1.

［5］王永乐. 超分子化合物的模板合成［J］. 大学化学，1997，12（6）：36.

［6］吴贵集，曾正志，姚卡玲. 介绍一种判断小分子（或离子）中心原子杂化轨道类型的方法［J］. 大学化学，1991，6（6）：9.

［7］段连运，周公度. 决定物质性质的一种重要因素——分子间作用力［J］. 大学化学，1989，4（2）：1.

复习思考题

1. 微观粒子有何特性？

2. n、l、m 三个量子数的组合方式有何规律？这三个量子数各有何物理意义？

3. 波函数与概率密度有何关系？电子云图中黑点疏密程度有何含义？

4. 比较波函数的角度分布图与电子云的角度分布图的特征。

5. 多电子原子的轨道能级与氢原子的有什么不同？

6. 多电子原子外层电子构型可分为几类？如何表示？举例说明。

7. 在长式周期表中 s 区、p 区、d 区、ds 区和 f 区元素各包括哪几个族？每个区所有的族数与 s、p、d、f 轨道可分布的电子数有何关系？

8. 试简单说明电离能与电负性的含义及其在周期系中的一般递变规律？它们与金属性、非金属性有何联系？

9. 金属正离子的外层电子构型主要有哪几类？如何表示？举例说明。

10. 为什么说共价键具有饱和性和方向性？

11. 试比较 BF_3 和 NF_3 两种分子结构（包括化学键、分子极性和空间构型等）。

12. 举例说明 s−p 型杂化轨道的类型与分子空间构型的关系。有什么规律？试联系周期表简单说明。

13. 指出下列说法的错误：

（1）氯化氢（HCl）溶于水后产生 H^+ 和 Cl^-，所以氯化氢分子是由离子键形成的。

（2）四氯化碳的熔点、沸点低，所以 CCl_4 分子不稳定。

（3）阴、阳离子间作用力就是离子键。

（4）凡是含有氢的化合物的分子之间都能形成氢键。

14. 比较下列各对物质沸点的高低，并简单说明之。

（1）HF 和 HCl　　　　（2）SiH_2 和 CH_4　　　　（3）Br_2 和 F_2

15. 水分子与乙醇分子间能形成氢键，这是由于两者分子中都包含有 O—H 键，乙醚分子与水分子之间能否形成氢键？为什么？是否只有含 O—H 键的分子才能与水分子形成氢键？

16. 为什么干冰（CO_2 固体）和石英的物理性质差异很大？金刚石和石墨都是碳元素的单质，为什么物理性质不同？

17. X 射线晶体衍射是测定分子立体结构的主要方法。从文献上查找并阅读一篇与此相关的论文，了解化学家是如何研究分子立体结构的。

18. 查阅有关资料，了解门捷列夫是如何发现元素周期律的。

［提示：可参考车云霞，申泮文.化学元素周期系.天津：南开大学出版社，1999 年.请重点了解（1）如何排列当时（1869 年）已发现的 63 种元素；（2）如何预言尚未发现的元素；（3）对 Th、Te、Au、Bi 等元素的原子量怀疑的理由。］

习　题

1. 是非题(对的在括号内填"+"号,错的填"-"号)

(1) 当主量子数 $n=2$ 时,角量子数 l 只能取 1。　　　　　　　　　　（　　）

(2) p 轨道的角度分布图为"8"形,这表明电子是沿"8"轨迹运动的。　（　　）

(3) 多电子原子轨道的能级只与主量子数 n 有关。　　　　　　　　（　　）

2. 下列各种含氢的化合物中含有氢键的是　　　　　　　　　　　　（　　）

(a) HCl　　　(b) HF　　　(c) CH_4　　　(d) HCOOH　　　(e) H_3BO_3

3. 符合下列电子结构的元素,分别是哪一区的哪些(或哪一种)元素?

(1) 最外层具有两个 s 电子和两个 p 电子的元素。

(2) 外层具有 6 个 3d 电子和 2 个 4s 电子的元素。

(3) 3d 轨道全充满,4s 轨道只有 1 个电子的元素。

4. 下列各种元素各有哪些主要氧化值? 并各举出一种相应的化合物。

(1) Cl　　　　(2) Pb　　　　(3) Mn　　　　(4) Br　　　　(5) Hg

5. 列表写出外层电子构型分别为 $3s^2$、$2s^2 2p^3$、$3d^{10} 4s^2$、$3d^5 4s^1$、$4d^1 5s^2$ 的各元素的最高氧化值以及元素的名称。

6. (1) 填充下表

原子序数	原子的外层电子构型	未成对电子数	周期	族	所属区
16					
19					
42					
48					

(2) 回答问题

下列各物质的化学键中,只存在 σ 键的是(　　　);同时存在 σ 键和 π 键的是(　　　)。

(a) PH_3　　　(b) 乙烯　　　(c) 乙烷　　　(d) SiO_2　　　(e) N_2

7. 元素周期律的本质是什么? 有人用下面的话来描述原子结构、元素性质及其在周期表中的位置关系:结构是基础、性质是表现、位置是形式。你以为如何?

8. 写出下列各种离子的外层电子分布式,并指出它们外层电子构型各属何种构型。

(1) Mn^{2+}　　(2) Cd^{2+}　　(3) Fe^{2+}　　(4) Ag^+　　(5) Se^{2-}

(6) Cu^{2+}　　(7) Ti^{4+}

9. 第二周期元素的第一电离能(数据参见图 5.11),为什么在 Be 和 B,以及 N 和 O 之间出现转折? 为什么说电离能除了说明金属的活泼性之外,还可以说明元素呈现的氧化态?
[提示:可参阅一般《无机化学》教材或参考书。]

10. 下列化合物晶体中既存在有离子键又有共价键的是哪些?

（1）NaOH   （2）Na_2S （3）$CaCl_2$ （4）Na_2SO_4 （5）MgO

11. 试写出下列各化合物分子的空间构型,成键时中心原子的杂化轨道类型。

（1）SiH_4 （2）H_2S （3）BCl_3 （4）$BeCl_2$ （5）PH_3

12. 比较并简单解释 BBr_3 与 NCl_3 分子的空间结构。

13. 下列各物质的分子之间,分别存在何种类型的分子间作用力?

（1）H_2 （2）SiH_4 （3）CH_3COOH （4）CCl_4 （5）HCHO

14. 乙醇和二甲醚(CH_3OCH_3)的组成相同,但前者的沸点为 78.5 ℃,而后者的沸点为-23 ℃。为什么?

15. 下列各物质中哪些可溶于水?哪些难溶于水?试根据分子的结构,简单说明之。

（1）甲醇(CH_3OH)   （2）丙酮(CH_3COCH_3)   （3）氯仿($CHCl_3$)

（4）乙醚($CH_3CH_2OCH_2CH_3$)   （5）甲醛(HCHO)   （6）甲烷(CH_4)

16. 判断下列各组中两种物质的熔点高低。

（1）NaF、MgO   （2）BaO、CaO   （3）SiC、$SiCl_4$ （4）NH_3、PH_3

17. 试判断下列各组物质熔点的高低顺序,并作简单说明。

（1）SiF_4、$SiCl_4$、$SiBr_4$、SiI_4 （2）PF_3、PCl_3、PBr_3、PI_3

18. 自从超分子化学创始人 Lehn J M 于 1987 年获诺贝尔化学奖以来,超分子化学已经成为热门的研究课题。请回答超分子的主要特征是什么?超分子系统中的"非共价键作用"主要指的是哪些作用力?

［提示:参阅胡英. 物理化学:中册.4 版. 北京:高等教育出版社,1999 年.］

第6章 无机化合物

内容提要和学习要求 无机化合物种类很多,除了常见的无机酸碱盐、氧化物、卤化物以外,金属配合物也属于无机化合物的范畴。限于篇幅,本章着重介绍近年来发展迅速的配位化合物,并简要讨论无机氧化物和氯化物。结合元素周期表和物质结构尤其是晶体结构,讨论这些具有代表性的无机化合物的基本物理性质和重要化学性质,以及它们的实际应用。无机材料在生产生活中有着重要的应用,本章讨论一些常见的无机材料及新型的合金材料和无机非金属材料中的有关化学问题,以扩大化学的基本知识,使读者体会到化学的实际应用。

本章学习的主要要求可分为以下几点:

(1) 联系元素周期表和物质结构,了解化合物的熔点、沸点等物理性质的一般规律。

(2) 联系元素周期表和电极电势,了解某些化合物的氧化还原性和酸碱性等化学性质的一般规律和典型实例。

(3) 了解配合物的组成,命名和某些特殊配合物的概念。了解配合物价键理论的基本要点及配合物的某些应用。

(4) 了解重要金属合金材料和无机非金属材料的特性及应用。

6.1 氧化物和卤化物的性质

无机化合物的氧化物和卤化物的性质涉及范围很广,现联系周期系和化学热力学,选择一些典型的化合物,着重讨论它们的熔点、沸点等物理性质和氧化还原性、酸碱性等化学性质,从中了解某些化学规律及其在实际中的应用。

6.1.1 氧化物和卤化物的物理性质

1. 卤化物的熔点、沸点

卤化物是指卤素与电负性比卤素小的元素所组成的二元化合物。卤化物中着重讨论氯化物。表 6.1 和表 6.2 分别列出了一些氯化物的熔点和沸点。

表 6.1　氯化物的熔点

单位：℃

周期	I A	II A	III B	IV B	V B	VI B	VII B	VIII			I B	II B	III A	IV A	V A	VI A	VII A	0
1	HCl −114.8																(HCl) −114.8	
2	$LiCl$ 605	$BeCl_2$ 405											BCl_3 −107.3	CCl_4 −23	NCl_3 <−40	Cl_2O_7 −91.5	ClF −154	
3	$NaCl$ 801	$MgCl_2$ 714											$AlCl_3$ 190*	$SiCl_4$ −70	PCl_5 167 PCl_3 −112	SCl_4 −30	Cl_2 −100.98	
4	KCl 770	$CaCl_2$ 782	$ScCl_3$ 939	$TiCl_4$ −25 $TiCl_2$ 440d	VCl_4 −28	$CrCl_3$ 约1150 $CrCl_2$ 824	$MnCl_2$ 650	$FeCl_3$ 306 $FeCl_2$ 672	$CoCl_2$ 724	$NiCl_2$ 1001	$CuCl_2$ 620 $CuCl$ 430	$ZnCl_2$ 283	$GaCl_3$ 77.9	$GeCl_4$ −49.5	$AsCl_3$ −8.5	$SeCl_4$ 205		
5	$RbCl$ 718	$SrCl_2$ 875	YCl_3 721	$ZrCl_4$ 437*	$NbCl_5$ 204.7	$MoCl_5$ 194		$RuCl_3$ >500d	$RhCl_3$ 475d	$PdCl_2$ 500d	$AgCl$ 455	$CdCl_2$ 568	$InCl_3$ 586	$SnCl_4$ −33 $SnCl_2$ 246	$SbCl_5$ 2.8 $SbCl_3$ 73.4	$TeCl_4$ 224	α-ICl 27.2	
6	$CsCl$ 645	$BaCl_2$ 963	$LaCl_3$ 860	$HfCl_4$ 319s	$TaCl_5$ 216	WCl_6 275 WCl_5 248		$OsCl_3$ 550d	$IrCl_3$ 763d	$PtCl_4$ 370d	$AuCl_3$ 254d $AuCl$ 170d	$HgCl_2$ 276 Hg_2Cl_2 400s	$TlCl_3$ 25 $TlCl$ 430	$PbCl_4$ −15 $PbCl_2$ 501	$BiCl_3$ 231			

注：* 系在加压下。d 表示分解。s 表示升华。$FeCl_2$、$RhCl_3$、$OsCl_3$、$BiCl_3$ 的数据有个温度范围，本表系取平均值。

表 6.2　氯化物的沸点

单位：℃

	I A	II A	III B	IV B	V B	VI B	VII B	VIII	VIII	VIII	I B	II B	III A	IV A	V A	VI A	VII A	0
1	HCl −84.9																HCl (−84.9)	
2	LiCl 1342	BeCl₂ 520											BCl₃ 12.5	CCl₄ 76.8	NCl₃ <71	Cl₂O₇ 82	ClF −100.8	
3	NaCl 1413	MgCl₂ 1412											AlCl₃ 177.8s	SiCl₄ 57.57	PCl₅ 162s / PCl₃ 75.5	SCl₄ −15d	Cl₂ −34.6	
4	KCl 1500s	CaCl₂ >1600	ScCl₃ 825s	TiCl₄ 136.4	VCl₄ 148.5	CrCl₃ 1300s	MnCl₂ 1190	FeCl₃ 315d	CoCl₂ 1049	NiCl₂ 973s	CuCl₂ 933d / CuCl 1490	ZnCl₂ 732	GaCl₃ 201.3	GeCl₄ 84	AsCl₃ 130.2	SeCl₄ 288d		
5	RbCl 1390	SrCl₂ 1250	YCl₃ 1507	ZrCl₄ 331s	NbCl₅ 254	MoCl₅ 268			RhCl₂ 800s		AgCl 1550	CdCl₂ 960	InCl₃ 600	SnCl₄ 114.1 / SnCl₂ 652	SbCl₅ 79 / SbCl₃ 283	TeCl₄ 380	α-ICl 97.4	
6	CsCl 1290	BaCl₂ 1560	LaCl₃ >1000	HfCl₄ 319s	TaCl₅ 242	WCl₆ 346.7 / WCl₅ 275.6	ReCl₄ 500				AuCl₃ 265s / AuCl 289.5d	HgCl₂ 302	TlCl 720	PbCl₄ 105d / PbCl₂ 950	BiCl₃ 447			

　　从表中可以看出,活泼金属的氯化物如 NaCl、KCl、$BaCl_2$ 等的熔点、沸点较高;非金属元素的氯化物如 PCl_3、CCl_4、$SiCl_4$ 等的熔点、沸点都很低;而位于周期表中部的金属元素的氯化物如 $AlCl_3$、$FeCl_3$、$CrCl_3$、$ZnCl_2$ 等的熔点、沸点介于两者之间,大多偏低。

　　从表中还可以发现熔点的以下规律:(1) ⅠA 族元素氯化物(除 LiCl 外)的熔点自上而下逐渐降低,符合离子晶体的规律。而ⅡA 族元素氯化物,虽都有较高的熔点(说明基本上属于离子晶体,$BeCl_2$ 除外),但自上而下熔点逐渐升高,变化趋势恰好相反,表明还有其他因素对熔点在起作用。(2) 多数过渡金属及 p 区金属氯化物熔点都较低,同一金属元素的低价态氯化物的熔点比高价态的要高。例如熔点:$FeCl_2 > FeCl_3$;$SnCl_2 > SnCl_4$。

　　物质的熔点、沸点主要决定于物质的晶体结构。氯是活泼非金属,它与很活泼金属 Na、K、Ba 等形成的离子型氯化物,晶态时是典型的离子晶体,晶体中正、负离子间存在着较强的离子键,晶格能大,因而熔点、沸点较高;氯与非金属化合生成共价型氯化物,固态时是分子晶体,因而熔点、沸点较低。但氯与一些金属元素(包括 Mg、Al 等)化合,形成过渡型氯化物,如 $FeCl_3$、$AlCl_3$、$MgCl_2$、$CdCl_2$ 等。固态时是层状(或链状)结构的晶体,不同程度地呈现出离子晶体向着分子晶体过渡的性质,因而其熔点、沸点低于离子晶体,但高于分子晶体,常易升华。

2. 离子极化理论

　　离子极化理论能说明离子键向共价键的转变,并解释上述的熔点变化规律。

　　离子极化理论是从离子键理论出发,把化合物中的组成元素看作正、负离子,然后考虑正、负离子间的相互作用。元素的离子一般可以看作球形,正、负电荷的中心分别重合于球心[见图 6.1(a)]。在外电场的作用下,离子中的原子核和电子会发生相对位移,离子就会变形,产生诱导偶极,这种过程叫作离子极化[见图 6.1(b)]。事实上所有的离子都带电荷,离子本身产生的电场能使带异号电荷的相邻离子极化[见图 6.1(c)]。

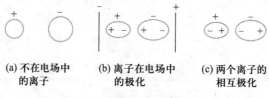

(a) 不在电场中　　　(b) 离子在电场中　　　(c) 两个离子的
　　的离子　　　　　　　的极化　　　　　　　相互极化

图 6.1　离子极化作用示意图

　　离子极化的结果,使正、负离子之间发生了额外的吸引力,甚至有可能使两个离子的原子轨道(或电子云)发生变形,导致轨道相互重叠,使生成的化学键有部分的共价键成分,因而生成的化学键极性变小(见图 6.2),即离子键向共价键转变。从这个观点看,离子键和共价键之间并没有严格的界限,在两者之间存在着过渡状态。因而,极性键可以看成离子键和共价键之间的一种过渡形式。

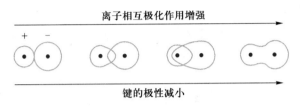

图 6.2　离子键向共价键转变的示意图

　　离子极化作用的强弱与离子的极化力和变形性两方面因素有关。

　　离子使其他离子极化而发生变形的能力叫作离子的极化力。离子的极化力决定于它的电场强度,简单地说,主要决定于下列三个因素。

　　① 离子的电荷　电荷数越多,极化力越强。

　　② 离子的半径　半径越小,极化力越强。

　　③ 离子的外层电子构型　外层 8 电子构型(稀有气体原子结构)的离子(如 Na^+、Mg^{2+})极化力弱,外层 9~17 电子构型的离子(如 Cr^{3+}、Mn^{2+}、Fe^{2+}、Fe^{3+})及外层 18 电子构型的离子(如 Cu^+、Zn^{2+})等极化力较强。

　　离子的变形性(即离子可以被极化的程度)的大小也与离子的结构有关,主要决定于下列三个因素。

　　① 离子的电荷　随正电荷数的减少或负电荷数的增加,变形性增大。例如,变形性:

$$Si^{4+} < Al^{3+} < Mg^{2+} < Na^+ < F^- < O^{2-}$$

　　② 离子的半径　随半径的增大,变形性增大。例如,变形性:

$$F^- < Cl^- < Br^- < I^- \, ; O^{2-} < S^{2-}$$

　　③ 离子的外层电子构型　外层 18,9~17 等电子构型的离子变形性较大,具有稀有气体外层电子构型的离子变形性较小。例如,变形性:

$$K^+ < Ag^+ \, ; Ca^{2+} < Hg^{2+}$$

　　根据上述规律可见,负离子的极化力较弱,正离子的变形性较小,所以考虑离子间极化作用时,主要是考虑正离子的极化力引起负离子的变形。只有当正离子也容易变形(如外层 18 电子构型的 +1、+2 价正离子)时,才不容忽视两种离子相互之间进一步引起的极化作用(称之为附加极化效应),从而加大了总的离子极化作用。

  离子极化对晶体结构和熔点等性质的影响,可以第 3 周期的氯化物为例说明如下。如表 6.3 所示,由于 Na^+、Mg^{2+}、Al^{3+}、Si^{4+} 的离子电荷数依次递增而半径减小,极化力依次递增,引起 Cl^- 发生变形的程度也依次增大,致使正、负离子轨道的重叠程度增大,键的极性减小,相应的晶体由 NaCl 的离子晶体转变为 $MgCl_2$、$AlCl_3$ 的层状结构晶体,最后转变为 $SiCl_4$ 的分子晶体,其熔点、沸点、导电性也依次递减。

表 6.3 第 3 周期中一些氯化物的性质

氯化物	NaCl	$MgCl_2$	$AlCl_3$	$SiCl_4$
正离子	Na^+	Mg^{2+}	Al^{3+}	Si^{4+}
r_+/nm	0.097	0.066	0.051	0.042
熔点/℃	801	714	190(加压下)	−70
沸点/℃	1413	1412	177.8(升华)	57.57
摩尔电导率(熔点时)	大	尚大	很小	零
晶体类型	离子晶体	层状结构晶体	层状结构晶体	分子晶体

  对于前述的第 Ⅱ 主族及 p 区、过渡金属的氯化物的熔点规律,可做如下解释。由于 Cl^- 离子半径较大,有一定变形性,而第 Ⅱ 主族的 Sr^{2+}、Ca^{2+}、Mg^{2+}、Be^{2+} 的离子半径比同周期的第 Ⅰ 主族金属离子的半径要小得多,且电荷数为 +2,因而正离子的极化力随之有所增强。这就使得第 Ⅱ 主族金属的氯化物的晶体结构,随着极化作用的增强,自下而上,由 $BaCl_2$ 的离子晶体逐渐转变为 $MgCl_2$ 的层状结构晶体或 $BeCl_2$ 的链状结构晶体(气态 $BeCl_2$ 是电偶极矩为零的共价型分子)。$BeCl_2$、$MgCl_2$ 可溶于有机溶剂,甚至 $SrCl_2$ 也能溶于乙醇。这些都说明第 Ⅱ 主族金属的氯化物,由于极化作用逐渐向分子晶体过渡。许多过渡金属及 p 区金属的氯化物,由于正离子电荷数较多,外层电子又多为 9~17 或 18 等电子构型,而具有较强的极化力,使这些氯化物往往具有自离子型向分子型转变的晶体结构,所以大多熔点、沸点比离子晶体的要低。而且由于较高价态离子电荷数较多、半径较小,因而具有较强的极化力,就易使其氯化物带有更多的共价性(易偏向分子晶体)。所以高价态金属氯化物比低价态的熔点、沸点往往要低些,挥发性也要强些。

  又如,AgCl、AgBr、AgI 颜色逐渐加深,在水中的溶解度却依次减少;同种元素的硫化物的颜色常比相应的氧化物或氢氧化物的更深等,都可从离子极化作用的增强得到解释。

3. 卤化物的应用

离子型卤化物中 NaCl、KCl、$BaCl_2$ 熔点、沸点较高,稳定性好,受热不易分解,这类氯化物的熔融态可用作高温时的加热介质,叫作盐浴剂。CaF_2、NaCl、KBr 晶体可用做红外光谱仪棱镜(红外透光材料)。位于周期表中部元素的卤化物中,过渡型的 $AlCl_3$、$CrCl_2$ 及分子型的 $SiCl_4$ 易挥发,通常稳定性较好,但在高温时能在钢铁工件表面分解出具有活性的铝或铬、硅原子,渗入工件表面,因而可用于渗铝、渗铬、渗硅工艺中。易气化的 SiC_4、$SiHCl_3$(三氯硅甲烷)可被还原为硅而用于半导体硅的制取。利用共价型 WI_2(二碘化钨)易挥发且稳定性差、高温能分解为单质的性质,可在灯管中加入少量碘制得碘钨灯。当灯管中钨丝受热升华到灯管壁(温度维持在 $250 \sim 650℃$)时,可以与碘化合成 WI_2。WI_2 蒸气又扩散到整个灯管,碰到高温的钨丝便重新分解,并又把钨沉积在灯丝上。这样循环不息,可以大大提高灯的发光效率和寿命。

4. 氧化物的熔点、沸点

氧化物是指氧与电负性比氧的要小的元素所形成的二元化合物。人类在生产活动中大量地使用各种氧化物,地壳中丰度较大的硅、铝、铁,就以多种氧化物的形式存在于自然界,如 SiO_2(石英砂)、Al_2O_3(黏土的主要组分)、Fe_2O_3 和 Fe_3O_4 等。

表 6.4 列出了一些氧化物的熔点。氧化物沸点的变化规律基本和熔点的变化规律一致。总的说来,与氯化物相类似,但也存在一些差异。金属性强的元素的氧化物,如 Na_2O、BaO、CaO、MgO 等是离子晶体,熔点、沸点大都较高。大多数非金属元素的氧化物如 SO_2、N_2O_5、CO_2 等是共价型化合物,固态时是分子晶体,熔点、沸点低。但与所有的非金属氯化物都是分子晶体不同,非金属硅的氧化物 SiO_2(方石英)是原子晶体,熔点、沸点较高。大多数金属性不太强的元素的氧化物是过渡型化合物,其中一些较低价态金属的氧化物,如 Cr_2O_3、Al_2O_3、Fe_2O_3、NiO、TiO_2 等可以认为是离子晶体向原子晶体的过渡,或者说介于离子晶体和原子晶体之间,熔点较高、硬度较大。而高价态金属的氧化物如 V_2O_5、CrO_3、MoO_3、Mn_2O_7 等,由于"金属离子"与"氧离子"相互极化作用强烈,偏向于共价型分子晶体,可以认为是离子晶体向分子晶体的过渡,熔点、沸点较低。

大多数同价态的金属的氧化物的熔点都比其氯化物的要高。例如,熔点:$MgO>MgCl_2$;$Al_2O_3>AlCl_3$;$Fe_2O_3>FeCl_3$;$CuO>CuCl_2$ 等。

5. 铁的氧化物

铁有多种不同价态的氧化物:氧化亚铁 FeO,二氧化铁 FeO_2,三氧化二铁 Fe_2O_3,四氧化三铁 Fe_3O_4。

FeO 又称一氧化铁,黑色粉末,熔点为 $1\,369\pm1℃$,相对密度为 5.7,溶于酸,

表 6.4　氧化物的熔点

单位：℃

周期	IA	IIA	IIIB	IVB	VB	VIB	VIIB	VIII	VIII	VIII	IB	IIB	IIIA	IVA	VA	VIA	VIIA	0
1	H_2O 0.000																	(H_2O 0.000)
2	Li_2O >1700	BeO 2530											B_2O_3 450	CO_2 -56.6*	N_2O_3 -102	O_2 -218.4	OF_2 -223.8	
3	Na_2O 1275s Na_2O_2 460d	MgO 2852											Al_2O_3 2072	SiO_2 1610	P_2O_5 583 P_2O_3 23.8	SO_3 16.83 SO_2 -72.7	Cl_2O_7 -91.5 Cl_2O -20	
4	KO_2 380 K_2O 350d	CaO 2614		TiO_2 1840	V_2O_5 690	CrO_3 196 Cr_2O_3 2266	Mn_2O_7 5.9 MnO_2 535d	Fe_2O_3 1565 FeO 1369	CoO 1795	NiO 1984	CuO 1326 Cu_2O 1235	ZnO 1975	Ga_2O_3 1795	GeO_2 1115.0	As_2O_5 315d As_2O_3 312.3	SeO_3 118 SeO_2 345	Br_2O -17.5	
5	RbO_2 432 Rb_2O 400d	SrO 2430	Y_2O_3 2410	ZrO_2 2715	Nb_2O_5 1520	MoO_3 795		RuO_4 25.5	Rh_2O_3 1125d	PdO 870	Ag_2O 230d	CdO >1500		SnO_2 1630 SnO 1080d	Sb_2O_3 656	TeO_3 395d TeO_2 733	I_2O_5 325d	
6	Cs_2O_2 400 Cs_2O 400d	BaO 1918 BaO_2 450	La_2O_3 2307	HfO_2 2758	Ta_2O_5 1872	WO_3 1473	Re_2O_7 约297	OsO_4 40.6	IrO_2 1100d	PtO 550d	Au_2O_3 100d	HgO 500d Hg_2O 100d	Tl_2O_3 717 Tl_2O 300	PbO_2 293d PbO 886	Bi_2O_3 825			

注：* 系在加压下。s 表示升华。d 表示分解。P_2O_5、Br_2O、I_2O_5、TiO_2、Rh_2O_3、SeO_2 的数据有一个温度范围，本表系采取平均值。

不溶于水和碱溶液。极不稳定,易被氧化成 Fe_2O_3;在空气中加热会迅速被氧化成 Fe_3O_4。在隔绝空气的条件下,由草酸亚铁加热来制取。主要用来制造玻璃色料。

Fe_2O_3 是棕红色或黑色粉末,俗称铁红,熔点为 1 565℃,相对密度为 5.24。在自然界以赤铁矿形式存在,具有两性,与酸作用生成三价 $Fe(Ⅲ)$ 盐,与强碱作用得 $[Fe(OH)_6]^{3-}$。在强碱介质中有一定的还原性,可被强氧化剂所氧化。Fe_2O_3 不溶于水,也不与水起作用。灼烧硫酸亚铁、草酸铁、氢氧化铁都可制得,它也可通过在空气中煅烧黄铁矿来制取。它常用做颜料、抛光剂、催化剂和红粉等。

Fe_3O_4 为黑色晶体,加热至熔点 $[(1\ 594\pm5)℃]$ 时分解,相对密度为 5.18,具有很好的磁性,故又称为“磁性氧化铁”。它是天然产磁铁矿的主要成分,潮湿状态下在空气中容易氧化成 Fe_2O_3。不溶于水,溶于酸。近代测试表明,它实际是铁的混合价态化合物。在磁铁矿中由于 $Fe(Ⅱ)$ 与 $Fe(Ⅲ)$ 的位置基本上是无序排列的,电子可在铁的两种氧化态间迅速发生转移,所以 Fe_3O_4 固体具有优良的导电性。由铁在蒸气中加热,或者将 Fe_2O_3 在 400℃ 用氢还原都可制得 Fe_3O_4。Fe_3O_4 用来做颜料和抛光剂等。磁性氧化铁能用于制造录音、录像磁带和电讯器材等。

6.1.2 氧化物和卤化物的化学性质

1. 氧化还原性

离子晶体认识

在众多的无机化合物中,下面选择在科学研究和工程实际中有较多应用的 $KMnO_4$、$K_2Cr_2O_7$、$NaNO_2$、H_2O_2 等,联系电极电势介绍氧化还原性、介质的影响及产物的一般规律。

(1) 高锰酸钾

锰原子核外的 $3d^5 4s^2$ 电子都能参加化学反应,氧化值为 +1 到 +7 的锰化合物都已发现,其中以 +2,+4,+6,+7 较为常见。在 +7 价的化合物中,应用最广的是高锰酸钾 $KMnO_4$。它是暗紫色晶体,在溶液中呈高锰酸根离子(MnO_4^-)特有的紫色。

$KMnO_4$ 是一种常用的氧化剂,其氧化性的强弱与还原产物都与介质的酸度密切相关。在酸性介质中它是很强的氧化剂,氧化能力随介质酸性的减弱而减弱,还原产物也不同。这也可以从下列有关的电极电势看出:

$$MnO_4^-(aq)+8H^+(aq)+5e^- \Longrightarrow Mn^{2+}(aq)+4H_2O(l);$$
$$\varphi^{\ominus}(MnO_4^-/Mn^{2+})=1.507\ V$$

$$MnO_4^-(aq)+2H_2O(l)+3e^- \Longrightarrow MnO_2(s)+4OH^-(aq);$$
$$\varphi^{\ominus}(MnO_4^-/MnO_2)=0.595\ V$$

$$MnO_4^-(aq)+e^- = MnO_4^{2-}(aq); \varphi^\ominus(MnO_4^-/MnO_4^{2-})=0.558 \text{ V}$$

在酸性介质中,MnO_4^- 可以氧化 SO_3^{2-}、Fe^{2+}、H_2O_2,甚至 Cl^- 等,本身被还原为 Mn^{2+}(浅红色,稀溶液为无色)。例如:

$$2MnO_4^-+5SO_3^{2-}+6H^+ = 2Mn^{2+}+5SO_4^{2-}+3H_2O$$

在中性或弱碱性溶液中,MnO_4^- 可被较强的还原剂如 SO_3^{2-} 还原为 MnO_2(棕褐色沉淀):

$$2MnO_4^-+3SO_3^{2-}+H_2O = 2MnO_2(s)+3SO_4^{2-}+2OH^-$$

在强碱性溶液中,MnO_4^- 还可以被(少量的)较强的还原剂如 SO_3^{2-} 还原为 MnO_4^{2-}(绿色):

$$2MnO_4^-+SO_3^{2-}+2OH^- = 2MnO_4^{2-}+SO_4^{2-}+H_2O$$

(2) 重铬酸钾

它是常用的氧化剂。在酸性介质中+6 价铬(以 $Cr_2O_7^{2-}$ 形式存在)具有较强的氧化性。可将 Fe^{2+}、NO_2^-,SO_3^{2-}、H_2S 等氧化,而 $Cr_2O_7^{2-}$ 被还原为 Cr^{3+}。分析化学中可借下列反应测定铁的含量(先使样品中所含铁全部还原为 Fe^{2+}):

$$Cr_2O_7^{2-}+6Fe^{2+}+14H^+ = 2Cr^{3+}+6Fe^{3+}+7H_2O$$

近年来 $K_2Cr_2O_7$ 被用于快速检测汽车驾驶员是否酒后驾车。通过吸收气体中含有的少量乙醇可使 $K_2Cr_2O_7$ 酸性溶液从橙红色变为绿色,反应方程如下:

$$2Cr_2O_7^{2-}(aq)+16H^+(aq)+3C_2H_5OH(1) =$$
$$4Cr^{3+}(aq)+11H_2O(1)+3CH_3COOH(1)$$

在重铬酸盐或铬酸盐的水溶液中存在下列平衡(CrO_4^{2-} 的聚合与 $Cr_2O_7^{2-}$ 的水解):

$$2CrO_4^{2-}(aq)+2H^+(aq) \underset{水解}{\overset{聚合}{\rightleftharpoons}} Cr_2O_7^{2-}(aq)+H_2O(1)$$

$$K^\ominus = \frac{[c(Cr_2O_7^{2-})/c^\ominus]}{[c(CrO_4^{2-})/c^\ominus]^2[c(H^+)/c^\ominus]^2} = 1.2\times10^{14}$$

加酸或加碱可以使上述平衡发生移动。酸化溶液,则溶液中以重铬酸根离子 $Cr_2O_7^{2-}$ 为主而显橙色;若加入碱使呈碱性,则以铬酸根离子(CrO_4^{2-})为主而显黄色。

(3) 亚硝酸盐

亚硝酸盐中氮的氧化值为+3,处于中间价态,它既有氧化性又有还原性。

在酸性溶液中的标准电极电势为

$$HNO_2(aq)+H^+(aq)+e^- \Longrightarrow NO(g)+H_2O(l);$$
$$\varphi^{\ominus}(HNO_2/NO)=0.983 \text{ V}$$
$$NO_3^-(aq)+3H^+(aq)+2e^- \Longrightarrow HNO_2(aq)+H_2O(l);$$
$$\varphi^{\ominus}(NO_3^-/HNO_2)=0.934 \text{ V}$$

亚硝酸盐在酸性介质中主要表现为氧化性。例如,能将 KI 氧化为单质碘,NO_2^- 被还原为 NO:

$$2NO_2^-+2I^-+4H^+ \Longrightarrow 2NO(g)+I_2+2H_2O$$

亚硝酸盐遇较强氧化剂如 $KMnO_4$、$K_2Cr_2O_7$、Cl_2 时,会被氧化为硝酸盐:

$$Cr_2O_7^{2-}+3NO_2^-+8H^+ \Longrightarrow 2Cr^{3+}+3NO_3^-+4H_2O$$

亚硝酸盐均可溶于水并有毒,是致癌物质。

（4）**过氧化氢**

H_2O_2 中氧的氧化值为 -1,介于零价与 -2 价,H_2O_2 既具有氧化性又具有还原性,并且还会发生歧化(自分解)反应。

H_2O_2 在酸性或碱性介质中都显相当强的氧化性。在酸性介质中,H_2O_2 可把 I^- 氧化为 I_2(并且还可以将 I_2 进一步氧化为 HIO_3),H_2O_2 则被还原为 H_2O(或 OH^-):

$$H_2O_2+2I^-+2H^+ \Longrightarrow I_2+2H_2O$$

但遇更强的氧化剂如氯气、酸性高锰酸钾等时,H_2O_2 又呈显还原性而被氧化为 O_2。例如:

$$2MnO_4^-+5H_2O_2+6H^+ \Longrightarrow 2Mn^{2+}+5O_2+8H_2O$$

实践中广泛利用 H_2O_2 的强氧化性、漂白和杀菌作用。H_2O_2 作为氧化剂使用时不会引入杂质。H_2O_2 能将有色物质氧化为无色,且不像氯气要损害动物性物质,所以 H_2O_2 特别适用于漂白象牙、丝、羽毛等物质。H_2O_2 溶液具有杀菌作用,质量分数为 3% 的 H_2O_2 溶液在医学上用作外科消毒剂。质量分数为 90% 的 H_2O_2 溶液曾作为火箭燃料的氧化剂。但液态 H_2O_2 是热力学不稳定的,保存时要注意安全,并避免分解。

2. 氧化物及其水合物的酸碱性

根据氧化物对酸、碱的反应不同,可将氧化物分为酸性氧化物、碱性氧化物、两性氧化物和不成盐氧化物等四类。

不成盐氧化物与水、酸或碱不起反应,如 CO、NO、N_2O 等。

与酸性、碱性和两性氧化物相对应,它们的水合物也有酸性、碱性和两性的。氧化物的水合物不论是酸性、碱性和两性,都可以看作氢氧化物,即可用一个简化的通式 $R(OH)_x$ 来表示,其中 x 是元素 R 的氧化值。在写酸的化学式时,习惯上总把氢列在前面;在写碱的化学式时,则把元素 R 列在前面而写成氢氧化物的形式。例如,硼酸写成 H_3BO_3 而不写成 $B(OH)_3$;而氢氧化钙是碱,则写成 $Ca(OH)_2$。

当元素 R 的氧化值较高时,氧化物的水合物易脱去一部分水而变成含水较少的化合物。例如,硝酸 HNO_3(H_5NO_5 脱去 2 个水分子);正磷酸 H_3PO_4(H_5PO_5 脱去 1 个水分子)等。

对于两性氢氧化物如氢氧化铝,则既可写成碱的形式 $Al(OH)_3$,也可写成酸的形式:

$$Al(OH)_3 \Longrightarrow H_3AlO_3 \Longrightarrow HAlO_2 + H_2O$$

（氢氧化铝）　　　（正铝酸）　　　（偏铝酸）

那么元素周期表中元素的氧化物及其水合物的酸碱性的递变有什么规律呢? 氧化物及其水合物的酸碱性强弱的一般规律:

(1) 元素周期表各族元素最高价态的氧化物及其水合物,从左到右(同周期)酸性增强,碱性减弱;自上而下(同族)酸性减弱,碱性增强。这一规律在主族中表现明显,如表 6.5 所示。

表 6.5　元素周期表主族元素最高价态的氧化物的水合物的酸碱性

	I A	II A	III A	IV A	V A	VI A	VII A
			酸性增强 →				
碱性增强 ↓	LiOH (中强碱)	Be(OH)₂ (两性)	H₃BO₃ (弱酸)	H₂CO₃ (弱酸)	HNO₃ (强酸)	—	HClO₄ (极强酸)
	NaOH (强碱)	Mg(OH)₂ (中强碱)	Al(OH)₃ (两性)	H₂SiO₃ (弱酸)	H₃PO₄ (中强酸)	H₂SO₄ (强酸)	HBrO₄ (强酸)
	KOH (强碱)	Ca(OH)₂ (中强碱)	Ga(OH)₃ (两性)	Ge(OH)₄ (两性)	H₃AsO₄ (中强酸)	H₂SeO₄ (强酸)	H₅IO₆ (中强酸)
	RbOH (强碱)	Sr(OH)₂ (中强碱)	In(OH)₃ (两性)	Sn(OH)₄ (两性)	H[Sb(OH)₆] (弱酸)	H₆TeO₆ (弱酸)	酸性增强 ↑
	CsOH (强碱)	Ba(OH)₂ (强碱)	Tl(OH)₃ (弱碱)	Pb(OH)₄ (两性)	—	—	
			← 碱性增强				

副族情况大致与主族有相同的变化趋势,但要缓慢些。以第 4 周期中第

Ⅲ～Ⅶ副族元素最高价态的氧化物及其水合物为例,它们的酸碱性递变顺序如下:

碱性增强

$\longleftarrow$

Sc_2O_3	TiO_2	V_2O_5	CrO_3	Mn_2O_7
$Sc(OH)_3$	$Ti(OH)_4$	HVO_3	H_2CrO_4 和 $H_2Cr_2O_7$	$HMnO_4$
氢氧化钪	氢氧化钛	偏钒酸	铬酸　　　重铬酸	高锰酸
碱	两性	弱酸	中强酸	强酸

酸性增强

$\longrightarrow$

同一副族,例如,在第Ⅵ副族元素最高价态的氧化物的水合物中,H_2CrO_4(中强酸)的酸性比 H_2MoO_4(弱酸)和 H_2WO_4(弱酸)的要强。

同一族元素较低价态的氧化物及其水合物,自上而下一般也是酸性减弱,碱性增强。例如,$HClO$、$HBrO$、HIO 的酸性逐渐减弱;又如在第Ⅴ主族元素+3 价态的氧化物中,N_2O_3 和 P_2O_3 呈酸性,As_2O_3 和 Sb_2O_3 呈两性,而 Bi_2O_3 则呈碱性;与这些氧化物相对应的水合物的酸碱性也是这样。

(2) 同一元素形成不同价态的氧化物及其水合物时,一般高价态的酸性比低价态的要强。例如,在以下化合物中,同一行中的物质右边的酸性更强。

$HClO$	$HClO_2$	$HClO_3$	$HClO_4$
弱酸	中强酸	强酸	极强酸

酸性增强

$\longrightarrow$

$Mn(OH)_2$	$Mn(OH)_3$	$Mn(OH)_4$	H_2MnO_4	$HMnO_4$
碱	弱碱	两性	弱酸	强酸

酸性增强

$\longrightarrow$

CrO	Cr_2O_3	CrO_3
碱性	两性	酸性

酸性增强

$\longrightarrow$

氧化物及其水合物的酸碱性在工程实际中得到广泛利用。例如,耐火材料的选用、炼铁时的成渣反应、三废的处理、金属材料表面处理等许多方面都需考虑和利用物质的酸碱性。

3. 氯化物与水的作用

由于很多氯化物溶于水时会与水发生作用,而使溶液呈酸性,在此,对氯化物的这一性质做一介绍。根据氯化物与水作用的情况,主要可分为以下几类:

(1) 多数非金属氯化物与水发生反应生成非金属含氧酸和盐酸。例如,

BCl_3、$SiCl_4$、PCl_5 等遇水就会迅速发生不可逆的反应：

$$BCl_3 + 3H_2O =\!=\!= H_3BO_3(aq) + 3HCl(aq)$$

$$SiCl_4 + 3H_2O =\!=\!= H_2SiO_3(s) + 4HCl(aq)$$

$$PCl_5 + 4H_2O =\!=\!= H_3PO_4(aq) + 5HCl(aq)$$

这类氯化物与水作用非常强,当其暴露在潮湿空气中会引起再成雾现象。因此,在军事上可用作烟雾剂,特别是海战时,空气中水蒸气较多,烟雾更浓。生产上可借此用沾有氨水的玻璃棒来检查 $SiCl_4$ 的系统是否漏气。

（2）大多数不太活泼金属（镁、锌、铁等）的氯化物会不同程度地与水发生反应,尽管反应常常是分步进行和可逆的,却总会引起溶液酸性的增强。它们与水反应的产物一般为碱式盐与盐酸。例如：

$$MgCl_2 + H_2O =\!=\!= Mg(OH)Cl + HCl$$

又如,在焊接金属时常用氯化锌浓溶液以清除钢铁表面的氧化物,主要就是利用 $ZnCl_2$ 与水反应而产生的酸性。

较高价态金属的氯化物（如 $FeCl_3$、$AlCl_3$、$CrCl_3$ 等）与水反应的过程比较复杂,但一般仍简化表示为以第一步反应为主（注意,一般并不产生氢氧化物的沉淀）。例如：

$$FeCl_3 + H_2O =\!=\!= Fe(OH)Cl_2 + HCl$$

有些氯化物与水反应后生成的碱式盐,在水中或酸性不强的溶液中溶解度很小会形成沉淀,如 $SnCl_2$、$SbCl_3$、$BiCl_3$ 分别会以碱式氯化亚锡 $Sn(OH)Cl$、氯氧化锑 $SbOCl$、氯氧化铋 $BiOCl$ 析出（均为白色）：

$$SnCl_2 + H_2O =\!=\!= Sn(OH)Cl(s) + HCl$$

$$SbCl_3 + H_2O =\!=\!= SbOCl(s) + 2HCl$$

$$BiCl_3 + H_2O =\!=\!= BiOCl(s) + 2HCl$$

化学反应方程式中 $SbOCl$、$BiOCl$ 分别是二者与水反应的产物 $Sb(OH)_2Cl$、$Bi(OH)_2Cl$ 的脱水产物。它们的硫酸盐、硝酸盐也有相似的特性,可用作检验亚锡、三价锑或三价铋盐的定性反应。在配制这些盐类的溶液时,为了抑制其与水反应,一般都先将固体溶于相应的浓酸,再加适量水而成（对于做还原剂的 Sn^{2+} 为防止其久置被空气氧化还可在 $SnCl_2$ 溶液中加入少量纯锡粒）。

（3）某些高价态金属的氯化物也会与水发生强烈的反应而变质。例如,四氯化锗与水作用,生成胶状的二氧化锗的水合物和盐酸：

$$GeCl_4(1) + 3H_2O \rightleftharpoons GeO_2 \cdot H_2O(s) + 4HCl(aq)$$

所得的胶状水合物在水内不久即聚集为粗粒,在空气中脱水得到二氧化锗晶体。工业上制备半导体材料用的高纯锗的反应就曾利用这种性质。先把含锗的原料中的锗制备形成 $GeCl_4$,将精馏提纯的 $GeCl_4$ 与水作用得到 GeO_2,再用纯氢气还原,可以制得纯度较高的锗,最后用区域熔融法进一步提纯,可得半导体材料用的高纯锗。

（4）活泼金属如钠、钾、钡等的氯化物在水中解离并形成水合离子,但不改变水溶液的 pH。

6.2　配位化合物

配位化合物简称**配合物**,也称**络合物**,是一类比较复杂的无机化合物。研究配位化合物的化学称为**配位化学**。配位化学属于无机化学领域,是现代无机化学的一个重要研究领域。

伴随着现代实验手段的发展,尤其是晶体 X 射线衍射技术的发展,现代化学家已经可以充分认识配合物分子的结构,并能够用化学键理论对这些复杂结构加以合理的解释。

配合物种类繁多,由于它们在化学、化工、生命科学的许多领域中的应用和具有特殊功能(如光、电、磁、信息存储等)配合物的良好应用前景或潜在的应用前景等,使配位化学获得很大发展。

下面从配合物的组成、命名、结构、价键理论及其在生物医学等诸多方面的应用进行介绍。

6.2.1　配位化合物的组成

配合物由**中心离子**(或原子)和**配体**组成。中心离子通常是过渡金属离子,可以给配体提供空的原子轨道;在中心离子周围直接配位的有化学键作用的分子、离子或基团称为配体。在配体中,与中心离子直接形成配位键的原子称为**配位原子**。配位原子必须能够提供孤对电子。例如,在 $NiCl_2(H_2O)_4$ 中[见图 6.3(a)],水分子与氯离子都是配体,O 原子和 Cl 原子能提供孤对电子所以都是配位原子。在配合物 $Ni(NH_3)_6Cl_2$ 中[见图 6.3(b)],只有氨分子是配体,其中的 N 原子能提供孤对电子是配位原子。配体与中心离子间的化学键称为**配位键**(化学式中以符号"$\longrightarrow$"表示配位键)。

在配合物 $Ni(NH_3)_6Cl_2$ 中,Cl^- 与 Ni^{2+} 离子之间并未形成配位键,因此,Cl^- 离子不是配体,Cl 原子也不是配位原子。

在以金属离子为中心离子的配合物,配体中通常含有 O、N、S 和卤素原子等配位原子。配体本身可以是中性分子,也可以是带电荷的阴离子或基团。含有 O、N、S 等原子的有机化合物种类繁多,大多可以作为配体,因此配合物的种类繁多。

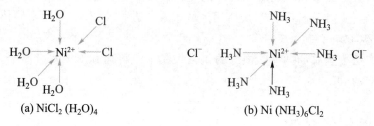

(a) $NiCl_2(H_2O)_4$ (b) $Ni(NH_3)_6Cl_2$

图 6.3 配合物中的配位情况

根据配体提供的配位原子数目和配合物空间结构特征,可以将配体分为以下几类:

（1）**单齿配体**

只含有一个配位原子,并且该配位原子只与一个中心离子结合的配体称为单齿配体。例如,NH_3、H_2O、Cl^- 和杂环化合物咪唑、吡啶等都可以是单齿配体。在 $NiCl_2(H_2O)_4$ 中,Cl^- 和 H_2O 分子都是单齿配体。

（2）**多齿配体**

含有 2 个或 2 个以上配位原子的配体称为多齿配体,如 SO_4^{2-}、乙二胺、邻菲啰啉、乙二胺四乙酸等。例如,乙二胺四乙酸(简写为 EDTA)是一种多齿配体(见图 6.4),它的 4 个乙酸根上的氧原子和 2 个氨基上的氮原子都是可以配位的原子。

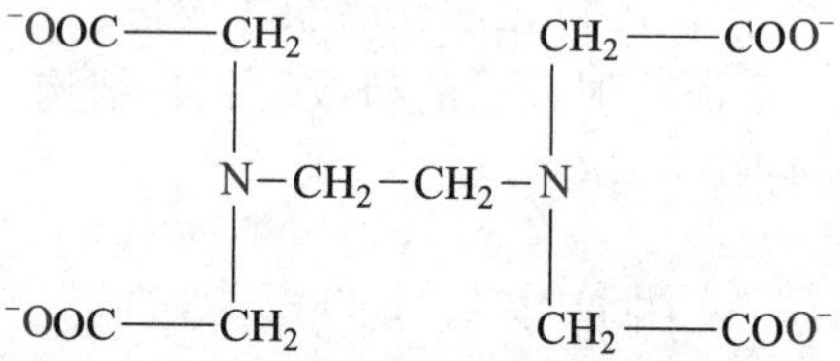

图 6.4 EDTA 酸根离子

一个多齿配体中如果 2 个或 2 个以上的配位原子与同一个中心离子形成配位键,这种配合物称为螯合物。能提供多齿配体的物质称为螯合剂。图 6.5 显示了邻菲啰啉分子对铜的螯合作用。

螯合物一般相当稳定。EDTA 是一种螯合剂,它能与许多金属离子形成十分稳定的螯合物。

乙二胺分子中有 2 个能配位的原子(N 原子),乙二胺能与中心离子如 Cu^{2+} 形成稳定的螯合物(见图 6.6)。

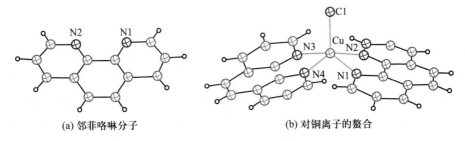

(a) 邻菲咯啉分子　　　　　(b) 对铜离子的螯合

图 6.5　邻菲咯啉分子及其对铜离子的螯合

（3）桥联配体

一个配体如果同时和两个或两个以上的中心离子形成配位键,则该配体称为桥联配体(或桥联基团)。单一的原子可以作为桥联配体,即一个配位原子同时与两个或多个中心离子配位。通常是基团作为桥联配体,即多齿的基团中不同的配位原子与不同的中心离子同时配位,形成多核配合物。例如,丁二酸根离子利用两端羧基的氧原子与两个中心铁离子配位,形成图 6.7 所示的多核配合物。

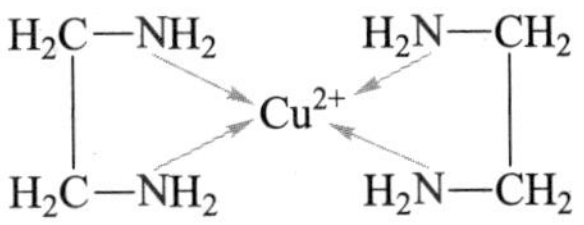

图 6.6　乙二胺与铜离子
形成的螯合物

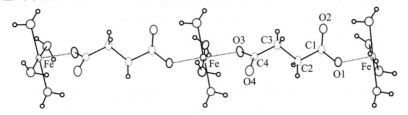

图 6.7　丁二酸根离子的桥联配体

共价配位键

（4）π–配体

π–配体也称 π 键配体。含 π 键的化合物(如乙烯、丁二烯、苯),分子中形成 π 键的 p 电子(也称 π 电子)可以与金属原子(或离子)形成配位键,这类配位方式称为 π–配位,配体称为 π–配体。π–配体可以是烯烃、炔烃和芳香烃等。例如,乙烯分子中形成碳碳双键中 π 键的一对 p 电子,可以与金属离子发生 π–配位(如图 6.8 箭头所示),形成 π–配合物。

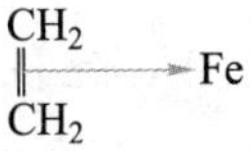

在乙烯与金属形成的配合物中,碳原子是配位原子。有很多有机化合物,能以其中的碳原子为配位原子与金属形成配合物。这类配合物(除 CO 为配体的以外),被称为金属有机化合物,通常被看成有机化合物,而不属于无机的配合物,本章不做过多阐述。

图 6.8　π–配位

6.2.2　配位化合物的命名

　　配位化合物的命名方法服从中国化学会制定的《无机化学命名原则》。若与配阳离子（即配离子是正离子）结合的负离子是简单酸根如 Cl^-、S^{2-} 或 OH^-，则该配合物叫作"某化某"；若与配阳离子结合的负离子是复杂酸根如 SO_4^{2-}、CH_3COO^- 等，则叫作"某酸某"；若配合物含有配阴离子（即配离子是负离子），则在配阴离子后加"酸"字，也叫作"某酸某"，即把阴离子也看成一个复杂酸根离子。

配合物命名

　　配位化合物命名方法较一般无机化合物复杂的问题是配离子的命名。配离子命名时，配体名称列在中心离子（或中心原子）之前，用"合"字将二者联在一起。在每种配体前用二、三、四等数字表示配体的数目（配体仅一个的"一"字常被省略），对于较复杂的配体，则将配体均写在括号中，以避免混淆。在中心离子之后用带括号的罗马数字（Ⅰ）、（Ⅱ）等表示中心离子的氧化值。例如：

$[Ag(NH_3)_2]Cl$	氯化二氨合银（Ⅰ）
$[Cu(en)_2]SO_4$	硫酸二（乙二胺）合铜（Ⅱ）
$H[AuCl_4]$	四氯合金（Ⅲ）酸
$K_3[Fe(CN)_6]$	六氰合铁（Ⅲ）酸钾

　　若某种配合物中配体不止一种时，不同配体名称之间以中圆点分开。配体列出的顺序按如下规定，在配合物中若既有无机配体又有有机配体时，则无机配体排在前，有机配体排在后；在同是无机配体或同是有机配体中，先阴离子而后中性分子；同类配体的名称，按配位原子元素符号的英文字母顺序排列，如先 NH_3 后 H_2O。例如：

$K[PtCl_3(C_2H_4)]$	三氯·（乙烯）合铂（Ⅱ）酸钾
$[CoCl(NH_3)_3(H_2O)_2]Cl_2$	二氯化一氯·三氨·二水合钴（Ⅲ）
$Co_2(CO)_8$	八羰合二钴

6.2.3　配位化合物的结构

　　形成配合物的中心离子种类很多，可用做配体的化合物种类更是繁多，配体与中心离子配位的方式也多种多样，所以配合物的数量非常庞大，结构多种多样。借助于 X 射线晶体衍射的方法，人们测定了大量的配合物晶体结构，从而认识了配合物分子的结构和其规律。

1. 配合物的空间构型

配合物中与中心离子以配位键结合的配位原子的总数叫作配位数。例如，在 $NiCl_2(H_2O)_4$ 中 Ni^{2+} 的配位数是 6，原因是每个 Ni^{2+} 周围有 6 个配位原子，即 2 个配位 Cl 原子和 4 个配位 O 原子（来自 4 个配位水分子）。

配位数决定于中心离子和配体的性质。例如，中心离子核外电子排布的方式、中心离子的半径、配体的大小等。配位数还与合成配合物的实验条件有关，最常见的配位数是 2、4、5、6 等。元素周期表中第一过渡系金属的 +2 离子，在配合物中经常同时和 4、5 或 6 个配位原子结合，所以这些金属离子常见的配位数是 4、5、6。在稀土元素为中心离子的配合物中，一个稀土离子可与多达 12 个配位原子以配位键结合，稀土元素常见配位数为 8、9、10、12。表 6.6 给出了一些常见金属离子的常见配位数。

表 6.6　一些常见金属离子的常见配位数

+1 价金属离子		+2 价金属离子		+3 价金属离子	
Cu^+	2,4	Ca^{2+}	6	Al^{3+}	4,6
Ag^+	2	Mg^{2+}	6	Cr^{3+}	6
Au^+	2,4	Fe^{2+}	6	Fe^{3+}	6
		Co^{2+}	4,6	Co^{3+}	6
		Ni^{2+}	4,6	Au^{3+}	4
		Cu^{2+}	4,5,6		
		Zn^{2+}	4,6		

配合物中配位原子的空间位置被确定后，将相邻的配位原子用线连接，就得到配位原子围绕中心离子所形成的几何形状，称为配合物的空间构型。注意，我们所说配合物的空间构型，只是指配位原子围成的几何形状，并不包括中心离子。

配合物的空间构型与配位数是密切相关的。例如，配位数为 2 的配合物的空间构型就是直线形。常见的配合物空间构型有直线形、平面四方形、四面体形、四方锥形、三角双锥形、八面体形等。图 6.9 列举了几种常见的配合物空间构型。

由于配位原子和中心离子间的配位键长不等，这些空间构型，经常会有一定程度的畸变。配位数相同的配合物，也可能具有不同的空间构型。例如，配位数为 5 的配合物，常见四方锥形（金字塔形）和三角双锥形两种不同的空间构型；配位数为 4 的配合物，常见平面四方形和四面体形两种不同的空间构型。稀土元素为中心离子的配合物中，常见的配位数为 7~12，相应的空间构型更为复杂。

配位几何

平面四方形   四面体形   四方锥形   三角双锥形   八面体形

图 6.9 常见的配合物空间构型

2. 配合物的异构现象

按照异构体的一般定义,配合物的异构现象可以理解为分子式相同,但结构不同的配合物。异构现象在配合物中普遍存在,相对有机化合物的异构而言,配合物的异构方式的内容和形式更为丰富多样。

配合物的异构可以是与配位键相关的异构现象,也可以是配体本身存在的异构现象。与配位键相关的异构现象,大致可分为以下几类:

(1) 构造异构现象

多种配体同时存在时,由于配位竞争的原因,配体和中心原子间的配位键的不同而造成的配位异构。

例如,具有八面体形空间构型的 Co^{3+} 配合物$[Co(NH_3)_5Br]SO_4$ 和$[Co(NH_3)_5SO_4]Br$,是一对异构体。它们都有 5 个相同的 Co—N 配位键,所不同的是,前者 Br^- 与 Co^{2+} 配位,SO_4^{2-} 不配位;而在后者中 SO_4^{2-} 与 Co^{2+} 配位,但 Br^- 不配位。两者的性质差异显著:$[Co(NH_3)_5Br]SO_4$ 呈暗紫色,室温下不与 $AgNO_3$ 反应,与 $BaCl_2$ 反应生成沉淀;$[Co(NH_3)_5SO_4]Br$ 呈紫红色,室温下不与 $BaCl_2$ 反应,与 $AgNO_3$ 反应生成沉淀。

有些多齿配体含有不同种类的配原子,在与中心金属离子配位时,可以用不同的配位原子配位,也导致形成配位异构体。例如,硝基 NO_2 中 O 原子和 N 原子都有可能与金属离子配位,在图 6.10 的 Co^{2+} 配位异构体中,左边配合物中是硝基的 N 原子与 Co^{2+} 配位,右边配合物中是硝基的 O 原子与 Co^{2+} 配位。这两种配合物的颜色不同,采用硝基的 N 原子配位的化合物显黄色,化学性质较稳定,在避光条件下数月不变性。但在紫外光照下,会变为采用硝基的 O 原子与 Co^{2+} 配位的红色配合物。红色的配合物很不稳定,放置时又会变为黄色的配合物。

(2) 顺反异构现象

配体和中心原子间形成配位键时由配体空间位置差异导致的异构现象称顺反异构。例如,具有平面四方形空间结构的 Pt^{2+} 配合物$[Pt(NH_3)_2Cl_2]$,两个 Cl—Pt 配位键的相对位置不同形成顺式(cis)与反式($trans$)两种异构体。顺式配合物中,两个 Cl^- 处于相邻的位置;反式配合物中,它们处于相对的位置,如图 6.11 所示。这两种结构都已得到 X 射线晶体衍射实验的证实。

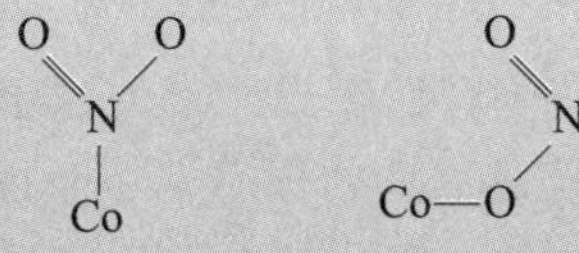

图 6.10 硝基配位异构体 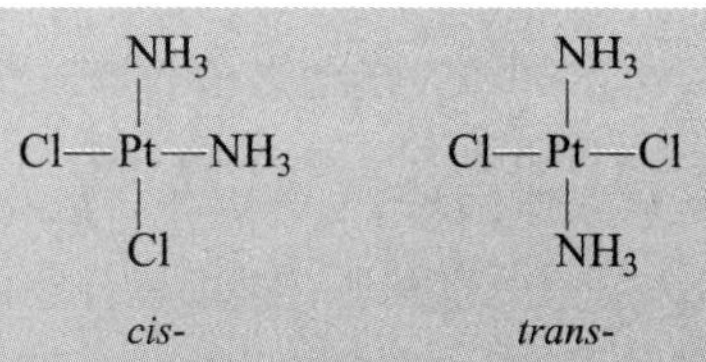　　　　图 6.11 配合物[Pt(NH₃)₂Cl₂]的顺反异构体

这两种异构体分别被称为顺铂和反铂,它们的性质差异很大。顺铂为亮黄色或橙黄色的结晶性粉末,别名顺氯氨铂,对多种肿瘤有效,是一个好的抗癌药物,进入人体后能够与 DNA 结合成为 cis-DNA 加合物,它能抑制癌细胞 DNA 的复制,阻止癌细胞的再生。虽然反铂也能与 DNA 形成 $trans$-DNA,但是由于结构的原因,能够被细胞识别而排除,所以没有抗癌作用。

六配位配合物通常具有八面体形空间构型。当配合物中含有多种不同的配体时,由于不同种类的配体可占据八面体上不同的顶点位置,所以能够形成种类繁多的异构体。例如,Co^{3+}的两种配合物 cis-[Co(NH₃)₄Cl₂]Cl 和 $trans$-[Co(NH₃)₄Cl₂]Cl(见图 6.12)。这些异构体也常常表现出不同的性质。又如,图 6.13 所示的两个异构体,形成互为镜像的关系,而且互相不能重叠,成为一对对映异构体。这样的异构体,也表现出旋光性质的差异。

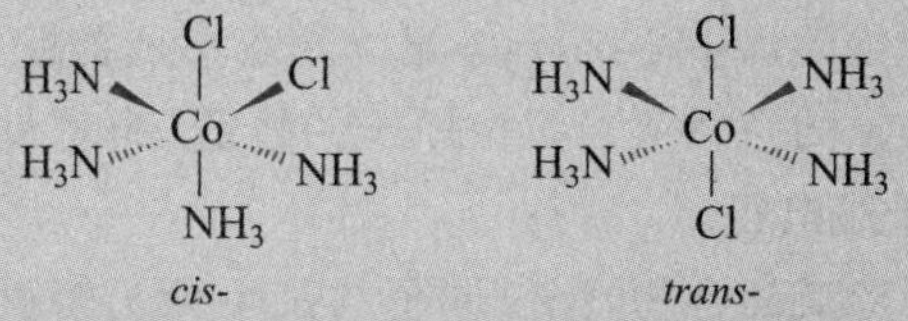

图 6.12 Co^{3+}配合物的顺式与反式两种异构体

配位异构

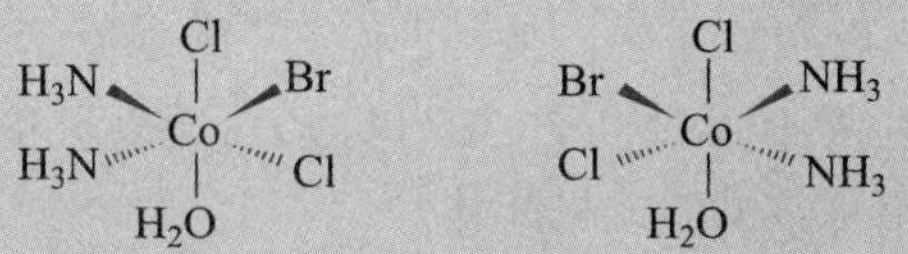

图 6.13 对映异构体

通常配合物的异构现象,主要指与配位键相关的异构现象。此外,由于配体本身存在的异构现象也会形成化学式相同但结构不同的配位异构体。例如,对于甲基吡啶而言,根据甲基与吡啶环上 N 原子的相对位置不同,有邻位、间位、对位三种不同的甲基吡啶异构体(图 6.14)。这三种异构体作配体形成的配合物,即使配位键完全相同,它们仍属于异构体。

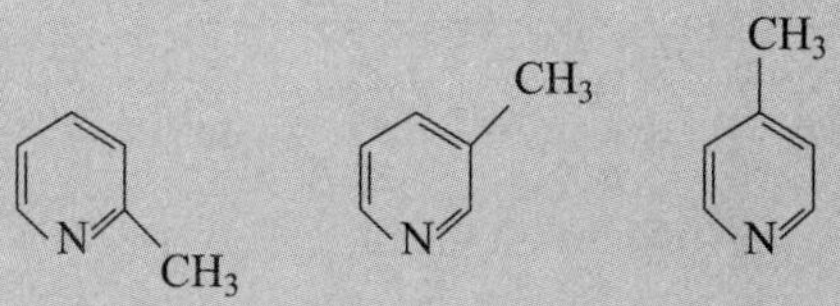

图 6.14 甲基吡啶异构体

6.2.4　配位化合物的价键理论

从微观方面看,配合物与一般化合物的区别在于它们组成元素的原子间的结合方式——化学键不同。配合物的中心离子与配体之间的作用实际上是通过中心离子与配位原子之间的化学键,即配位键实现的。配位键有时用离子键解释(即电价配位键),有时用共价键解释(即共价配位键)。两种解释都只是人们对客观规律的近似理解。事实上,化学家们并无足够的证据来断言某一化学键是离子键还是共价键,有时会认为某一配位键既有离子键成分,也有共价键成分。同时,为了进一步解释配合物的性质,化学家还提出了晶体场理论、配位场理论等化学键理论,这些将在结构化学课程中作较详细讨论。这里主要对价键理论做简要介绍。

价键理论认为,配合物中的共价配位键是通过中心离子和配位原子的原子轨道相互重叠、两原子共用一对电子而形成的。与有机化合物中的一般共价键不同,配合物的共价配位键中,共用的电子对是由配位原子单方面提供的。中心离子只提供没有电子的空轨道,接受由配位原子提供的孤对电子而形成配位键。也就是说,中心离子的空轨道与配原子中带有一对电子的轨道重叠,形成金属与配位原子间的共价配位键。中心离子与配位原子形成的配位键通常都是单键,其成键方式是中心离子的空轨道与配位原子的轨道"头对头"重叠。

1. 配位原子的孤对电子

要能与中心离子形成配合物,配位原子的某个原子轨道(或杂化轨道)上必须具有未成键的电子对,这种电子对被称为**孤对电子**。能提供孤对电子的配位原子主要是 O、N、S 和卤素原子等。例如,水分子的氧原子和氨分子的氮原子,它们的 sp^3 杂化轨道上都有孤对电子(见图 6.15),所以水和氨都是常用的配体。CN^-、SCN^-、$S_2O_3^{2-}$ 等也是常见的无机配体。

配价键 1

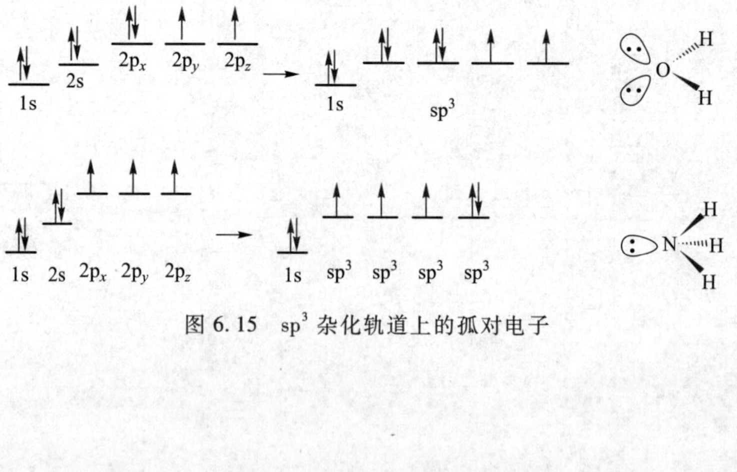

图 6.15　sp^3 杂化轨道上的孤对电子

有机化合物中,含 N、O、S 等原子的大多可作为配体。含氮杂环的有机化合物,如吡啶、咪唑和卟啉等,也是常见的配体。这些杂环化合物中 N 原子,1 个 2s 轨道和 2 个 2p 轨道形成 3 个 sp^2 杂化轨道,其中 2 个 sp^2 杂化轨道上各有 1 个电子,另一个 sp^2 杂化轨道上则有一对孤对电子,能参与形成配位键,如图 6.16 所示。

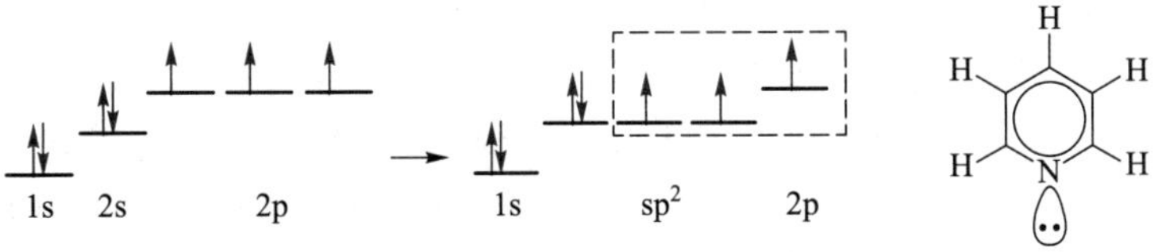

图 6.16 吡啶 N 原子 sp^2 杂化轨道上的孤对电子

2. 中心离子的空轨道

在形成配位化合物时,中心离子的空的原子轨道进行杂化,形成空的(没有电子的)杂化轨道。不同的杂化方式形成的杂化轨道,具有不同的空间形状和取向。这些空的杂化轨道参与形成配位键,使得配合物具有不同的空间构型。因此配合物的空间构型,可以用中心离子的杂化轨道类型来解释。

配合物的中心离子(或原子)大多是位于周期表 d 区的金属元素及 ds 区的副族元素:

$$V \quad Cr \quad Mn \quad Fe \quad Co \quad Ni \quad Cu \quad Zn$$
$$Mo \quad Tc \quad Ru \quad Rh \quad Pd \quad Ag \quad Cd$$
$$W \quad Re \quad Os \quad Ir \quad Pt \quad Au \quad Hg$$

最常见的是有 Fe^{2+}、Co^{2+}、Ni^{2+}、Cu^{2+}、Zn^{2+}、Ag^+ 等。这些金属离子的外层都有空着的原子轨道,可经杂化形成空的杂化轨道。中心离子通常用 $(n-1)d$、ns、np、nd 原子轨道杂化,形成杂化轨道。不同的杂化方式形成的空间构型不相同。

例如,在配离子 $[Zn(NH_3)_4]^{2+}$ 中,Zn^{2+} 的第 3 电子层是充满的,第 4 电子层是空的。由 Zn^{2+} 1 个空 4s 轨道和 3 个空 4p 轨道进行杂化,形成 4 个 sp^3 杂化轨道;这样,Zn^{2+} 就能形成具有正四面体空间构型的配合物。NH_3 分子中的 N 原子,本来就以 sp^3 杂化形成了 4 个 sp^3 杂化轨道,其中 3 个杂化轨道已经用于与 3 个 H 原子成键,剩下的 sp^3 杂化轨道上有一对孤对电子(见图 6.15)。当 4 个 NH_3 分子接近 Zn^{2+} 时,N 原子上带孤对电子的 sp^3 杂化轨道和 Zn^{2+} 的 sp^3 杂化轨道重叠,并共用 N 原子的孤对电子,形成配位键,所以就形成了具有正四面体构型的 $[Zn(NH_3)_4]^{2+}$ 配离子(见表 6.7)。

例如,在配离子 $[Ag(NH_3)_2]^+$ 中,中心离子 Ag^+ 的价电子轨道中 4d 轨道已全充满,而 5s 和 5p 轨道是空的。Ag^+ 的 5s 和 1 个 5p 轨道采用 sp 杂化,用 sp 杂化轨道参与形成配位键,当 2 个 NH_3 分子接近 Ag^+ 时,每一个 NH_3 提供一对孤对电子,形成配位键,形成直线形构型的配合物。

　　有时,中心离子会先让原先分布在不同轨道上的电子重新排布,集中占据一些轨道,空出另外的一些轨道,这些空出的轨道和原本就空的外层轨道一起杂化,形成杂化空轨道,用来和配位原子形成配位键。

　　例如,Ni^{2+} 核外电子数 26,外层电子排布方式为 $3s^23p^63d^8$。杂化过程如下:原先分布在不同 3d 轨道上的 2 个 d 电子配对后占据 1 个轨道,空出 1 个 d 轨道。这样做虽然不符合量子力学中使 Ni^{2+} 能量最低的洪特规则,但可在后续的成键过程中得到能量降低的补偿。这个空出来的 d 轨道与 4s 轨道和 2 个 4p 轨道一起,形成 dsp^2 杂化轨道(图 6.17)。这 4 个 dsp^2 杂化轨道按正方形对角线方向指向,所以生成的配合物具有四方形构型。

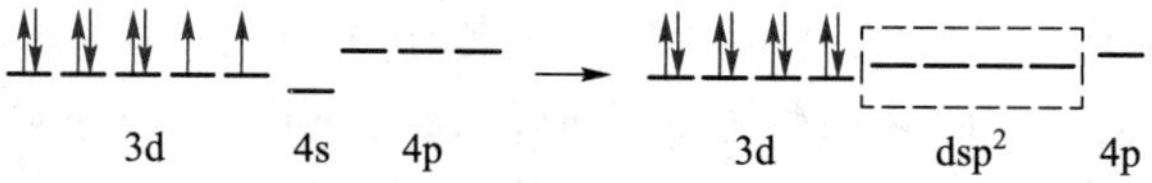

图 6.17　$Ni^{2+} dsp^2$ 杂化轨道的形成

配价键 2

　　Fe^{2+} 核外电子数 24,外层电子排布方式为 $3s^23p^63d^6$。原先分布在不同轨道的 4 个 d 电子配对后占据 2 个 d 轨道,空出 2 个 d 轨道,与 4s 轨道和 3 个 4p 轨道杂化,形成 6 个 d^2sp^3 杂化轨道(图 6.18),空间取向互相垂直。可生成正八面体构型的配合物。

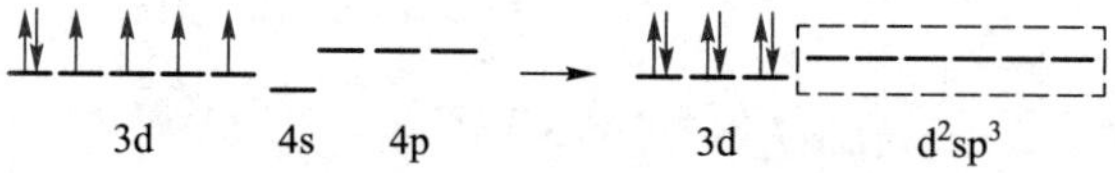

图 6.18　$Fe^{2+} d^2sp^3$ 杂化轨道的形成

　　Fe^{3+} 的外层电子排布方式为 $3s^23p^63d^5$。如果 Fe^{3+} 的 1 个 4s 轨道、3 个 4p 轨道和 2 个 4d 轨道进行杂化,就可以形成 6 个 sp^3d^2 杂化轨道(图 6.19),空间取向互相垂直。当 6 个配位原子从这 6 个不同方向接近 Fe^{3+} 并形成配位键,就生成了具有八面体构型的配合物分子。

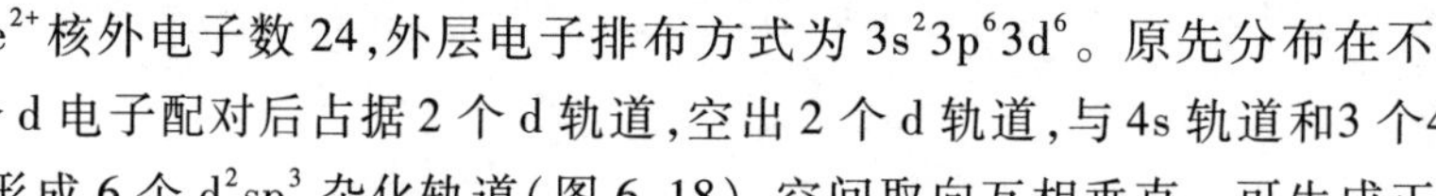

图 6.19　$Fe^{3+} sp^3d^2$ 杂化轨道的形成

　　Fe^{3+} 还可以采取另一种杂化方式。先让原先分布在 5 个 3d 轨道上的电子重新排布,集中占据 3 个 3d 轨道,空出 2 个 3d 轨道。空出的 2 个 3d 轨道和原本就空的 4s 和 3 个 4p 轨道杂化,形成 6 个 d^2sp^3 杂化轨道,用来和配位原子形成配位键。d^2sp^3 杂化轨道角度分布函数的最大值方向互相垂直,所以形成的配合物也具有正八面体的构型。

上述两种 Fe^{3+} 配合物虽然都具有八面体的构型,但是由于 Fe^{3+} 杂化方式不同,使得前者的分子中有 5 个未成对的电子,处于所谓"高自旋"状态,而后者分子中只有 1 个未成对电子,处于"低自旋"状态。分子中未成对电子数的不同,可在物质的磁性质上表现出明显的差异。用测量磁性能的仪器测量上述两种 Fe^{3+} 配合物,已经证实了两者的差别。

形成配合物时,中心离子的电子构型和配体的性质(如离子电荷数、离子半径等)共同影响中心离子杂化轨道的类型和配合物的空间构型。由于中心离子的空轨道可以包括 $(n-1)d$、ns、np、nd 等轨道,杂化方式多种多样,配体也种类繁多,所以中心离子的杂化轨道类型与配合物的空间构型有各种不同情况,表6.7 列举了一些中心离子常见的杂化方式和对应的配合物的空间构型。

表 6.7 某些配合物的杂化轨道类型与空间构型

配位数	杂化轨道	空间构型	实 例
2	sp	直线形	$[Ag(NH_3)_2]^+$, $[AuCl_2]^-$, $[HgCl_2]$
4	sp^3	四面体形	$[Zn(NH_3)_4]^{2+}$, $[Cu(CN)_4]^{3-}$, $[HgI_4]^{2-}$, $[Ni(CO)_4]$
	dsp^2	平面四边形	$[Ni(CN)_4]^{2-}$, $[Cu(NH_3)_4]^{2+}$, $[AuCl_4]^-$, $[PtCl_4]^{2-}$
6	d^2sp^3	八面体形	$[Fe(CN)_6]^{3-}$, $[PtCl_6]^{2-}$, $[Cr(CN)_6]^{3-}$
	sp^3d^2		$[FeF_6]^{3-}$, $[Cr(NH_3)_6]^{3+}$, $[Ni(NH_3)_6]^{2+}$

　　最后需要指出,虽然配位键的价键理论较好地解释了过渡金属配合物中常见的四面体、八面体等空间构型,但是在稀土配合物中,配位键基本没有方向性,所以难以用价键理论来解释稀土配合物复杂的不很规则的空间构型。

　　通常认为稀土配合物中的配位键是具有离子键性质的电价配位键,配体和中心离子的结合主要靠的是静电作用。中心离子周围如果有空的位置允许配体靠近,那么,当配体靠近到一定程度时,就在配体和金属离子间形成了静电性质的配位键。所以,在稀土配合物中,配位数和配位键方向,主要由稀土离子半径和配体体积决定。

6.2.5　配位化合物的热力学稳定性和配位化合物的制备

　　配合物(或配离子)是金属离子的最普遍存在形式之一。因为金属离子的外层轨道是空着的,只要有合适的配体存在,总能与金属离子形成配位键。例如,在大家熟悉的五水硫酸铜 $CuSO_4 \cdot 5H_2O$ 晶体中,每个 Cu^{2+} 和 6 个 O 原子配位,其中,4 个 O 原子来自 4 个水分子,另外两个 O 原子来自两个不同的 SO_4^{2-} 的 O 原子;晶体中每个 SO_4^{2-} 又通过 Cu—O 配位键连接 2 个 Cu^{2+},形成无机聚合物的大分子,如图 6.20 所示。换言之,我们经常讲的五个结晶水的硫酸铜,实际上只有一个结晶水,其余 4 个都通过 O 配位原子与 Cu^{2+} 配位,是配位水。五水硫酸铜的化学式写成 $[Cu(H_2O)_4SO_4] \cdot H_2O$ 更为合适。

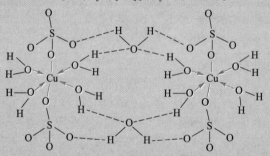

图 6.20　五水硫酸铜的结构

　　金属盐在溶剂中的溶解过程,大多是金属离子与溶剂分子形成配位键的过程。如果溶剂分子含有孤对电子,可以作为配体与金属离子形成配离子,该溶剂就可能是金属盐的良好溶剂。大多数金属盐都能溶解在水、乙醇等含有氧原子的溶剂中,也能溶解在四氢呋喃等含氧原子的溶剂中,但难溶解在四氯化碳、苯等液体中。这种溶解性能的差别,可以用氧原子对金属离子的配位来解释。含有孤对电子的氮原子也是很好的配原子,可以与多种金属离子形成配离子,因此,氨水可以溶解许多不同种类的金属盐,甚至不少在水中不溶或难溶的金属盐。例如,我们知道 AgCl 在水中几乎不溶解,但可以溶解在氨水中,这是因为 Ag^+ 可以和 NH_3 形成配离子 $[Ag(NH_3)_2]^+$,AgCl 的溶解过程就是配离子 $[Ag(NH_3)_2]^+$ 的形成过程;在形成配离子的过程中,Ag^+和Cl^-之间原来的化学键被破坏,Ag^+与NH_3间形成新的配位键。上述五水硫酸铜晶体在水中的溶解过程也伴随着Cu^{2+}与SO_4^{2-}之间的$Cu-O$配位键的破坏和Cu^{2+}与水分子之间$Cu-O$配位键的形成。

虽然配体与金属离子形成共价配位键的原理是一样的,但是不同的配体对不同金属离子的配位能力是不同的。例如,$CuSO_4$在水中的溶解度比在乙醇中的大,说明了Cu^{2+}与水的配位能力强,与乙醇的配位能力较弱;$AgCl$在氨水中的溶解度比在水中的大,说明Ag^+与NH_3的配位能力强,与水的配位能力较弱。

配体配位能力的差异可以用配位平衡的原理来说明。配体在与金属离子形成配位键的同时,形成了的配位键也在断裂。在任何配合物溶液中,同时存在着配合物生成和分解这两个相反过程。例如Cu^{2+}在氨水中形成含$[Cu(NH_3)_4]^{2+}$的溶液中,存在以下各相反的过程:

$$Cu^{2+} + NH_3 \rightleftharpoons [Cu(NH_3)]^{2+}$$

$$[Cu(NH_3)]^{2+} + NH_3 \rightleftharpoons [Cu(NH_3)_2]^{2+}$$

$$[Cu(NH_3)_2]^{2+} + NH_3 \rightleftharpoons [Cu(NH_3)_3]^{2+}$$

$$[Cu(NH_3)_3]^{2+} + NH_3 \rightleftharpoons [Cu(NH_3)_4]^{2+}$$

以上正方向过程是$[Cu(NH_3)_4]^{2+}$分级形成的过程,反方向是逐步分解的过程。可以看到,当Cu^{2+}进入氨水时,会形成各级铜氨配离子。各级铜氨配离子的稳定程度可以用配合物逐级形成时的平衡常数表示。当生成和分解达到平衡时,配合物和配体的浓度关系可用反应平衡常数K来表示。

$$K_1 = \frac{[Cu(NH_3)^{2+}]}{[Cu^{2+}][NH_3]} = 2 \times 10^4$$

$$K_2 = \frac{[Cu(NH_3)_2^{2+}]}{[Cu(NH_3)^{2+}][NH_3]} = 1.1 \times 10^3$$

$$K_3 = \frac{[Cu(NH_3)_3^{2+}]}{[Cu(NH_3)_2^{2+}][NH_3]} = 5 \times 10^3$$

$$K_4 = \frac{[Cu(NH_3)_4^{2+}]}{[Cu(NH_3)_3^{2+}][NH_3]} = 2 \times 10^2$$

以上的平衡常数称为配合物各级的稳定常数。各平衡常数的数值,表示相应配合物的稳定程度。K值越大,表示平衡时的配离子的形成能力越大。将以上各级稳定常数相乘,可以得到配合物的总稳定常数,用$K_稳$表示:

$$K_稳 = K_1 \times K_2 \times K_3 \times K_4 = 2.2 \times 10^{13}$$

作为一种化学反应的平衡常数,$K_稳$与反应过程的自由能增量$\Delta_r G_m^\ominus$有关:

$$-RT\ln K_{稳} = \Delta_r G_m^{\ominus}$$

上述反应的总反应是:

$$Cu^{2+} + 4NH_3 \underset{}{\overset{K_稳}{\rightleftharpoons}} [Cu(NH_3)_4]^{2+}$$

因此,这里的自由能增量 $\Delta_r G_m^{\ominus}$ 是指上述反应的总反应的 $\Delta_r G_m^{\ominus}$。不同反应的 $\Delta_r G_m^{\ominus}$ 不同,所以不同配合物具有不同的 $K_{稳}$ 常数。$K_{稳}$ 常数越大,表示该配合物的分子越稳定;$K_{稳}$ 常数越小,表示该配合物越不稳定。

通常,配合物的稳定常数 $K_{稳}$ 会是比较大的值,其结果是在有充足配体存在的溶液中,不参与配位的金属离子浓度变得很低。如上述氨水中 Cu^{2+} 浓度会变得很小。但是,若溶液中 Cu^{2+} 因某种原因(如电解)而消耗掉,各级铜氨配合物离子会因平衡移动而分解,以维持 Cu^{2+} 浓度不会迅速降低。这种配位平衡的性质,使得配合物在工业上有实际应用的价值。

溶液中若存在多种配体,各种配体都可与中心金属离子配位。例如,把 $[Cu(H_2O)_4SO_4] \cdot H_2O$ 晶体溶解在氨水中,水、氨、SO_4^{2-} 都可能与 Cu^{2+} 配位,溶液中同时有多种不同的 Cu^{2+} 配合物,如 $[Cu(H_2O)_2(NH_3)_2SO_4]$、$[Cu(H_2O)_3(NH_3)SO_4]$ 等。像这样多种配体与同一金属配位而形成的配合物,称为多元配合物。多元配合物中多种配位键的生成与断裂的过程随时都存在着。当一种配体的分子从配合物上解离下来时,另一种配体有可能占据金属离子上的这个空位,形成新的配位键。这种现象称为**配体交换**。

配合物的制备基本上就是利用配体交换得到新的配合物分子(或离子)。溶液中金属配合物的合成反应,就是配体交换的过程。由于金属离子本来就已经与溶剂分子、酸根阴离子等形成了配位键,所以人们需要创造条件,使新加入的配体与原来(已经和中心离子配位)的配体发生配体交换反应,得到希望的配合物。配体交换反应的速率、配位平衡常数的大小,都对能否成功实现目标配合物的合成有影响。由于提高温度、压力等可加快反应速率,如有必要,可在加压条件下进行溶剂热合成。

6.2.6　配位化合物的应用

配合物种类繁多,应用很广,下面从几个方面对配合物的应用做简要介绍。

1. 电镀工业方面

例如,在电镀铜工艺中,一般不直接用 $CuSO_4$ 溶液作电镀液,而常加入配位剂焦磷酸钾($K_4P_2O_7$),使之形成 $[Cu(P_2O_7)_2]^{6-}$ 配离子。溶液中存在下列平衡:

$$Cu^{2+} + 2P_2O_7^{4-} \rightleftharpoons [Cu(P_2O_7)_2]^{6-}$$

配离子 $[Cu(P_2O_7)_2]^{6-}$ 比较稳定,它的稳定常数 $K_{稳} = 10^9$,因此溶液中游离的 Cu^{2+} 的浓度很低,在镀件(阴极)上 Cu 的析出电势代数值减小,若溶液中 Cu^{2+} 在电镀中被消耗掉,配离子 $[Cu(P_2O_7)_2]^{6-}$ 会因平衡移动而解离,Cu^{2+} 浓度维持在相对稳定的值,不会迅速降低。这样,可以较好地控制 Cu 的析出速率,从而有利于得到较均匀、较光滑、附着力较好的镀层。

2. 离子的定性和定量鉴定

在分析化学中,配合物常用于离子含量测定、分离、鉴定,或者干扰离子的掩蔽等。例如,EDTA 可以与多种金属离子形成配合物,它可以作为滴定剂测定水中 Ca^{2+} 和 Mg^{2+} 的含量(即水的硬度)。一些金属离子与配位剂形成配合物时会带有特定的颜色和溶解度,这可用来定性鉴定溶液中是否含有某种金属离子。例如,Ni^{2+} 在弱碱性条件能与丁二肟形成鲜红色的、难溶于水而易溶于乙醚等有机溶剂的螯合物,该法可以鉴定溶液中是否有 Ni^{2+};再如利用氨水能与溶液中的 Cu^{2+} 反应生成深蓝色的 $[Cu(NH_3)_4]^{2+}$ 和 Fe^{3+} 能与 SCN^- 形成血红色的物质(主要是 $[Fe(SCN)]^{2+}$ 配离子)来检验 Cu^{2+} 和 Fe^{3+} 的存在与否;为验证无水酒精是否含有水,可往酒精中投入白色的无水硫酸铜固体,若变成浅蓝色(配离子 $[Cu(H_2O)_4]^{2+}$ 的颜色),则表明酒精中含有水。

3. 聚合反应的催化剂

配位催化(利用配位反应而产生催化作用)在有机合成、合成橡胶、合成树脂及地质科学、金属的防锈、环境保护等方面都有重要应用。高分子聚合反应的 Ziegler-Natta(齐格勒-纳达)催化剂,其催化机理就涉及烯烃与 $TiCl_3$ 之间的 π 配位。Ti 原子的配位数在五配位和六配位间变化:五配位时 Ti 原子连接着 4 个 Cl 原子和 1 个烷基配体;当 1 个含双键结构的烯烃靠近 Ti 原子时,Ti 原子采用六配位,双键中的 2 个 C 原子,1 个与 Ti 原子配位,另一个与原来和 Ti 配位的烷基配体结合形成化

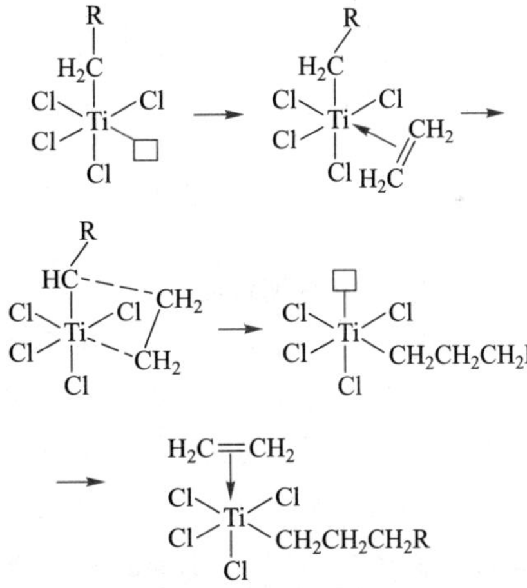

图 6.21　$TiCl_3$ 催化烯烃聚合的机理

学键,这时,烷基配体与 Ti 原子间的配位键断裂,Ti 原子重新回到五配位的状态,只是新的烷基配体比原来的烷基配体多连接了一个聚合了的烯烃单体;然后,下一个烯烃单体靠近 Ti 原子,重新进入六配位的状态,从而导致烷基配体链增长,如图 6.21 所示。

4. 具有潜在应用前景的新材料

过去几十年中,化学家们合成了大量新的配合物,其中一些具有潜在的使用价值。

　　例如,适当的桥联配体与金属离子配位后,可以形成具有三维空间结构的聚合配合物。通过合理设计和尝试,已经合成了一些具有较多空穴的结晶态配合物,这类配合物有可能作为新型的多孔吸附材料或者储氢材料。图 6.22 中,Zn与对苯二甲酸等多齿配体形成的三维立体配合物中,晶体中有占总体积 60%的孔穴。图 6.22 的右图是晶体结构的空间填充模型图,显示了该配合物晶体内的孔穴。进一步的研究表明,氢气能够在这些孔穴中被吸附,饱和吸附后,孔穴内氢的密度接近液态氢。

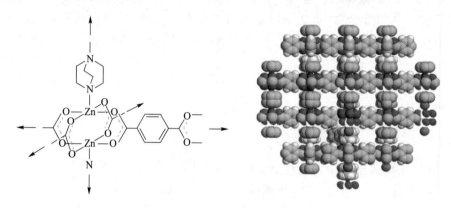

图 6.22　多孔配位聚合物的结构

5. 生物体中的配合物

　　生物体中的微量金属元素常以配合物的形式存在。如在生物体内各种各样起着特殊催化作用的酶,很多是 Fe^{2+}、Zn^{2+}、Mg^{2+}、Co^{2+}、Mo^{2+}、Mn^{2+}、Cu^{2+}、Ca^{2+} 等金属配合物。这些配合物,在生命过程中发挥着重要作用。

　　例如,人体内输送 O_2 的血红素是铁的配合物(确切地说是 Fe^{2+} 的卟啉螯合物),血红素分子中,配体卟啉的 4 个 N 原子和 Fe^{2+} 配位形成具有平面结构的螯合物,如图 6.23(a)。

　　血红素是血红蛋白分子中的辅基,血红素与蛋白质结合,形成血红蛋白。血红蛋白通过肺部获取氧分子形成氧合血红蛋白,当血液流到身体的其他部分,氧合血红蛋白释放出氧又变成原先的血红蛋白。

　　血红蛋白晶体的 X 射线结构研究发现,在血红蛋白中,血红素中的 Fe^{2+} 除了与卟啉配位以外,还与血红蛋白中组氨酸上的咪唑配位,形成四方锥的空间结构,使得 Fe^{2+} 偏向咪唑而偏离卟啉环平面。在四方锥结构的与第 5 配原子相对的位置处,存在着另一个组氨酸,但是该组氨酸上的咪唑距离 Fe^{2+} 较远,没有能形成配位键。这样,在 Fe^{2+} 的第 6 配位原子处留着一个较大的空间,可以容纳

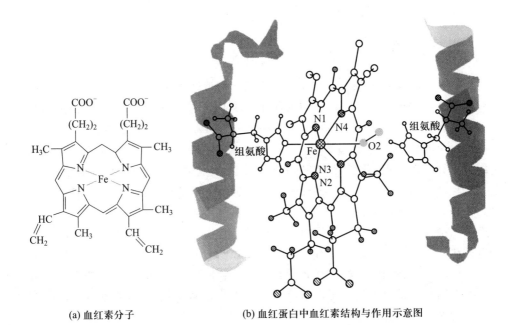

(a) 血红素分子　　　　　(b) 血红蛋白中血红素结构与作用示意图

图 6.23　血红素和血红蛋白结构示意图

CO_2 这样大小的分子。当血液中的 O_2、CO_2 或 CO 分子扩散到这里时,这些分子的氧原子能够和 Fe^{2+} 配位形成八面体构型的配合物[图 6.23(b)],随着血液流动而在器官间输运。形成八面体空间构型后,中心 Fe^{2+} 回到卟啉环平面上,使得第 6 配位原子处的空间显得狭窄,O_2 或 CO_2 分子的配位较弱。由于 CO 分子比 O_2 和 CO_2 分子都小,所以 CO 分子和血红蛋白中血红素 Fe^{2+} 的结合能力更强,配位后就难以从血红素上脱落,使得 O_2 的输运受阻。这就是人们在分子水平上认识到的 CO 中毒原因。

又如,对人体有重要作用的维生素 B_{12} 辅酶为钴的配合物;能在常温、常压下将氮转化为氨的固氮酶是铁和钼的蛋白质配合物;植物进行光合作用所必需的叶绿素是以 Mg^{2+} 为中心离子的配合物等。

在医学上,常利用配位反应治疗人体中某些元素的中毒。例如,EDTA 钠盐用作铅中毒的解毒剂,使 EDTA 与 Pb^{2+} 形成配合物 $[Pb(EDTA)_2]^{2-}$,随尿液排出体外,从而达到解铅毒的目的。此外,许多药物本身就是配合物。例如,治疗血吸虫病的酒石酸锑钾,治疗糖尿病的胰岛素(含 Zn 的配合物),第三代抗癌药物二卤茂金属(如二氯茂铁)等。

芳环堆积

叶绿素堆积

配位聚合物

6.3　无机材料基础

　　材料是人类赖以生产和生活的物质基础,是社会进步的物质基础与先导。材料发展的历史从生产力的侧面反映了人类社会发展的文明史,因此历史学家往往根据当时的标志性材料将人类社会划分为石器时代、青铜器时代、铁器时代和高分子时代等。如今,正跨入人工合成材料的新时代。为了满足 21 世纪国民经济对材料的需求,开展新材料的研究和开发新型材料是一项重要的战略任务。

　　材料的品种繁多。可以按用途、尺寸大小、化学组成等不同的方法将材料分为多种不同的种类。例如,按用途分类,可将材料分为结构材料和功能材料两大类。结构材料以其所具有的强度为特征被广泛利用;功能材料则主要以其所具有的热、光、电、磁等效应和功能为特征而被利用的。按材料的基本化学组成分类,可分为金属材料、无机非金属材料、有机高分子材料及复合材料等类。本节主要介绍无机材料中的金属合金材料和无机非金属材料,对有机高分子材料和复合材料等本书其他相应的章节里也有所介绍。

6.3.1　金属合金材料

　　金属材料在国民经济及科学技术各领域得到十分广泛的应用,即使在新材料发展层出不穷的今天,金属材料在产量和使用方面依然占有极为重要的地位。金属材料具备许多可贵的使用性能和加工性能,其中包括良好的导电、传热性,高的机械强度,较为广泛的温度使用范围,良好的机械加工性能等。但是,工程上实际使用的金属材料绝大多数是合金材料。这是因为单纯的一种金属远不能满足工程上提出的众多的性能要求,其不足之处在于易被腐蚀和难以满足高新技术更高温度的需求等。从经济上说,制取纯金属也不可取。

　　下面首先介绍合金材料的基本结构类型,并根据用途介绍一些典型合金材料。

1. 合金的基本结构类型

　　合金是由两种或两种以上的金属元素(或金属和非金属元素)组成的,具有金属特征的,但结构比单一金属复杂的,性能比纯金属优良的一类物质。人类从很早就开始使用合金材料,如古代的青铜就是铜和锡的合金。建筑和工业生产中大量使用的钢也是合金,它是由铁和碳两种元素组成的合金。

　　根据合金中组成元素之间相互作用的情况不同,一般可将合金分为金属固溶体、金属化合物和机械混合物三种。前两类都是均匀合金;机械混合物合金结构不均匀,其机械性能如硬度等性质一般是各组分的平均性质,但其熔点会降低。例如,焊锡就是一种由锡和铅形成的机械混合物合金,其低熔点非常适合焊接时使用,焊接后的材料本身的机械性能还能有较好的保障。下面简单介绍前面两类合金。

（1）金属固溶体合金

金属固溶体合金是指一种含量较多的金属元素与另一种添加入其内的元素(金属或非金属)相互溶解而形成一种结构均匀的固溶体。通常,含量较多的金属可被当作溶剂,添加入其内的其他元素可以认为是溶质。这种合金在液态时为均匀的液相,转变为固态后,仍保持组织结构的均匀性,且能保持溶剂元素原来的晶格类型。

按照溶质原子在溶剂原子格点上所占据的位置不同,又可将金属固溶体分为置换固溶体和间隙固溶体,见图 6.24。

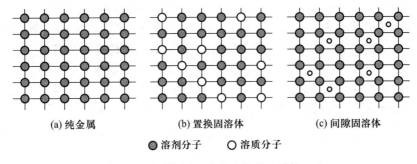

(a) 纯金属　　　　　　(b) 置换固溶体　　　　　(c) 间隙固溶体

●溶剂分子　　○溶质分子

图 6.24　金属固溶体与纯金属晶格结构对比

在置换固溶体中,溶质原子部分占据了溶剂原子格点的位置,如图 6.24(b)所示。当溶质元素与溶剂元素在原子半径、电负性及晶格类型等因素都相近时,易形成置换固溶体。例如钒、铬、锰、镍和钴等元素与铁都能形成置换固溶体。在间隙固溶体中,溶质原子占据了溶剂原子的间隙之中,如图 6.24(c)所示。氢、硼、碳和氮等一些原子半径特别小的元素与许多副族金属元素能形成间隙固溶体。

应当指出,当溶剂原子溶入溶质原子后,多少能使原来的晶格发生畸变,它们能阻碍外力对材料引起的形变,因而使固溶体的强度提高,同时其延展性和导电性将会下降。固溶体的这种普遍存在的现象称为固溶强化。固溶体的强化原理对钢的性能和热处理具有重大意义。

（2）金属化合物

顾名思义,金属化合物是指一种金属元素与另一种元素(金属或非金属)间起化学作用而形成的化合物。当合金中加入的溶质量超过了溶剂金属的溶解度时,除能形成固溶体外,同时还会出现新的第二相。它可以是另一种组成的固溶体(如以加入的含量较少的元素为溶剂,原来大量的元素为溶质的固溶体),但更常见的是形成一种全新结构的、两种元素间有强烈的化学相互作用的新的物质,也即金属化合物。它们通常具有某些独特的性能,对金属和合金材料的应用起着重要的作用。

金属化合物种类很多,从组成元素来说,可以由金属元素与金属元素,也可以由金属元素与非金属元素组成。前者如 Cu、Zn 等;后者如硼、碳和氮等非金属元素与一些金属元素形成的化合物,分别称为硼化物、碳化物和氮化物。例如,碳可以与金属钛、锆、钒、铌、钽、钼、钨、锰、铁等作用而形成碳化物。这类碳化物的共同特点是具有金属光泽,能导电导热,熔点高,硬度大,但脆性也大。硼化物和氮化物一般与相应碳化物性质相似,也具有高的熔点和硬度。

金属化合物与金属固溶体一样,是一种结构均匀的合金物质。两者的不同之处在于形成金属固溶体时,溶剂元素原来的晶格类型基本保持不变;但形成金属化合物时内部有全新的不同于原来晶格类型的结构,其化学组成也相对固定,如铁的碳化物是 Fe_3C。但是,另一方面,新形成的金属化合物又可以作为溶剂溶解它的组成元素形成固溶体,因而是成分可以在一定范围内变化的非整比化合物。如碳化钛的组分可在 $TiC_{0.5} \sim TiC$ 之间变动。

2. 典型的合金材料

合金材料的种类非常多,也可以按用途、组成、性能等进行不同的分类,下面简介一些典型的合金材料。

(1) 轻质合金

轻质合金是由镁、铝、钛、锂等轻金属所形成的合金,借助于轻质合金密度小的优势,在交通运输、航空航天等领域中得到广泛的应用。铝合金和钛合金是两种较为重要的轻质合金。铝合金相对密度小、强度高、易成型,广泛用于飞机制造业。一架现代化超音速飞机,铝及铝合金占总质量的 70% ~ 80%,美国阿波罗 11 号宇宙飞船铝及铝合金占所使用金属材料的 75%。钛合金是金属钛中加入铝、钒、铬、锰和铁等合金元素,形成的金属固溶体或金属化合物的合金。钛合金具有密度小、强度高、无磁性、耐高温、抗腐蚀等优点,是制造飞机、火箭发动机、人造卫星外壳和宇宙飞船船舱等的重要结构材料。钛被誉为"空间金属"。钛合金还可帮助人类潜入海底,如钛合金的深海潜艇,可在 4 500 m 的深海中航行。

(2) 耐热合金

以铁、钴、镍等Ⅷ族金属元素为基体,再与其他元素复合时可以形成熔点特别高的合金材料。它们广泛地用来制造涡轮发动机、各种燃气轮机热端部件,涡轮工作叶片、涡轮盘、燃烧室等。例如,镍钴合金能耐 1 200℃,用于喷气发动机和燃气轮机的构件。镍铬铁非磁性耐热合金在 1 200℃时仍具有高强度、韧性好的特点,可用于航天飞机的部件和原子核反应堆的控制棒等。寻找耐高温,可长时间运行、耐腐蚀、高强度等要求的合金材料,仍是今后研究的方向。

(3) 低熔合金

在一些不同的技术应用领域,常常需要一些特殊的低熔点材料,这就是低熔点合金。常用的有汞、锡、铅、锑和铋等低熔金属及其合金。

由于汞在室温时呈液态,而且在 0~200℃时的体积膨胀系数很均匀,又不浸润玻璃,因而常用作温度计、气压计中的液柱。汞也可用作恒温设备中的电开关接触液。当恒温器加热时,汞膨胀并接通了电路从而使加热器停止加热;当恒温器冷却时,汞便收缩,断开电路使加热器再继续工作。铋的某些合金的熔点在 100℃以下,例如,由质量分数 50%铋、25%铅、13%锡和 12%镉组成的所谓伍德(Wood)合金,其熔点为 71℃,应用于自动灭火设备、锅炉安全装置及信号仪表等。用质量分数 37%铅和 63%锡组成的合金的熔点为 183℃,用于制造焊锡。

当然,随着人类认知的提高,无论耐热合金还是低熔合金,都将有更多的种类,可以有更多不同的金属元素参与形成。例如,含质量分数 77.2%钾和 22.8%钠就是一种熔点仅为-12.3℃的液体合金,目前用作原子能反应堆的冷却剂。

(4) 形状记忆合金

形状记忆合金有一个特殊转变温度,在转变温度以下,金属晶体结构处于一种不稳结构状态,在转变温度以上,金属结构是一种稳定结构状态。一旦把它加热到转变温度以上,不稳定结构就转为稳定结构,合金就恢复了原来的形状。即合金好像"记得"原先所具有的形状,故称这类合金为形状记忆合金。

形状记忆合金的这种特异的性能在宇航、自动控制、医疗等多个领域中得到应用。例如,用镍钛形状记忆合金制成管接口,在使用温度下加工的管接口内径比管子外径略小,安装时在低温下将其机械扩张,套接完毕在室温下放置,由于管接口恢复原状而使接口非常紧密。这种管子固定法在 F14 型战斗机油压系统的接头及在海底输送管的接口固接均有很成功的实例。还可用于电子线路的连接器上及制备卡钳、紧固套、钢板铆钉等。形状记忆合金还应用于医疗方面,如把冷却后稍加拉伸的镍钛合金板安装在骨折部位,再稍以加热让它收缩(恢复原状),可把骨折端牢固地接在一起,显著降低陈旧性骨折率。人工关节上的镍钛合金冷却后可插入骨头的中空部,安装好后,体温可使其稍微膨胀而牢固固定。形状记忆合金具有传感和驱动的双重功能,故可广泛应用于各种自动调节和控制装置,在高技术领域中具有十分重要的作用,可望在核反应堆、加速器、太空实验室等高技术领域大显身手。

具有形状记忆效应的合金种类也很多,但使用最广泛的还是镍钛合金。除了形状记忆合金,一些高分子材料类的物质也具备形状记忆效应,鉴于篇幅原因,在此就不再多讲。总的说来,形状记忆材料属于智能材料的一种。

6.3.2 无机非金属材料

人们对无机非金属材料使用的历史悠久,古人使用陶瓷、砖瓦等就是典型的无机非金属材料。它包括各种非金属单质材料、非金属元素间形成的无机化合物材料或金属与非金属元素间形成的无机化合物材料等。

无机非金属材料主要特点是耐高温、抗氧化、耐磨、耐腐蚀和硬度大,而脆性是其不足。无机非金属材料通常分为传统硅酸盐材料和新型无机材料等。前者主要是指陶瓷、玻璃、水泥、耐火材料等以天然硅酸盐为原料的制品。新型无机材料是用人工合成方法制得的材料,它包括氧化物、氮化物、碳化物、硅化物、硼化物等化合物(这些材料又称为精细陶瓷或特种陶瓷)及一些非金属单质如碳、硅等。一些非金属单质可以单独构成材料,如碳元素形成的金刚石材料,硬度极高,可被用作工业中的切割工具。

这里,我们仅简单介绍一些新型无机功能材料,如应用于开发新能源、信息产业及航空航天事业等方面的耐热高强结构材料、半导体材料、超导材料和光导纤维材料等。无机功能材料具有诸如热、声、光、电、磁学等方面的特殊性能,利用这种特殊性能做成的各种功能材料,已成为许多科学技术领域中的关键性材料。

1. 耐热高强结构材料

随着各种新技术的发展,特别是空间技术和能源开发技术,对耐热高强结构材料的需要越趋迫切。例如,航天器的喷嘴、燃烧室内衬、喷气发动机叶片及能源开发和核燃料等。

非氧化物系列新型陶瓷材料,如 Si_3N_4、SiC、BN 等,有可能同时满足耐高温和高强度的双重要求,而成为目前最有希望的耐热高强结构材料。现介绍于下。

(1) 氮化硅

目前最有代表性的耐热高强结构材料,首推氮化硅(Si_3N_4)。它可用多种方法合成,工业上普遍采用高纯硅与氮气在 1 300℃反应获得:

$$3Si+2N_2 \xlongequal{\quad\quad} Si_3N_4$$

也可用化学气相沉积法,使卤化硅与氮气在氢气氛保护下反应:

$$3SiCl_4+2N_2+6H_2 \xlongequal{\quad\quad} Si_3N_4+12HCl$$

产物 Si_3N_4 沉积在石墨基体上。

组成氮化硅的两种元素的电负性相近,属强共价键结合,所以氮化硅的硬度高(耐磨损)、熔点高(耐高温)、结构稳定、绝缘性能好,是制造高温燃气轮机的理想材料。因为燃气轮机的气体温度越高,热效率就越高,如制成全 Si_3N_4 陶瓷汽车发动机,发动机的工作温度能稳定在 1 300℃ 左右,由于燃料充分燃烧而又不需要水冷系统,可使热效率提高 20% 以上,而且发动机的质量可以下降 2/3 左右。由于陶瓷的密度小,作为结构材料还可以降低自重,所以对航天航空事业也很有吸引力。

氮化硅陶瓷存在的一个缺陷是抗机械冲击强度偏低,容易发生脆性断裂。氮化硅陶瓷的韧化是材料科学工作者的一个新课题,添加 ZrO_2 或 HfO_2 等可制得增韧氮化硅陶瓷。增韧后的氮化硅陶瓷是一种在高温燃气轮机、高温轴承等领域应用的理想材料。

（2）**氮化硼**

以 B_2O_3 和 NH_4Cl,或单质硼和 NH_3 为原料,利用加压烧结方法可制得高密度的氮化硼（BN）陶瓷。作为新型无机材料而独树一帜。它兼有许多优良性能,不但耐高温、耐腐蚀、高导热、高绝缘,还可很容易地进行机械加工,且加工精度高（可达 0.01 mm）、密度小、润滑、无毒,是一种理想的高温导热绝缘材料,用途广泛。

通常制得的氮化硼具有石墨型的六方层状结构,俗称白色石墨,它是比石墨更耐高温的固体润滑剂。和石墨转变为金刚石的原理相似,六方层状结构 BN 在 1 800℃ 高温、8 000 MPa 高压下可转变为金刚石型的立方晶体 BN,其键长、硬度均与金刚石的相近,而耐热性比金刚石的要好（熔点约 3 000℃,可承受 1 500~1 800℃ 高温）,是新型耐高温超硬材料。用立方 BN 制作的刀具适用于切削既硬又韧的超硬材料（如冷硬铸铁、合金耐磨铸铁、淬火钢等）,其工作效率是金刚石的 5~10 倍,刀具寿命提高几十倍。

2. 半导体材料

半导体材料是导电能力介于导体与绝缘体之间的一类物质,半导体在一定条件下可以导电,其电导率随温度的升高而迅速增大。各种外界因素如光、热、磁、电等作用于半导体会引起的一些特殊的物理效应和现象。因而,半导体材料可以制作不同功能和特性的半导体器件和集成电路的电子材料,是最重要的信息功能材料,其发明和发展对信息技术的发展具有划时代的历史意义。

按半导体是否含有杂质又可分为本征半导体和杂质半导体。本征半导体是高纯材料（如大规模集成电路用的单晶硅）;杂质半导体中还有一定量的掺杂物,通过控制掺杂物的浓度,可以提高和准确地控制电导率。

按化学组成,半导体可分为单质半导体和化合物半导体。单质 Si、Ge 是所有半导体材料中应用最广的两种材料,Sn、Te 等单质也具有半导性。化合物半导体种类很多,有无机化合物半导体或有机化合物半导体。无机化合物半导体有二元系统、三元系统等。二元系统如 SiC、GaAs、ZnS、CdTe、HgTe 等;以砷化镓

（GaAs）为代表的一类无机化合物的发现促进了微波器件和光电器件的迅速发展。三元系统如 $ZnSiP_2$、$ZnGeP_2$、$ZnGeAs_2$、$CdGeAs_2$、$CdSnSe_2$ 等。

3. 超导材料

具有超导电性的材料称为超导材料。一般金属材料的导电率将随温度的下降而增大，而当温度接近绝对零度的温度范围内，随着温度的下降，其电导率趋近于一有限的常数。而对某些纯金属或合金等有所例外，它们在某一特定的温度附近，其电导率将突然增至无穷大（即电阻为零），这种现象称为超导电性。

最早发现超导现象的是荷兰物理学家昂纳斯（Onnes H K）。他于 1911 年发现汞在 4.15 K 时出现了零电阻，但在这样低的温度（液氦的温度范围）下工作给超导材料的应用带来严重的障碍。超导材料从一有限电导率的正常状态向无限大电导率的超导态转变时的温度称为临界温度，常用 T_c 表示。

半个多世纪以来，人们在寻找具有更高 T_c 的超导材料过程中发现，近几十种元素的金属单质及数千种合金和化合物都可具有超导性能，但直到 1973 年为止，得到的最高临界温度的超导材料是 Nb_3Ge，它的 T_c 为 23.2 K。近年来，对化合物超导材料的研究有了可喜的长进。我国在这方面的成就已跻身于国际先进之列，中国科学技术大学研制的超导体的 T_c 可达 132 K，约为液氮的温度范围。

室温超导是科学家努力追求的目标，工业界则不失时机地抓紧在液氮温度下工作的超导材料的开发利用。例如，利用超导材料的超导电性，可制造超导发电机、电动机，大大减轻其重量、体积并提高其输出功率。利用超导材料的抗磁性，超导磁铁与铁路路基体间所产生的磁性斥力，可制成超导磁悬浮列车。它具有阻力小、能耗低、无噪声和时速大（目前这类试验性列车的运行速率可达到 $500 \sim 600\ km \cdot h^{-1}$）等优点，是一种很有发展前途的交通工具。总之，超导材料将为国民经济各领域中的应用展示美好的前景。

4. 光导纤维材料

光导纤维最近几十年来迅速发展起来的以传光和传像为目的的一种光波传导介质。光导纤维是一种特殊的材料制成的"导线"，它可以使光束像电流一样在光导纤维中沿着"导线"弯弯曲曲地从一端传到另一端而不中途损耗。

光导纤维是根据光的全反射原理制成的，其最大应用是激光通讯，即光纤通信（用激光作为光源以光纤做成光缆）。光纤具有信息容量大、抗干扰、保密性好、耐腐等优点，是一种极为理想的信息传递材料。此外，光纤还可用于电视、电脑视频、传真电话、光学、医学（如胃镜等各种人体内窥镜）、工业生产的自动控制、电子和机械工业等各个领域。

为了减少传光损耗，对光导纤维材料的纯度要求很高（比半导体材料的纯度还要高 100 倍），而且还要求材料具有光学均匀性。

光导纤维多数由无机化合物制得。目前用的主要有氧化物玻璃光纤、非氧化物光纤和聚合物光纤等类。氧化物玻璃光纤中性能最好、应用较广的是石英光纤。石英光纤的组成以 SiO_2 为主,添加少量的 GeO_2、P_2O_5 及 F 等以控制光纤的折射率。它具有资源丰富、化学性能极其稳定、膨胀系数小,容易在高温下加工,且光纤的性能不随温度而改变等优点。此外,氧化物玻璃光纤还包括多元氧化物光纤,如 $SiO_2-CaO-Na_2O$,$SiO_2-B_2O_3-Na_2O$ 等光纤。非氧化物光纤有氟化物玻璃(如 $ZrF_4-BaF_2-LaF_3$),硫族化合物玻璃(如 $As-S$ 及 $As-Se$ 系)和卤化物玻璃(如 $ZnCl_2$,$KCl-BiCl_3$,$ZnBr_2$)。聚合物光纤的材料有聚苯乙烯、聚甲基丙烯酸甲酯、聚碳酸酯等。

选读材料

纳 米 材 料

人类很早就意识到物质的性质不仅与其结构关系密切相关,还与物质的颗粒尺度相关。例如,中国古人很早就知道把墨磨细之后使用其性能更好,写字作画时会有更好的效果。随着近代物理和光学技术的发展,人们可以从更小的颗粒尺度下认知物质,结果发现了很多原来在宏观或人眼可见尺度下不曾知道的许多新的物质性能。这些发现促使了人类对物质的认识从宏观尺度到微观尺度的改变,人类能够认识的物质尺度越来越小。于是,材料也被按尺寸大小进行分类。纳米材料也就应运而生,它指的是颗粒尺寸从 1 nm 到小于 100 nm 的材料物质(长度单位 1 nm 等于 10^{-9} m)。

纳米不仅意味着一定的空间尺度,而且提供了一种全新的认识方式和实践方式,开辟了人类在纳米范围内认识和改造自然,引发了纳米材料科学、纳米物理学、纳米化学、纳米电子学、纳米生物学、纳米机械学等,开创了人类的纳米科技时代,并将成为 21 世纪关键的高新科技之一。

一般而言,一个原子的大小尺度约为 0.1 nm;纳米级材料的颗粒大小就意味着每个颗粒含有的分子或原子数目相当有限,纳米颗粒仅为几十或几百个分子或原子形成的聚集体,化学性质也会变得活泼很多。同时,由纳米颗粒所组成纳米材料,表面积与体积的比例很大,会引起大表面的特殊效应,熔点、导热、导电等性能与宏观尺度的物质材料相比都会发生很大的改变。例如,纳米金的熔点 310℃,纳米银的熔点只有 100℃左右(正常熔点 Au 为 1 063℃,Ag 为 962℃)。另一方面,纳米材料的尺度已接近光的波长,常引起其独特的光学、磁性等物理性质变化。例如,固体的黄金被细分到小于光波波长的尺寸时,即失去了原有的金属光泽而呈黑色,而溶液中经常可以看到纳米金颗粒显红色。

　　纳米材料的众多特殊的物理与化学性能使其可以被应用到许多不同的领域,纳米材料被誉为"21 世纪最有前途的新型材料"。

　　例如,纳米材料的表面积大,表面活性高,可制造各种高性能催化剂,如纳米铂黑催化剂可使乙烯氢化反应的温度从 600℃ 降至室温,而超细的 Fe、Ni、$\gamma-Fe_2O_3$ 混合物烧结体可代替贵金属作汽车尾气净化的催化剂。纳米陶瓷具有延性,有的甚至出现超塑性。例如,在室温下合成的 TiO_2 纳米陶瓷,可以弯曲,其塑性变形高达 100%,韧性极好。纳米材料对光的反射率很低(约 1%),粒度越细,对光和电磁波吸收越多,据此纳米金属材料可制作红外线检测元件、红外吸收材料和隐形飞机上的雷达吸波材料等。血液中的红细胞直径大于 100 nm,把有治疗或探测功能的某种材料制成小于 100 nm 的超微粒子注入血管内,使之随血液流到体内各个部位,可以实现药物定位发药,从而对疾病进行更有效的治疗或作健康检查。

本 章 小 结

　　1. 卤化物是指卤素与电负性比卤素小的元素所组成的二元化合物。氯与活泼金属 Na、K、Ba 等形成离子型氯化物熔点、沸点较高;氯与非金属生成共价型氯化物,熔点、沸点较低;氯与一些金属元素(包括 Mg、Al 等)形成过渡型氯化物,如 $FeCl_3$、$AlCl_3$、$MgCl_2$、$CdCl_2$ 等,其熔点、沸点低于离子晶体,但高于分子晶体,常易升华。这些熔点变化现象可以用离子极化理论通过离子键向共价键的转变说明。根据卤化物熔点、沸点等性质,可以将其用于高温时的加热介质、红外光谱仪棱镜和渗铝、渗铬、渗硅工艺等。

　　2. 氧化物是指氧与电负性比氧的要小的元素所形成的二元化合物。氧化物熔点、沸点的变化规律基本一致。金属性强的元素的氧化物,如 Na_2O、BaO、CaO、MgO 等是离子晶体,熔点、沸点大都较高;大多数非金属元素的氧化物如 SO_2、N_2O_5、CO_2 等是共价型化合物,熔点、沸点低;大多数金属性不太强的元素的氧化物中一些较低价态金属的氧化物,如 Cr_2O_3、Al_2O_3、Fe_2O_3、NiO、TiO_2 等熔点较高、硬度较大,但高价态金属的氧化物如 V_2O_5、CrO_3、MoO_3、Mn_2O_7 等熔点、沸点较低。但有一些例外,如非金属硅的氧化物 SiO_2 是原子晶体,熔点、沸点较高。大多数同价态的金属的氧化物的熔点都比其氯化物的要高,如熔点:MgO>$MgCl_2$、Al_2O_3>$AlCl_3$、Fe_2O_3>$FeCl_3$、CuO>$CuCl_2$ 等。铁有不同价态的氧化物如 FeO、FeO_2、Fe_2O_3 和 Fe_3O_4 等,它们颜色、性质等各不相同,用途也各不相同。总的说来,可以用作颜料、抛光剂、催化剂和磁性材料等。

　　3. 无机化合物中因其氧化还原性而应用较多的有 $KMnO_4$、$K_2Cr_2O_7$、

$NaNO_2$、H_2O_2 等。$KMnO_4$ 是一种常用的氧化剂,其氧化能力随介质酸性的减弱而减弱,还原产物也不同,如在酸性介质中它是很强的氧化剂,可以氧化 SO_3^{2-}、Fe^{2+}、H_2O_2,甚至 Cl^- 等,本身被还原为 Mn^{2+}。$K_2Cr_2O_7$ 也是常用的氧化剂,在酸性介质中具有较强的氧化性,可将 Fe^{2+}、NO_2^-、SO_3^{2-}、H_2S 等氧化,而 $Cr_2O_7^{2-}$ 被还原为 Cr^{3+}。亚硝酸盐既有氧化性又有还原性,遇较强氧化剂如 $KMnO_4$、$K_2Cr_2O_7$、Cl_2 时会被氧化为硝酸盐,通常,亚硝酸盐在酸性介质中主要表现为氧化性。H_2O_2 在酸性或碱性介质中都显出相当强的氧化性,有漂白和杀菌等作用,但遇更强的氧化剂如氯气、酸性 $KMnO_4$ 等时,H_2O_2 又呈还原性而被氧化为 O_2。

4. 氧化物及其水合物的酸碱性按周期及族呈有规律的递变。最高价态的氧化物及其水合物,同周期从左到右,碱性减弱、酸性增强,同族自上而下,一般酸性减弱、碱性增强。对同一元素,一般为高价态的酸性较强。

5. 除活泼金属如钠、钾、钡等的氯化物外,大多数氯化物与水发生反应。非金属氯化物如 BCl_3、$SiCl_4$、PCl_5 等遇水就会迅速反应生成非金属含氧酸和盐酸;某些高价态金属的氯化物也会遇水发生强烈反应,如四氯化锗与水作用,生成胶状的二氧化锗的水合物和盐酸;大多数不太活泼金属的氯化物如 $MgCl_2$、$FeCl_3$、$AlCl_3$、$CrCl_3$ 等会不同程度地与水发生反应,反应常常是分步和可逆的,并引起溶液酸性的增强。

6. 配合物是配位化合物的简称,它是由中心离子(或原子)和配体间通过配位键结合而成的,是一类比较复杂的无机化合物。中心离子通常是过渡金属离子,配体是指与中心离子有化学键作用的分子、离子或基团等。

根据配体提供的配位原子数目和配合物空间结构特征,可以将配体分为单齿配体、多齿配体、桥联配体等。

配合物种类繁多,结构复杂,讨论配合物结构时人们最为关心的是空间构型,即配原子围绕中心离子所形成的几何形状。常见的空间构型有平面四方形、四面体形、四方锥形、三角双锥形、八面体形等。

价键理论认为,配合物中的共价配位键是通过中心离子的空轨道与配原子中带有一对孤对电子的轨道重叠而形成的。

配位化合物可以通过配体交换反应制备得到,配合物的热力学稳定性可以用化学平衡常数 $K_稳$ 表示。

配位化合物已被应用于电镀工业、离子的定性和定量鉴定、聚合反应的催化剂、生物学和医学等领域。

7. 金属合金材料是由两种或两种以上的金属元素(或金属和非金属元素)组成的,具有金属特征的,但结构比单一金属复杂的,性能比纯金属优良的一类材料物质。根据合金的结构特征,可分为金属固溶体、金属化合物和机械混合物三种。前两类都是均匀合金,机械混合物合金结构不均匀。合金材料种类多,应用广,一些典型的合金材料有轻质合金、耐热合金、低熔合金、形状记忆合金等。

轻质合金是由镁、铝、钛、锂等轻金属所形成的合金,铝合金和钛合金是两种较为重要的轻质合金。

耐热合金是以铁、钴、镍等Ⅷ族金属元素为基体,再复合其他元素形成熔点特别高的合金材料,如镍钴合金和镍铬铁非磁性合金等都能耐 1 200℃ 高温。

低熔合金常用的有汞、锡、铅、锑和铋等低熔金属合金,它们可以用于不同的技术应用领域。

形状记忆合金的特异性使其在宇航、自动控制、医疗等多个领域中得到了应用。具有形状记忆效应的合金种类也很多,但使用最广泛的还是镍钛合金。

8. 无机非金属材料包括各种非金属单质材料、非金属元素间形成的无机化合物材料或金属与非金属元素间形成的无机化合物材料等,其主要特点是耐高温、抗氧化、耐磨、耐腐蚀和硬度大,而脆性是其不足。新型无机功能材料是用人工合成方法制得的具备特殊功能的材料,典型的如耐热高强结构材料、半导体材料、超导材料和光导纤维材料等。

新型的耐热高强结构材料有新型陶瓷材料 Si_3N_4、SiC、BN 等。

半导体材料对诸如光、热、磁、电等的作用会产生一些特殊的物理效应和现象,是最重要的信息功能材料。较为常用的有 Si、Ge、$GaAs$ 等。

具有超导电性的材料称为超导材料,它们可用于制造超导发电机、电动机和超导磁悬浮列车等。

光导纤维具有信息容量大、抗干扰、保密性好、耐腐等优点,是一种极为理想的信息传递材料。以 SiO_2 为主,含有少量的 GeO_2、P_2O_3 及 F 等组成的石英光纤稳定性能好、膨胀系数小、透明度高,主要应用于各种光纤通信网络等。

学生课外进修读物

[1] 史启祯,高忆慈,唐宗薰,等. 当代无机化学研究的几项重大进展[J]. 大学化学,1997,12(5):1.

[2] 曾人杰. 无机材料化学学科探讨[J]. 大学化学,1998,3(4):1.

[3] 郭志新,李玉良. 富勒烯的化学研究进展[J]. 化学进展,1998,10(1):1.

[4] 杨占红,李新海,李晶. 固体碳的新形态——碳纳米管[J]. 大学化学,1998,13(4):30.

[5] 胡文祥,桑宝华,谭生建,等. 分子纳米技术在生物医药学领域的应用[J]. 化学通报,1998,61(5):32.

复习思考题

1. 什么是卤化物,卤化物中氯化物的熔点、沸点表现出哪些规律?

2. 什么是氧化物,氧化物的熔点、沸点表现出哪些规律?

3. 介质的酸碱性对 $KMnO_4$ 的氧化性和还原产物有何影响?

4. H_2O_2 的氧化性与 $KMnO_4$ 有何不同?

5. 氯化物与水的作用情况大致可分为哪几种类型? 试举实例说明。

6. 氧化物及其水合物的酸碱性规律如何?

7. 什么叫作配位化合物?

8. 哪些物质可以作为配体?

9. 什么是配合物的空间结构,常见的空间构型有哪几种?

10. 根据价键理论,配位键是如何形成的?

11. 配位化合物对生物体有何意义? 配位化合物还有哪些应用?

12. 什么是金属合金材料,常见的合金材料有哪几种?

13. 什么是轻质合金? 它有哪些用途?

14. 列举出几种用作耐热高强结构材料的无机化合物。

15. 什么是半导体材料? 常用作半导体材料的元素或物质有哪些?

16. 石英光纤含有哪些成分,有何用途?

习　　题

1. 是非题(对的在括号内填"+"号,错的填"-"号)

(1) 同族元素的氧化物 CO_2 与 SiO_2,具有相似的物理性质和化学性质。　　　　　　(　)

(2) 铝和氯气分别是较活泼的金属和活泼的非金属单质,因此两者能作用形成典型的离子键,固态为离子晶体,$AlCl_3$ 的熔点、沸点也很高。　　　　　(　)

(3) 在配合物中,中心离子的配位数等于每个中心离子所拥有的配体的数目。　(　)

(4) 活泼金属元素的氧化物都是离子晶体,熔点较高;非金属元素的氧化物都是分子晶体,熔点较低。　　　　　　　　　　　　　　(　)

2. 选择题(将正确答案的标号填入括号内)

(1) 在配制 $SnCl_2$ 溶液时,为了防止溶液产生 $Sn(OH)Cl$ 白色沉淀,应采取的措施是
　　　　　　　　　　　　　　　　　　　　　　　　　　(　)

(a) 加碱　　　　(b) 加酸　　　　(c) 多加水　　　　(d) 加热

(2) 下列物质中熔点最高的是　　　　　　　　　　　(　)

(a) SiC　　　　(b) $SnCl_4$　　　　(c) $AlCl_3$　　　　(d) KCl

(3) 下列物质中酸性最弱的是　　　　　　　　　　　(　)

(a) H_3PO_4　　　(b) $HClO_4$　　　(c) H_3AsO_4　　　(d) H_2AsO_3

(4) $K_2Cr_2O_7$ 溶液中加入过量强碱后,溶液的颜色为 （ ）

(a) 橙色   (b) 黄色   (c) 紫色   (d) 红色

(5) 在配离子 $[PtCl_3(C_2H_4)]^-$ 中,中心离子的价态是 （ ）

(a) +3   (b) +4   (c) +2   (d) +5

(6) 用于耐热合金中的合金元素可以是 （ ）

(a) 钠和钾   (b) 镍和钴   (c) 锡和铅   (d) 钙和钡

(7) 下列物质中具有金属光泽的是 （ ）

(a) TiO_2 (b) $TiCl_4$ (c) TiC (d) $Ti(NO_3)_4$

(8) 超导材料的特性是它具有 （ ）

(a) 高温下低电阻   (b) 低温下零电阻   (c) 高温下零电阻   (d) 低温下恒定电阻

(9) 下列物质中是螯合物的为 （ ）

(a) $Na_3[Ag(S_2O_3)_2]$ (b) $K_6[Cu(P_2O_7)_2]$

(c) $Na_2[Fe(edta)]$ (d) $Ni(CO)_4$

(10) 下列物质中没有用作石英光纤材料的是 （ ）

(a) F   (b) GeO_2 (c) $GaAs$ (d) SiO_2

3. 填空题

(1) _____和_____是耐热高强无机材料。

(2) _____和_____是较常用的半导体元素。

(3) 与中心离子直接形成配位键的原子称为_____,这类原子常见的有_____、_____、_____和卤素原子等。

(4) 配位数为_____的配合物,会形成四方锥形或三角双锥形两种不同的空间构型;配位数为 4 的配合物,常见的空间构型是_____和_____两种。

(5) 根据配体提供的配位原子数目和配合物空间结构特征,配体可分为:单齿配体、_____配体和_____配体等。

(6) 耐热合金是以_____、_____、_____等金属元素为基体,再复合其他元素形成熔点特别的合金材料。

(7) 新型无机功能材料是用人工合成方法制得的具备特殊功能的材料,典型有耐热高强结构材料和_____、_____、_____等。

(8) 使用最广泛的形状记忆合金是_____合金。

4. 列举具有下列性能的化合物各 2~3 种,并写出它们(或主要组分)的分子式或化学式。

(1) 熔点很高   (2) 硬度很大   (3) 碱性很强   (4) 酸性很强

(5) 很易与水反应 (6) 很易挥发   (7) 溶解度很小 (8) 热稳定性很好

(9) 强氧化性

5. 比较下列各项性质的高低或大小次序,并指出所依据的规律。

(1) SiO_2、KI、$FeCl_3$ 的熔点   (2) SiC、CO_2、BaO 晶体的硬度

(3) $HClO_4$、H_2SO_3、H_2SO_4 的酸性   (4) H_2CrO_4、$H_2Cr_2O_7$、$Cr(OH)_3$ 的酸性

6. 写出下列反应的现象及已配平的化学方程式或离子方程式。

（1）将 H_2S 通入酸化的重铬酸钾溶液中

（2）将 SO_2 通入酸化的高锰酸钾溶液中

（3）将 H_2O_2 通入酸化的高锰酸钾溶液中

（4）将 KI 加入酸化的 $NaNO_2$ 溶液

7. 下列各化合物中，哪些能与强酸溶液作用？哪些能与强碱溶液作用？写出反应方程式。

（1）$Mg(OH)_2$　　　（2）AgOH　　　（3）$Sn(OH)_4$　　　（4）$SiO_2 \cdot H_2O$　　　（5）$Cr(OH)_3$

8. 写出下列化合物遇水时的现象及化学反应方程式。

（1）$MgCl_2$　　　　　　（2）$SiCl_4$　　　　　　（3）$SnCl_2$　　　　　　（4）$GeCl_4$

9. 写出两种目前工业中制备新型无机材料 Si_3N_4 的反应方程式。

10. 指出下列配位化合物中心离子的价态和配位数，以及配离子的电荷数。

（1）$[Cu(NH_3)_4]Cl_2$　　　　　　　　　（2）$K_2[PtCl_6]$

（3）$Na_3[Ag(S_2O_3)_2]$　　　　　　　　（4）$K_3[Fe(CN)_6]$

11. 命名下列配合物。

（1）$[Co(NH_3)_6]Cl_2$　　　　　　　　　（2）$K_3[Fe(CN)_6]$

（3）$[PtCl_2(NH_3)_2]$　　　　　　　　　（4）$Co_2(CO)_8$

12. 下列各组内的物质能否一起共存？若不能共存，则说明原因（未注明状态的均指水溶液）。

（1）Sn^{4+}、Sn^{2+} 与 Sn(s)　　　（2）$Na_2O_2(s)$ 与 $H_2O(l)$　　　（3）$NaHCO_3$ 与 NaOH

（4）NH_4Cl 与 Zn(s)　　　　（5）$NaAlO_2$ 与 HCl　　　　（6）$BiCl_3(s)$ 与 $H_2O(l)$

第7章 高分子化合物

内容提要和学习要求 本章重点讨论高分子化合物的基本概念及结构与性能的关系,介绍一些重要的高分子材料的性能及应用。

本章学习的主要要求如下:

(1) 了解高分子化合物的基本概念、命名和分类。

(2) 了解高分子化合物的合成反应。

(3) 了解高分子化合物的物理性能(如力学性能、电性能、化学稳定性与老化等)与其分子链结构间的关系。

(4) 了解高分子化合物的改性和加工方法。

(5) 了解几种重要高分子材料(如塑料、橡胶、纤维及感光性高分子)和复合材料的性能及其应用。

7.1 高分子化合物概述

7.1.1 高分子化合物的定义

高分子化合物,简称**高分子**,又称**高聚物**或**聚合物**(polymer),是由许多个结构和组成相同的单元以共价键连接而成的长链分子。例如,聚乙烯是由许多个—CH_2—CH_2—单元以共价键重复连接而成的高分子:

$$—CH_2—CH_2—CH_2—CH_2—CH_2—CH_2—CH_2—CH_2—CH_2—CH_2— \qquad (7.1)$$

高分子的相对分子质量要远远大于小分子有机化合物的相对分子质量,一般小分子有机化合物的相对分子质量在 1 000 以下,而高分子的相对分子质量一般在 10 000 以上。

高分子分子链中组成和结构相同的单元称为重复单元(repeating unit),也称为链节。例如,聚乙烯的重复单元为—CH_2—CH_2—。

能通过相互间的化学反应生成高分子的小分子有机化合物称为单体(monomer)。例如聚乙烯可以经由乙烯通过配位聚合反应制备得到,如式(7.2)所示,因此乙烯为聚乙烯的单体。

$$n\ CH_2=\!\!=\!\!CH_2\longrightarrow-\!\!(CH_2-\!CH_2)_n-\!\!\tag{7.2}$$

高分子分子链中重复单元的数目称为聚合度(polymerization degree)。式 (7.2)中聚乙烯分子链的聚合度为 n。高分子分子链的相对分子质量可由聚合度乘以重复单元的相对分子质量得到。

7.1.2　高分子的一般结构特点

高分子的分子链由许多重复单元通过共价单键连接在一起,因此高分子的分子链具有一定的柔性,分子链一般可以在三维空间进行旋转,分子链的形状(构象)随时间而发生变化。

通常,同一种高分子化合物中的分子,相对分子质量并不都相同,不同分子链所含的重复单元数目并不都相同,即同一种高分子化合物样品中往往含有聚合度和相对分子质量不相同的分子,因此高分子的相对分子质量具有不均一性,称为多分散性。

高分子分子链间具有强的范德华相互作用力,如果要将一根高分子的分子链分立出来,达到汽化的状态,所需的能量将导致分子链 C—C 键的断裂,因此对于高分子而言,并不存在气态高分子。

如果高分子分子链间发生交联反应,则分子链之间存在共价键连接,将大大改变高分子的化学与物理性能。

高分子的聚集态结构可以是结晶态或无定形态。高分子的结晶态的有序度要小于小分子晶体的有序度,但无定形态的有序度则要大于非晶态小分子的有序度。

7.1.3　高分子的分类

按来源分类,高分子可以分为天然高分子和合成高分子。

按物理结构分类,高分子可以分为线形高分子、支链高分子和交联高分子。其中,线形高分子指高分子的分子链是一根只有两个末端的分子链,如图 7.1(a)所示;支链高分子指高分子的分子链具有多个末端,如图 7.1(b)所示;交联高分子指高分子的分子链间由共价键相连接在一起,这一类高分子具有三维网络结构,不能溶解于溶剂中,只能够溶胀,如图 7.1(c)所示。

根据分子主链的组成,高分子可以分为碳链高分子、杂链高分子和元素有机高分子三类。

碳链高分子的主链全部由碳原子组成,如:

(a) 线形高分子   (b) 支链高分子   (c) 交联高分子

图 7.1 高分子的物理结构分类

$$+CH_2-CH_2\ ]_n$$

聚乙烯

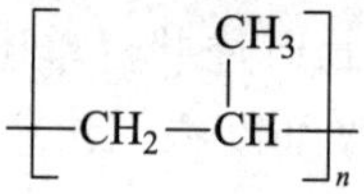

$$\left[CH_2-\underset{|}{\overset{CH_3}{CH}}\right]_n$$

聚丙烯

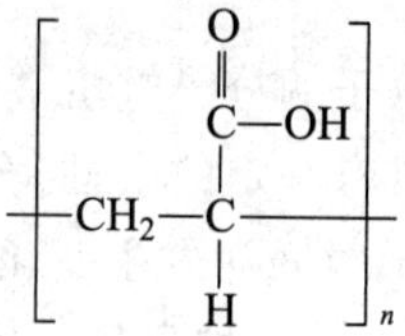

$$\left[-CH_2-\underset{\underset{H}{|}}{\overset{\overset{O}{\parallel}}{\underset{|}{C}-OH}}\right]_n$$

聚丙烯酸

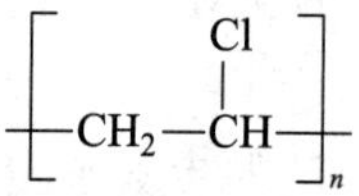

$$\left[CH_2-\underset{|}{\overset{Cl}{CH}}\right]_n$$

聚氯乙烯

$$\left[-CH_2-\underset{\underset{CH_3}{|}}{\overset{\overset{O}{\parallel}}{\underset{|}{C}-O-CH_3}}\right]_n$$

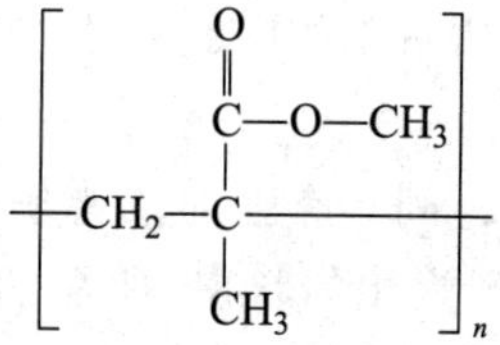

聚甲基丙烯酸甲酯

杂链高分子的主链除了碳原子外,还含有 N、O 和 S 等杂原子,如:

聚己内酰胺 (俗称尼龙-6) $\left[\overset{\overset{O}{\parallel}}{C}-(CH_2)_5-\overset{\overset{H}{|}}{N}\right]_n$

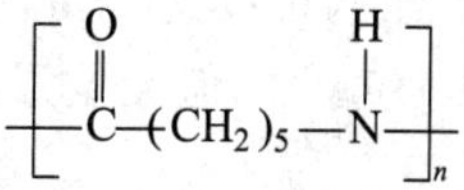

聚碳酸酯 $\left[O-\underset{}{\underset{CH_3}{\overset{CH_3}{\underset{|}{\overset{|}{C}}}}}-O-\overset{\overset{O}{\parallel}}{C}\right]$

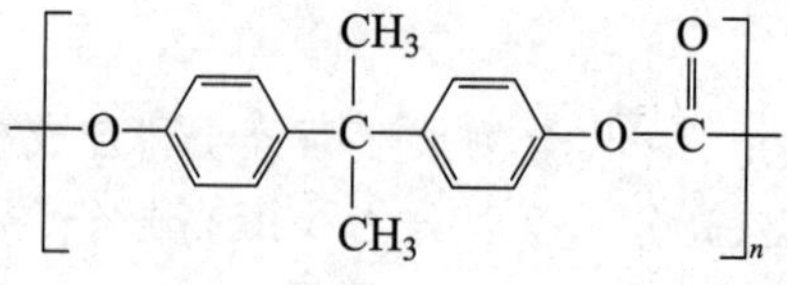

聚氨酯 $\left[NH-R-NH-\overset{\overset{O}{\parallel}}{C}-O-R'-O-\overset{\overset{O}{\parallel}}{C}\right]$

聚酯 $\left[O-R-O-\overset{\overset{O}{\parallel}}{C}-R'-\overset{\overset{O}{\parallel}}{C}\right]_n$

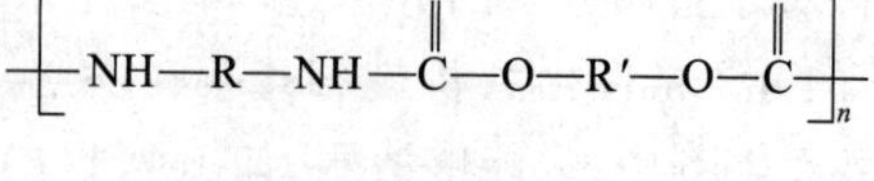

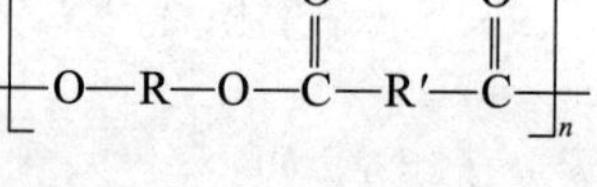

元素有机高分子的主链没有碳原子,完全由 Si、O、N 和 S 等原子组成,但是取代基或侧链可以是含碳原子的有机基团,如:

$$聚硅氧烷 \quad \left[\begin{array}{c} CH_3 \\ | \\ -Si-O- \\ | \\ CH_3 \end{array} \right]_n$$

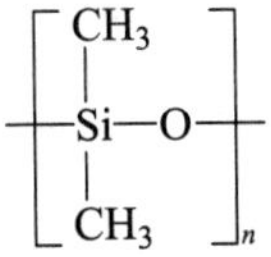

根据高分子的性能和应用,高分子可分为橡胶、纤维和塑料(俗称三大合成材料)、黏胶剂和涂料等。还可以根据其功能,分为光电高分子、生物医用高分子、导电高分子和离子交换树脂等。

7.1.4 高分子的命名

高分子化合物有以结构为基础的系统命名,虽较严格但太烦琐,尤其对结构较复杂的高分子化合物很少使用。习惯上对合成高分子则通常有如下三种命名方法。

1. 按照单体结构特征来命名

由单体聚合而成的高分子,在单体名称前面冠以"聚"字,如由氯乙烯制得的聚合物叫聚氯乙烯,由己二酸和己二胺制得的聚合物叫聚己二酸己二胺,由乙二醇和对苯二甲酸制得的聚合物叫聚对苯二甲酸乙二醇酯等。

2. 按高分子结构特征来命名

例如,把主链中含有酰胺基的聚合物统称为聚酰胺,把主链中含有酯基的统称为聚酯等。

3. 按照商品名称命名

(1) 用后缀"纶"来命名合成纤维。如涤纶(聚酯纤维)、腈纶(聚丙烯腈纤维)、氯纶(聚氯乙烯)、丙纶(聚丙烯)、维尼纶(聚乙烯醇缩甲醛)、锦纶(聚己内酰胺)、氨纶(聚氨基甲酸酯)等。

(2) 用后缀"橡胶"来命名合成橡胶。如丁苯橡胶(丁二烯-苯乙烯共聚物)、乙丙橡胶(乙烯-丙烯共聚物)等。

(3) 用后缀"树脂"来命名塑料。如由苯酚和甲醛合成的共聚物称为酚醛树脂,由环氧氯丙烷和双酚-A 合成的共聚物叫环氧树脂。现在"树脂"这个名词的应用范围扩大了,未加工成型的聚合物往往都叫树脂,如聚氯乙烯树脂、聚丙烯树脂等。

此外,为解决聚合物名称冗长读写不便的问题,可对常见的一些聚合物采用国际通用的英文缩写符号。例如,聚氯乙烯用 PVC(polyvinylchloride)表示(见表 7.1)。

表 7.1   一些聚合物的名称、商品名称、符号及单体

聚 合 物			单 体	
名称	商品名称	符号	名称	结构式
聚氯乙烯	氯纶*	PVC	氯乙烯	$H_2C = CHCl$
聚丙烯	丙纶*	PP	丙烯	$H_2C = CH—CH_3$
聚丙烯腈	腈纶*	PAN	丙烯腈	$H_2C = CHCN$
聚己内酰胺	锦纶 6*（或尼龙 –6）	PA6	己内酰胺	
聚己二酰己二胺	锦纶 66*（或尼龙 –66）	PA66	己二酸 己二胺	$HOOC\,(CH_2)_4COOH$ $H_2N\,(CH_2)_6\,NH_2$
聚对苯二甲酸乙二醇酯	涤纶*	PET	对苯二甲酸 乙二醇	$HOOC$—◯—$COOH$ $HOCH_2CH_2OH$
聚苯乙烯	聚苯乙烯树脂	PS	苯乙烯	◯—$CH=CH_2$
聚甲基丙烯酸甲酯	有机玻璃	PMMA	甲基丙烯酸甲酯	$H_2C = CCOOCH_3$ 中间 CH_3
聚丙烯腈 – 丁二烯 – 苯乙烯	ABS 树脂	ABS	丙烯腈 丁二烯 苯乙烯	$H_2C = CHCN$ $H_2C = CHCH = CH_2$ ◯—$CH=CH_2$

注：* 均指相应的聚合物为原料纺制成的纤维名称。

7.2   高分子的合成

我们日常用的高分子材料大部分是通过人工的方法得到的。由小分子单体合成高分子的反应称为聚合反应。高分子的合成属于高分子化学的重要内容。

高分子化学主要是研究人工合成高分子的方法和原理。了解高分子的合成方法和原理,对于进一步设计和合成新型的高分子材料具有重要的意义。下面我们简单介绍高分子的一些主要合成方法及其特点。

7.2.1　高分子聚合反应的分类

根据单体和高分子结构单元的组成和共价键结构上的变化，聚合反应可分为缩合聚合反应（简称缩聚反应）和加成聚合反应（简称加聚反应）两大类。

（1）加聚反应

单体因加成而聚合起来的反应称为**加聚反应**，加聚反应的产物称为加聚物。加聚物的化学组成与其单体相同，在加聚反应中没有其他副产物，加聚物相对分子质量是单体相对分子质量的整数倍。

由一种单体经加聚反应得到的高分子称为均聚物。其分子链中只包含一种单体构成的链节，这种聚合反应称均聚反应。如氯乙烯经均聚反应合成聚氯乙烯。

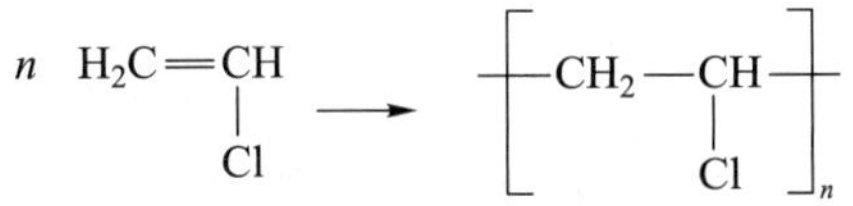

$$n \ \ H_2C=\underset{\underset{Cl}{|}}{CH} \longrightarrow \left[CH_2-\underset{\underset{Cl}{|}}{CH} \right]_n$$

聚乙烯、聚氯乙烯、聚苯乙烯、聚异戊二烯等聚合物都是由均聚反应制得的。

由两种或两种以上单体进行加聚，生成的聚合物含有多种单体构成的链节，这种聚合反应称为共聚反应，生成的高分子称为共聚物。

如 ABS 工程塑料，它是由丙烯腈（acrylonitrile，以 A 表示）、丁二烯（butadiene，以 B 表示）、苯乙烯（styrene，以 S 表示）三种不同单体共聚而成的。

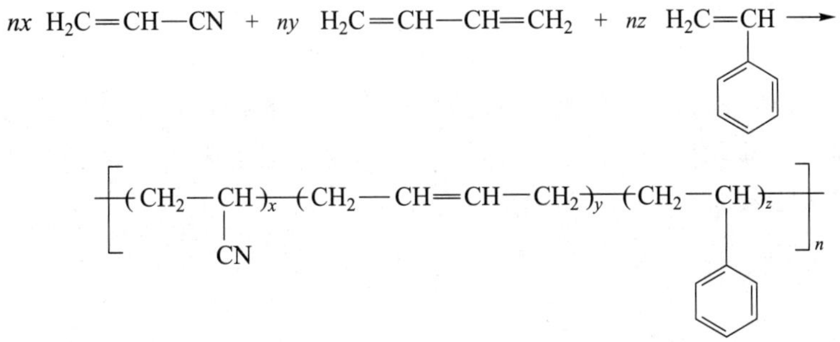

$$nx \ H_2C\!=\!CH\!-\!CN \ + \ ny \ H_2C\!=\!CH\!-\!CH\!=\!CH_2 \ + \ nz \ H_2C\!=\!CH \longrightarrow$$

$$\left[(CH_2-\underset{\underset{CN}{|}}{CH})_x (CH_2-CH\!=\!CH-CH_2)_y (CH_2-CH)_z \right]_n$$

（2）缩聚反应

缩聚反应是指由一种或多种单体相互缩合生成高分子的反应，其主产物称为缩聚物。缩聚反应往往是官能团间的反应，除形成缩聚物外，还有水、醇、氨或氯化氢等低分子副产物产生。

缩聚反应所用的单体必须具有两个或两个以上的官能团。一般含两个官能团的单体缩聚时，生成链型聚合物，含两个以上官能团的单体缩聚时可生成交联的体型聚合物。缩聚物结构单元要比单体少若干原子。因为在缩聚反应中产生副产物,缩聚物的相对分子质量不再是单体相对分子质量的整数倍。

　　大部分缩聚物是杂链的聚合物,分子链中含有原单体的官能团结构特征,如含有酰胺键—NHCO—、酯键—OCO—、醚键—O—等。因此,缩聚物容易在水、醇、酸性或碱性环境下发生分解。尼龙、涤纶、环氧树脂等都是通过缩聚反应合成的。

　　例如,己二酸和己二胺缩聚得到尼龙-66 的反应。

$$n \quad H_2N-(CH_2)_6 NH_2 +n \quad \overset{O}{\underset{OH}{\overset{\|}{C}}}-(CH_2)_4-\overset{O}{\underset{OH}{\overset{\|}{C}}} \longrightarrow$$

$$\left[-NH-(CH_2)_6 NH-\overset{O}{\overset{\|}{C}}-(CH_2)_4-\overset{O}{\overset{\|}{C}} \right]_n +2nH_2O$$

　　根据聚合反应的机理,高分子聚合反应可以分为链式聚合和逐步聚合两大类。

　　① 链式聚合　整个聚合过程由链引发、链增长、链终止等几步基元反应组成。随着聚合时间延长,单体的转化率升高,高分子的相对分子质量逐渐增加。根据活性中心不同,可以将链式聚合反应分成自由基聚合、阳离子聚合、阴离子聚合和配位聚合。

　　② 逐步聚合　聚合反应是逐步进行的。反应早期,大部分单体很快聚合成二聚体、三聚体、四聚体等低聚物,随后低聚物之间继续反应,相对分子质量随转化率增高而逐步增大,在转化率很高(>98%)时才能生成高相对分子质量的聚合物。绝大多数缩聚反应属于逐步聚合反应。

7.2.2　几种重要的聚合反应

1. 自由基聚合反应

　　自由基聚合反应属于链式聚合反应。以自由基链式聚合反应合成的高分子约占全部合成高分子的 60%。通用塑料、纤维和橡胶,如聚乙烯、聚氯乙烯、聚苯乙烯、聚甲基丙烯酸甲酯、聚丙烯腈、丁苯橡胶、丁腈橡胶等,都是通过自由基聚合反应得到的。

　　原子、离子或者分子中如果存在未成对的电子,就是自由基。自由基聚合一般由引发剂均裂产生自由基,然后由自由基进攻单体的双键,使双键打开形成新的自由基,这一过程多次重复进行,单体分子逐一加成得到高相对分子质量的聚合物。自由基聚合反应主要过程如下。

$$I(引发剂) \longrightarrow 2R\cdot$$

$$R\cdot + H_2C{=}CH_2 \longrightarrow R{-}CH_2{-}\overset{\displaystyle H}{\underset{\displaystyle H}{\overset{|}{\underset{|}{C}}}}\cdot$$

$$R{-}CH_2{-}\overset{\displaystyle H}{\underset{\displaystyle H}{\overset{|}{\underset{|}{C}}}}\cdot + H_2C{=}CH_2 \longrightarrow R{-}CH_2{-}CH_2{-}CH_2{-}\overset{\displaystyle H}{\underset{\displaystyle H}{\overset{|}{\underset{|}{C}}}}\cdot$$

......

自由基相互结合就能让分子链停止增长,从而终止聚合反应。

2. 离子型聚合反应

离子型聚合反应属链式聚合反应,其活性中心是离子,根据中心离子所带电荷不同,可分为阳离子聚合反应和阴离子聚合反应。

离子型聚合反应对单体有高度的选择性,不同单体进行离子型聚合反应的活性不同。能进行阳离子型聚合反应的单体有烯类化合物、醛类、环醚及环酰胺等。具有给电子取代基的烯类单体原则上都可进行阳离子聚合。给电子取代基使碳碳双键电子概率密度增加,有利于阳离子活性物种(缺电子的原子或基团)的进攻;另一方面使生成的碳阳离子电荷分散而稳定。能进行阴离子聚合的是那些含强吸电子基团如硝基、腈基、酯基和苯基等的烯类单体,如丙烯腈 $H_2C{=}CHCN$、甲基丙烯酸甲酯 $H_2C{=}C(CH_3)COOCH_3$、硝基乙烯 $H_2C{=}CHNO_2$ 等。阴离子型聚合反应的活性中心为带负电荷的物种,具有亲核性,吸电子取代基能使双键上电子概率密度降低,使双键带有一定的正电性,即具有亲电性,因此有利于亲核性的阴离子进攻,吸电子取代基还将使形成的碳阴离子的负电荷分散而稳定。

3. 配位聚合反应

采用金属有机络合催化剂(如 Ziegler-Natta 催化剂)进行的聚合反应,称为**配位聚合反应**。配位聚合反应机理认为:单体进行聚合时,首先在络合催化剂的空位上配位,形成单体与催化剂的络合物(通常称为 $\sigma-\pi$ 络合物),然后单体再插入到催化剂的金属-碳键之间。络合与插入不断重复进行,从而生成高相对分子质量的聚合产物。

目前用量最大和用途最广泛的通用聚烯烃树脂,绝大部分是用配位聚合反应合成的。

4. 开环聚合反应

环状单体如环醚、环酯等通过环打开形成线形聚合物的反应,称为开环聚合反应。开环聚合反应通常由阳离子或阴离子引发聚合反应,故属于离子型聚合反应。

如环氧乙烷开环聚合得到聚氧化乙烯:

$$n \ H_2C \overset{O}{\underset{\textstyle}{\diagdown \diagup}} CH_2 \longrightarrow \{O-CH_2-CH_2\}_n$$

如丙交酯开环聚合得到聚乳酸:

$$n \ \underset{}{} \longrightarrow \{O-CH-\underset{\underset{O}{\|}}{C}\}_n$$

7.2.3　可控聚合反应

一般情况下,上述列举的聚合方法所合成的高分子,其相对分子质量分布是多分散性的。

多分散性的高分子对于研究高分子的链构象、结晶行为和溶液行为等是不利的,高分子物理理论的许多方面研究均要求高分子的相对分子质量尽可能地均匀、单分散。为了得到单分散的高分子,必须对聚合反应过程进行有效的控制。高分子科学家发展了可控聚合反应的方法,如可控自由基聚合、可控阴离子聚合和可控开环聚合。

7.3　高分子的结构与性能

高分子能够作为材料在不同场合使用并表现出各种优异的物理性能,是因为它具有链结构和聚集态结构。了解高分子的结构特征,认识结构与性能的内在联系,可以进一步指导高分子的合成,得到具有特定结构与性能的新型高分子。因此,研究高分子的结构与性能间的关系具有重要的科学与实际意义,是高分子物理学的核心内容。

7.3.1　高分子的结构

高分子的结构主要分为链结构、聚集态结构和织态结构。

链结构是指单个高分子的结构与形态,包括近程结构和远程结构,其中近程结构属于化学结构,称为一级结构,而远程结构包括高分子的相对分子质量和链构象,称为二级结构。

聚集态结构是指高分子材料内部分子链间的堆砌结构,可分为结晶态结构、液晶态结构、无定形态结构和取向态结构。

高分子的织态结构或高次结构,是更高级的结构,是高分子材料在应用过程中的实际结构。高分子的织态结构由其聚集态结构所决定,而聚集态结构又由其链结构所决定。

高分子结构所包含的内容可以用图7.2来表述。下面对高分子结构中的一些重要内容进行较为详细的介绍。

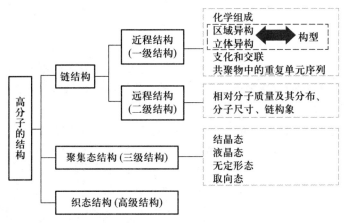

图 7.2　高分子结构的内容

1. 高分子的相对分子质量及其分布

相对分子质量是高分子最基本的结构参数之一,与高分子材料物理性能有着密切的关系,高分子的许多优良物理性能均由其相对分子质量大而获得,因此在理论研究和生产实践中经常需要测定高分子的相对分子质量。

同一种高分子中不同分子链所含的重复单元数目并不相同,即高分子的相对分子质量具有不均一性,称为多分散性。我们平时所说的高分子的相对分子质量实际上是指它的平均相对分子质量。

高分子的平均相对分子质量有几种不同的表示方法,有数均分子量、黏均分子量等。

数均分子量是高分子样品的质量除以样品中所含的分子总数(物质的量)。

$$\overline{M}_n = \frac{m}{n} = \frac{\sum_i n_i M_i}{\sum n_i} = \sum_i x_i M_i$$

式中,m 为高分子样品的总质量,n 为高分子的物质的量。i 表示高分子中不同相对分子质量的组分,相对分子质量为 M_i 的第 i 种组分,其物质的量为 n_i,在整个样品中所占的物质的量分数为 x_i。

可以采用沸点升高法、凝固点降低法、渗透压法、端基分析法、凝胶色谱法等方法,测定高分子的数均分子量。

采用稀溶液黏度法测得的高分子样品的相对分子质量,称为黏均分子量。

把高分子样品溶解在合适的溶剂中,测量该溶液的黏度,可以推算得到高分子的黏均分子量。黏均相对分子质量是高分子样品中不同大小的分子对溶液黏度贡献的平均表现。黏均分子量的数值及物理意义均不同于数均分子量。

一般情况下高分子的相对分子质量是不均一的,具有一定的分布,称为相对分子质量的多分散性。高分子的物理性能不仅与相对分子质量有关,也与**相对分子质量分布**密切相关。从高分子材料的角度来看,高分子的相对分子质量分布对高分子溶液的性质、高分子材料的加工性能和使用性能都有显著的影响。因此在高分子材料的应用中不仅对相对分子质量有要求,同时对相对分子质量的分布也有要求。

将高分子样品分成不同相对分子质量的级分,以被分离的各级分的质量分数对平均相对分子质量作图,得到相对分子质量按质量分数分布的曲线,如图 7.3 所示。通过曲线形状,可直观判断相对分子质量分布的情况。

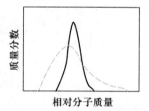

图 7.3　高分子样品的相对分子质量分布示意图

2. 高分子的聚集态结构

高分子的性能不仅与高分子的分子组成、分子结构和相对分子质量等链结构有关,也和高分子链之间的堆砌结构即聚集态结构有关。高分子的链结构决定了高分子的基本性质,而高分子的聚集态结构决定了高分子本体的性质。例如,有的高分子具有很好的弹性(如天然橡胶),有的则几乎没有弹性显得很坚硬(如聚苯乙烯),这主要是由于它们聚集态结构不同的缘故。

(1) 高分子的结晶态

有些高分子能够结晶,如聚乙烯和聚丙烯等。其链段能够在三维空间产生周期性有序规则排列,成为结晶态。由于高分子的分子链很长,要使分子链每一部分都作有序规则排列是很困难的,因此高分子的结晶度一般不能达到 100%,也就是说结晶性高分子中仍然存在许多无序排列的区域,即分子链为无定形态的区域。人们把高分子中结晶性的区域称为结晶区,无序排列的区域称为非晶区。高分子中结晶区域所占的比率称为结晶度。结晶性高分子有一定的熔点。

图 7.4 为结晶性高分子中结晶区与非晶区示意图。

实验观察到的高分子晶体其片晶厚度只有十几纳米,而高分子的分子链长度能有几百纳米,远远大于片晶厚度,因此一般认为分子链在结晶区内部是折叠排列的,如图 7.5 所示。

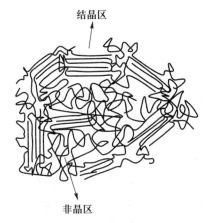

图 7.4　结晶性高分子中
结晶区与非晶区示意图

图 7.5　高分子链在结晶
区内部的折叠示意图

可以看到,沿着分子链方向,原子间由共价键相连,而在其他方向,则只有分子间相互作用力。分子间相互作用使分子链间的距离只能在范德华距离允许的范围内,导致高分子晶体中分子链的排列存在各向异性,所以在高分子的晶体中不存在立方晶型。高分子结晶时可以形成几种不同的晶型,由链结构和结晶条件决定,这种现象称为高分子的同质多晶现象。例如,在不同条件下,聚乙烯可以形成属于正交、三斜或单斜晶型的不同晶体。

（2）高分子的无定形态

高分子的无定形态是指在聚集态结构中高分子分子链呈无规则的线团状,线团状分子之间呈无规则缠结的形态,也称为非晶态高分子。非晶态高分子的聚集态结构是均相的,如图 7.6 所示。

（3）高分子的液晶态

液晶态是一种介于结晶固态和无序液态之间的一种特殊形态,液晶态同时具有晶体和液体的部分性质。液晶态没有固态物质的刚性,具有液态物质的流动性,同时局部具有结晶态物质的

图 7.6　非晶态高分子的
聚集态结构示意图

分子有序排列,在物理性质上呈现各向异性。处于液晶态的物质称为液晶。

　　液晶包括高分子液晶和小分子液晶。不论高分子还是小分子,形成有序流体都必须具备一定条件,从结构上讲,称其为液晶基元。液晶基元通常是具有刚性结构的分子,呈棒状、近似棒状或盘状。对于棒状分子要求其长径比大于 4,对于盘状分子要求其轴比小于 1/4。例如,下面两种高分子均是液晶高分子。

芳纶 14　　　　　　　　　芳纶 1414

　　根据分子排列的方式和有序性的不同,液晶可以分为近晶相、向列相和胆甾相三种液晶相。根据液晶形成条件,液晶可以分为热致型液晶和溶致型液晶,其中热致型液晶指升高温度而在某一温度范围内形成液晶态,而溶致型液晶指溶解于某种溶剂中在一定浓度范围内形成液晶态。对于高分子液晶,根据液晶基元在分子链中的位置又可分为主链液晶和侧链液晶,其中主链液晶的主链由液晶基元和柔性链节组成,侧链液晶的主链是柔性的,液晶基元位于侧链,如图 7.7 所示。

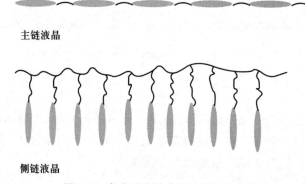

主链液晶

侧链液晶

图 7.7　高分子液晶分子链结构示意图

（4）高分子的取向态

　　高分子的取向态是指高分子的分子链、链段及结晶性高分子中的晶片等沿某一特定方向择优排列的聚集态结构。对于无定形态的高分子,分子链和链段是随机取向的,是各向同性的。而取向态的高分子,其分子链和链段在某些方向上择优排列,是各向异性的。取向态的有序程度比结晶态低,结晶态是分子链和链段在三维空间有序排列,而取向态仅是在一维或二维空间上有一定的有序。高分子的取向态结构通常是在外力作用下形成的,在外力不存在时会发生解取向,因此高分子的取向态是热力学不稳定态。

3. 高分子溶液

高分子溶解于溶剂中形成的均相混合物称为高分子溶液。由于高分子的相对分子质量大而且具有多分散性,高分子的链和聚集态结构复杂,因此高分子的溶解比小分子困难,高分子溶液的性质也比较复杂。

高分子的溶解需要经历两个阶段。首先溶剂分子渗入高分子内部,使高分子链间产生松动,并通过溶剂化使高分子膨胀成凝胶状,称为溶胀。随着时间的推移,溶解的高分子链从凝胶表面分散进入溶剂中,形成完全溶解的均相系统,即高分子溶液。

高分子的聚集态结构对其溶解过程有影响。结晶态高分子由于分子链堆砌较紧密,分子链之间的作用力较大,溶剂分子难以渗入其中,因此,其溶解常比非晶态或无定形态的高分子要困难。一般需将其加热至熔点附近,待结晶态转变为非晶态后,溶剂分子才能渗入,使高聚物逐渐溶解。体型交联的高分子不能够溶解,它只能在溶剂中溶胀。

高分子的相对分子质量对溶解过程有影响,相对分子质量大的高分子溶解速率慢,相对分子质量越高,越难以选择合适的溶剂。

高分子的溶解能力与高分子的极性相关,溶剂的选择要考虑"极性相近"的原则。极性大的高分子选用极性大的溶剂;极性小的高分子选用极性小的溶剂。例如,天然橡胶是弱极性的,可溶于汽油、苯、甲苯等非极性或弱极性溶剂中;聚苯乙烯也是弱极性的,可溶于苯、乙苯等非极性或弱极性溶剂中,也可溶于极性不太大的丁酮中。聚甲基丙烯酸甲酯(俗称有机玻璃)是极性的,可溶于极性的丙酮中;聚乙烯醇极性相当大,可溶于水或乙醇等极性溶剂中。

7.3.2 高分子的分子热运动与玻璃化转变

高分子是长链分子,链结构复杂,其分子热运动具有多样性和复杂性。同一种高分子材料,由于其内部分子运动的情况不同,可以表现出不同的性质和性能。如日常用到的塑料容器,在常温下具有相当的刚性,而在高温下就会变软;在常温下柔软和富有弹性的橡胶,而在低温下就会变硬和变脆。这些均是由于不同温度下,高分子内部的分子链的热运动状态不同导致的。

高分子分子热运动的运动单元具有多重性的特点,可以是链节、链段、侧链和整个分子链等。高分子的分子热运动与环境温度密切相关,在低温时通常只是链节和链段在局部的空间范围内进行运动,温度升高可以使链节、链段和整个分子链在较大的空间范围产生运动。如高分子在熔融状态下整个分子链可以产生相对移动,表现为高分子的熔体可以流动。橡胶在零下温度时只有局部的链节能产生热运动,因此橡胶表现为硬和脆;而在常温下橡胶的链段和分子链能产生热运动,因此表现为有弹性。

　　对于非晶态或无定形态高分子,随着温度的变化,会呈现三种物理形态:玻璃态、高弹态和黏流态,如图 7.8 所示。当温度较低时,由于分子热运动的能量很低,尚不足以使分子链节、链段或整个分子链产生运动,此时高分子呈现如玻璃体状的固态,称为玻璃态。常温下的塑料一般处于玻璃态。当温度升高到一定程度时,链节和链段可以较自由地旋转和运动了,但高分子的整个分子链还是不能移动。此时在不大的外力作用下,可产生相当大的可逆性形变,当外力除去后,通过链节的旋转又恢复原状。这种受力能产生很大的形变,除去外力后能恢复原状的性能称高弹性。此种高聚物的形态称为高弹

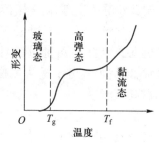

图 7.8　非晶态高分子的温度-形变曲线示意图

态。常温下的橡胶就处于高弹态。当温度继续升高时,高分子得到的能量足够使整个分子链都可以自由运动,从而成为能流动的黏液,其黏度比液态低分子化合物的黏度要大得多,所以称为黏流态。此时,外力作用下的形变在除去外力后,变形不能再恢复原状。塑料等制品的加工成型,即利用此阶段软化而可塑制的特性。

　　玻璃态与高弹态之间的转变称为玻璃化转变,对应的转变温度称为玻璃化温度,用 T_g 表示。高弹态与黏流态之间的转变温度称为黏流化温度,用 T_f 表示。T_g 是高分子的一项重要性质,它的高低不仅可确定该高分子是适合作橡胶或是适合作塑料,而且还能显示材料的耐热、耐寒性能。高分子分子链的刚性越大、链间相互作用力越大、相对分子质量越大和交联程度越高,其 T_g 越高。增加分子链的刚性或分子链间的相互作用力,如引入刚性基团、极性基团、交联和结晶均会使 T_g 升高;相反的,增加分子链的柔顺性或减弱分子链间的相互作用力,如引入非极性基团、柔性基团、添加增塑剂和溶剂等,均能使 T_g 降低。表 7.2 列出了一些非晶态高分子的 T_g 和 T_f 值。

表 7.2　一些非晶态高分子的 T_g 和 T_f 值

高分子	$T_g/℃$	$T_f/℃$
聚氯乙烯	81	175
聚苯乙烯(无规)	100	135
聚甲基丙烯酸甲酯(无规)	105	150
聚丁二烯(顺丁橡胶)	−108	—
天然橡胶	−73	122
聚二甲基硅氧烷(硅橡胶)	−125	250

7.3.3 高分子的一些物理性能

1. 力学性能

由于高分子是长链分子,其分子的运动与温度和观测的时间尺度相关,而高分子的形变是分子链相对运动的宏观表现,因此高分子材料在受力时,其形变具有温度和时间依赖性,表现为黏弹性行为。黏弹性是高分子材料力学性能的一个重要特性。升高温度可以提高分子链的运动能力,相当于缩短高分子形变所需的时间;而在较低温度时,分子链运动比较慢,要达到相同的形变量需要更长的时间,这时延长观测时间仍然可以得到相同的形变量。利用时温等效原理,能够对不同温度或不同频率下测得的高分子的力学量进行换算,可以得到一些在实际条件下无法通过实验测量的力学性能。

高分子的力学性能主要指标有弹性模量、拉伸强度、冲击强度和硬度等,它们主要与分子链结构、链间的作用力、相对分子质量及其分布、接枝与交联、结晶与取向等因素有关。高分子的相对分子质量增大,有利于增加分子链间的作用力,可使拉伸强度与冲击强度等有所提高。高分子分子链中含有极性取代基在链间能形成氢键时,都可因增加分子链之间的作用力而提高其强度。例如,聚氯乙烯因含极性基团—Cl,使其拉伸强度一般比聚乙烯高。又如,在聚酰胺的长链分子中存在着酰胺键(—CO—NH—),分子链之间通过氢键的形成增强了作用,使聚酰胺显示出较高的机械强度。适度交联有利于增加分子链之间的作用力。例如,聚乙烯交联后,冲击强度可提高 3~4 倍。但过分交联往往并不利,交联程度过高材料易于变脆。一般说来,在结晶区内分子链排列紧密有序,可使分子链之间的作用力增大,机械强度也随之增高。纤维的强度和刚性通常比塑料、橡胶都要好,其原因就在于制造纤维用的高聚物,特别是经过拉伸处理后,其结晶度是比较高的。结晶度的增加也会使链节运动变得困难,从而降低了高分子的弹性和韧性,影响其耐冲击强度。主链含苯环等的高聚物,其强度和刚性比含脂肪族主链的高分子要高。因此,新型的工程塑料大都是主链含芳环、杂环的。引入芳环、杂环取代基也会提高高聚物的强度与刚性,例如,聚苯乙烯的强度和刚性通常都超过聚乙烯。

2. 电性能

高分子中一般不存在自由电子和离子,因此高分子通常是很好的电绝缘体,可作为绝缘材料。高分子的绝缘性能与其分子极性有关。一般说来,高分子的极性越小,其绝缘性越好。分子链节结构对称的高分子称非极性高分子,如聚乙烯、聚四氟乙烯等。分子链节结构不对称的高分子称极性高分子,如聚氯乙烯、聚酰胺等。通常可按分子链节结构与电绝缘性能的不同,可将作为电绝缘材料的高分子分为下列几种情况:

(1)链节结构对称且无极性基团的高分子,如聚乙烯、聚四氟乙烯,对直流电和交流电都绝缘,可用作高频电绝缘材料。

(2)虽无极性基团,但链节结构不对称的高分子,如聚苯乙烯、天然橡胶等,可用作中频电绝缘材料。

(3)链节结构不对称且有极性基团的高分子,如聚氯乙烯、聚酰胺、酚醛树脂等,可用作低频或中频电绝缘材料。

两种电性不同的物体相互接触或摩擦时,会有电子的转移而使一种物体带正电荷,另一种物体带负电荷,这种现象称为静电现象。高分子材料一般是不导电的绝缘体,静电现象极普遍。不论是加工过程或使用过程中,均可产生静电。例如,在干燥的气候条件下脱下合成纤维的衣裤时,常可听到放电而产生的轻微"噼啪"声响,如果在暗处还可以看到放电的光辉;有些新塑料薄膜袋很不易张开,也是静电作用的结果。高分子一旦带有静电,消除便很慢,如聚四氟乙烯、聚乙烯、聚苯乙烯等带的静电可持续几个月之久。

高分子材料的这种现象已被应用于静电印刷、油漆喷涂和静电分离等。但静电往往是有害的,例如,腈纶纤维起毛球、吸灰尘;粉料在干燥运转中会结块;某些干燥场合,静电会引起火灾、爆炸等。因此,人们通常用一些抗静电剂来消除静电。常用的抗静电剂是一些表面活性剂,其主要作用是提高高分子表面的导电性,使之迅速放电,防止电荷积累。另外,在高分子中填充导电填料如炭黑、金属粉、导电纤维等也同样起到抗静电的作用。

近年来的研究发现,由于分子链结构的特殊性,某些特殊的高分子具有半导体、导体的电导率。因此,现在高分子在电器工业上的应用,已不再局限作绝缘体或电介质,也可作高分子半导体和导体。

3. 化学稳定性和老化性能

化学稳定性通常是指物质对水、酸、碱、氧化剂等化学因素的作用所表现的稳定性。一般高分子主要由 C—C、C—H、C—O 等共价键连接而成,含活泼的基团较少,且分子链相互缠绕,使分子链上不少基团难以参与反应,因而一般化学稳定性较高。尤其是被称作"塑料王"的聚四氟乙烯,不仅耐酸碱,还能经受煮沸王水的侵蚀。此外,由于高分子一般是电绝缘体,因而也不受电化学腐蚀。

高分子虽有较好的化学稳定性,但不同的高分子的化学稳定性还是有差异的。

一些含酰胺基、酯基和氰基等基团的高分子不耐水,在酸或碱的催化下会与水反应。尤其当这些基团在主链中时,对材料的性能影响更大。例如,聚酰胺与水发生如下反应：

$$\left[\begin{array}{c} H \\ | \\ N \end{array}-(CH_2)_6-\begin{array}{c} H \\ | \\ N \end{array}-\begin{array}{c} O \\ \| \\ C \end{array}-(CH_2)_4-\begin{array}{c} O \\ \| \\ C \end{array}\right]_n + H_2O$$

$$\longrightarrow \sim\sim\sim\begin{array}{c} H \\ | \\ N \end{array}-(CH_2)_6-\begin{array}{c} H \\ | \\ N \end{array}-H + \begin{array}{c} O \\ \| \\ C \end{array}-(CH_2)_4-\begin{array}{c} O \\ \| \\ C \end{array}\sim\sim\sim$$
$$\qquad\qquad\qquad\qquad\qquad\qquad\qquad OH$$

高分子材料的缺点是不耐久、易老化。老化是指在加工、储存和使用过程中，长期受化学、物理（热、光、电、机械等）及生物（霉菌）因素的综合影响，高分子发生裂解或交联，导致性能变坏的现象。例如，塑料制品变脆、橡胶龟裂、纤维泛黄、油漆发黏等。

高分子的老化可归结为链的交联和链的裂解。裂解又称为**降解**（指大分子断链变为小分子的过程），上述聚酰胺与水的反应也是一种裂解。降解使高分子的聚合度降低，以致变软、发黏，丧失机械强度。例如，天然橡胶易发生氧化而降解，使之发黏。老化通常以降解反应为主，有时也伴随有交联。交联可使链型高分子变为体型结构，增大了聚合度，从而使之丧失弹性，变硬发脆。例如，丁苯橡胶等合成橡胶的老化以交联为主。在引起高分子老化的诸因素中，以氧化剂、热、光最为重要。通常又以发生氧化而降解的情况为主，且往往是在光、热等因素影响和促进下发生的。

防止高分子老化和延长高分子材料使用寿命的方法一般有：

（1）通过改善高分子的结构以提高高分子材料的耐老化性能。如在高分子的分子链中引入较多的芳环、杂环结构，或在主链或支链中引入无机元素（如硅、磷、铝等），均可提高其热稳定性。

（2）在高分子材料的加工过程中添加防老剂。为了延缓光、氧、热对高分子的老化作用，通常可在高分子中加入各类光稳定剂、防止氧气或臭氧引起老化的抗氧剂或热稳定剂（如硬脂酸盐等），等等。

（3）采用一些物理防护的方法，如涂漆、镀金属、浸涂防老剂溶液等对高分子材料进行保护。

7.4 高分子的改性和加工

7.4.1 高分子的改性

高分子的改性是指通过各种方法改变已有材料的组成、结构，以达到改善高分子的性能、扩大品种和应用范围的目的。如天然纤维经硝化可制得塑料、清漆、人造纤维等产品,使其扩大了应用范围;橡胶经硫化,可改善其使用性能;在塑料、橡胶或胶黏材料中添加稳定剂、防老剂,可以延长其使用寿命。因此,高分子的改性与合成新的高分子具有同等重要的意义。对高分子的改性方法可以分为化学改性法与物理改性法两大类。

1. 高分子的化学改性

化学改性是通过化学反应改变高分子本身的组成、结构,以达到改变高分子的化学与物理性能的方法。常用的有下列三类反应。

(1)交联反应

通过化学键的形成,使线型高分子连接成为体型高分子的反应称为交联反应。一般经过适当交联的高分子材料,在机械强度、耐溶剂和耐热等方面都比线型高分子有所提高。

例如,橡胶的硫化就是通过交联反应对橡胶进行改性。未经硫化的橡胶(常称生橡胶)分子链之间容易产生滑动,受力产生形变后不能恢复原状,其制品表现为弹性小、强度低、韧性差、表面有黏性,且不耐溶剂,因此使用价值不大。而硫化则可使橡胶的高分子链通过"硫桥"适度交联,形成体型结构。例如:

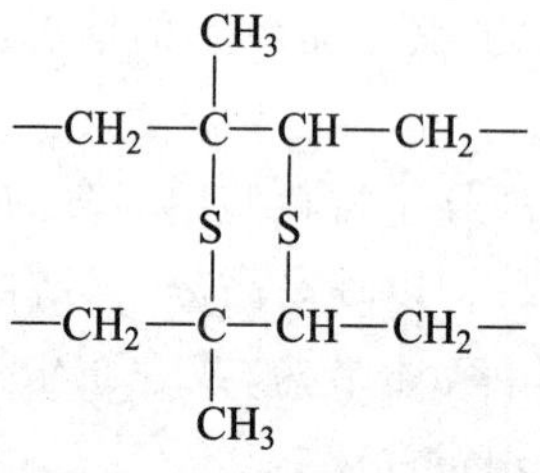

$$-CH_2-\underset{\underset{CH_3}{|}}{\overset{\overset{CH_3}{|}}{C}}-CH-CH_2-$$

$$\overset{|}{S}\quad\overset{|}{S}$$

$$-CH_2-\underset{\underset{CH_3}{|}}{C}-CH-CH_2-$$

经部分交联后的橡胶,可减少分子链之间的相对滑动,但仍允许分子链的部分延展和伸长,因此既提高了强度和韧性,又同时具有较好的弹性。部分交联还使橡胶在有机溶剂中的溶解变难了,具有耐溶剂性。但由于橡胶中仍留有溶剂分子能透入的空间,因此硫化后的橡胶能发生溶胀,若硫化过度,则溶胀也难发生了。总之,不论天然橡胶或合成橡胶都要进行硫化。目前用于橡胶工业中的硫化剂(即交联剂)已远不止硫黄一种,但习惯上仍将橡胶的交联称为硫化。

(2)共聚和接枝反应

由两种或两种以上不同单体通过共聚反应生成的共聚物,往往在性能上有取长补短的效果,因而共聚反应也常用作高分子改性的方法。根据单体的种类多少分为二元共聚、三元共聚等,根据高分子的分子结构的不同可分为无规共聚、嵌段共聚、交替共聚和接枝共聚等。如 ABS 工程塑料就是共聚改性的典型实例。ABS 树脂既保持了聚苯乙烯优良的电性能和易加工成型性,又由于其中丁二烯可提高弹性和冲击强度,丙烯腈可增加耐热、耐油、耐腐蚀性和表面硬度,使之成为综合性能优良的工程材料。而且可以根据使用者对性能的要求,改变 ABS 中三者的比例,合成得到具有合适分子结构的 ABS 树脂。

接枝是指在高分子分子链上通过化学键结合上适当的支链或功能性侧基的反应,所形成的产物称为接枝共聚物。通过共聚,可将两种性质不同的高分子接枝在一起,形成性能特殊的高分子。因此,接枝改性是改变和改善高分子材料性能的一种简单又行之有效的方法。接枝共聚物的命名以组成主分子链的 A 单元放在前面,组成分枝的 B 单元放在末尾,两者之间用 − g − 连接起来,加上括号并冠以字首"聚",即聚(A − g − B),如聚(丁二烯 − g − 苯乙烯)。

接枝共聚物的性能决定于主链和支链的组成、结构和长度及支链数。如高抗冲聚苯乙烯(HIPS),就是将用量约 10% 的聚丁二烯橡胶溶于苯乙烯单体中,加入引发剂进行本体或悬浮接枝共聚合,在聚丁二烯的主链接枝上许多聚苯乙烯侧链。由于聚丁二烯橡胶具有很好的韧性,大大地提高了聚苯乙烯的抗冲强度。

（3）**官能团反应**

官能团反应是指通过对高分子的分子链进行化学反应从而在分子链上引入特定官能团,使改性后的高分子具有某一特定性能的方法。如常用的离子交换树脂就是利用官能团反应,在高分子的分子链上引入可供离子交换的基团而制得的。

离子交换树脂是一类功能高分子,它不仅要求具有离子交换功能,且应具备不溶性和一定的机械强度。因此,先要制备树脂（即骨架）,如苯乙烯 − 二乙烯苯共聚物（体型高分子）,然后再通过官能团反应,在共聚物骨架上引入活性基团。例如,制取磺酸型阳离子交换树脂,可利用上述共聚物与 H_2SO_4 的磺化反应,引入磺酸基（ $-SO_3H$ ）。所得的离子交换树脂称为聚苯乙烯磺酸型阳离子交换树脂,可简写为 $R-SO_3H$（ R 代表树脂母体）。$-SO_3H$ 中的氢离子能与溶液中的阳离子进行离子交换。聚苯乙烯磺酸型阳离子交换树脂的结构如下：

同理,若利用官能团反应在共聚物母体中引入可与溶液中阴离子进行离子交换的基团,即可得阴离子交换树脂。例如,季铵型阴离子交换树脂 $R—\overset{+}{N}(CH_3)_3Cl^-$。

2. 高分子的物理改性

高分子材料的物理改性是指在高分子中掺和各种助剂(又称添加剂),将不同高分子共混、或用其他材料与高分子材料复合而完成的改性。可见,它主要是通过混入其他组分来改变和完善原有高分子的性能。

(1) 掺和改性

单一的聚合物往往难以满足性能与工艺上所有的要求,因此,除少数情况(如食品包装用的聚乙烯薄膜)外,将聚合物加工或配制成塑料、胶黏材料等高分子材料时,通常要加入填料、增塑剂、防老剂(抗氧剂、热稳定剂、紫外光稳定剂)、润滑剂、阻燃剂等添加剂,以提高产品质量和使用效果。

添加剂中有的用量相当可观,如填料(或称为填充剂)、增塑剂等;有的用量虽少,但作用明显。下面着重介绍填料与增塑剂的作用。

常用的无机填料有碳酸钙、硅藻土(主要成分为 $SiO_2 \cdot nH_2O$)、炭黑、滑石粉($3MgO \cdot 4SiO_2 \cdot H_2O$)、金属氧化物等。有机填料用得较少,常用的有木粉、化学纤维、棉布、纸屑等。一般填料的加入量可占材料总质量的 40%~70%。

填料可以改善高分子材料的机械性能、耐热性能、电性能及加工性能等,同时还可降低塑料等的成本。通常借填料与高分子分子链的相互作用来降低高分子分子链的柔顺性,对材料可产生增强作用。例如,橡胶中常用炭黑作填料,有时也用二氧化硅(又称为白炭黑)作填料,它们主要对橡胶起增强作用。对炭黑这类粉状填料而言,填料往往分散得越细,增强效果越好。

增塑剂是一些能增进高分子柔韧性和熔融流动性的物质。增塑剂的加入能增大高分子分子链间的距离,减弱分子链之间的作用力,从而使其 T_g 和 T_f 值降低,材料的脆性和加工性能得以改善。例如,聚氯乙烯中加入质量分数为 30%~70%的增塑剂就成为软质聚氯乙烯塑料。

为了防止增塑剂在使用过程中渗出、挥发而损失,通常都选用一些高沸点(一般大于 300℃)的液体或低熔点的固体有机化合物(如邻苯二甲酸酯类、磷酸酯类、脂肪族二元酸酯类、环氧化合物等)作为增塑剂。此外,还常选用一些高分子作增塑剂。例如,用乙烯-醋酸乙烯酯共聚物作聚氯乙烯的增塑剂。由于高聚物增塑剂的相对分子质量大、挥发性小,从而使增塑剂不易从高分子材料中游离出去,成为一种长效增塑剂。

(2) 共混改性

两种或两种以上不同的高分子形成的共混高分子(又称为高分子合金),往往具有纯组分所没有的综合性能。近年来,这个领域中的研究工作十分活跃,日益引起人们的重视。

7.4.2 高分子的加工

高分子的加工是高分子从原材料变成制成品的工艺过程。高分子材料通过特定方式的成型加工才能制成日常所用的高分子制品,如塑料桶、塑料鞋和轮胎等。这里简要阐述塑料的成型加工。

塑料的成型加工是指将各种形态的塑料通过特定的方式和设备制成所需形状的制品或坯件的过程。根据塑料的类型(热塑性塑料还是热固性塑料)、起始形态及制品外形尺寸,选择不同的成型加工方法。例如,热塑性塑料加热时,塑料会变软甚至可以流动,冷却后塑料重新变硬,这种过程能够重复进行,所以热塑性塑料可以通过反复的加热冷却而成型。热固性塑料在受热或其他条件下固化而成型,固化后分子链交联,固化过程是不可逆的。加工热固性塑料一般采用模压、注射成型。在这些方法中,以挤塑和注塑成型用得最多,也是最基本的成型方法。

所谓挤塑成型是将塑料原料加热使之呈黏流状态,在加压的作用下,通过挤塑模具而成为截面与口模形状相仿的连续体,冷却后定型,经切割得到所需的制品。用此法可制取塑料管、塑料膜等塑料制品。

注塑成型是指受热融化的塑料原料由高压射入模腔,冷却固化后得到成品的方法。此法可制取碗、桶、鞋、盒子等塑料制品等。

高分子的加工与高分子原料的性能、成型设备与模具等因素密切相关。只有充分掌握加工各环节中高分子原料的物理和化学性质的变化、原料配制原理、成型加工过程的工艺技术等知识,才能成功制备所需的塑料制品。

高分子加工与高分子合成和高分子物理一起,构成了高分子学科领域的三大重要分支。

7.5 高分子的应用

高分子化合物在自然界中是普遍存在的,如天然橡胶、纤维素、蛋白质等。高分子化合物的最主要应用是高分子材料。当前,高分子材料、无机材料和金属材料并列为三大材料。高分子材料与其他材料相比,具有密度小、比强度高、耐腐蚀、绝缘性好、易于加工成型等特点。但也普遍存在四个弱点,即强度不够高、不耐高温、易燃烧和易老化。然而高分子材料由于其品种多、功能齐全、能适应多种需要、加工容易、适宜于自动化生产、原料来源丰富易得和价格便宜等原因,已成为我们日常生活中必不可少的重要材料。功能高分子材料研究的迅速发展,更加扩展了高分子材料的应用范围。据统计,人们对材料的需求量,高分子材料占60%。塑料、橡胶和纤维被称为现代高分子三大合成材料,而塑料占合成材料总产量的70%。

7.5.1 塑料

塑料的分类有几种方法,根据塑料制品的用途可分为通用塑料、工程塑料和特殊塑料;根据塑料受热特性可分为热塑性塑料和热固性塑料。还有其他分类方法。

通用塑料是指产量大、价格低、日常生活中应用范围广的塑料,如聚乙烯、聚氯乙烯、聚丙烯和聚苯乙烯等。

工程塑料是指机械性能好、能用于制造各种机械零件的塑料。主要有聚碳酸酯、聚酰胺、聚甲醛、聚砜、酚醛树脂和 ABS 塑料等。

特殊塑料是指具有特殊功能和特殊用途的塑料。主要有氟塑料、硅塑料、环氧树脂等。

热塑性塑料在加工过程中,一般只发生物理变化,受热变为塑性体,成型后冷却又变硬定型,若再受热还可改变形状重新成型。其优点是成型工艺简便,废料可回收重复使用。

热固性塑料在成型过程中发生化学变化,利用它在受热时可流动的特性而成型,并延长受热时间,使其发生化学反应而成为不熔、不溶的网状分子结构,并固化定型。其优点是耐热性高,有较高的机械强度。表 7.3 列出了几种常见塑料的性能及应用范围。

表 7.3 几种常见塑料的主要性能及用途

名称	结 构 式	性能	用途
聚氯乙烯	$\left[\begin{array}{c}CH_2-CH\\ Cl\end{array}\right]_n$	强极性,绝缘性好,耐酸碱,难燃,具有自熄性。缺点是介电性能差,在 $100\sim120\ ℃$ 即可分解出氯化氢,热稳定性差	制造水槽,下水管;制造箱、包、沙发、桌布、窗帘、雨伞、包装袋;还可作凉鞋、拖鞋及布鞋的塑料底等

续表

名称	结构式	性能	用途
聚乙烯	$\left[CH_2-CH_2\right]_n$	化学性质非常稳定,耐酸、碱、耐溶剂性能好,吸水性低,无毒,受热易老化	制造食品包装袋、各种饮水瓶、容器、玩具等;还可制各种管材、电线绝缘层等
聚酰胺(尼龙)	$\left[NH-(CH_2)_x-NH-\overset{O}{\overset{\|}{C}}-(CH_2)_y-\overset{O}{\overset{\|}{C}}\right]_n$	具有韧性、耐磨、耐震、耐热,具有吸湿性、无毒、拉伸强度大	可作尼龙布、尼龙袜子、尼龙绳等;医用消毒容器等;作机械零件、仪表、仪器零件
聚四氟乙烯(塑料王)	$\left[CF_2-CF_2\right]_n$	耐酸碱,耐腐蚀,化学稳定性好,耐寒,绝缘性好,耐磨。缺点是刚性差	可用作高温环境中化工设备的密封零件,无油润滑条件下作轴承、活塞等,还可作电容器、电缆绝缘材料
酚醛树脂(电木)		难溶、难熔、耐热,机械强度高,刚性好,抗冲击性好	制造线路板、插座、插头、电话机、行李车轮、工具手柄、贴面板、三合板、刨花板等
聚碳酸酯(透明金属)		坚硬、耐高温、良好的机械性能、电绝缘性好、韧性好、抗冲击性好、透明度高	制造继电器盒盖,计算机和磁盘的壳体、荧光灯罩、汽车及透明窗的玻璃等
聚砜		高硬度、高抗冲强度、抗蠕变性好,耐热、耐寒、耐磨、抗氧化性好,尺寸稳定性好	制造机械、电子、电气零件等;还可用于制造航空、航天等设备的零部件

续表

名称	结　构　式	性能	用途
ABS 塑料	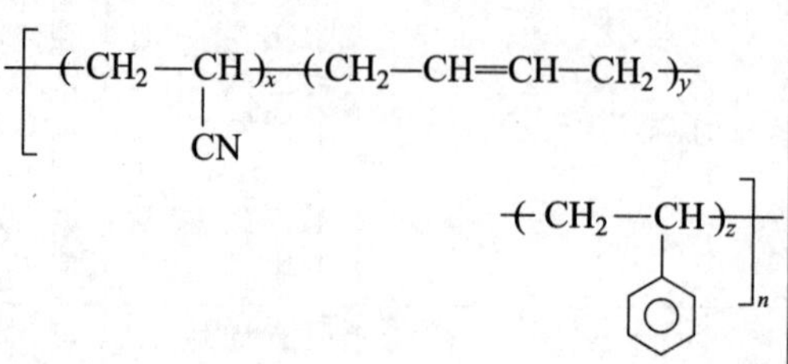 $+(CH_2-CH)_x+(CH_2-CH=CH-CH_2)_y$ CN $+CH_2-CH)_z]_n$ （苯环）	无毒、无味，易溶于酮、醛、酯等有机溶剂。耐磨性、抗冲击性能好	用于家用电器、箱包、装饰板材、汽车、飞机等的零部件
聚甲基丙烯酸甲酯（有机玻璃）	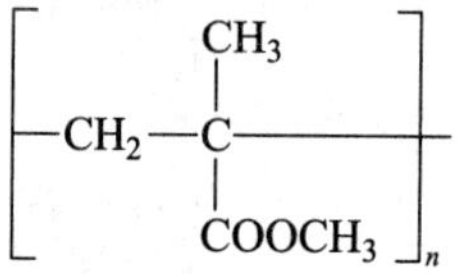 $+CH_2-C(CH_3)(COOCH_3)]_n$	其透明性在现有高聚物中最好的,缺点是耐磨性差，硬度较低,易溶于有机溶剂等	广泛用于航空、医疗、仪器等领域

7.5.2　橡胶

橡胶可分为天然橡胶和合成橡胶。

天然橡胶主要取自热带的橡胶树,其化学组成是聚异戊二烯。聚异戊二烯有顺式与反式两种构型,它们的结构简式分别为

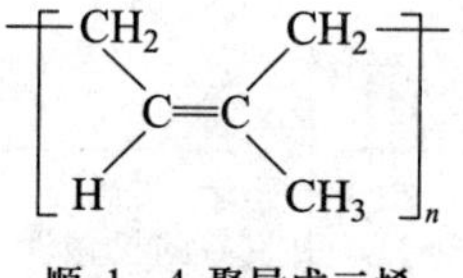

顺-1,4-聚异戊二烯 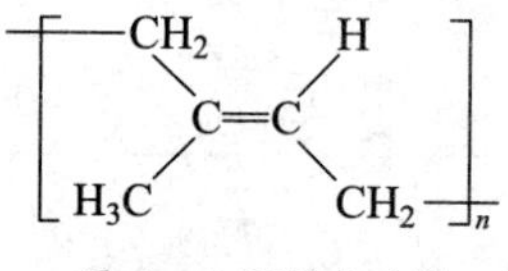　　　　　反-1,4-聚异戊二烯

顺式是指连在双键两个碳原子上的—CH_2—基团位于双键的同一侧。反式是指连在双键两个碳原子上的—CH_2—基团位于双键的两侧。天然橡胶中约含98%的顺-1,4-聚异戊二烯,因为分子链中基本只含有一种链节结构,故其空间排列比较规整。顺-1,4-聚异戊二烯适合作橡胶的关键在于其分子结构具有三个特点:一是分子链的柔顺性较好;二是分子链间仅有较弱的作用力;三是分子链中一般含有容易进行交联的基团(如含不饱和双键)。

天然橡胶弹性虽好,但无论在数量上和质量上都满足不了现代工业对橡胶制品的需求。因此,人们仿造天然橡胶的结构,以低分子有机化合物为原料合成

了各种合成橡胶。合成橡胶不仅在数量上弥补了天然橡胶的不足,而且各种合成橡胶在某些性能上往往优于天然橡胶,如耐磨、耐油、耐寒等方面。表 7.4 列举几种常见的合成橡胶的性能及用途。

表 7.4 几种常见合成橡胶的性能及用途

名称	结 构 式	性能	用途
丁苯橡胶	$+CH_2-CH=CH-CH_2 \,)_x (CH_2-CH)_y \,]_n$（苯环）	耐水、耐老化性能,特别是耐磨性和气密性好。缺点是不耐油和有机溶剂,抗撕强度小	为合成橡胶中最大的品种(约占 50%),广泛用于制造汽车轮胎,皮带等;与天然橡胶共混可作密封材料和电绝缘材料
氯丁橡胶(万能橡胶)	$+CH_2-C=CH-CH_2 \,]_n$（Cl）	耐油、耐氧化、耐燃、耐酸碱、耐老化、耐曲挠性都很好;缺点是密度较大,耐寒性和弹性较差	制造运输带、防毒面具、电缆外皮、轮胎等
顺丁橡胶	$\begin{array}{c} CH_2 \quad\ CH_2 \\ \backslash \quad / \\ C=C \\ / \quad \backslash \\ H \quad\ H \end{array}_n$	弹性、耐老化性和耐低温性、耐磨性,都超过天然橡胶;缺点是抗撕裂能力差,易出现裂纹	为合成橡胶的第二大品种(约占 15%),大约 60% 以上用于制造轮胎
丁腈橡胶	$+(CH_2-CH=CH-CH_2)_x (CH_2-CH)_y \,]_n$（CN）	耐油性好,拉伸强度大,耐热性好;缺点是电绝缘性、耐寒性差,塑性低、难加工	用作机械上的垫圈及制备飞机和汽车等需要耐油的零件

续表

名称	结 构 式	性能	用途
乙丙橡胶	$\begin{array}{c}\left[CH_2-CH_2-CH_2-CH\right]\\ \qquad\qquad\qquad\qquad \underset{CH_3}{\big|}\end{array}_n$	分子无双键存在,故耐热、耐氧化、耐老化性好,使用温度高	制造耐热胶管、垫片、三角胶带、输送带、人力车胎等
硅橡胶	$\begin{array}{c}\underset{CH_3}{\overset{CH_3}{\big|}}\\ -Si-O-\\ \underset{CH_3}{\big|}\end{array}_n$	是一种耐热性和耐老化性很好的橡胶。它的特点是既耐高温,又耐低温,弹性好,耐油,防水,其制品柔软光滑,物理性能稳定,无毒、加工性能好;缺点是机械性能差,较脆,易撕裂	可用于医用材料,如导管、引流管、静脉插管、人造器官等;还可用于飞机、导弹上的一些零部件及电绝缘材料

7.5.3 纤维

纤维可分为两大类:一类是天然纤维,如棉花、羊毛、蚕丝、麻等;另一类是化学纤维。化学纤维又分为两大类:一类是再生人造纤维,即以天然高分子化合物为原料,经化学处理和机械加工制得的纤维,主要产品有再生纤维素纤维和纤维素酯纤维。另一类是合成纤维,它是指用低分子化合物为原料,通过化学合成和机械加工而制得的均匀线条或丝状高聚物。合成纤维具有优良的性能,例如强度大、弹性好、耐磨、耐腐蚀、不怕虫蛀等,因而广泛地用于工农业生产和人们日常生活中。在合成纤维中列为重点发展的是六大纶:锦纶(尼龙)、涤纶、腈纶、维纶、丙纶和氯纶,其中最主要的是前三纶,其产量约占合成纤维总产量的 90% 以上。

作为合成纤维的条件,高聚物必须是线型结构,且相对分子质量大小要适当(约 10^4,太大,黏度过高,不利于纺织;太小,强度差)。其次,还必须能够拉伸,这就要求高分子链应具有极性或链间能有氢键结合,或有极性基团间的相互作用。因此,聚酰胺、聚酯、聚丙烯腈均是优良的合成纤维的高分子材料。

随着高科技的发展,现在已制造出很多高功能性(如抗静电、吸水性、阻燃性、渗透性、抗水性、抗菌防臭性、高感光性)纤维及高性能纤维(如全芳香族聚酯纤维、全芳香族聚酰胺纤维、高强聚乙烯醇纤维、高强聚乙烯纤维等）。表 7.5 列出了主要的合成纤维的性能及用途。

表 7.5 主要合成纤维的性能及用途

类别	名称	结 构 式	性能	用途
聚酯纤维（涤纶）	聚对苯二甲酸乙二酯纤维（俗名"的确良"）	$\left[\overset{O}{\underset{\|}{C}} - \bigcirc - \overset{O}{\underset{\|}{C}} - O - (CH_2)_2 - O \right]_n$	是产量最大的合成纤维。显著优点是：抗皱、保型、挺括、美观。对热、光稳定性好。润湿时强度不降低，经洗耐穿，可与其他纤维混纺。年久不会变黄。缺点是不吸汗，而且需高温染色	大约 90% 作为衣料用（纺织品为 75%，编织物为 15%）。用于工业生产的只占总量的 6% 左右
聚酰胺纤维（锦纶或尼龙）	聚己内酰胺纤维（锦纶 6，尼龙-6）	$\left[NH - (CH_2)_5 - CO \right]_n$	强韧耐磨、弹性高、质量轻、染色性好，较不易起皱，抗疲劳性好。吸湿率为 3.5%～5.0%，在合成纤维中是较大的，吸汗性适当，但容易走样	约一半作衣料用，一半用于工业生产。在工业生产应用中，约 1/3 是用作轮胎帘子线。尼龙-66 的耐热性比尼龙-6 高，做轮胎帘子线很受欢迎
	聚己二酰己二胺纤维（锦纶 66，尼龙-66）	$\left[NH (CH_2)_6 NHCO (CH_2)_4 CO \right]_n$		
	聚间苯二甲酰间苯二胺纤维（芳纶 1313）	$\left[\overset{O}{\underset{\|}{C}} - \bigcirc - \overset{O}{\underset{\|}{C}} - NH - \bigcirc - NH \right]_n$	机械性能好，强度比棉花稍大，手感柔软，耐磨，化学稳定性好，耐辐射、耐高温性能好	其独特的耐高温性能，适用于作耐高温过滤材料、防火材料、耐高温防护服、耐高温电缆、熨衣衬布等
	聚对苯二甲酰对苯二胺纤维（芳纶 1414）	$\left[\overset{O}{\underset{\|}{C}} - \bigcirc - \overset{O}{\underset{\|}{C}} - NH - \bigcirc - NH \right]_n$	高强度、质量轻、耐磨。它可作为密封材料上的增强纤维，以提高密封垫圈的耐压性、耐腐蚀性	近年来纤维材料中发展最快的一类高科技纤维。可用作安全带、运输带、耐热毡、防弹衣、轮胎帘子线、复合材料中的增强材料等

类别	名称	结 构 式	性能	用途
聚烯腈纤维	聚丙烯腈纤维（腈纶、俗名人造羊毛）	$\left[\begin{array}{c} CH_2-CH \\ \quad\quad\mid \\ \quad\quad CN \end{array}\right]_n$	具有与羊毛相似的特性，质轻，保温性和体积膨大性优良。强韧（与棉花相同）而富有弹性，软化温度高。吸水率低，不适宜作贴身内衣。缺点是强度不如尼龙和涤纶	大约 70% 作衣料用（编织物占 60% 左右），用于工业生产的只占 5% 左右
聚乙烯醇纤维	聚乙烯醇纤维（维纶、维尼纶）	$\left[\begin{array}{c} CH_2-CH \\ \quad\quad\mid \\ \quad\quad OH \end{array}\right]_n$	亲水性好，吸湿率可达 5%，和尼龙相等，与棉花（7%）相近。强度与聚酯或尼龙相近，拉伸弹性比羊毛差，比棉花好	70% 用于工业生产，其中以布和绳索居多。可代替棉花作衣料用
聚烯烃纤维	聚氯乙烯纤维（氯纶）	$\left[\begin{array}{c} CH_2-CH \\ \quad\quad\mid \\ \quad\quad Cl \end{array}\right]_n$	抗张强度与蚕丝、棉花相当，润湿时也完全不变。最大的优点是难燃性和自熄性。缺点是耐热性低，染色不好	几乎都不作衣料用，作过滤网等工业产品约占 50%，室内装饰用占 40%
	聚丙烯纤维（丙纶）	$\left[\begin{array}{c} CH_2-CH \\ \quad\quad\mid \\ \quad\quad CH_3 \end{array}\right]_n$	是纤维中最轻的，强度好，润湿时强度不降。耐热性较低，不吸湿	30% 左右作室内装饰用，30% 左右作被褥用棉，医疗用少于 10%，其余的一半用于工业，且大多数用作绳索

7.5.4　感光高分子材料

　　前述的塑料、橡胶、纤维这些通用高分子材料，其应用主要是利用其机械性能，它们往往被称为结构材料。而另外一类形形色色的高分子材料的应用是利用其某种特殊功能，例如离子交换、渗透、导电、发光的性能，或对环境因素（光、电、磁、热、pH)的敏感性、催化活性等,这些高分子材料统称为功能高分子材料。它们是材料科学和高分子科学中的重要研究领域。

功能高分子的特定功能往往是由于在其主链或侧基上具有显示某种特定功能的基团所致。通常可由以下两种方法得到功能高分子:一是直接聚合法,由含有某种特定功能官能团的单体直接聚合而得;二是高分子化学反应法,即通过高分子的化学反应,在其主链或侧基上引入某些具有特定功能的基团。

20 世纪 80 年代以来,与信息科学相关的功能高分子材料(如高分子液晶,感光、非线性光学材料及电致发光高分子材料等),以及与生命科学相关的功能高分子材料(如生物吸收性、环境敏感性及药物控制释放的高分子材料等)的研究工作空前活跃、发展迅速。感光高分子材料即是近 20 多年来获得迅速发展的、与信息科学相关的功能高分子材料之一。

在光照射下能迅速发生物理或化学变化,经过一定的处理过程,可以得到记录影像的高分子材料,称为感光高分子材料。

感光高分子材料品种很多,应用面也很广。例如,激光制版,集成电路,各种太阳镜、防护镜、隐形眼镜,激光光盘等,都需要感光高分子材料。根据化学反应的不同,可将感光高分子材料分为下列三类。

1. 光交联型高分子

在光照下,分子链间能发生交联偶合反应的感光性高分子,称为光交联型高分子。这一类型的感光材料已在国内外广泛应用于集成电路制造等。这类反应的典型代表是聚乙烯醇肉桂酸酯,它可溶于丙酮、丁酮、乙酸乙酯等有机溶剂。在紫外光照射下,分子间发生交联反应:

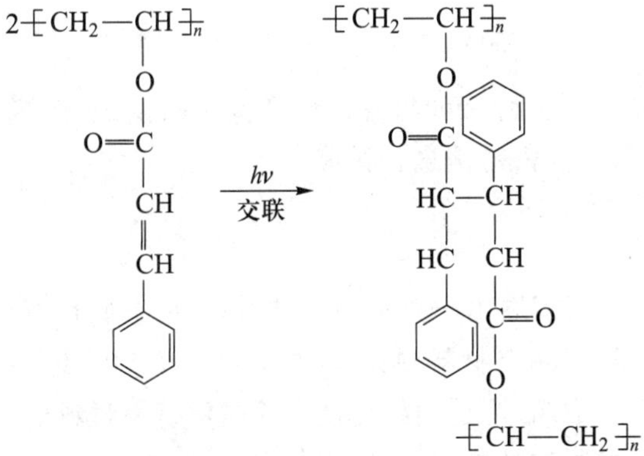

生成的交联产物不溶于有机溶剂。当用适当溶剂(显影液)冲洗时,未感光部分被冲洗下来,而感光部分因不溶解而保留下来,结果得到与底片相反的图像(称为负图像)。这类光刻涂层材料称负性光刻胶。

2. 光分解型高分子

在光照下高分子侧链上的有机化合物发生分解,这类高分子称光分解型高分子。典型代表是邻重氮醌:

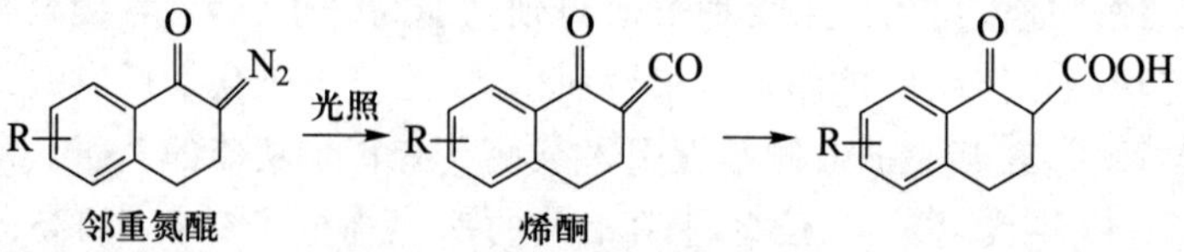

邻重氮醌   烯酮

邻重氮醌不溶于稀碱液,经光照后放出氮气变成烯酮,水解后可生成羧基,从而使高分子溶于稀碱中,正性光刻胶就属于这一类。受光照的部分溶于显影液(稀碱液),而未受光照部分则保持不变,显出图像,称为正图像。

正、负性光刻胶可以用于制造集成电路、照相底片、印刷、激光光盘等很多方面。

3. 光致变色高分子

这类分子在光照后化学结构发生变化,结构变化前后对可见光的吸收波长不同,因此光照能发生颜色改变,停止光照后又恢复原来的颜色。这种用不同波长光照射能显示出不同颜色的高分子,称光致变色高分子。例如,由于分子内的氢原子从一个位置移至另一位置的互变异构,而引起变色:

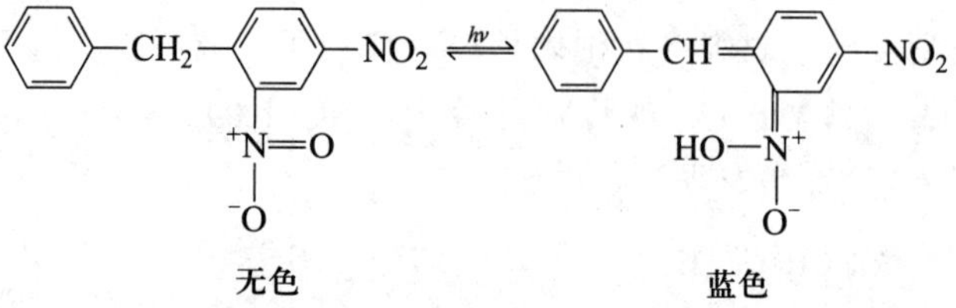

无色   蓝色

利用这类感光高分子材料可制备各种光色太阳镜、电焊镜、护目镜、各种窗玻璃、军事用伪装材料及密写信息材料等。

7.5.5 复合材料

前面介绍的三类材料各有特色但也有其缺点,如金属材料易腐蚀,高分子材料易老化、不耐高温,而陶瓷材料缺韧性、易碎裂。人们设想如果将这三大类不同的材料通过复合组成新的复合材料,使它既能保持原材料的长处,又能弥补短处,优势互补,提高材料的性能,扩大应用范围。

复合材料大多是由以连续相存在的基体材料与分散于其中的增强材料两部分组成。增强材料是指能提高基体材料力学性能的物质。因为纤维的刚性和抗拉伸强度大,因此增强材料大多数为各类纤维。所用的纤维可以是玻璃纤维、碳或硼纤维、氧化铝或碳化硅纤维、金属纤维(钨、铂、钽和不锈钢等),也可以是复合纤维。纤维是材料的骨架,其作用是承受负荷、增加强度,它基本上决定了复合材料的强度和刚性。基体材料的主要作用是使增强材料黏合成型,且对承受的外力起传导和分散作用。基体材料可以是高分子聚合物、金属材料、陶器材料等。

复合材料按基体材料可分为:聚合物基复合材料,金属基复合材料和陶瓷基复合材料。现简介于下。

1. 聚合物基复合材料

聚合物基复合材料主要是指纤维增强聚合物材料。如将碳纤维包埋在环氧树脂中使复合材料强度增加,用于制造网球拍、高尔夫球棍和滑雪橇等。玻璃纤维复合材料为玻璃纤维与聚酯的复合体,可用作结构材料,如汽车和飞机中的某些部件、桥体的结构材料和船体等,其强度可与钢材相比。增强的聚酰亚胺树脂可用于汽车的"塑料发动机",使发动机质量减轻,节约燃料。

聚酰胺本身的强度比一般通用塑料强度高,耐磨性好,但因它的吸水率大,影响尺寸稳定性,另外耐热性较低。用玻璃纤维增强的聚酰胺,这些性能会大大改善。一般来讲,玻璃纤维聚酰胺复合材料中,玻璃纤维的含量达到 30% ~ 35% 时,其增强效果最为理想,拉伸强度可提高 2 ~ 3 倍,抗压强度提高 1.5 倍,最突出的是耐热性能提高很多。例如,尼龙−6 的使用温度为 120℃,而玻璃纤维尼龙−6 的使用温度可达 170 ~ 180℃。玻璃纤维聚酰胺复合材料的唯一缺点是耐磨性能差。

玻璃钢是 20 世纪 50 年代美国发明的玻璃纤维增强塑料,它是由玻璃纤维和聚酯类树脂复合而成的,是第一代复合材料的杰出代表。玻璃性脆,极易破碎,但如果将玻璃熔化并以极快的速率拉成细丝,形成的玻璃纤维则异常柔软,并可以纺织。玻璃纤维的强度很高,比天然纤维、化学纤维高出 5 ~ 30 倍。在制造玻璃钢时,可将直径为 5 ~ 10 μm 的玻璃纤维切成短纤维加入基体(如环氧树脂)。玻璃钢具有优良的性能,它的强度高、质量轻、耐腐蚀、抗冲击、绝缘性能好。在 20 世纪 50 年代末用于制造飞机,使飞机的油耗明显降低、灵活性提高。玻璃钢的生产技术成熟,早已广泛用于飞机、汽车、船舶、建筑甚至家具等的生产。增强材料除了用普通玻璃的纤维外,还可以根据具体用途调整玻璃的成分,制作耐化学腐蚀、耐高温、高强度的玻璃纤维。

2. 金属基复合材料

基体金属用得较多的是铝、镍、钛及某些合金。铝基复合材料(如碳纤维增强铝基复合材料)是应用最多、最广的一种。由于其具有良好的塑性和韧性,加之具有易加工性、工程稳定性和可靠性及价格低廉等优点,受到人们的广泛青睐。

　　镍基复合材料(如用钨丝增强的)的高温性能优良,这种复合材料被用来制造高温下工作的零部件。镍基复合材料应用的一个重要目标,是希望用它来制造燃气轮机的叶片,从而进一步提高燃气轮机的工作温度,预计可达到1 800℃以上。

　　钛基复合材料比其他结构材料具有更高的比强度和刚度,有望满足更高速新型飞机对材料的要求。钛基复合材料的最大应用障碍是制备困难和成本高。假如能研制一种方法,把钛合金基体均匀地涂复在纤维上,而不用钛箔,这或许能解决成本问题。

3. 陶瓷基复合材料

　　陶瓷本身具有耐高温、高强度、高硬度及耐腐蚀性好等优点,但其脆性大。增强材料有碳纤维、碳化硅纤维和碳化硅晶须等。将增强纤维包埋陶瓷中可以克服脆性大的缺点。陶瓷复合材料应用于或即将应用于的领域包括:刀具、滑动构件、航空航天构件、发动机制作、能源构件等。例如,法国已将长纤维增强碳化硅复合材料应用于制造超高速列车的制动件,它具有传统的制动件无法比拟的优异的摩擦磨损特性。在航空航天业中,应用陶瓷复合材料制作的导弹头锥、火箭的喷管等都取得了良好的效果。美国能源部和宇航局开展的 AGT(先进的燃气轮机)计划中,就有陶瓷复合材料在涡轮发动机中的应用一项。我国上海硅酸盐研究所研制成功碳纤维增强石英复合材料,为我国航天事业"再返大气层的超高温防热问题"的解决,提供了关键材料,做出了重大贡献。总之,随着高新科技对各种新型材料的需求,复合材料将越来越显示其优越性。

7.6　未来的高分子材料及其分子设计

7.6.1　未来的高分子材料

　　材料、能源和信息构成现代文明的三大支柱。21 世纪迎来了知识经济时代。知识经济的核心是高科技,发展高科技的关键是先进材料。新世纪对材料的要求越来越高,不仅功能上提出更高的要求,而且必须考虑资源、能源、环境和安全等与可持续发展有关的问题。对未来高分子材料的发展趋势大致可以概括为"六化",即智能化、仿生化、复合化、纳米化、轻量化和高功能化。其中后四化前面已提到过,下面简介智能化和仿生化。

1. 高分子材料的智能化

智能化是指其功能可随外界环境变化因素产生感知,而自动做出适时、灵敏和适当的响应,并能自动地调节、修饰和修复。例如,形状记忆合金便是一种智能材料。又如,高分子属于软物质,软物质的特点是对弱的外界影响(比如物质组成或结构的微小变化施加于物质的瞬间的或微弱的刺激等),能做出相对显著的响应和变化。因此研究高分子的软物质特征,利用外场的变化来调节高分子功能的变化,发掘高分子的自适应性,寻找实现高分子功能材料智能化的途径,将是人们今后的努力目标。

2. 高分子材料的仿生化

通过研究自然界中生物体的结构及特有的功能,学习制造新材料的思路和方法,并在材料的设计和制造中加以模仿,称为仿生材料学,它是材料科学的一个重要发展趋势,已有一些成功的例子。例如,科学家找到了贝壳硬而摔不破的原因,发现贝壳是由许多层碳酸钙借有机质黏结在一起的;层间柔软的有机质挡住并缓解了外力的冲击,使裂纹不会扩散到其他碳酸钙层上去;于是模仿贝壳的结构设计出一种摔不破的陶瓷。将涂有石墨层的 SiC 陶瓷片用热压法层层叠起来,抗冲击能力可提高 100 倍。既坚硬又柔韧的仿生陶瓷是航天航空业设备理想的发动机材料,也是制造装甲车、坦克和防弹车的理想材料。又如,蜘蛛丝是世界上最坚韧的纤维之一,美国投入很大力量研究天然蜘蛛丝的结构、性能及生长机理,已研制出仿生蛛丝。

此外,展望未来的材料,如何获取价廉的原料,也是科学家肩负的巨大责任。20 世纪石油化工为合成高分子提供了充分而廉价的原料,但世界石油资源已在日益减少而无法及时再生,必须寻找新的资源。其一是植物资源。植物的光合作用每时每刻都制造出大量有机物质,有机物质有的已被人类作为天然高分子材料使用着,如顺式聚异戊二烯、反式聚异戊二烯、纤维素、木材等;有的可能是潜在的合成高分子的单体资源,如木质素、纤维素和淀粉等。寻找将这些潜在的资源变为合成高分子的廉价原料的可用途径,将是 21 世纪高分子化学家的任务。若能模拟自然界的生物转化和光合作用的催化功能,研究开发光合作用合成碳氢化合物的新催化剂,将会彻底解决合成高分子的原料问题。另一方面,地球上以沙漠形式存在着大量 SiO_2,虽然目前人类已掌握了将 SiO_2 转化成有机硅单体的方法,但其能耗巨大。如能寻找到更方便、更廉价的将 SiO_2 转化成高分子单体的方法,这无疑将给合成高分子(包括无机高分子)开辟出另一重要的单体来源。

7.6.2 高分子材料的分子设计

材料的分子设计是指应用已有的系统化的分子结构和性能等知识和信息,指导合成具有预期性能的材料。这就要求科学家改变过去依靠经验的“排列组合""配方炒菜"进行筛选的传统研究方法,采用我国唐有祺院士提出的"逆向而行"的思维方法,即根据所需性能来设计结构并进行制备。在计算机科学高速发展的今天,这是一种必然的趋势。目前作为针对性的或局部性的高分子设计已取得很大进展。例如,纤维分子设计中的仿丝绸纤维设计,难燃性、耐热纤维的设计等;塑料的分子设计中的 ABS 系树脂的分子设计(如根据性能需要改变 ABS 中三者的比例),透明聚氯乙烯用的助剂的分子设计等;为了保护环境、消除"白色污染"的自然降解高分子的分子设计,具有某种生物效能的高分子的分子设计等。

研制自然降解型高分子的基本方法,就是在原料聚合物中引进或造成感光性、感氧性结构,或产生可发生微生物降解的结构。因性能和价格原因,目前的包装材料和衬垫材料以聚乙烯、聚丙烯和聚苯乙烯为主,因此降解性高分子的设计也应以这些聚合物为中心。现以光降解或微生物降解的分子设计为例,举例介绍于下。

(1) 用共聚法在高分子链上引入极少量羰基

例如,乙烯与一氧化碳、苯乙烯与丙烯共聚可得

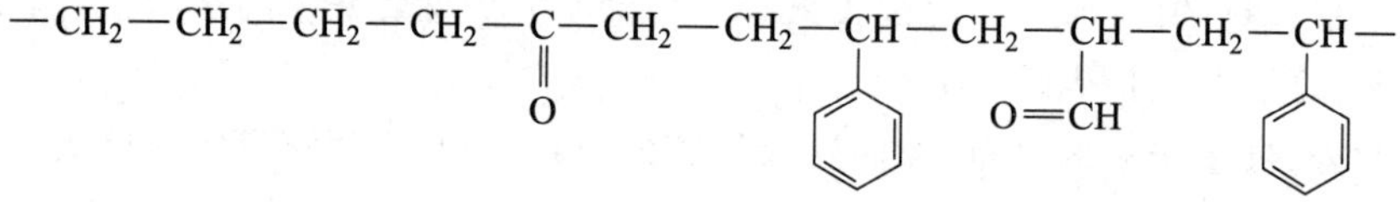

$$—CH_2—CH_2—CH_2—CH_2—C—CH_2—CH_2—CH—CH_2—CH—CH_2—CH—$$

由于羰基的存在,制品易被阳光降解。例如,含有<1%羰基的聚苯乙烯可在几周内被阳光分解脆裂成小碎片。聚丙烯、聚甲基丙烯酸甲酯、聚丙烯腈及它们的共聚物等也可以通过共聚引入羰基的方法达到类似的效果,获得具有预期寿命的聚合物。

(2) 合成可被微生物分解的聚合物

众所周知,天然高分子如淀粉、纤维素等可被微生物分解。但合成高分子由于硬度、疏水性等原因,酶不能渗入其内部,无法被分解。目前有一种方法是采用改性天然高分子(如改性淀粉)与合成高分子共混,使其制品在自然条件下因天然高分子组分被生物分解而粉碎。但是残留的碎片是合成高分子,所以仍然不能分解,照样污染环境,不能完全解决问题。另一种是采用聚合物改性方法,把少量亲水性基团引入聚烯烃分子中,使微生物能够渗入到材料内部从而发生微生物降解。调节亲水基团的品种和数量可以控制材料的寿命。

选读材料

医用功能高分子材料

高分子材料已广泛应用于工农业、航空航天、日常生活等各方面,随着科技的发展,人们将特殊功能赋予高分子,制成功能高分子材料,使得高分子的应用更加广泛。

所谓功能高分子材料一般是指除传统使用性能外,还具有某种特定功能的高分子材料。例如,化学功能、催化功能、光敏功能、导电功能及生物活性等。功能高分子材料的分类有很多种,根据功能和应用特点可将功能高分子材料分为以下几种。

(1) 电磁功能高分子材料。主要包括导电高分子材料、高分子磁性体、磁记录材料等。

(2) 光功能高分子材料。主要包括光导材料、光记录、光敏剂、感光材料等。

(3) 分子材料和化学功能材料。主要包括分离膜、离子交换树脂、高分子催化剂等。

(4) 生物医用高分子材料。如人工器官、医用高分子器械、医用高分子药物、仿生高分子等。

功能高分子材料有很多,这里仅对医用高分子材料做简要介绍。作为医用高分子材料,应符合以下要求:

① 化学性能稳定,对生理组织的适应性良好,无毒;

② 无致癌性和生理排异性,不会导致血液凝固与溶血,不会产生新陈代谢的异常现象,不会引起生理机能的恶化与降低;

③ 不会生物老化;

④ 不会因高压煮沸、干燥灭菌、药液等发生变质。

高分子材料应用于医疗上的很多方面。例如,塑料注射器、血液袋、避孕器具、牙科材料、人工器官、人造关节、人造骨骼等,到目前为止,除了大脑和胃之外,几乎所有的人体器官都在研制代用的人工器官,有的已经实用化了。

作为人工器官材料,必须具备生物功能性质,具备生物相容性。由于各种器官在生物体中所处的位置和功能不同,对材料的要求也不能一概而论。如人工心脏和人工血管,具高度机械性能和耐疲劳性能;人工肾,具有高度选择透过功能,等等。制造人工器官的合成高分子材料有:尼龙、环氧树脂、聚乙烯、聚乙烯醇、硅橡胶、聚氨酯、聚碳酸酯等。表 7.6 列出了部分可用高分子材料制造的人工器官。

表 7.6　医用高分子材料和用途

应用范围	材　料　名　称
人工血管	人造丝、尼龙、腈纶、硅橡胶、聚四氟乙烯
人工心脏	聚氨酯橡胶、硅橡胶、天然橡胶、聚甲基丙烯酸甲酯、尼龙、聚四氟乙烯、涤纶
人工心脏瓣膜	聚氨酯橡胶、硅橡胶、聚四氟乙烯、聚甲基丙烯酸甲酯、聚乙烯
心脏起搏器	硅橡胶、聚氨酯橡胶
人工食道	聚乙烯醇、聚乙烯、聚四氟乙烯、硅橡胶
人工气管	聚乙烯、聚四氟乙烯、硅橡胶、聚乙烯醇
人工输尿管	聚四氟乙烯、硅橡胶、水凝胶
人工头盖骨	聚甲基丙烯酸甲酯、聚碳酸酯、碳纤维
人工喉	硅橡胶、聚乙烯
人工膀胱	硅橡胶
人工血浆	右旋糖酐、聚乙烯醇、聚乙烯吡咯酮
人工眼球	泡沫硅橡胶

目前,除人工器官外,临床检查、诊断和治疗用的高分子的开发也在积极地展开。只用合成高分子材料实现生物体的高级功能是比较困难的,近年来开展生物杂化人工器官受到广泛关注。所谓生物杂化人工器官是指由活体细胞或组织与医用高分子材料构成的器官。制备生物杂化人工器官的技术目前称为组织工程。由于活体细胞的介入,使得高分子材料与生物体间的排异性大大降低。例如,杂化人工器官胰腺、甲状腺、肾上腺等,是将活体细胞或组织包封在半透膜中,以防免疫系统对其发生排异作用;杂化人工皮肤、血管、气管、软骨、骨骼等,是将活体细胞掺入生物材料中,以促进相关组织愈合。

本 章 小 结

重要的基本概念

单体与链节;平均相对分子质量与平均聚合度;多分散性;线型结构和体型结构;柔顺性;加聚和缩聚;高弹态、玻璃态与黏流态;玻璃态化温度 T_g 和黏流化温度 T_f;溶解与溶胀;化学稳定性与老化;交联与降解。

1. 合成高分子的低分子化合物,称为单体,高分子中重复的结构单位称链节,高分子化合物的平均相对分子质量等于链节的相对分子质量与平均聚合度的乘积。高分子的各种性能及与低分子化合物的重要区别在于其相对分子质量大和长链的结构。高分子化合物的命名可按原料单体或聚合物的结构特征命名,也可按聚合物的商品名命名,还可用国际通用的英文缩写符号来表示。

2. 高分子化合物的合成反应有加聚和缩聚两类。高分子化合物的改性有化学改性和物理改性两类方法。化学改性是用交联、加聚或官能团反应改变高聚物的组成与结构。物理改性通过掺和助剂、不同高分子化合物共混、高分子材料与其他材料复合等方法来完成。

3. 高分子化合物的聚集状态只有液态和固态两种,固态高聚物又分结晶态和非晶态。大多数结晶态高分子中,往往同时存在结晶态和非晶态,只是结晶度不同而已。高分子按分子链结构的不同可分为线型高分子、支链高分子和体型高分子。线型非晶态的高分子中,以单键相连的相邻两链节之间,可以保持一定键角旋转,使高分子链具有柔顺性。线型非晶态高分子随温度的升高可呈现为玻璃态、高弹态和黏流态。高聚物可用作塑料或橡胶,与其玻璃化温度 T_g 和黏流化温度 T_f 的高低有关。一般 T_g 高于室温的高分子适合作塑料,T_g 低于室温的高分子适合作橡胶。

高分子化合物的性能与其结构有直接关系。

（1）高分子的弹性和塑性与分子链的柔顺性和分子链间的作用力有关。分子链的柔顺性越大,分子链间的作用力越小,T_g 越低,弹性越好。分子链的侧基空间位阻大或侧链含有极性基团,分子的柔顺性降低,T_g 值升高,弹性降低,呈现玻璃态的倾向增大。

（2）机械性能也与分子间作用力等有关,分子间作用力大,分子中极性基团多,结晶度高,交联程度大,高分子的机械性能好。

（3）电绝缘性能与分子的对称性及所含基团的极性大小等因素有关。分子对称性好,极性小,高分子的电绝缘性好。分子结构不对称且含有极性基团,即分子的极性大,高分子的电绝缘性差。高分子的静电作用可以加入抗静电剂来消除。

（4）高分子一般具有较高的化学稳定性。但受光、热、氧等因素影响,会发生交联或降解,使高聚物老化,性能变差。

（5）高分子的溶解性与高分子的组成、结构、分子间作用力有关。分子间交联程度大、结晶度高,溶解性能差。溶剂的选择大致服从“相似相溶”原则。

4. 日常生活中使用的高分子材料很多,塑料是三大合成材料之首。塑料的分类有很多种。日常生活中常用的塑料有聚氯乙烯、聚乙烯、聚酰胺、ABS 等。橡胶分为天然橡胶和合成橡胶,而应用以合成橡胶为主。常用的橡胶有丁苯橡胶、氯丁橡胶、顺丁橡胶、硅橡胶等。纤维可分为天然纤维和化学纤维。化学纤维又分为再生人造纤维和合成纤维。纤维中用量最大的合成纤维是聚酰胺类纤维、聚酯类纤维和聚丙烯腈纤维(即锦纶、涤纶和腈纶)等。

感光高分子材料是功能高分子材料的一种。感光高分子材料可根据化学反应分为三类：

① 光交联型高分子,聚乙烯醇肉桂酸酯是这类高分子的典型代表；

② 光分解型高分子,典型化合物是邻重氮醌；

③ 光致变色高分子,它能在光照下显示出不同颜色。

复合材料由基体材料和增强材料组成。增强材料绝大多数为各种纤维,它基本上决定了复合材料的强度和刚性。复合材料按基体材料可分为：聚合物基复合材料；金属基复合材料；陶瓷基复合材料。

学生课外进修读物

[1] 石高全,李春,梁映秋. 高性能导电高分子材料[J]. 大学化学,1998,13(1):1.

[2] 王身国. 可生物降解的高分子类型、合成和应用[J]. 化学通报,1997,60(2):45.

[3] 何天白,王佛松. 展望21世纪的高分子化学[J]. 化学通报,1999,62(10):23.

[4] 李青山,王慧敏,蔡传英. 塑料再生与利用的新进展[J]. 化学通报,2000,63(3):17.

[5] 陈大俊. 高聚物分子设计中的系统方法[J]. 中国纺织大学学报,2000,26(2):2.

复习思考题

1. 如何按主链结构和用途的不同对高分子化合物进行分类？

2. 试举例说明缩聚反应和加聚反应有何不同特征。

3. 加聚反应生成的是否都是碳链聚合物？举例说明。

4. 线型非晶态高分子有哪几种不同的物理形态？这与高分子的链节运动和分子链运动有什么联系？

5. 说明 T_g 的含义和影响其高低的因素。

6. 高分子的力学性能与分子链的柔顺性、分子链之间作用力的大小有何关系？温度能否影响高分子的力学性能？

7. 影响高分子电绝缘性能的主要因素有哪些？是否高分子所含的基因极性越大,则其电绝缘性能越差？

8. 高分子材料的表面静电是怎样产生的？怎样才能消除静电？

9. 定性比较线型高分子与体型高分子（如橡胶硫化前后）、结晶态高分子与非晶态高分子的溶解性能。

10. 高分子的化学稳定性与老化是否有关？为什么丁苯橡胶、聚氯乙烯塑料等制品能耐酸，但是却不耐老化？

11. 有机高分子材料改性的目的是什么？举例说明何谓化学改性？何谓物理改性？

12. 各举 1~2 个实例，说明塑料、橡胶、纤维及感光高分子的特性及其应用？

13. 什么是功能高分子，功能高分子分为哪几类？

14. 为什么说用聚乙烯制成的食品塑料袋是安全无毒的？（提示：高聚物的毒性主要来自少量未聚合的单体和增塑剂等。）

15. 为什么有的塑料制品冬天会变硬？（提示：若夏天又变软，则主要是温度影响；否则要考虑增塑剂的挥发和塑料的老化。）

16. 废旧聚乙烯塑料的回收再利用是怎样进行的？（提示：可参考本章"学生课外进修读物"[4]。）

习　　题

1. 是非题（对的在括号内填"+"号，错的填"−"号）

（1）聚丙烯腈的结构式为 $\left[\begin{array}{c}-CH_2-CH_2-CH-\\ CN\end{array}\right]_n$ 　　　　　　（　　）

（2）由加聚反应获得的均为碳链聚合物；由缩聚反应获得的均为杂链聚合物。（　　）

（3）在结晶性高分子中，通常可同时存在结晶态和非晶态两种结构。　　（　　）

（4）任何线型非晶态高分子在玻璃化温度以上均可呈现高弹性，因此都可作为橡胶来使用。　　　　　　　　　　　　　　　　　　　　　　　　　　　　（　　）

（5）不同于低分子化合物，高分子的溶解过程通常必须先经历溶胀阶段。　（　　）

（6）一种高分子只能制成一种材料。例如，聚氯乙烯只能用作塑料，不能加工成纤维。
　　　　　　　　　　　　　　　　　　　　　　　　　　　　　　　（　　）

（7）聚酰胺是指主链中含 $-\overset{H}{\underset{}{N}}-\overset{O}{\underset{}{C}}-$ 键的一类高聚物。　　　　　　（　　）

（8）离子交换树脂是一类不溶性的体型高分子，它含有活性基团，可用于净化水。
　　　　　　　　　　　　　　　　　　　　　　　　　　　　　　　（　　）

2. 选择题（将正确答案的标号填入括号内）

（1）下列化合物中，可用来合成加聚物的是　　　　　　　　　　　　　（　　）

（a）$CHCl_3$　　　　　　　　　　　　（b）C_2F_4

（c）$CH_2\!=\!CH\!-\!CH\!=\!CH_2$　　　　　（d）C_3H_8

（2）下列化合物中，可用来合成缩聚物的是　　　　　　　　　　　　　（　　）

(a) CH_3NH_2 　　　　　　　　　(b) $HCOOH$

(c) $H_2N-(CH_2)_6-COOH$ 　　(d) $HOOC-$ $-COOH$

(3) 适宜选作橡胶的高分子应是 　　　　　　　　　　　　　　　(　　)

(a) T_g 较低的结晶性高分子 　　(b) 体型高分子

(c) T_g 较高的非晶态高分子 　　(d) 上述三种答案均不正确

(4) 通常符合高分子溶解性规律的说法是 　　　　　　　　　　　(　　)

(a) 若相对分子质量大则有利于溶解

(b) 相似者相溶

(c) 体型结构的高分子比链型结构的有利于溶解

(d) 高分子与溶剂形成氢键有利于溶解

(5) 下列高分子中,分子链之间能形成氢键的是 　　　　　　　　(　　)

(a) 尼龙-6 　　　　　　　　　　(b) 聚乙烯

(c) 尼龙-66 　　　　　　　　　(d) 聚异戊二烯

(6) 经适度硫化处理后的橡胶,性能上得到改善的是 　　　　　　(　　)

(a) 塑性增加 　　　　　　　　　(b) 强度增加

(c) 易溶于有机溶剂 　　　　　　(d) 耐溶剂性增加

(7) 下列有机高分子材料改性的方法中,属于化学改性的是 　　　(　　)

(a) 苯乙烯-二乙烯苯共聚物经磺化制取阳离子交换树脂

(b) 苯乙烯、丁二烯、丙烯腈加聚成 ABS 树脂

(c) 丁苯橡胶与聚氯乙烯共混

(d) 聚氯乙烯中加入增塑剂

3. 填空题

(1) 聚合物 $\left[\begin{array}{c}CH_2-CH\\ |\\ CH_3\end{array}\right]_n$ 的名称是_____,其中 $\left[\begin{array}{c}CH_2-CH\\ |\\ CH_3\end{array}\right]$ 是_____, n 是_____。合成此聚合物的单体的结构(简)式是_____。

(2) 下列有机高分子材料中,由加聚反应制得的是_____;由缩聚反应制得的是_____。(选填下列标号)

(a) 丁苯橡胶 　　(b) 有机玻璃 　　(c) 尼龙-1010 　　(d) 醇酸树脂

(3) 聚苯乙烯是_____(填有或无)极性基团的,链节结构_____(指是否对称)的_____性高聚物(定性说明其有否极性、极性强弱)。它可溶于_____等溶剂中(填溶剂名称)。

(4) 纤维可分为_____和_____两大类。化学纤维又可分为_____和_____。

(5) 纤维的高功能性是指_____、_____、_____等。

(6) 硅橡胶的链是由_____和_____两种元素的原子构成的。相对其他橡胶,既耐热又耐寒,抗氧化性能_____,生物相容性_____是其优良特性。

（7）天然橡胶由_____单体聚合而成。分为_____和_____两种构型聚合物。

（8）增塑剂如_____等,填料如_____等,都是对高聚物掺和改性的重要助剂。将_____与_____(指哪一类材料)复合后,可获得金属基复合材料。

4. 命名下列高分子化合物,并根据其主链结构指出它们属于碳链高分子、杂链高分子、还是元素有机高分子。

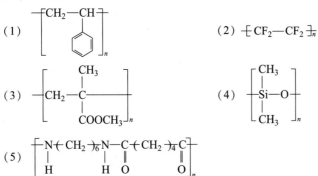

5. 写出下列高分子化合物的结构式及合成它的单体的结构式。

（1）聚丙烯腈　　　　　　　（2）聚氯乙烯　　　　　　　（3）丁苯橡胶

（4）尼龙–610　　　　　　　（5）ABS 树脂　　　　　　　（6）酚醛树脂

6. 能否直接使用下列物质作为唯一的单体(原料)进行聚合反应? 若能进行,则写出聚合产物的名称和结构(简)式。

（1）C_2H_6　　　　　　　　　　（2）C_2H_4

（3）HCHO　　　　　　　　　　（4）$H_2C = C - CH = CH_2$
　　　　　　　　　　　　　　　　　　　　　$\quad\quad\ \ |$
　　　　　　　　　　　　　　　　　　　　　$\quad\quad CH_3$

7. 下列结构的高分子化合物是由何种单体合成的? 它们可用于哪一类高分子材料?

（1）~~~~~$CH_2 - C = CH - CH_2 - CH_2 - C = CH - CH_2$~~~~~
　　　　　　　　　$\quad\quad\ |$　　　　　　　　　　　$\quad\quad\ |$
　　　　　　　　　$\quad\quad Cl$　　　　　　　　　　$\quad\quad Cl$

（2）~~~~~$N - (CH_2)_{10} - N - C - (CH_2)_8 - C - N$
　　　$\ |$　　　　　　　　$\ |$　　$\|$　　　　　　$\|$　　$\ |$
　　　$\ H$　　　　　　　　$\ H$　　O　　　　　　O　$(CH_2)_{10}$

~~~~~$C - (CH_2)_8 - C - N$
　$\|$　　　　　　　$\|$　$\ |$
　O　　　　　　　O　H

(3)

$$\sim\!\!\sim\!\!\sim\!\!\text{CH}_2\!-\!\text{CH}\!=\!\text{CH}\!-\!\text{CH}_2\!-\!\text{CH}_2\!-\!\overset{\displaystyle\text{CN}}{\underset{}{\text{CH}}}\!-\!\text{CH}_2\!-\!\text{CH}$$

$$\overset{|}{\text{CH}}\!-\!\text{CH}_2\!-\!\text{CH}_2\!-\!\text{CH}$$
$$\underset{\text{CN}}{|}$$

(4)

$$\sim\!\!\sim\!\!\sim\!\!\text{O}\!-\!\underset{\underset{\text{CH}_3}{|}}{\overset{\overset{\text{CH}_3}{|}}{\text{Si}}}\!-\!\text{O}\!-\!\underset{\underset{\text{CH}_3}{|}}{\overset{\overset{\text{CH}_3}{|}}{\text{Si}}}\!-\!\text{O}\!-\!\underset{\underset{\text{CH}_3}{|}}{\overset{\overset{\text{CH}_3}{|}}{\text{Si}}}\!-\!\text{O}\!\sim\!\!\sim\!\!\sim$$

8. 下表中各线型非晶态高分子在室温下处于什么物理形态？可作什么材料使用？

高分子化合物	$T_g/℃$	$T_f/℃$	$(T_f-T_g)/℃$
聚苯乙烯	100	135	35
聚甲基丙烯酸甲酯	105	150	45
聚异戊二烯(顺式)	−73	122	195
聚异丁烯	−74	200	274

9. 下列各种高分子的平均聚合度是多少？

(1)　$\ce{+NH-(CH2)5-CO-}_n$　　　　　平均相对分子质量为 100 000

(2)　$\ce{+CH2-CCl2-}_n$　　　　　　　平均相对分子质量为 100 000

(3)　$\ce{+O-CH2-CH2-CO-\underset{}{\bigcirc}-CO-}_n$　　平均相对分子质量为 100 000

10. 作为医用高分子材料,应具有哪些要求？

11. 回答下列问题

(1) 聚对苯二甲酸乙二醇酯和聚对苯二甲酸丁二醇酯的柔顺性哪个较好,为什么？

(2) 聚甲基丙烯酸甲酯和聚甲基丙烯酸丁酯的玻璃化温度哪个更高,为什么？

(3) 尼龙 −66 和芳香族聚酰胺的熔点哪个较高,为什么？

12. 生物降解高分子材料的机理是什么？哪些类型高分子可进行生物降解。(提示:可参考本章"学生课外进修读物"[2]。)

13. 用最简便的方法鉴别

(1) 聚乙烯与聚氯乙烯

(2) 人造羊毛与羊毛

(3) 尼龙丝与蚕丝(提示:它们燃烧产物的气味或形状有明显差异。)

14. 以聚氯乙烯为例说明塑料、橡胶、纤维有时很难严格区分的情况和原因。(提示:聚氯乙烯树脂是典型的塑料原料,但也可抽成纤维,若添加适量增塑剂,又可制成类似橡胶的软制品。)

15. 从材料的分子设计考虑,简述如何根据性能需要改变 ABS 中三者的比例。(提示:例如,若要增加 ABS 的强度,应如何调节三者的比例。)

第8章 生物大分子基础

内容提要和学习要求 组成生命的物质很多,其中蛋白质、核酸和糖类是组成生命的三大基本物质。本章分别介绍了蛋白质、核酸和糖类的基本概念、化学组成和结构。学习中注意从三大基本物质的组成结构单元,如氨基酸、核苷酸和单糖等的化学结构入手理解它们。

本章学习的主要要求可分为以下几点:

(1) 了解氨基酸、多肽和蛋白质的结构和相互关系。

(2) 初步掌握手性化合物构型的 R,S 标记法则。

(3) 了解核苷酸、DNA 和 RNA 的组成与结构。

(4) 了解基因和基因工程。

(5) 了解糖类的化学组成与结构。

8.1 氨基酸、多肽和蛋白质

生命是物质运动的高级形式,这种运动形式是通过蛋白质来实现的,可以说没有蛋白质就没有生命。蛋白质结构复杂,种类繁多,性质和功能各异。从化学组成上讲,蛋白质是一类含氮的生物高分子,其主要是由碳、氢、氧和氮四种元素组成。蛋白质的相对分子质量大,从几万到几千万。但它可被酸、碱或蛋白酶催化水解,最终生成氨基酸,所以氨基酸是构成蛋白质的基本单元。认识蛋白质,首先要认识氨基酸。

8.1.1 氨基酸

1. 氨基酸的组成和分类

分子中既含有氨基,又含有羧基的化合物统称为氨基酸,也就是说,氨基酸中含有两个特定的官能团:氨基和羧基。组成蛋白质常见的氨基酸有 20 种。天然蛋白质水解生成的氨基酸的氨基通常是处于羧基的 α-碳原子上,故称为 α-氨基酸,其结构通式表示如下:

$$H_2N-\overset{\displaystyle H}{\underset{\displaystyle R}{C^\alpha}}-COOH$$

式中,R 是每种氨基酸的特性基团。20 种常见氨基酸的名称,英文名称,三字符缩写及 R 基团的结构列于表 8.1。表 8.1 中,脯氨酸的 R 基团的结构栏所示的是其化学结构。表中带 * 者为必需氨基酸,儿童所必需共 10 种,前 8 种为成人所必需的。必需氨基酸是人体所必需但自身不能制造的氨基酸,它们必须从食物中摄取。其余氨基酸可以利用其他的物质在体内合成。人们可以从不同的食物内得到必需的氨基酸,但并不能从某一食物内获取全部的必需氨基酸,因此,从营养学的角度,食物必须多样化,以获取足够的必需氨基酸。

氨基酸可以有多种不同的分类方式,如根据氨基和羧基的数目(氨基酸的性质)可分为:中性氨基酸、酸性氨基酸和碱性氨基酸;或者,根据所连 R 基团的不同可以分为:脂肪族氨基酸、芳香族氨基酸、杂环氨基酸等。

$\alpha-$氨基酸为无色晶体,熔点较高,一般在 200℃ 以上,往往加热到熔点时分解。每一种氨基酸都有特定熔点,常用作定性鉴别。$\alpha-$氨基酸不溶于苯、石油醚等有机溶剂,而易溶于水。氨基酸有的无味,有的味甜,有的味苦,而谷氨酸单钠盐有鲜味,即我们食用的味精。

表 8.1　20 种常见氨基酸的名称和 R 基团的结构

序号	中文名称	英文名称	三字符缩写	R 基团的结构
1	甘氨酸	glycine	Gly	—H
2	丙氨酸	alanine	Ala	—CH_3
3	丝氨酸	serine	Ser	—CH_2OH
4	半胱氨酸	cysteine	Cys	—CH_2SH
5	苏氨酸 *	threonine	Thr	—CH(OH)CH_3
6	缬氨酸 *	valine	Val	—CH(CH_3)_2
7	亮氨酸 *	leucine	Leu	—CH_2CH(CH_3)_2
8	异亮氨酸 *	isoleucine	Ile	—CH(CH_3)CH_2CH_3
9	甲硫氨酸 *	methionine	Met	—CH_2CH_2SCH_3
10	苯丙氨酸 *	phenylala-nine	Phe	—CH_2— $\bigcirc$
11	色氨酸 *	tryptophan	Trp	—CH_2 (吲哚基,NH)

续表

序号	中文名称	英文名称	三字符缩写	R 基团的结构
12	酪氨酸	tyrosine	Tyr	$-CH_2-\!\!\!\bigcirc\!\!\!-OH$
13	天冬氨酸	aspartic acid	Asp	$-CH_2COOH$
14	天冬酰胺	asparagine	Asn	$-CH_2CONH_2$
15	谷氨酸	glutamic acid	Glu	$-CH_2CH_2COOH$
16	谷氨酰胺	glutamine	Gln	$-CH_2CH_2CONH_2$
17	赖氨酸*	lysine	Lys	$-CH_2CH_2CH_2CH_2NH_2$
18	精氨酸*	arginine	Arg	$-CH_2-CH_2-CH_2-NH-\overset{\overset{NH}{\parallel}}{C}-NH_2$
19	组氨酸*	histidine	His	$-CH_2-\!\!\!\langle\overset{NH}{\underset{N}{\bigcirc}}\rangle$
20	脯氨酸	proline	Pro	$\overset{H}{\underset{}{N}}\!\!\!\langle\bigcirc\rangle\!\!-COOH$

2. 氨基酸的手性

在 α-氨基酸中,除甘氨酸之外,其余氨基酸的 α-碳原子都与 4 个不相同的基团相连,如丙氨酸中 $\alpha-C$ 与—COOH、—H、—NH₂ 和—CH₃ 四个不同基团相连,像这样与四个不同的原子或基团相连的碳原子称为不对称碳原子,也称为**手性碳原子**。含有不对称碳原子的化合物,称为**手性化合物**。通常在结构式中用 C^* 表示不对称碳原子。

分子中如果含有一个不对称碳原子(即四面体碳原子上连接的 4 个基团或原子全不相同),基团空间位置不同的排列,可产生两种不同的构型,这两种不同构型的分子相互不能重叠,符合"实物和镜像"的关系,如图 8.1 所示(图中楔形实线表示伸向纸前的键,楔形虚线表示伸向纸后的键)。这两种分子构成一对**对映异构体**。对映异构体的分子结构相似,但分子不能完全重叠,类似左右手的关系,所以对映异构体分子称为**手性分子**或不对称分子。

很多有机化合物是手性化合物,自然界中也有很多手性化合物。氨基酸是手性化合物,由氨基酸构成的多肽和蛋白质也是手性化合物。化合物的生理活性,与其分子的构型有很大关系。

拓展知识
(1,2,3)

对映异构

手性氨基酸

3. 手性化合物构型的标记

手性化合物存在着两种不同构型的异构体,好像"左手"和"右手"。为了区分它们,需要给它们分别命名。"左""右"的称呼显然是不够明确的,需要另外确定统一的命名原则。

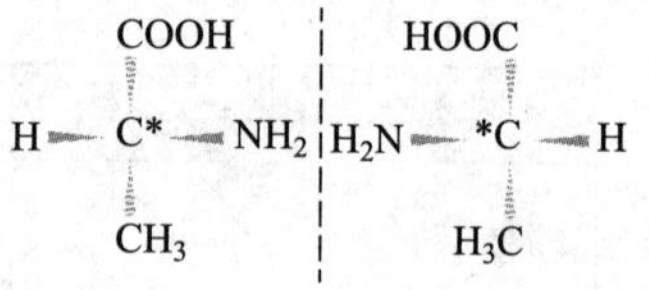

$$H \longrightarrow C^* \longrightarrow NH_2 \qquad H_2N \longrightarrow {}^*C \longrightarrow H$$

(R)-丙氨酸　　　(S)-丙氨酸

图 8.1　丙氨酸的两种对映异构体

过去曾普遍使用 D,L 标记法表示手性化合物的相对构型,现在越来越多地使用 R,S 标记法表示手性分子的绝对构型。两种标记法之间没有简单的对映关系。例如,曾经用 L 表示的某异构体,按 R,S 规定,现在可能被标记为 R,也可能被标记为 S。在具体讨论某手性化合物时,读者需要自己留心 D,L 标记法和 R,S 标记法之间的区别。

本书采用 R,S 标记法。

R,S 标记法是按照手性碳原子上所连接的 4 个不同基团的空间位置关系来确定手性异构体的构型名称的。

(1) 采用 R,S 命名法时,先要规定手性碳原子上连接的 4 个不同基团的大小顺序。

按手性碳原子连接的原子的原子序数来规定基团的大小,从大到小分别用 a,b,c,d 表示。如果有多个与 C^* 原子直接相连的原子的原子序数相同,则根据与该原子相邻的原子来确定基团的大小。例如,确定图 8.1 中丙氨酸上基团的大小顺序时,容易确定氨基为第 1 基团,氢为第 4 基团;但是 COOH 与 CH_3 与手性碳原子连接的都是 C 原子,则需要比较这两个 C 相邻的原子,与 COOH 中 C 原子连接的是 O 原子,与 CH_3 基团中 C 原子连接的是 H 原子,所以 COOH 基团比 CH_3 基团大。这样就确定了丙氨酸中手性碳原子上 4 个基团的大小顺序为

$$NH_2 > COOH > CH_3 > H$$
$$\quad a \qquad\quad b \qquad\quad c \quad\; d$$

(2) 根据 4 个基团的空间排列情况,标记手性分子的构型。

如图 8.2,把手性分子的手性碳原子置于纸面上,让最小的基团 d 处于纸面后方(图中用楔形虚线表示),其余 3 个基团 a,b,c 处于纸面前方(图中用楔形实线表示)。如果 a,b,c 基团轮转顺序是顺时针的,则该手性碳原子的构型标记为 R;如果 a,b,c 基团轮转顺序是逆时针的,则该手性碳原子的构型标记为 S。

如果手性化合物分子中只有一个手性碳原子,则该碳原子的 R 或 S 构型也就是该手性分子的构型,如图 8.1 中的(R)-丙氨酸和(S)-丙氨酸。如果手性分子中含有 2 个或多个手性碳原子,则该手性化合物的构型命名时需要分别指明各手性碳原子的构型。

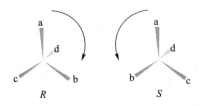

图 8.2 构型的标记

8.1.2 多肽

1. 氨基酸残基和肽

一个氨基酸的羧基与另一个氨基酸的氨基脱水而形成的化合物叫**肽**,形成的酰胺键称为**肽键**。两个氨基酸脱水形成的产物叫二肽,多个氨基酸脱水缩合而成的产物叫多肽。组成肽的氨基酸单元称为**氨基酸残基**。例如,二肽的形成过程如下:

$$H_2N-\underset{\underset{R'}{|}}{C}H-COOH + H_2N-\underset{\underset{R}{|}}{C}H-COOH \longrightarrow H_2N-\underset{\underset{R'}{|}}{C}H-\underset{\underset{O}{\|}}{C}-\overset{\text{肽键}}{HN}-\underset{\underset{R}{|}}{C}H-COOH + H_2O$$

二肽

其中,R 和 R′是各种氨基酸的特性基团。

除环状肽外,链形的肽有游离氨基的一端称 N 端,有游离羧基的一端称 C 端。书写时,通常把 N 端写在左边,C 端写在右边。例如,γ-谷氨酰半胱氨酰甘氨酸(简称:谷胱甘肽)是三肽,其结构式为

N端   COOH   O   O   C端
$$H_2N-CH-CH_2-CH_2-C-NHCH-C-NHCH_2COOH$$
                            CH_2SH

谷胱甘肽是动、植物和微生物细胞中一种重要三肽,是某些酶的辅酶,在生物体内的氧化还原过程中起重要作用。

半胱氨酸中有一个巯基(—SH),在温和氧化条件下,两个半胱氨酸可通过二硫键(S—S)形成胱氨酸,如果半胱氨酸在不同的肽链中,形成胱氨酸后,在分子中可形成一个大环。例如在牛胰岛素的分子结构中就有二硫键。

胰岛素是动物胰中分泌出来的一种激素,能调节糖代谢降低血糖浓度。牛胰岛素的化学结构于 1955 年由英国的科学家桑格测定、阐明。1965 年 9 月,我国科

学家在世界上首次合成了结晶牛胰岛素。它是一种 51 肽,有两条肽链,一条 A 链 (21 肽),一条 B 链(30 肽),A 链和 B 链通过两个二硫键连接起来,即胰岛素分子是 通过二硫键连接而成的一个双链分子,而且 A 链本身还有一个二硫键。牛胰岛素的 氨基酸的连接方式和排列顺序如图 8.3,图中氨基酸名称的三字符缩写见表 8.1。

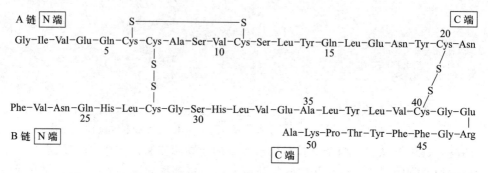

图 8.3　牛胰岛素氨基酸的连接方式和排列顺序

蛋白质手性

　　多肽可以从蛋白质的部分水解得到。多肽与蛋白质没有明显的界线,蛋白 质具有生理活性,有的多肽也具有生理活性。一种区分多肽和蛋白质的方法是 相对分子质量。通常,相对分子质量小于 10 000 的(约含 50 个氨基酸残基)的 称为多肽,大于 10 000 的叫蛋白质,即蛋白质是相对分子质量大的多肽。例如, 可以说 51 个氨基酸残基构成的牛胰岛素分子是一种蛋白质分子。

2. 肽链的飘带模型

　　由多个氨基酸残基构成的多肽链中原子数目众多,如果以通常的球棍模型 来表示肽链中氨基酸残基的原子和彼此间的空间关系,则很难辨别。于是,人们 提出了更为简单的表示方法:不是把氨基酸残基上所有的原子都表示出来,而是 通过把氨基酸残基中的 $\alpha-C$ 的相对位置表示出来,借以简化氨基酸残基间的空 间关系,可以成为 $\alpha-C$ 模型。但是,$\alpha-C$ 模型看起来很生硬,不够美观,人们就 在此基础上进一步采用飘带模型。在飘带模型中,$\alpha-C$ 模型中碳-碳原子间生 硬的折线被柔化为宽宽的飘带,原本由原子构成的多肽链看起来就像是美丽的 飘带,飘带模型也是由此而得名的。

　　图 8.4 中显示了牛胰岛素的 B 链中部分氨基酸残基(第 26 个氨基酸残基 His 到第 41 个氨基酸残基 Gly,见图 8.3 中的标示)的空间结构从球棍模型到 $\alpha-C$ 模型 再到飘带模型的简化过程。为方便对照观看,图中三种模型是从相同的观看视角得 到的结果。可以看到模型简化后,更易于整体上了解肽链的空间结构。当然,对于由 多肽链构成的更为复杂的蛋白质分子,用飘带模型表示显然也是一种很好的选择。

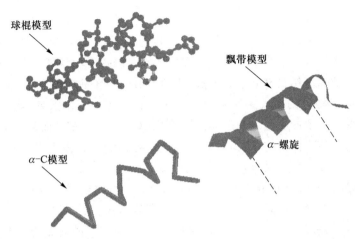

图 8.4　牛胰岛素的 B 链中部分氨基酸残基的空间结构的不同模型

8.1.3　蛋白质

蛋白质和多肽一样是由许多氨基酸残基通过肽键相连而成的天然高分子物质。除了主要的碳、氢、氧和氮四种元素外,一般蛋白质可能还会含有 P、S、Cu、I、Fe、Zn 和 Mn 等元素。蛋白质分子可以由一条或多条多肽链组成,多条肽链间可以通过包括二硫键在内的不同作用结合在一起,折叠或螺旋构成一定的空间结构,从而发挥某一特定功能。多个蛋白质也可以结合在一起,形成稳定的蛋白质复合物,完成更为复杂的生理功能。

为方便认识蛋白质分子的复杂结构,人类把其分为不同的结构层次,即蛋白质的一级、二级、三级和四级结构。

1. 蛋白质的一级结构

蛋白质是以氨基酸为基本单位构成的生物大分子。一级结构指的是蛋白质多肽链中氨基酸的排列顺序,以及二硫键的位置。例如,图 8.3 所示的牛胰岛素分子结构就是其一级结构。

2. 蛋白质的高级结构

蛋白质的二级、三级和四级结构都是蛋白质的高级结构。X 射线衍射结构分析证明,蛋白质分子在空间并不是以简单的链的形式存在,蛋白质的肽链按一定方式折叠并盘绕,形成特有的空间结构。蛋白质具有的生理作用,是由它们的空间结构(即高级结构)决定的。当然,蛋白质的一级结构包含了决定蛋白质高级结构的因素。

人为地把蛋白质的高级结构分为二级、三级和四级结构,其实只是为了方便

蛋白质分子
模型

认识蛋白质的空间结构。

蛋白质分子局部区域内多肽链会沿一定方向有规律地盘绕和折叠,这就是蛋白质的二级结构。它指的是蛋白质多肽链本身的折叠和盘绕方式。

蛋白质的二级结构有 α-螺旋、β-折叠和 β-转角等方式,这些多肽链局部的空间结构(构象)的形成主要是由同一条主链上一些氨基酸残基上的羰基与邻近氨基酸残基上的氨基之间形成氢键作用($C\!=\!O\cdots H\!-\!N$)而形成的,现在结构研究认为其他类型的非共价作用力,如疏水作用,π-π 作用等也对蛋白质的二级结构的形成和稳定具有贡献。

α-螺旋是蛋白质分子中最常见最典型和含量最丰富的二级结构。图 8.4 中显示了牛胰岛素蛋白质分子中的一段 α-螺旋结构。α-螺旋有点像普通的螺丝钉的螺纹,一般认为 α-螺旋结构中每隔 3.6 个氨基酸残基螺旋上升一圈,α-螺旋氨基酸残基的侧链上的 R— 基指向螺旋外边,这种螺旋每上升一圈相当于向上平移 0.54 nm。

并不是所有的氨基酸都能形成 α-螺旋,一般来讲,侧链不太大且不带有电荷或极性基团时,比较容易形成稳定规则的螺旋,羊毛中的 α-角蛋白中大部分为 α-螺旋结构。羊毛纤维拉伸时,α-螺旋区域氢键断裂,但由于二硫键(S—S)的存在,限制了拉伸的程度,除去外力后,重新生成氢键,纤维又恢复原状,因此 α-角蛋白具有弹性。

蛋白质的三级结构指的是蛋白质的多肽链在各种二级结构的基础上,再进一步盘绕、折叠形成的不规则的特定的三维空间结构,图 8.5 是 51 个氨基酸残基构成的牛胰岛素蛋白质分子的三维空间结构的飘带模型。蛋白质三级结构的稳定主要依靠一些非共价作用力,包括氢键、疏水作用,π-π 作用和范德华力(van der Waals 力)等。这些非共价作用力可存在于一级结构序号相隔很远的氨基酸残基之间,同时它们间的作用力相对较弱,易受环境中 pH、温度、离子强度等的影响,有变动的可能性,当它们间的作用力受到破坏或改变时,蛋白质分子特定的三维空间结构也将改变。二硫键属于共价键,但在某些蛋白质分子中能使远隔的两个肽链联系在一起,这对于蛋白质三级结构的稳定同样起着重要作用。

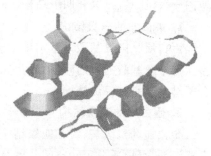

图 8.5　牛胰岛素蛋白质分子的
三维空间结构的飘带模型

肌红蛋白是一种哺乳动物肌肉中储氧的蛋白质,心肌中含量特别丰富,它可以帮助肌细胞将氧转运到线粒体。肌红蛋白由 100 多个氨基酸残基构成,图8.6就是用上面介绍的三种不同模型表示的肌红蛋白的三维空间结构,也就是肌红蛋白的三级结构。可以看到,在肌红蛋白的肽链不同区域内存在着多个 α - 螺旋区。

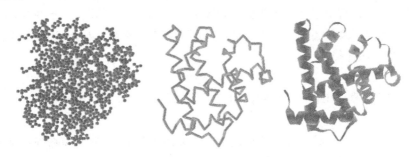

图 8.6　三种不同模型表示的肌红蛋白的三维空间结构

蛋白质的高级结构还包含了蛋白质的四级结构。通常定义,蛋白质的四级结构是指蛋白质中各个具有三级结构的多条多肽链之间相互作用所形成的更为复杂聚合物的一种结构形式,主要描述构成蛋白质的亚基空间排列及亚基之间的连接和相互作用,不涉及亚基内部结构。这里,蛋白质分子中,最小的单位通常称为**亚基**(subunit),它一般由一条具备三级结构的多肽链构成,无生理活性;维持亚基之间的化学键主要是疏水力。按照这种定义,其实,蛋白质的四级结构关注的是复杂蛋白质分子或蛋白质复合体的空间结构。

事实上,蛋白质高级结构(二级、三级和四级结构)都包含了肽链中氨基酸残基的三维空间结构,人为地把它分为多种类型只是为了方便认识蛋白质复杂的空间结构。二级结构到四级结构只是一个对复杂蛋白质分子或复合体从三维的局部空间结构到全部空间结构的认识过程。

蛋白质分子的三维空间结构从其外形上看,有的细长称为纤维状蛋白质,如丝心蛋白;有的差不多呈球形,属于球状蛋白质,如血红蛋白和肌红蛋白等。球状蛋白质的疏水基多聚集在分子的内部,而亲水基则多分布在分子表面,因而球状蛋白质是亲水的,更重要的是,多肽链经过如此盘曲后,疏水区多在分子内部,由疏水侧链集中构成,疏水区常形成一些“洞穴”或“口袋”,其中会镶嵌一些非氨基酸残基的有机小分子或金属离子,这里可形成发挥某些特定生物学功能的区域,如酶的活性中心等。处于活性中心区域的有机小分子或金属离子及它们的复合体称为辅基。

例如,图 8.7 所示的是动物体内具备输送氧气和二氧化碳气体功能的血红蛋白分子结构。血红蛋白由 500 多个氨基酸残基构成,它有 4 个亚基和 4 个血红素辅基。图 8.7 结构中包含了 4 个血红素辅基,它们分别镶嵌于 4 个不同的

图 8.7

亚基中。血红蛋白属于球状蛋白质,血红素辅基镶嵌的区域正是发挥其生物功能的活性中心。图 8.7 显示了构成血红蛋白的亚基空间排列及亚基之间的连接和相互作用,并且包含了镶嵌于亚基中的辅基,可以说它描述了血红蛋白分子的四级结构。当然,由于在二维平面图像中表示三维空间结构,又是简化了的飘带模型,故无法直接从图 8.7 中了解亚基间的连接方式和相互作用,因此不在这里做进一步的详细描述。

8.2　核苷酸、DNA、RNA 和基因工程

与蛋白质一样,核酸是生物体内极其重要的生物大分子,是生命的最基本的物质之一。核酸的重要生物功能主要是储存和传递遗传信息。因此,蛋白质是生命活动的物质基础,而核酸则是遗传的物质基础,这二者在体内缺一不可,相互联系。

核酸的发现比蛋白质晚得多,最早是瑞士的化学家米歇尔于 1868 年从脓细胞的核中分离出来的,由于它们是酸性的,并且最先是从核中分离的,故称为核酸。核酸广泛存在于所有动物、植物、微生物和生物体内,常与蛋白质结合形成核蛋白。

从化学组成上讲,核酸是一类含磷的生物高分子,其主要是由碳、氢、氧、氮和磷元素组成。核酸的基本组成单位是核苷酸,认识核酸,首先要认识核苷酸。不同的核酸,其化学组成、核苷酸排列顺序等不同。根据化学组成不同,核酸分为脱氧核糖核酸(简称 DNA)和核糖核酸(简称 RNA)。

8.2.1　核苷酸

核苷酸是核酸的基本组成单位,由三部分构成:戊糖(即五碳糖)、含氮有机碱(即碱基)和磷酸。

构成核苷酸的戊糖有**脱氧核糖**和**核糖**两种,结构式分别为

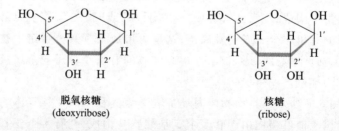

脱氧核糖　　　　　　　　　　　　　核糖
(deoxyribose)　　　　　　　　　　(ribose)

脱氧核糖和核糖的区别在于脱氧核糖是核糖的 $C-2'$ 位上的羟基脱去氧原

子。根据戊糖的化学结构的不同,可将核苷酸分为脱氧核糖核苷酸和核糖核苷酸,**由脱氧核糖核苷酸组成的长链分子称为 DNA,由核糖核苷酸组成的长链分子是 RNA**。

构成核苷酸的碱基是嘧啶和嘌呤的衍生物。构成环的原子除碳原子外还有其他原子的一类环状化合物称为杂环化合物。这些非碳原子称为杂原子,最常见的杂原子有 O、S、N 等。嘧啶和嘌呤及其衍生物都是含氮杂环化合物。嘧啶和嘌呤的结构式分别为

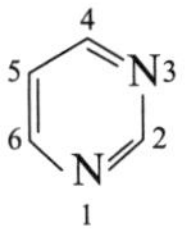

嘧啶 (1,3-二氮苯)
(pyrimidine)

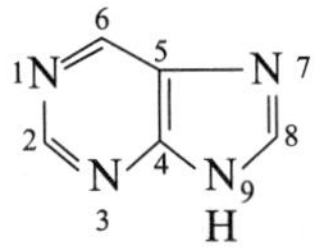

嘌呤 (1,3,7,9-四氮茚)
(purine)

构成核苷酸碱基的嘧啶和嘌呤的衍生物有:胞嘧啶(cytosine,C),胸腺嘧啶(thyrnine,T),尿嘧啶(uracil,U),腺嘌呤(adenine,A)和鸟嘌呤(guanine,G),它们的结构式为

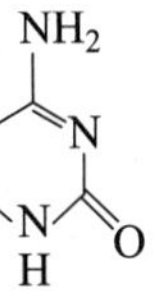

胞嘧啶 (C)
(cytosine)

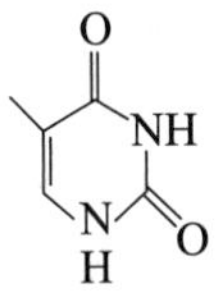

胸腺嘧啶 (T)
(thyrnine)

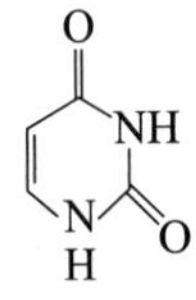

尿嘧啶 (U)
(uracil)

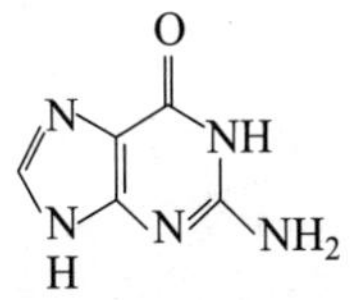

鸟嘌呤 (G)
(guanine)

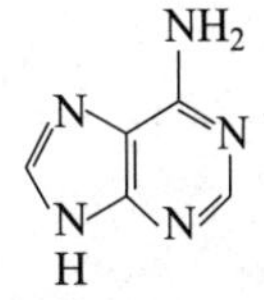

腺嘌呤 (A)
(adenine)

DNA 中的碱基主要有四种:腺嘌呤(A),鸟嘌呤(G),胸腺嘧啶(T)和胞嘧啶(C);RNA 中不含胸腺嘧啶(T)碱基,主要有腺嘌呤(A),鸟嘌呤(G),尿嘧啶(U)和胞嘧啶(C)四种碱基(见表 8.2)。此外,现代研究还在核酸分子中发现数十种修饰碱基,指的是上述五种碱基环上的某一位置被一些化学基团(如甲基化、甲硫基化等)修饰后的衍生物。一般这些碱基在核酸中的含量稀少,在各种类型核酸中的分布也很不均匀。

嘧啶嘌呤

表 8.2　DNA、RNA 的基本化学组成

组分	DNA	RNA
戊糖	脱氧核糖	核糖
碱基	腺嘌呤（A） 鸟嘌呤（G） 胞嘧啶（C） 胸腺嘧啶（T）	腺嘌呤（A） 鸟嘌呤（G） 胞嘧啶（C） 尿嘧啶（U）
磷酸	磷酸	磷酸

在了解了戊糖和碱基之后，来看一下核苷酸的结构。

无论是在 DNA 和 RNA 中的核苷酸，碱基都是与戊糖的 1′位碳原子相连，C-1′位的羟基与碱基的 NH 基团缩合脱去形成糖与碱基之间的 C—N 键（称为糖苷键）；由核糖或脱氧核糖与嘌呤或嘧啶通过糖苷键连接组成的化合物称为核苷（nucleoside）。核苷酸（nucleotide）指的是核苷与磷酸残基构成的化合物，即核苷的磷酸酯。核酸分子中，磷酸连在戊糖的 5′位或 3′位形成磷酸酯键。例如，磷酸连在 3′位的 3′-胞嘧啶脱氧核苷酸（简称 3′-脱氧胞苷酸，或3′-CMP）和磷酸连在 5′位的 5′-腺嘌呤核苷酸（简称 5′-腺苷酸，或 5′-AMP）的结构式分别为

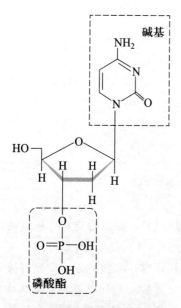

3′-胞嘧啶脱氧核苷酸 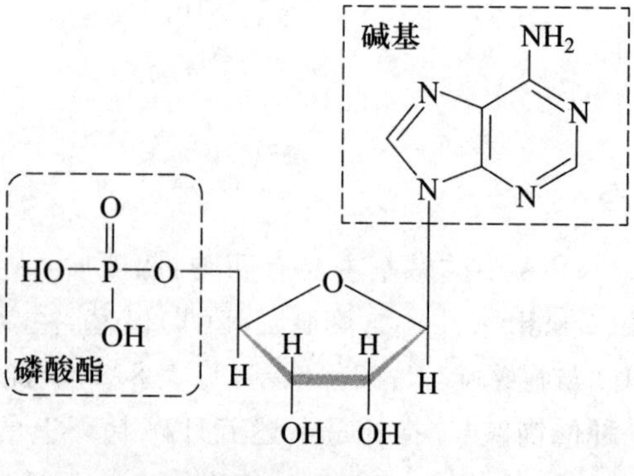　　　　　　　5′-腺嘌呤核苷酸

由于碱基的多样性,所构成核苷酸的种类有很多,在组成核酸时不同核苷酸的不同排列顺序也造就了遗传信息多样性的物质基础。

8.2.2　核酸

1. 核糖核酸(RNA)和脱氧核糖核酸(DNA)

核酸是核苷酸通过磷酸二酯键连接而成的长链生物大分子。多数情况DNA 和 RNA 都是没有分支的多核苷酸长链,核苷酸间的连接键是 3′,5′-磷酸二酯键,这种连接可理解为链中核苷酸戊糖的 3′位羟基与相邻核苷酸戊糖的 5′位磷酸基相连,或者核苷酸戊糖的 5′位羟基与相邻核苷酸戊糖的 3′位磷酸基相连。因此核酸大分子的主链是由戊糖和磷酸构成的,图 8.8 是 DNA 分子中的 3个核苷酸片段的结构,其中包含了 3 个磷酸二酯键。

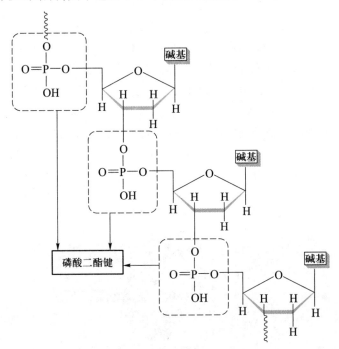

图 8.8　DNA 分子中的 3 个核苷酸片段

与蛋白质的结构类似,核酸也可以分为一级结构和空间高级结构。

核酸的一级结构指的是核苷酸的组成和连接方式。核酸的一级结构可以核酸链的简写式表示。用核苷酸的英文大写字母缩写符号代表碱基组成和连接顺序,核酸分子中的糖基、糖苷键和磷酸、磷酸酯键等均省略不写,将碱基按顺序排列即可。因省略了糖基,故不再注解"脱氧"与否,凡简写式中出现 T 就视为

DNA 链,出现 U 则视为 RNA 链。以 5′和 3′表示链的末端及方向;5′和 3′用来表示磷酸残基与羟基在戊糖碳原子的位置,分别在简写式的两端标注。下面是分别代表 DNA 链和 RNA 链片段的两个简写式:

$$\overset{5'}{\text{p}}{-}\text{ACTTGAACG}{-}\overset{3'}{\text{OH}} \qquad (\text{DNA})$$

$$\overset{5'}{\text{p}}{-}\text{ACUUGAACG}{-}\overset{3'}{\text{OH}} \qquad (\text{RNA})$$

　　核酸分子的简写式是为了更简单明了地叙述高度复杂的核酸分子而使用的简化表示。有时,用来表示磷酸残基的 p 也可略去。

2. DNA 的双螺旋结构(二级结构)

　　DNA 的二级结构是指 DNA 的双螺旋结构。在研究核酸的成分时,测定 DNA 水解后得到的碱基含量时发现,腺嘌呤和胸腺嘧啶,鸟嘌呤和胞嘧啶的比例都是 1∶1,这就提示了在这两对碱基中,两个碱基是互补的。根据 X 射线衍射研究及各碱基的性质,沃森(Watson)和克里克(Crick)于 1953 年首先提出了 DNA 双螺旋结构:DNA 分子是由两条反平行的多聚脱氧核苷酸链围绕同一个中心轴构成的双螺旋结构,磷酸基与脱氧核糖在外侧,彼此间通过磷酸二酯键相连,形成 DNA 的骨架,碱基层叠于螺旋内侧,两条链上的核苷酸碱基两两配对,配对的碱基平面与螺旋纵轴相垂直,碱基之间堆积距离为 0.34 nm,双螺旋直径约为 2 nm。顺轴方向,每隔0.34 nm有一个核苷酸。沿中心轴每旋转一周有 10 个核苷酸,间隔3.4 nm(即螺距高度为 3.4 nm)。图 8.9 所示的是 DNA 的双螺旋结构片段的结构。

脱氧核糖核酸

DNA 结构

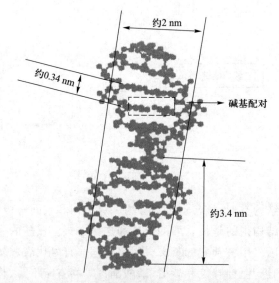

图 8.9　DNA 的双螺旋结构片段

DNA 分子中两条链上的核苷酸碱基两两配对时：一条链上的 A 与另一条链上的 T 之间通过两个氢键配对，同时一条链上的 G 与另一条链上的 C 之间通过三个氢键配对，这种碱基的互相匹配的情形称碱基互补。图 8.10 显示了 DNA 分子的碱基互补时的氢键：

碱基配对

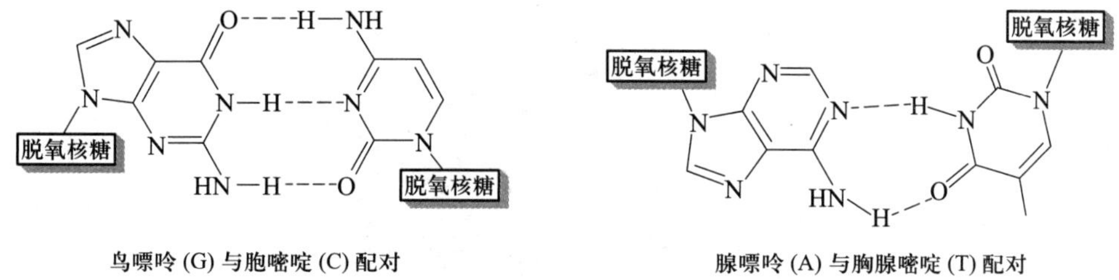

鸟嘌呤 (G) 与胞嘧啶 (C) 配对　　　　　　腺嘌呤 (A) 与胸腺嘧啶 (T) 配对

图 8.10　DNA 分子的碱基互补时的氢键

3. RNA 的结构

前面介绍了 RNA 的化学组成是核糖、碱基和磷酸，它是由至少几十个核糖核苷酸通过磷酸二酯键连接而成的一类长链生物高分子。RNA 普遍存在于动物、植物、微生物及某些病毒和噬菌体内。生命体中，DNA 是储存、复制和传递遗传信息的主要物质基础，而 RNA 则和蛋白质生物合成有密切的关系。

RNA 的核苷酸排列顺序（即一级结构）可以用前面核酸的简写式表示。RNA 一般是单链线形分子，但也有双链的、环状单链的和支链的 RNA 分子。天然 RNA 的结构，一般并不像 DNA 那样都是双螺旋结构，只是在一些区段部分 A 与 U、G 与 C 通过氢键碱基配对而发生自身回折，从而形成短的不规则的螺旋区。每一段双螺旋区至少需要 4~6 对碱基对才能保持稳定。在不同的 RNA 中，双螺旋区所占比例不同。不配对的碱基被排斥在双螺旋之外。但是，要具备一定的生物功能，RNA 也必须形成特定的空间结构（即高级结构）。

根据功能不同，将 RNA 分为三种：rRNA（核糖体 RNA，ribosome RNA），其功能是与蛋白质一起组成核糖体，催化各种蛋白质的合成；mRNA（信使 RNA，message RNA），其功能是携带着遗传信息，指导蛋白质合成；tRNA（转运 RNA，transfer RNA），其功能是把氨基酸运送到核糖体。不同功能 RNA 的核糖核苷酸数目差异非常大，用来运送氨基酸的 tRNA 相对分子质量较小，一般有几十个核糖核苷酸构成，图 8.11 显示了一个典型的 tRNA 分子的结构。它的立体结构近似呈 L 形，L 形的两端一端与氨基酸结合，另一端与 mRNA 相结合。

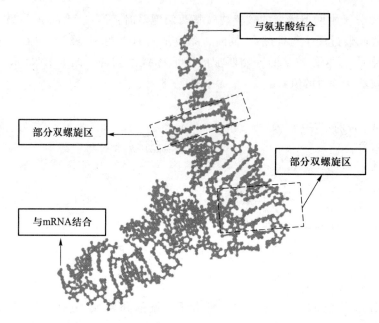

与氨基酸结合

部分双螺旋区

部分双螺旋区

与mRNA结合

图 8.11   一个典型的 tRNA 分子结构的球棍模型图

8.2.3   基因和基因工程

1. 基因

把蕴藏遗传信息或具有遗传效应的 DNA 片段称为基因(gene)。基因是控制生物性状的遗传物质的功能和结构单位,是遗传的物质基础,指的是 DNA 分子上具有遗传信息的特定核苷酸序列的总称。

生命体中,遗传信息通过核酸储存和传递。生物功能主要是通过蛋白质来体现的,因此基因也就是决定一条完整的蛋白质或肽链的 DNA 片段。一个 DNA 分子可以含有上万个基因,每个基因中可以含有成百上千个脱氧核苷酸。虽然只有四种脱氧核苷酸,但其排列方式是千变万化的,每种生物的 DNA 及每个 DNA 分子中的每个基因都有自己特定的核苷酸排列顺序。生物体为什么可以分为人、动物、花草树木,人为什么可以分划出头、躯体、四肢,都是因为 DNA 分子的不同或者说基因的核苷酸排列顺序不同,以致控制合成蛋白质的不同而产生的。所以,基因是生命的密码,记录和传递着遗传信息。基因把遗传信息传递给下一代,使后代出现与亲代相似的性状。生物体的生、老、病、死等一切生命现象都与基因有关。基因是决定人体健康的内在因素,与人类的健康密切相关。

基因或 DNA 控制着蛋白质的合成,从 DNA 到蛋白质的过程称为基因表达。基因表达过程比较复杂:一段 DNA 双螺旋结构先解旋,以其中的一条单链为模板按碱基互补原则合成 mRNA;然后,再以 mRNA 为模板合成蛋白质。生物学上把基因表达中 mRNA 的合成和蛋白质的合成过程分别称为转录和翻译。翻译过程中,mRNA 上的核苷酸序列决定着蛋白质中的氨基酸序列。

DNA 的自我复制及基因的表达是很严格的。但 DNA 复制过程中也发生频率极低不符合碱基互补原则的"错误":即 DNA 分子上碱基排列顺序发生了改变,如 DNA 链上的某一点碱基 A 替代了碱基 T。这种过程被称为"基因突变"。被称为基因突变是由于这样小小的基因结构改变会引起生物体性状的巨大变化。例如,镰刀状贫血病是由于血红蛋白基因中的一个核苷酸 T 突变为 A,造成蛋白质合成中的一个氨基酸的改变,从而引起脱氧血红蛋白溶解度下降,在细胞内成胶或聚合,使红细胞变成镰刀状,并且丧失结合氧分子的能力。生物体发生基因突变有时有害有时有利,它是生物变异的主要来源,也是生物进化的重要因素之一。

2. 基因工程

基因工程或称基因重组,是改造生命的化学方法。它是将不同生物的基因或 DNA 分子在体外人工剪切组合,再与其他的 DNA(如噬菌体或病毒等的)连接,然后转入另一种微生物或细胞内,进行扩增,并使转入的基因在细胞内表达,产生所需要的蛋白质。

发现和认识基因以来,生物科学的面貌发生了巨大的变化。人们从此在分子水平上了解了物种进化和亲缘关系。人们从中得到启示,要改造生物的遗传性,根本途径是在 DNA 分子上动手术,这便是科学家开始创建基因工程的最重要的科学根据。从理论上讲,如果能够认识一种基因的某种功能,把它同细胞分开,那就可以更换细胞的基因,如同更换计算机中微型集成电路片一样。但要实现这一过程,还需要一段很长的时间和科学技术达到一定的水平。直到 20 世纪 70 年代,美国斯坦福大学科学家科恩(Cohen S)领导的小组终于发明了改变 DNA 分子结构技术,重新组成带有新遗传性的 DNA,这种技术被称为重组 DNA 技术。所谓重组 DNA 技术是指将不同的 DNA 片段(如基因等)按人们的设计方案,定向连接起来,并在特定的细胞中得到复制与表达,使细胞获得新的遗传特性。

重组 DNA 技术的发现导致了基因工程的产生。1973 年,美国人科恩领导的研究小组首次进行基因工程实验,一举成功。他们将大肠杆菌体内的两个不同 DNA 分子提取出来,拼接在一起,重新组合成一个新的 DNA 分子,并将其重新引入大肠杆菌体内,后来他们发现,这个新的 DNA 分子在大肠杆菌内能够复制,并能够表达原来两个不同 DNA 分子的遗传信息。这是基因工程的开始。

严格地说基因工程的含义更为广泛,它包括除重组 DNA 技术以外的一些其他可使生物基因组结构得到改造的技术。科恩等人的工作证明,可以根据人类的意愿、目的,通过对基因的直接操纵而达到定向改造生物遗传特性,甚至创造新的生物类型。

时至今日,基因工程的理论和技术几乎在所有生命科学分支中得到应用,并已取得显著成果。例如,在农林牧渔业中,利用基因工程技术已得到转基因猪、羊、兔、鱼等。在工业中,用基因工程技术克隆出各种分解纤维素的纤维素酶基因,并应用于酿酒业,使之既能把纤维素分解成葡萄糖又能利用葡萄糖发酵成酒精。在医学中,可利用基因工程生产疫苗,如乙肝病毒病原体疫苗、艾滋病疫苗等。

3. 人类基因组计划

人类基因组计划(human genome project,HGP)是 1990 年前后开始实施的,由美、日、德、法、英、中等国家共同参与的一项旨在破解人类遗传信息的科研计划,是 20 世纪投资最大的科研计划之一。

科学研究证明,一些困扰人类健康的主要疾病如心脑血管疾病、癌症、糖尿病、肝病等都与基因有关。依据已经破译的基因序列和功能,找出这些基因并针对相应的病变区位进行药物筛选,甚至基于已有的基因知识来设计新药,就能"有的放矢"地修补或替换这些病变的基因,从而根治顽症。20 世纪八九十年代,科学家面临着要么经过多种途径独立寻找各自感兴趣的基因,要么合力测定出由几十亿个碱基对构成人类基因组的所有精确测序,从而最终弄清楚每种基因制造的蛋白质及其作用。这直接导致了测定人类基因组序列的想法,也即人类基因组计划的产生。

人类基因组计划的目的是解码生命,了解生命的起源和生命体生长发育的规律,认识种属之间和个体之间存在差异的起因,认识疾病产生的机制及长寿与衰老等生命现象,为疾病的诊治提供科学依据。

人类基因组计划要解读人类 DNA 分子上的所有基因,共需分析人类 46 条染色体的 DNA 分子中的几十亿个碱基对的全部序列,并查清其中大概 10 万个基因的位置,破译人类全部遗传信息。人类基因组计划还包括对一系列模型生物体基因组的测序,最初提出有大肠杆菌、酵母、果蝇和小鼠等,对这些处于生物演化不同阶段生物体的研究是认识人类基因组结构和功能绝对不可缺少的过程。随着人类基因组计划的实施,另外的一些生物体,如一些鱼类、水稻、兰花、黄瓜等的基因组的测序也被列入其中。随着这类工作的开展,人类基因组的测序的工作必将会涉及越来越多的生物种类。

人类基因的全部序列测定已于 2003 年完成。但是,随着人类基因组计划的发展,科学家意识到实施人类基因组计划仅仅是认识人类自身的开始,碱基对序列的测出并不能解释人类基因中遗传信息的功能问题。这些新的问题导致了"后基因组计划"的提出。该计划将从分子水平阐明生命活动的本质,人类的研究工作中心将从基因序列的测定转移到基因的结构和功能的阐述。"后基因组计划"的最为直接的结果将是阐明许多遗传病的发病机制,并针对不同的疾病生产出行之有效的药物。届时,基因研究不仅能够为筛选和研制新药提供基础数据,也为利用基因进行检测、预防和治疗疾病提供了可能;癌症、艾滋病等将不再是不治之症。

破译人类和动、植物的遗传基因,认识其基因的结构和功能,并利用基因重组技术攻克疾病和提高农作物产量将成为医学、生物制药和农业等产业的知识和技术创新的源泉。所有这些都为人类开拓了一个广阔的美好前景,但是基因工程自其诞生开始,就伴随着种种的伦理学、法学和哲学之争。例如,世界各地对转基因食品和克隆人的法律限制。

8.3　糖类

与蛋白质和核酸一样,糖类也是组成生命体的基本物质,在了解了蛋白质和核酸后,再来了解一下糖类。

糖类在自然界分布广泛,日常食用的蔗糖、水果中的果糖、食物中的淀粉、植物体中的纤维素、构成核酸的戊糖、人体血液中的葡萄糖等均属糖类。在自然界,大量的和非常多种类的糖类由光合作用产生。糖类在生命活动过程中起着重要的作用,是一切生命体维持生命活动所需能量的主要来源之一。

糖类

糖类是一类重要的有机化合物,指的是多羟基醛或多羟基酮及其缩聚物和某些衍生物的总称。糖类过去也称为碳水化合物(carbohydrate 或 saccharide)。大多数糖类化合物中氢和氧的比例为 2∶1,与水分子中氢和氧的比例相同,因此,糖类可以用通式 $C_n(H_2O)_m$ 表示。早期人类无法知道糖类化合物的结构,就把它们理解为碳的水合物,即碳水化合物。虽然,大多数糖的分子式符合通式 $C_n(H_2O)_m$,但符合这一通式的不一定都是糖类(例如乙酸分子式为 $C_2H_4O_2$),糖类也不一定都符合这一通式(如脱氧核糖的分子式是 $C_5H_{10}O_4$)。

糖类主要由碳、氢、氧三种元素构成,糖类化合物包括单糖、单糖的聚合物(低聚糖和多糖)及衍生物。

8.3.1 单糖

单糖是糖类中结构最简单的一类,单糖分子是带有多个羟基的醛或者酮,不能水解成更简单的糖。单糖分子含有亲水的多个羟基和羰基,易溶于水,不溶于乙醚、丙酮等有机溶剂。单糖多是结晶固体,有甜味。简单的单糖一般是含有 3~7 个碳原子,例如,构成 DNA 和 RNA 的脱氧核糖和核糖就是含有 5 个碳原子的戊糖。

最简单的单糖是含有 3 个碳原子的甘油醛和二羟基丙酮:

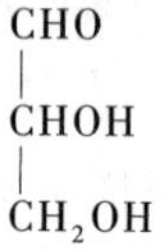

$$
\begin{array}{cc}
\text{CHO} & \text{CH}_2\text{OH} \\
| & | \\
\text{CHOH} & \text{CO} \\
| & | \\
\text{CH}_2\text{OH} & \text{CH}_2\text{OH} \\
\text{甘油醛} & \text{二羟基丙酮}
\end{array}
$$

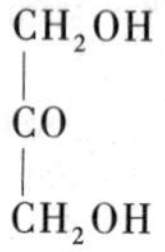

甘油醛和二羟基丙酮的分子式都是 $C_3H_6O_3$,即它们是同分异构体。这种情况在糖类中很常见,如含有 6 个碳原子的葡萄糖和果糖的分子式都是 $C_6H_{12}O_6$,它们也是同分异构体。

甘油醛分子中有一个不对称碳原子,它有两种对映异构体:

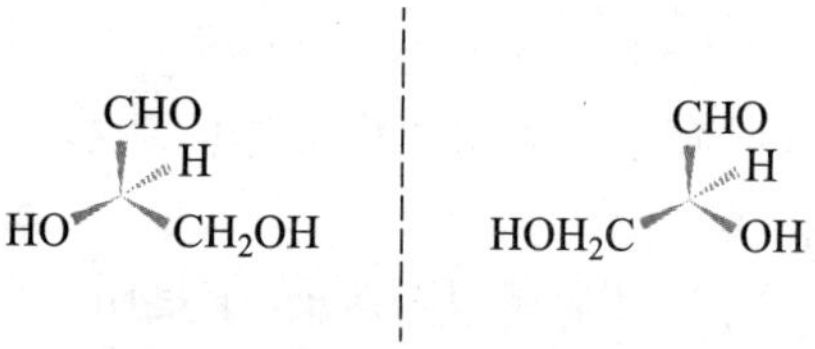

$$
(R)\text{-甘油醛} \qquad (S)\text{-甘油醛}
$$

二羟基丙酮中没有不对称碳原子,没有对映异构体。但是,含有更多个碳原子的单糖分子中会有多个不对称碳原子,因而,对映异构体的数目也会更多。糖类大多含有不对称碳原子,自然界中的很多常见糖类都是手性分子。例如,含有 6 个碳原子、5 个羟基的醛(五羟基己醛糖)就有 4 个不对称碳原子,对映异构体的数目也很多,葡萄糖(glucose)就是其中的一种:

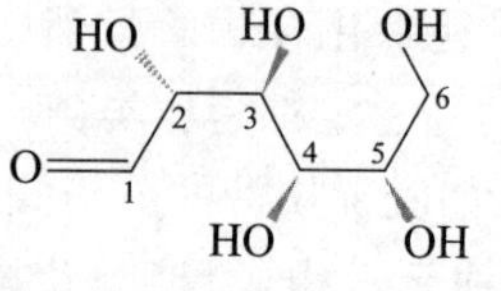

$$
\text{葡萄糖}
$$

葡萄糖链

葡萄糖是生命活动的主要能源物质。葡萄糖分子中,$C-2$、$C-3$、$C-4$、$C-5$

都是不对称碳原子,因而有多种对映异构体。例如,古罗糖与葡萄糖一样,也是五羟基己醛糖:

古罗糖

果糖(fructose)的分子式是 $C_6H_{12}O_6$,它是葡萄糖的同分异构体,但它们不是对映异构体。果糖是天然糖中最甜的糖类,在蜂蜜和水果中含量较高,它是一种己酮糖:

果糖

当然,果糖也是手性分子,它也有多种对映异构体。

研究发现,在一定的条件下,开链化合物的分子会转变成环状结构,成为环状化合物,同样,环状化合物也可以转变成开链化合物,即化合物的开链结构和环状结构可以互变。不少种类的单糖分子在溶液中就存在着开链结构和环状结构之间的动态平衡;通常,单糖分子在溶液中同时存在着开链结构和环状结构。由于碳原子的四面体结构,单糖分子的环状结构中成环原子并不是在同一平面上,而呈现出非平面的结构。

例如,葡萄糖在水溶液中就存在着下列互变异构:

从以上的例子可以看出同一分子式的糖类会有多种同分异构体,异构体可以是官能团的不同,也可以是对映异构体,还可以是开链结构和环状结构互变。不同分子结构的糖类,具备各种不同的物理或化学性质的差异。

葡萄糖环

8.3.2 单糖的聚合物(低聚糖和多糖)

通常由 10 个以下的单糖分子缩合而成的糖类称为低聚糖,又称寡糖。根据一个低聚糖分子水解后产生的单糖分子数目,低聚糖有二糖、三糖、四糖等。多糖则是由 10 个以上单糖分子缩合而成的。低聚糖和多糖水解后都可生成单糖,可以是同一种类的单糖,也可以是不同种类的单糖。

常见的二糖有麦芽糖(maltose)、蔗糖(sucrose)、乳糖(lactose)等,它们的分子式都是 $C_{12}H_{22}O_{11}$,属于同分异构体:

蔗糖　　　　　　　麦芽糖　　　　　　　乳糖

它们都会水解形成单糖,例如,蔗糖水解后产生等量的葡萄糖和果糖;麦芽糖用无机酸水解时只有葡萄糖生成。

淀粉

纤维素

多糖是由许多单糖分子缩合而成的聚合物,在生物体内广泛存在。多糖含有的单糖结构单元可以有几十或几千个,我们熟知的淀粉、纤维素等都是多糖,在合适的条件下水解,纤维素和淀粉均可水解成葡萄糖,它们可以用化学式$(C_6H_{10}O_5)_n$表示。例如,我们日常食用的淀粉在体内酶的催化下水解成葡萄糖,为生命活动提供能量。纤维素是地球上最古老、自然界分布最广的天然高分子,在植物体内大量存在。纤维素的单糖结构单元可以多达上万个,相对分子质量可以从几万到几百万不等。淀粉所含的单糖结构单元一般较纤维素少,可以是直链亦可能含有支链。

选读材料

蛋白质结构数据库

PDB

蛋白质绘图

蛋白质结构数据库(protein data bank),简称 PDB,是世界上目前最主要的收集生物大分子(蛋白质、核酸和多糖等)三维结构的数据库。

生物大分子的三维结构数据可以通过 X 射线单晶衍射、核磁共振、电子衍射等实验手段确定。随着晶体衍射技术的不断改进,结构测定的速度和精度也逐步提高;多维核磁共振溶液构象测定方法的成熟使那些难以结晶的蛋白质分子的结构测定成为可能。

PDB 中已经有数以万计的生物分子的结构数据,其中大部分为蛋白质(包

括多肽和病毒），此外还有核酸、蛋白质和核酸复合物及少量多糖分子。蛋白质
分子结构数据库的数据量还在继续上升。

PDB 以文本文件的方式存放数据，每个分子各用一个独立的文件。除了相
关晶体结构原子坐标信息外，还包括一些注释信息，例如，文献、来源、化合物名
称、结构序列等。此外，一些关键的结构信息，如蛋白质主链数目、二硫键位置、
配体分子式、金属离子等也都会在数据文件中给出。

PDB 的网址为 http://www.pdb.org。用户可以通过 PDB 代码、作者、生物
名称、分子式参考文献、生物来源等方式对 PDB 检索。PDB 数据库允许用户以
布尔逻辑组合（AND、OR 和 NOT）进行检索，使用十分方便。

在 PDB 的服务器上还提供多种免费软件，如 RasMol、Mage、PDBBrowser、3D
Brower 等。读者检索到 PDB 中的结构信息后，可以自行下载，以文本文件保存，
并用 RasMol、Chem3D、PDBBrowser 等图形软件显示生物大分子的空间结构。本
章中显示的不少多肽、蛋白质和 DNA 与 RNA 等的模型结构，都是从 PDB 获得
结构数据文件后，用 RasMol 图形软件绘出的。

本 章 小 结

重要的基本概念

氨基酸、多肽与蛋白质；不对称碳原子和对映异构体；肽键；核苷酸；DNA 与
RNA；DNA 双螺旋结构；基因与基因突变；DNA 重组技术和基因工程；单糖与多
糖；糖类的异构体、链状和环状结构。

1. 氨基酸是组成蛋白质的基本单元。组成蛋白质的常见氨基酸有 20 种，
通常是 α-氨基酸。很多氨基酸含有不对称碳原子，可用 R, S 标记法表示其构
型。氨基酸缩合得到肽，蛋白质其实是相对分子质量较大的多肽。蛋白质有一
级结构和高级（二级、三级、四级）结构，决定生理活性的是高级结构。α-螺旋就
是一种较为常见和容易识别的二级结构。复杂的多肽或蛋白质的结构，可以用
简化的飘带模型表示。

2. 核苷酸是组成核酸的基本结构单位。核苷酸由戊糖、磷酸和碱基组
成。核酸可分为脱氧核糖核酸（DNA）和核糖核酸（RNA）。DNA 的二级结构
是由"碱基互补原则"控制的双螺旋结构。RNA 的二级结构一般由一条链组
成。基因是具有遗传效应的 DNA 片段，基因会发生突变，也可以人工重组。
基因工程指的是重组基因，具备广泛的应用前景。人类基因组计划提出了对人
类全部基因序列的测定，旨在破解人类遗传信息，通过基因治疗和预防人类的各
种疾病。

3. 糖类指的是多羟基醛或多羟基酮及其缩聚物和某些衍生物的总称。糖类主要由碳、氢、氧三种元素构成,糖类化合物包括单糖、单糖的聚合物(低聚糖和多糖)及衍生物。同一分子式的糖类会有多种同分异构体,或官能团不同,或是对映异构体,或是开链结构或环状结构。低聚糖和多糖均可以水解成为单糖。淀粉和纤维素就是最常见的两种多糖。

学生课外进修读物

[1] 葛晓萌. 探索我们自身的奥秘——人类基因组计划[J]. 生命世界,2009(1):20-25.

[2] 韩阳,王昌凌,赖冰冰. 转基因技术在大豆抗病毒育种中的应用研究进展[J]. 江苏农业科学,2010(1):118-120.

[3] 钟晓雄. 人体基因研究在体育领域的应用及引发的道德与伦理思考[J]. 贵州体育科技,2009(3):43-45.

复习思考题

1. 什么是氨基酸,其结构特征是什么?
2. 举例说明什么是手性分子和对映异构体。
3. 什么是蛋白质的一级结构和高级结构? 它们有何关系?
4. 蛋白质常见的二级结构主要有几种?
5. α-螺旋结构的特点和形成原因?
6. 什么是多肽或蛋白质的飘带模型?
7. 什么是蛋白质结构数据库?
8. 什么是核苷酸? 它由哪几部分构成?
9. 说明 RNA 和 DNA 在组成和结构上有何差别?
10. DNA 的双螺旋结构是怎样形成的? 请说明碱基互补。
11. 什么是基因和基因表达?
12. 什么是基因突变?
13. 什么是 DNA 重组技术?
14. 什么是人类基因组计划? 其主要任务和意义是什么?
15. 糖类指的是什么? 有什么样的结构特征?
16. 纤维素是怎样的一类化学物质?

习 题

1. 画出 α-氨基酸的通式,并说明其结构特点。

2. 找出下列化合物中不对称碳原子,并在其右上方标以星号 ＊ 。

(1) 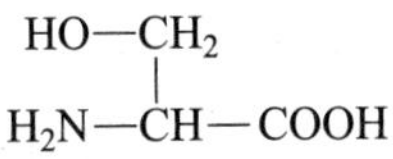　HO—CH₂
　　　H₂N—CH—COOH

(2) 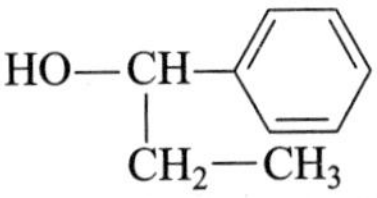　HO—CH—〈苯环〉
　　　　　CH₂—CH₃

(3) 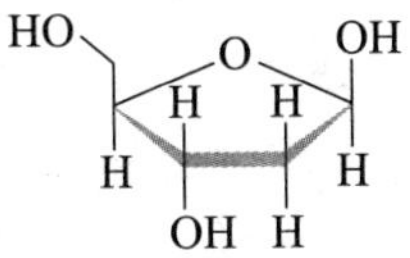　HO—〈环状糖结构〉—OH

(4) 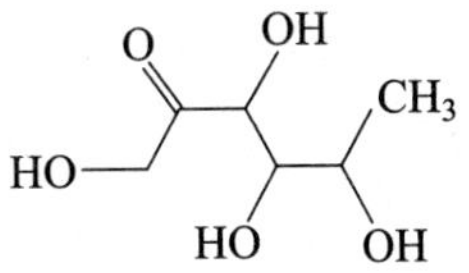　〈酮糖链状结构〉

3. 画出肽键的结构并说明肽键在蛋白质中的作用。

4. 维持蛋白质高级结构的作用力有哪些?

5. 指出下列结构中不对称碳原子的 R,S 构型。

(1) 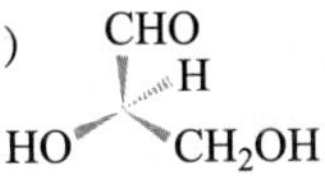　CHO
　　　HO—H
　　　CH₂OH

(2) 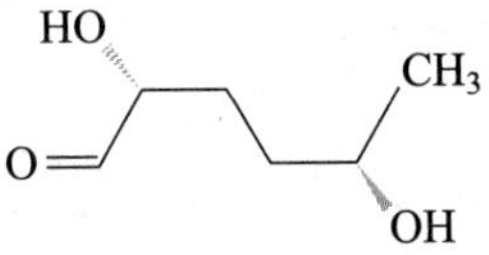　HO—〈链状结构〉—CH₃
　　　O=　　　　　　　OH

6. 填空题

(1) 蛋白质是_____通过肽键组成的天然大分子化合物。其二级结构主要有_____和_____等。蛋白质具有生理活性主要是由_____结构决定的。

(2) 核酸的基本组成单位是_____,它由_____、_____和_____三部分构成。根据_____不同,核酸分为 DNA 和 RNA 两种。

(3) 构成核苷酸的碱基是_____和_____的衍生物。

(4) 具有遗传效应的 DNA 片段被称为_____。

(5) _____和_____常见的两种多糖都可以用化学式($C_6H_{10}O_5$)ₙ 表示,它们都可以水解成为_____。

(6) 乳糖、蔗糖和麦芽糖等属于同分异构体,它们的分子式是_____。

(7) 蛋白质、核酸和多糖都是基本的生物大分子,除 C、H、O 元素外,蛋白质还必须含有_____元素,核酸还必须含有_____和_____元素。

7. 谈谈你对基因工程的认识。

8. 什么是基因突变? 它有何生理意义?

第9章 仪器分析基础

内容提要和学习要求 分析化学是通过实验测量研究物质的组成、含量和结构的科学。现在分析化学,主要依靠各类仪器开展工作,通常称为仪器分析。本章以青蒿素研究为例,介绍定性、定量和结构分析等常用仪器分析方法,内容涉及混合物样品分离、样品的化学组成分析、分子结构分析,以及定量分析等。通过以上系统的研究,在化学层面上回答"这是什么""它有多少"的实际问题,为人们合理利用天然产物和合成化学品提供科学的依据。

本章学习要求分为以下几点:

(1) 了解分析化学的基本任务。

(2) 理解几类常见的分析方法的基本原理和适用范围。

(3) 通过实例,加深对几种常见仪器分析应用的认识。

9.1 概述

光谱概述

分析化学是研究物质组成、含量和结构的科学,可分为定性分析、定量分析和结构分析三个方面。现在的分析化学,主要依靠各类仪器来开展工作,通常称为**仪器分析**。本章以青蒿素研究为例,介绍几种常用的仪器分析方法。

2015 年,中国科学家屠呦呦因青蒿素研究而荣获诺贝尔生理或医学奖。在20 世纪 70 年代寻找有效的抗疟疾药物过程中,屠呦呦等中国科学家从黄花蒿等植物中用乙醚萃取得到了有效的抗疟疾成分。这种有效成分究竟是什么化学物质? 其分子结构如何? 在哪种植物中含量较多? 这些问题需要化学家通过仪器分析来回答。

屠呦呦等人通过对萃取物的分离,获得了有效成分的纯净样品,通过进一步的化学组成分析(元素分析)、质谱分析、红外吸收光谱分析和核磁共振波谱分析等手段,获得该有效成分的化学组成、分子式和分子结构等信息,用中文给该物质命名为青蒿素(图 9.1)。最后,通过晶体结构分析获知了青蒿素分子的空间结构。

图 9.1 青蒿素

　　为了比较不同植物中青蒿素的含量,需要对青蒿素进行定量分析。复杂成分的定量分析,一般先用色谱法分离,再结合紫外分光光度法检测。

　　为了获得尽可能完整的化学信息,实际分析中常需多种方法协同配合。表9.1列举了青蒿素研究中用到的物质化学组成分析、分子结构分析和含量分析等主要仪器分析方法。

表 9.1　青蒿素的仪器分析方法

项目	分析方法	检测目标	分析结果
相对分子质量	质谱(参见9.4.1节)	谱图中"准分子离子峰"[M + H]⁺ (m/z = 283.3)	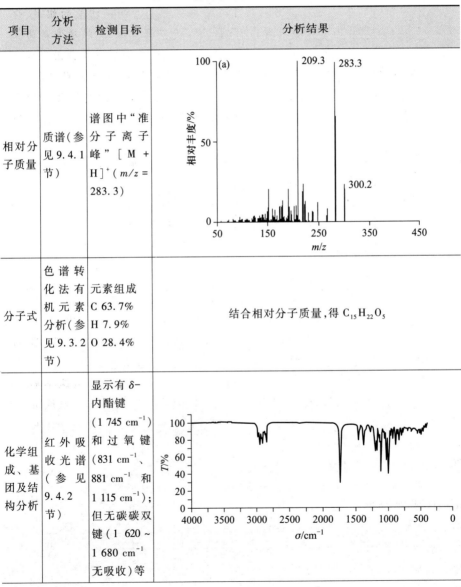
分子式	色谱转化法有机元素分析(参见9.3.2节)	元素组成 C 63.7% H 7.9% O 28.4%	结合相对分子质量,得 $C_{15}H_{22}O_5$
化学组成、基团及结构分析	红外吸收光谱(参见9.4.2节)	显示有 δ-内酯键(1 745 cm⁻¹)和过氧键(831 cm⁻¹、881 cm⁻¹ 和 1 115 cm⁻¹);但无碳碳双键(1 620 ~ 1 680 cm⁻¹ 无吸收)等	

续表

项目	分析方法	检测目标	分析结果
化学组成、基团及结构分析	核磁共振波谱	氢谱显示分子中的氢原子在分子中的归属	
		碳谱显示分子中的碳原子在分子中的归属	
	单晶体 X 射线衍射法（参见 9.5.2 节）	晶胞中的原子堆积情况	

续表

项目	分析方法	检测目标	分析结果
定量分析	紫外-可见吸收分光光度法(参见9.6.1节)	紫外吸光度与其浓度成正比。青蒿素强紫外吸收位于易干扰的230 nm以下短波长区,可将青蒿素水解,测定水解产物在290.5nm的吸光度而定量	 青蒿素紫外吸收光谱 青蒿素水解产物紫外吸收光谱
	色谱分析法(参见9.6.2节)	用色谱法分离试样中青蒿素与其他组分,并以紫外-可见吸收分光光度法实现青蒿素含量测定	 (a) 青蒿素 (b) 青蒿样品

从上述青蒿素样品分析方法可见,真实样品的分析往往需要经历以下过程:(1)待测物的分离提取及纯化;(2)纯净样品的组成分析,包括元素组成和基团分析;(3)样品分子结构分析(空间绝对构型);(4)待测分子在样品中的定量分析。因此,主要分析技术涵盖分离分析、元素分析、分子基团分析、结构分析、定量分析等。

9.2　混合物的分离

实际工作中,待分析样品往往以混合物的形式存在。让待分析样品与其他成分分离,获得纯净的待测样品,是整个分析工作中的第一步骤。常用的分离方法有**溶剂萃取**、**固相萃取**,以及由此发展而来的色谱分离分析。

溶剂萃取是某溶质在两种不混溶的液体之间的分配。该技术对快速分离有机或无机物都极为有用。如在青蒿素的分离中,就是采用溶剂萃取法。用粉碎的干青蒿药材在 50℃用乙醚浸提 2 h,可以让药物的有效成分从植物中溶出,得到含有效成分的混合液。

9.2.1　溶剂萃取和固相萃取

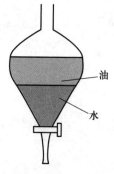

图 9.2　分液漏斗

大多数情况下,溶剂萃取是将疏水性溶质从水溶液中萃取到与之不混溶的有机溶剂中。有机化合物从水相萃取到有机溶剂中,遵循"相似相溶"的原则。溶剂萃取的装置为分液漏斗,如图 9.2 所示。混合物振摇约 1 min,两相分离后,密度更大的底层相放出,完成分离。

溶质 A 在有机溶剂和水的两相中分配(振荡后静置使两相分离),在一定浓度范围内,溶质在两相中的浓度比是常数,称为分配系数。

$$K_D = \frac{[A]_O}{[A]_W} \tag{9.1}$$

式中,K_D 是分配系数,下标 O 表示有机溶剂,W 表示水。如果分配系数很大,溶质会倾向于分配到有机溶剂中。

实际工作中,分配比似乎比分配系数更有意义。因为溶质在两相中常以多种化学形式存在。通过实验测定得到的往往是溶质在每一相中的各种形式的浓度的总和;因此,溶质在有机相的总浓度($c_A)_O$ 与在水相中的总浓度($c_A)_W$ 的比值,称为分配比。

$$D = \frac{(c_A)_O}{(c_A)_W} = \frac{[A_1]_O + [A_2]_O + \cdots + [A_n]_O}{[A_1]_W + [A_2]_W + \cdots + [A_n]_W} \qquad (9.2)$$

式中,$[A_1]$、$[A_2]$、$\cdots$、$[A_n]$分别为溶质 A 的不同化学形式的平衡浓度。当溶质在两相中的化学形式完全相同时,如用 CCl_4 从水溶液中萃取 I_2,I_2 在两相中的分配系数 K_D 等于分配比 D;但当水溶液中有 I^- 存在时,因为 I_2 和 I^- 形成配合物 I_3^-,此时

$$D = \frac{[I_2]_O}{[I_2]_W + [I_3^-]_W} \qquad (9.3)$$

显然,分配比能更好地反映溶质在两相中的实际分配情况。D 值越大,溶质被萃取进入有机相的浓度越大。实际工作中,往往要求 D 应大于 10。

分配比 D 是一个不依赖于体积比的常数。然而,溶质的萃取率还受两种溶剂的体积比的影响。如果有机溶剂的体积更大,则会有更多溶质溶于有机相,以此保持分配比(浓度比)的恒定。溶质的萃取率 E 等于溶质的萃取完成程度。

$$E = \frac{溶质被萃取进入有机相的量}{溶质在两相中的总量} \times 100\% = \frac{(c_A)_O V_O}{(c_A)_W V_W + (c_A)_O V_O} \times 100\%$$

$$(9.4)$$

若式(9.4)的分子分母同时除以 $(c_A)_W V_O$,则有

$$E = \frac{(c_A)_O / (c_A)_W}{V_W / V_O + (c_A)_O / (c_A)_W} \times 100\% = \frac{D}{V_W / V_O + D} \times 100\% \qquad (9.5)$$

式中,V_W / V_O 为相比。可见,萃取率与分配比及相比有关,分配比越大,相比越小,萃取率越高。对于分配比较小的萃取系统,一次萃取无法达到高分离的要求,需采用多次或连续萃取的方法提高萃取率。

溶剂萃取的用途广泛,但其仍有局限性。提取溶剂仅能使用那些与水不混溶的溶剂,振摇溶剂时,易形成乳浊液,大量有机溶剂的使用会带来污染和废液处理等问题,而且通常需要手动操作。这些困难可通过使用固相萃取来避免。

固相萃取是将特定结构的有机官能团通过化学反应结合到固体粉末表面,例如,将十八烷基链($—C_{18}H_{37}$)键合到粒径约 40 μm 的硅胶(SiO_2)上。此时,键合的烷基链相当于有机相,可萃取分离水溶液样品中的疏水性有机化合物。固相萃取剂装在一个类似于塑料注射器的小管柱中,如图 9.3。当样品水溶液通过压力流过萃取柱管,痕量的待

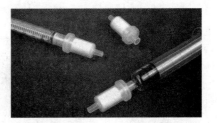

图 9.3 固相萃取装置

测有机化合物在柱上萃取,从而与样品基质分离;再用有机溶剂(如甲醇)将待测有机化合物从萃取柱上洗脱下来,最后还可通过溶剂蒸发,达到样品富集的目的。

9.2.2　色谱分离分析

　　色谱的分离过程是更高效的固相萃取,实现混合样品中的多组分的连续分离。待分离的多种组分在固定相和流动相两相之间的不断分配(也用分配系数表示)实现分离的过程。固定相有较大比表面积,可以是多孔的固体,也可以是键合在多孔固体表面的有机官能团;流动相是可携带样品组分渗滤过固定相的流体,可以是气体,也可以是液体。若流动相为气体,则称为**气相色谱**;若流动相为液体,则称为**液相色谱**。

　　最初的色谱分析始于 20 世纪初,俄国植物学家将碳酸钙固体装入玻璃管内,成为固定相柱,柱顶部加入绿叶色素混合液,继而用石油醚淋洗,分离出包括叶绿素、叶黄素、胡萝卜素等几组色素;这是液相色谱分离的雏形(如图 9.4)。目前,仪器分析中的色谱分析主要包括气相色谱和高效液相色谱。色谱分析方法主要用于分析有机化合物分子,其中气相色谱受样品必须气化的限制,一般分析能气化、热稳定的有机化合物。

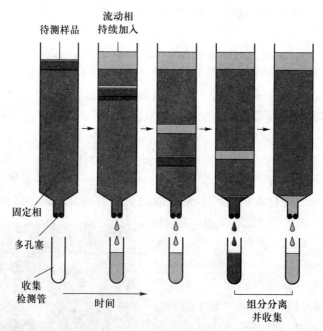

图 9.4　色谱分离示意图

在色谱分析中,当流动相携带待测样品通过固定相时,样品组分与固定相相互作用,使组分在流动相和固定相之间进行分配。样品中与固定相作用力越大的组分向前迁移的速率越慢,而与固定相作用力越小的组分向前迁移的速率越快。经过一定距离后,由于反复多次的分配(通常在 $10^3 \sim 10^6$ 次),使性质(如沸点、极性)差异很小的组分可以得到很好的分离。

在色谱分离过程中,不同组分为何能在柱内移动的同时被分离?组分谱带为什么经过色谱柱后会展宽?这就是色谱分离"塔板理论"解决的问题。

色谱塔板

1941 年,Martin 和 Synge 将色谱柱形象地比拟为精馏塔。模仿精馏塔工作原理,色谱塔板理论假定:(1) 色谱柱是由一连串高度为 H 的塔板所组成,假设塔板高度为常数,则总塔板数 $N = \dfrac{L}{H}$;(2) 在每一块塔板上,所有组分能在固定相和流动相间瞬间达到分配平衡(分配比为 k'①);(3) 流动相按一块块塔板顺序跳跃前进,每跳跃一次,携带溶解在流动相中组分进入下一个塔板,进而完成塔板上的一次总组分分配;(4) 当通过色谱柱的流动相总体积为 V 时,流动相在整个柱内的塔板间分配(跳跃)总次数为 r:

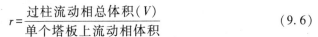

$$r = \frac{\text{过柱流动相总体积}(V)}{\text{单个塔板上流动相体积}} \tag{9.6}$$

用塔板理论模拟色谱洗脱过程,最终可得到以下结论:

① 组分在色谱柱中经过多次跳跃(分配平衡)后,流出曲线呈峰形。

② 当组分的分配次数(即理论塔板数)大于 50 以后,色谱峰基本对称。当 $N > 1\,000$,流出曲线近乎正态分布曲线。

③ 组分最大浓度在柱后出现时所对应的过柱流动相总体积(即保留体积),与组分在两相中分配比 k' 相关;不同组分 k' 有微小差别时,经反复多次分配平衡后,可获得良好分离。

气相色谱仪和高效液相色谱仪器示意图如图 9.5 和图 9.6 所示。

气相色谱仪主要由气路系统、进样系统、分离系统、检测系统、数据记录处理系统和温度控制系统组成(如图 9.5)。气路系统控制流动相的流量和纯度;进样系统进行样品进样;分离系统实现样品组分在色谱柱内的分离;检测系统实现组分检测。

高效液相色谱仪由高压输液系统、进样阀、色谱分离柱、检测器、数据记录处理系统等组成(见图 9.6)。

气相色谱仪中常用热导检测器(TCD),高效液相色谱仪中常用紫外光度检

---

① 色谱中的分配比 k' 指组分在固定相和流动相中分配量(质量)之比。

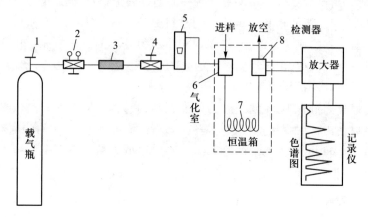

图 9.5　气相色谱仪示意图

1—载气钢瓶;2—减压阀;3—净化干燥管;

4—针形阀;5—流量计;6—进样器;7—色谱柱;8—检测器

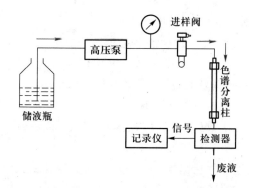

图 9.6　高效液相色谱仪示意图

测器(UV)。

　　热导检测器结构示意图见图 9.7。作为热敏元件的电热丝通电加热后,置于池体严格控温的检测池内。当不同导热系数的气体流过时,引起电热丝与池体间的温度变化,从而导致热敏电热丝的电阻变化;将色谱柱流出的待测气体与流动相载气的参比气体,通过电磁切换阀交替进入 TCD,记录切换前后的电路采集到的信号之差,即可检测待测气体与流动相参比气体的差异。

　　紫外(UV)检测器可检测具有紫外-可见光吸收的物质。将紫外-可见复合光经过分光,选取适合波长的单色光,照射色谱柱后的流通池,应用光电转换装置(如光电倍增管)检测透射光强度[图 9.8(a)]。若采用阵列式光电转换装置

（如二极管阵列检测器），则可进行多波长同时测定，得到样品的全波段紫外-可见光的吸收光谱［图 9.8(b)］。

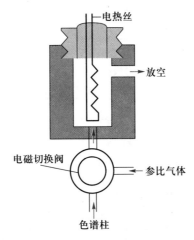

图 9.7 热导检测器结构示意图

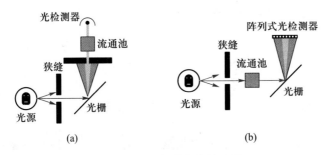

图 9.8 液相色谱紫外检测器

　　混合物样品经色谱分离后，从色谱柱后流出的各组分通过检测器产生的响应信号，记录成为色谱图（见图 9.9）。纵坐标为信号强度，横坐标为组分在柱内的停留时间。其中：组分从进样到柱后出现浓度极大值时所需的时间，称为**保留时间** t_R（与保留体积成正比），不与固定相作用的气体（如空气）的保留时间称为死时间 t_M（相当于组分在流动相中停留时间）；而保留时间扣除死时间后称为调整保留时间 $t'_R = t_R - t_M$（相当于组分在固定相中停留时间）。通过比较标准样品与待测样品在相同分离条件下的保留时间，可实现样品定性。

　　青蒿药材中青蒿素的色谱分离，采用高效液相色谱，十八烷基硅烷键合硅胶

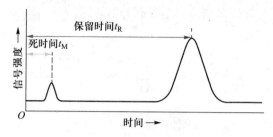

图 9.9　色谱示意图

固定相(柱温 30℃),甲醇-水(含 0.01 mol·L^{-1} NaH$_2$PO$_4$-Na$_2$HPO$_4$)流动相 (55∶45),流速 1.0 mL·min^{-1} 实现青蒿素的分离,紫外分光光度法进行定量检测(检测波长 260 nm)。

取待测药材 1 g,精密称定,置具塞锥形瓶中,精密加入石油醚(60—90℃) 0.5 g,密塞,称定质量,超声处理 60 min,放冷,再称定质量,用石油醚补足质量, 摇匀,过滤,取续滤液 25 mL,蒸干,残渣加乙醇使溶解,转移至 5 mL 容量瓶中, 加乙醇稀释至刻度,摇匀精密吸取 1 mL,置于 10 mL 容量瓶中,加 0.2% 氢氧化 钠溶液 4.0 mL,摇匀,于 45℃ 水浴中水解 30 min,取出,立即冷却至室温,加入 0.02 mol·L^{-1} 醋酸溶液至刻度,摇匀。即用 0.45 μm 微孔滤膜过滤,取 5~50 μL 该样品提取溶液注入高效液相色谱仪测定。

青蒿素纯品和青蒿药材样品的色谱图参见表 9.1。

9.3　化学组成分析

经色谱分离获得的纯净成分,究竟是什么化学物质? 首先需要分析该物质 含有哪些化学元素,以及各元素的含量,即需要进行样品的化学组成分析(元素 分析)。

常用的元素分析方法有原子发射光谱法和气相色谱转化法等,其中原子发 射光谱法以分析无机化合物元素为主,气相色谱转化法适用于有机化合物的元 素分析。

9.3.1　原子发射光谱法

常温下,物质分子中的原子处于**基态**。当物质中原子受到热、电或光的能 量激发后,在激发能量的作用下,原子核外的外层电子由基态跃迁到不同能 级的**激发态**。处于激发态的外层电子是不稳定的,很快返回到基态,并将激 发所吸收的能量以一定波长的特征电磁波辐射出来。测量这些特征辐射的频率(波长)和强度,可分析物质中元素的种类和含量,这就是原子发射光谱分析。

光是电磁波,具有波粒二象性。其中波动性即光可用波长 λ、频率 ν 等描述;粒子性即光由光子流组成,光子的能量与波长(或频率)有关。

$$\lambda\nu = c(c \text{ 为光速,为 } 2.998\times10^{8}\text{m} \cdot \text{s}^{-1}) \tag{9.7}$$

$$E = h\nu = hc/\lambda(h \text{ 为普朗克常量,为 } 6.626 \times 10^{-34}\text{J} \cdot \text{s}) \tag{9.8}$$

原子发射光谱最早被应用于原子结构的研究。里德伯(Rydberg)测定了氢原子的发射光谱频率,总结出著名的里德伯光谱经验式:

$$\nu = R_{\infty}c\left(\frac{1}{n_1^2} - \frac{1}{n_2^2}\right) \tag{9.9}$$

式中,n_1、n_2 为正整数,且 $n_2 > n_1$,R_{∞} 为里德伯常量,为 $1.097 \times 10^{7}\text{ m}^{-1}$。

氢原子发射光谱在可见光区(波长 $\lambda = 400 \sim 750$ nm)有 4 条亮线(图 9.10)。把 $n_1 = 2$,$n_2 = 3$、4、5、6 分别代入里德伯光谱经验式,可算出 4 条谱线的频率。如 $n_2 = 4$ 时,

$$\nu = (1.097\times 10^{7}\text{ m}^{-1}) \times (2.998\times10^{8}\text{ m}\cdot\text{s}^{-1}) \times \left(\frac{1}{2^2} - \frac{1}{4^2}\right) = 0.617 \times 10^{15}\text{s}^{-1} \tag{9.10}$$

$$\lambda = \frac{c}{\nu} = \frac{2.998\times10^{8}\text{ m}\cdot\text{s}^{-1}}{0.617\times10^{15}\text{ s}^{-1}} = 486\times10^{-9}\text{ m} = 486\text{ nm} \tag{9.11}$$

波长与图 9.10 中的 H_{β} 线相符。类似地,当 $n_1 = 1$,$n_2 > 1$ 或 $n_1 = 3$,$n_2 > 3$ 时,可分别求得在紫外区或红外区氢原子发射光谱谱线的波长。

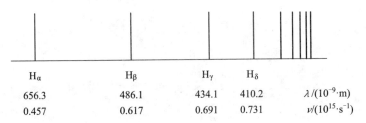

H_{α}	H_{β}	H_{γ}	H_{δ}	
656.3	486.1	434.1	410.2	$\lambda/(10^{-9}\cdot\text{m})$
0.457	0.617	0.691	0.731	$\nu/(10^{15}\cdot\text{s}^{-1})$

图 9.10 可见光区的氢原子光谱图

由于原子核外电子的能量是量子化的,因此原子发射光谱为非连续的线状光谱。一般外层电子的跃迁能量的频率范围为 200~750 nm,处于近紫外和可见光区,这些电磁波按波长顺序排列即为原子光谱。图 9.11 为摄谱仪所拍摄的一些原子在可见光区域内的原子发射光谱。原子核外电子的能级很多,不同元素的原子结构不同,核外电子的能级不同,跃迁时辐射电磁波的波长不同。每种元

素的原子或离子可产生一系列特定波长的特征谱线,通过测量元素的原子发射光谱,根据特征谱线可以判断样品中存在什么元素,这就是元素的定性分析。

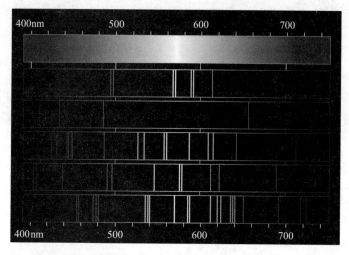

图 9.11　可见光区域内的原子发射光谱(从上至下依次是:钠、氢、钙、镁、氖)

原子发射光谱仪的仪器装置主要由激发光源、分光系统和检测器组成。如图 9.12 所示。

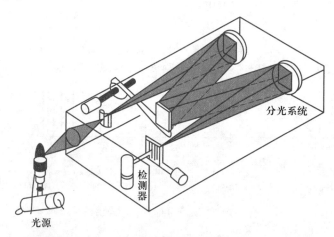

图 9.12　原子发射光谱仪装置示意图

激发光源的作用,使样品蒸发解离形成气态原子,并将气态原子的电子激发到高能级状态。一般通过高温燃烧(如电感耦合等离子体光源)、放电(如电弧光源)、激光等手段,使样品分子分解、原子化、电子激发。固体样品可直接置于光源位置,液体样品则通过样品引入方式进入激发光源内部。

  分光系统是将光源(内含样品辐射光线)发射的光束,按波长大小分开的装置。有棱镜分光或光栅分光两种类型。棱镜分光依据不同波长的光在棱镜中折射率的差异实现分光,如图 9.13 所示。由于棱镜材料的折射率与入射光的波长有关,波长越短的光折射率差异越大,因此经分光后的光谱是非匀排光谱,这是棱镜分光的最大不足。

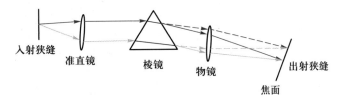

图 9.13 棱镜分光系统装置图

  光栅分为透射光栅和反射光栅,其中常见的为反射光栅。反射光栅是在光学器件平面上刻出一系列紧密而平行的三角形刻槽,平行的入射光在相邻刻槽上的发射光互相干涉而产生衍射光,由于衍射角与波长相关,因此入射光被色散,如图 9.14 所示。光栅分光色散率高,光谱匀排,比棱镜分光效果更好。

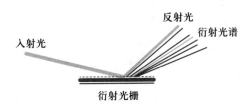

图 9.14 平面反射光栅的衍射光谱示意图

  检测器的作用是接受样品辐射的电磁波,将其转变为电信号并记录。有摄谱仪、单道光子检测器、多道光子检测器等检测器。其中多道光子检测器,如电荷耦合阵列检测器(CCD)等已逐渐成为主流检测器,它可以实现全光谱多元素的同时定量测定。

  在进行原子发射光谱测定时,经常将样品直接放到激发光源上。例如,用电弧光源时,可将固体待测样品直接作为电极,或将样品粉碎后放入电极小孔中;溶液样品可蒸发浓缩后滴入电极小孔;有机化合物可通过干燥灰化后放置在电极上。原子的外层电子在高温下跃迁到高能级,成为激发态原子,当从激发态回到基态时辐射出特征谱线,经分光系统滤除其他干扰光后,被检测器检测,信号经放大后被记录。

9.3.2　气相色谱转化法

　　有机元素指在有机化合物中较为常见的碳(C)、氢(H)、氧(O)、氮(N)、硫(S)等元素。通过测定有机化合物中各有机元素的含量,可确定化合物中各元素的组成比例,有助于最终确定该有机化合物的分子式,该分析方法称为**有机元素分析**。

　　待测样品在高温条件下,经燃烧管中氧气的氧化,再经过还原管中的复合催化剂还原、吸收,使待测样品发生氧化燃烧与还原反应,被测样品组分转化为气态物质(如 CO_2,H_2O,N_2 与 SO_2),并在载气的推动下,进入气相色谱分析仪(参见 9.2.2 节),由于这些成分在色谱柱中保留时间不同,流出物按 N、C、H、S 的顺序被分离,被分离后的各组分气体,通过热导检测器(参见 9.2.2 节)分析测量,不同组分气体在热导检测器中的导热系数不同,从而使仪器针对不同组分产生出不同的读取数值,并通过与标准样品比对,达到定量分析的目的(图 9.15)。

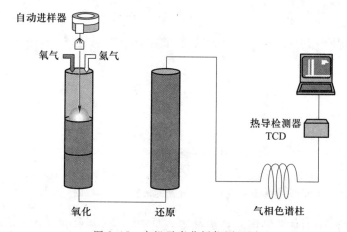

图 9.15　有机元素分析仪原理图

　　样品经粉碎、研磨和称量后,由自动进样器注入燃烧反应管,向系统中通少量纯氧帮助样品燃烧,燃烧的样品经催化氧化过程,其中的 C、H、N、S 和 O,全部转化为各种可检测气体。根据分析对象的元素构成要求不同,有机元素分析仪有 C、H、N 测定模式,O 测定模式和 S 测定模式等。

　　在 C、H、N 测定模式下,进入燃烧管样品在含 3% 氧的氦载气流中,经高温分解,在催化剂 Cr_2O_3 的作用下,C 转化成 CO_2,H 转化为 H_2O,N 生成氮氧化物,其他一些干扰物质,如卤素、S 和 P 等被银-氧化钴吸收去除。随后气体进入 650℃ 的还原炉,氮氧化物在其中与金属铜反应,被还原成 N_2,过量的氧则被 Cu

吸收。

测定 S 和 O 的方式与测定 C、H、N 的方式相近,只需更换一下燃烧管的气体成分及还原管中的试剂。在 O 测定模式下,样品在纯氦氛围下热解后,经过镀镍的炭黑还原成 CO,进一步氧化成 CO_2。在 S 测定模式下,样品经过装有 WO_3/Cu 的 980℃ 燃烧管,其中的 S 转化成 SO_2。

最后,混合气体中的 N_2、CO_2、H_2O 和 SO_2 等,经色谱分离后,由热导检测器检出。根据样品性质和检测元素种类的不同,整个分析流程通常在 5~10 min 完成。

称取适量青蒿素纯品,置于元素分析仪中,分别采用 C、H、N 模式和 S 模式进行元素分析。测定结果发现,青蒿素样品中各元素含量为:C 63.72%,H 7.86%,N 0%,S 0%;由此推测含 O 28.42%。

9.4 基团分析

常见的分子基团分析有质谱分析、红外吸收光谱分析等,这些方法从不同层面表征分子的基团组成和结构特征,为分子结构测定提供依据。

9.4.1 质谱分析

质谱分析是通过将样品转化为气态离子,并按离子的质量与电荷量之比(质荷比 m/z)大小进行分离,记录各离子的质量及其相对数量(相对丰度)的分析方法。所获得离子质量和相对丰度的图谱结果即为**质谱**。

1913 年,英国科学家阿斯顿用磁偏转仪证实了氖有两种同位素 ^{20}Ne 和 ^{22}Ne,并在其后制成能分辨 1/1 000 质量单位的质谱仪,用来测定同位素的相对丰度,这便是最早的质谱仪。早期,质谱仪只用于气体分析和测定化学元素的稳定同位素;后来质谱法用来对石油馏分中的复杂烃类混合物进行分析,并被用于测定有机化合物相对分子质量和基团信息。1960 年以后,质谱分析转而主要用于复杂有机化合物的相对分子质量分析和结构鉴定,即"有机质谱"。

样品分子在质谱仪的离子源中被分解为离子,常见的离子是正离子。离子在电场作用下加速并进入真空的质量分析系统,因加速电场电压、离子质量、电荷量等因素的影响,导致离子的运动速度 v 和轨迹产生差异,如在扇形磁场质量分析器中,离子的动能与加速电压 U 及电荷 z 有关[如式(9.12)],最终各种离子在质量分析器中可按质荷比(m/z)进行分离,得到样品质谱。一般记录正离子谱图,有时也根据需要和仪器条件记录负离子谱图。

$$zeU = \frac{1}{2}mv^2 \qquad\qquad (9.12)$$

质谱仪的主要部件包括真空系统、进样系统、离子源、质量分析系统和检测系统等(见图 9.16)。

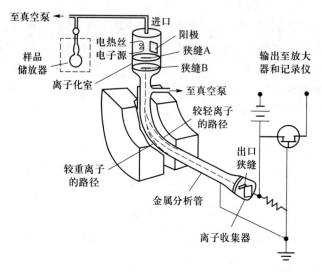

图 9.16 质谱装置示意图

真空系统:质谱分析在高真空下进行,因此真空系统贯穿始末,尤其质量分析系统的真空度最高。一般离子源的真空度 $10^{-3} \sim 10^{-5}\,Pa$,而质量分析系统的真空度 $10^{-6}\,Pa$。

进样系统:使微摩尔或更少的样品蒸发,并慢慢地进入电离室。质谱仪对样品纯度要求很高,但对物态并无要求,气、液、固态样品均可分析。

离子源:使样品气体或蒸气转化为离子。最常见的是电子轰击离子源。采用高速电子流轰击样品分子,使分子离子化,并进一步使分子离子的化学键断裂,裂解成多种碎片离子。因为电子轰击的能量远大于分子中化学键的键能,所以易引起分子中多个化学键的断裂,生成多种碎片离子。根据碎片离子可解析分子的基团信息。用电子轰击离子源获得的质谱常常只得到分子碎片信息,无法得到完整的分子离子信息[分子离子 M^+ 或准分子离子 $(M+H)^+$ 等],从而不利于有机分子的结构解析。

为获得有机化合物的分子离子峰,尤其是有机大分子或极性大、难气化、热稳定性差有机化合物的分子离子峰,一些"软电离技术"应运而生,如化学电离、电喷雾离子化、基质辅助激光解析离子化等。这些离子源减少碎片离子的生成,使质谱很大程度保留了分子离子信息。目前商品化质谱仪常配有几种可替换离子源附件,使同一台质谱仪可灵活地调整离子化方式,提高分析的选择性。

质量分析系统:基于空间位置或时间先后等方式,实现离子按质荷比大小的分离。质量分析仪器种类繁多,其中商品仪器中广泛应用的有:扇形磁场质量分析器、飞行时间质量分析器、四极杆质量分析器等,所用的分离原理各不相同。如扇形磁场质量分析器,通过保持加速电场和磁场半径不变,扫描磁场强度而获得质谱图;飞行时间质量分析器依据离子在高真空电场中飞行速率大小分离离子;四极杆质量分析器则利用交变电场频率和电压的变化,诱导并分离待测离子的运行轨迹。表 9.2 列出三种常见质量分析器的检测参数和分析性能。

表 9.2　各种质量分析系统的性能

种类	检测参数	质量上限	质量精度
扇形磁场	动量/电荷比	10^4	0.000 5%
飞行时间	飞行时间	10^6	0.01% ~ 0.1%
四极杆	质荷比	$10^3 \sim 10^4$	0.1%

检测系统:待测样品的分子离子和碎片离子等,经过质量分析系统的分离,按质荷比大小依次进入检测系统进行检测。电子倍增管是使用比较广泛的检测器,离子射入后转换成电子,经过倍增,可得到增益达 $10^5 \sim 10^8$ 倍的电脉冲信号。

有机质谱包含着与有机化合物分子相关的丰富信息,依靠有机质谱可确定相对分子质量和分子组成信息;并且质谱分析的样品用量极微,因此,质谱分析法是进行有机化合物分子组成分析的有力工具。例如,苯甲酸分子经质谱分析后得到的质谱图(图 9.17),横坐标为质荷比 m/z,纵坐标为相对丰度(规定质谱的最强离子峰为**基峰**,其相对强度为 100%,其他各峰对基峰的相对强度为**相对丰度**)。

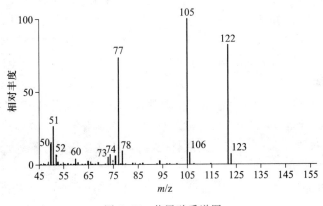

图 9.17　苯甲酸质谱图

　　图 9.17 中基峰的质荷比 105,归属为 $C_6H_5CO^+$ 碎片离子峰;**分子离子峰**（M^+,分子失去一个电子形成的正离子峰）$C_6H_5COOH^+$ 的质荷比为 122,相对丰度约 90%;最大质荷比（$m/z = 123$）峰的相对丰度约 1%,主要归属 $C_6H_5COOH^+$ 分子离子的 ^{13}C 同位素峰;同样质荷比为 106 及质荷比为 78 的两个峰,分别归属碎片离子 $C_6H_5CO^+$ 和 $C_6H_5^+$ 的 ^{13}C 同位素峰（由元素同位素形成的峰）。

　　苯甲酸主要峰的裂解方式如式 9.13 所示,式中苯甲酸分子从分子离子峰开始,经过 Ⅰ、Ⅱ 两步裂解,形成两种碎片离子峰。裂解 Ⅰ 中 C—OH 的 σ 键的两个电子采用“均裂”方式回到成键的 C、O 原子上;裂解 Ⅱ 中 C≡O 键中其中一对 σ 键的两个电子采用“异裂”方式,同时转向一边的 C 原子上,而另一边的 C_6H_5 成为带正电荷的碎片离子。

$$
\underset{m/z\ 122}{\ce{C6H5-C(=O+)-OH}} \xrightarrow{\ \text{I}\ } \underset{m/z\ 105}{\ce{C6H5-C#O+}} + \ce{OH\cdot}
$$

$$
\xrightarrow{\ \text{II}\ } \underset{m/z\ 77}{\ce{C6H5+}} + \ce{CO}
$$

$$(9.13)$$

　　“均裂”通常发生在具有 C—X 单键基团和 C≡X 双键基团（其中 X＝C、O、S、Cl）的有机分子中,与该基团原子相连接的单键在电子轰击条件下,很容易断裂,两个碎片在键断裂处各带一个电子,而称之为“均裂”。

　　与“均裂”相反的“异裂”,则有苄基裂解、烯丙基裂解、麦氏重排裂解、DRA 裂解等多种形式,分别发生在含苄基（如烷基苯、烷基吲哚、烷基萘、烷基喹啉）分子、烯丙基分子、含有 C＝Y 基团（Y＝O、N、S、C）且此基团 γ-碳上有氢（γ-H）分子（如醛、酮、酸、酯、烯、炔、酰胺、碳酸酯、磷酸酯、亚硫酸酯、亚胺、腙、烷基苯）、含环单烯结构分子。

　　由此可见,在有机质谱解析过程中,需要遵循上述分子裂解的方式,方能得到合理的质谱解析结果。而裂解方式与有机分子基团组成的相关性,为质谱应用于分子结构解析提供了依据。早期用人工进行质谱图解析是非常烦琐和困难的,但自从有计算机联机检索,特别是在数据库越来越大的今天,质谱解析能力已十分强大。当然,对于复杂的有机化合物,仅靠质谱仍不足以确定复杂分子的结构,还经常需要借助红外吸收光谱、核磁共振波谱及元素分析等其他结构分析技术的配合。

　　青蒿素样品的质谱见表 9.1,根据其中 283 的准分子离子峰（[M+H]）提示其相对分子质量约为283,结合元素分析的结果,推测青蒿素分子式可能为 $C_{15}H_{22}O_5$。

9.4.2 红外吸收光谱分析

红外特色

分子中电子跃迁、成键原子的相对振动、分子绕质心的转动,都伴随着分子的能级跃迁。分子从低能级跃迁到高能级,物质就吸收相应能量的电磁波。以上电子跃迁、分子振动、分子转动的能级跃迁,所吸收的电磁波分别在紫外 – 可见光区域和红外光区域(参见表9.3)。测量发生上述能级跃迁时物质对紫外或可见光的吸收,可以得到紫外 – 可见吸收光谱;测量发生上述能级跃迁时物质对红外光的吸收,可以得到红外吸收光谱。紫外吸收光谱将在9.6节讨论,本节讨论红外吸收光谱。

表 9.3 电磁波谱范围与分子、电子能级关系

光谱名称	波长范围	跃迁类型
X 射线	$0.01 \sim 10$ nm	$n = 1$ 和 2 层电子
远紫外光	$10 \sim 200$ nm	中层电子
近紫外光	$200 \sim 400$ nm	外层电子
可见光	$400 \sim 750$ nm	外层电子
近红外光	$0.75 \sim 2.5$ μm	分子振动
中红外光	$2.5 \sim 5.0$ μm	分子振动
远红外光	$5.0 \sim 1\,000$ μm	分子转动和振动
微波	$0.1 \sim 100$ cm	分子转动
无线电波(射频)	$1 \sim 1\,000$ m	核的自旋

物质分子对不同波长红外辐射的吸收构成该分子的红外吸收光谱。用具有红外连续波长辐射的光源照射样品,记录样品的红外吸收曲线,进而实现分子基团分析等,称为红外吸收光谱分析法。

红外辐射早在19世纪初已被认识,但将红外吸收与分子基团等分子结构联系起来的是美国科学家科布伦茨(Koblenz),他在20世纪初用自制仪器获取了大量有机化合物的红外吸收和发射光谱。但由于当时的仪器精度太差,该发现无法成为分析方法。直到1946年前后,随着商品化的红外分光光度计的问世,实现了对不同原子基团的红外吸收曲线测量,从而可在不破坏分子结构的基础上,检测给定分子的原子团。

按红外辐射的波长范围,一般将红外光谱划分为三个区域,如表9.4。其中与分子内成键和结构关系密切,且研究最多的是中红外区,波长范围 $2.5 \sim 50$ μm,波

数 4 000~200 cm^{-1}。

表 9.4　红外光谱区域表

区域	波长 λ/μm	波数 $\sigma/$cm^{-1}	频率/Hz
近红外区(泛频区)	0.75~2.5	13 300~4 000	4.0×10^{14} ~ 1.2×10^{14}
中红外区(基本振动区)	2.5~50	4 000~200	1.2×10^{14} ~ 6.0×10^{12}
远红外区(转动区)	50~1 000	200~10	6.0×10^{12} ~ 3.0×10^{11}

习惯上,红外光谱常用**波数** $\sigma/$cm^{-1}表示吸收波的频率,用透光率 T 表示光吸收的程度,如图 9.18。其中波数 σ 与波长 λ 和频率 ν 的关系是: $\sigma = \dfrac{1}{\lambda} = \dfrac{\nu}{c}$,式中 c 是光速。如碳碳双键的伸缩振动的频率(4.94×10^{13} Hz)换算成波数为

$$\sigma = \frac{1}{\lambda} = \frac{\nu}{c} = \frac{4.94 \times 10^{13} \text{ Hz}}{3.00 \times 10^{8} \text{ m} \cdot \text{s}^{-1}} = 1.647 \times 10^{5} \text{ m}^{-1} = 1\ 647 \text{ cm}^{-1}$$

图 9.18 为乙酸乙酯的红外吸收光谱图。

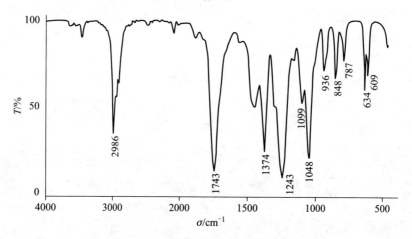

图 9.18　乙酸乙酯的红外吸收光谱图

通常分子内部存在着三种运动形式:分子中的原子核外电子相对于原子核运动,成键原子间的相对位置发生反复变动(即振动),分子本身绕其重心的转动;三者分别对应于分子中的电子能级、分子振动能级和分子转动能级的跃迁;其中振动和转动能级间跃迁引发分子对红外光的吸收(参见表 9.4)。

分子振动有多种模式,如对称伸缩振动、不对称伸缩振动、弯曲振动等。图 9.19 显示了分子内部亚甲基的伸缩振动的原子运动方式。

研究双原子分子沿成键方向相对运动的伸缩振动,可类比于弹簧振子的简谐振动,即把双原子分子的两个原子看成两个小球,其间的化学键看成质量可忽略的弹簧,如图9.20。

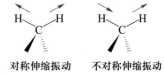

图9.19 亚甲基的伸缩
振动示意图

伸缩振动近似地看成沿着成键方向的简谐振动,用弹簧的简谐振动方程描述振动频率:

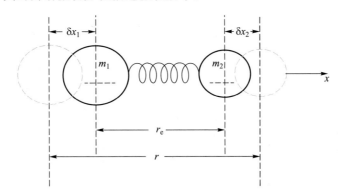

图9.20 谐振子模型图

$$\tilde{\nu} = \frac{1}{2\pi}\sqrt{\frac{k}{m}} \tag{9.14}$$

其中 $m = \dfrac{m_1 m_2}{m_1 + m_2}$,为该化学键两端原子(原子质量分别为 m_1 和 m_2)的折合质量,k 为"弹簧"的力常数,对于不同类型的化学键可有不同的数值,一般化学键越强,键的力常数 k 越大。

根据式9.14可较方便地计算一些分子官能团的红外吸收频率。如碳碳双键 $\diagdown\!\!\!\!\underset{}{C}\!\!=\!\!\underset{}{C}\!\!\diagup$ 的伸缩振动,其中力常数 $k \approx 960\ \text{N·m}^{-1}$,两个碳原子的折合质量:

$$m = \left[\left(\frac{12 \times 12}{12 + 12} \times 10^{-3}\right) \Big/ (6.023 \times 10^{23})\right]\ \text{kg} = 9.962 \times 10^{-27}\ \text{kg}$$

则双键的伸缩振动频率:

$$\sigma = \frac{1}{2\pi}\sqrt{\frac{k}{m}} = \frac{1}{2\pi}\sqrt{\frac{960}{9.962 \times 10^{-27}}}\ \text{s}^{-1} = 4.94 \times 10^{13}\ \text{s}^{-1}$$

对应的波数 $\sigma = 1\,647\text{cm}^{-1}$。

根据量子力学,相邻振动状态之间的能量差 $\Delta E = h\nu$。用光照射分子,使振动状态从低能级跃迁到邻近高能级,则分子吸收光能 $h\nu$。被吸收光的频率为 ν,与分子的振动频率相同。

由于红外吸收的波数位置、波峰数目及吸收强度可反映分子结构特点,因此红外吸收光谱可用来鉴定分子结构或其所含化学基团。如图9.18中乙酸乙酯的 $\sigma = 2\ 986\ \text{cm}^{-1}$ 和 $\sigma = 1\ 743\ \text{cm}^{-1}$ 强吸收峰,分别归属于甲基中的 C—H 和羰基中的 C=O伸缩振动的特征吸收。表9.5列出了常见基团的红外光谱特征吸收。

表 9.5 常见官能团的红外光谱特征吸收

基团	振动	波数/cm^{-1}
—CH$_3$	C—H 对称伸缩振动	2 885～2 860
	C—H 不对称伸缩振动	2 975～2 950
	C—H 变形振动	1 385～1 365
—CH$_2$	C—H 对称伸缩振动	2 870～2 845
	C—H 不对称伸缩振动	2 940～2 915
	C—H 变形振动	1 480～1 440
C=C	C=C 伸缩振动	1 645～1 640
C≡C—H	C—H 伸缩振动	3 310～3 300
	C≡C 伸缩振动	2 260～2 100
苯环	C—H 伸缩振动	3 080～3 030
	苯环骨架振动	1 600,1 500
C=O	C=O 伸缩振动	1 870～1 635
	C=O(六元环内酯)	1 750～1 730
	C=O(五元环内酯)	1 770～1 760
	C=O(四元环内酯)	1 845～1 835
—NH	N—H 伸缩振动	3 500～3 100
	N—H 变形振动	1 650～1 550
—OH	O—H 伸缩振动	3 670～3 230
	C—O 伸缩振动	1 300～1 000
过氧基—O—O—	O—O 伸缩振动	1 300～1 000

红外光谱分析仪器主要有两种类型,一种是色散型红外光谱仪,另一种是干涉型红外光谱仪。

色散型红外光谱仪主要包括光源、样品吸收室、分光系统、检测器和数据处理显示装置等,见图9.21。其中光源用无机材料通电发热辐射出连续红外光谱;吸收室用无红外吸收的无机盐制成窗片;分光系统由色散元件、光学透镜等构成,色散元件一般用光栅;检测器,如高真空热电偶,利用不同导体构成回路时

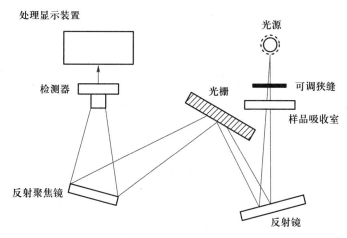

图 9.21 红外光谱仪工作原理示意图

的温差电现象,将温差转变为电位差。由于受红外谱图复杂性和仪器稳定性的影响,还经常需要对吸收谱图进行实时背景校正,有时采用双光路设计,光源提供的连续波长红外辐射被分成两束,分别进入样品吸收室和空白背景吸收室,两束透射光在单色器中被分别色散成单色光,被检测器同时检测,扣除空白背景吸收,得到样品的吸收谱图。

干涉型红外光谱仪又叫傅里叶变换红外光谱仪,主要部件包括光源、迈克尔孙干涉仪、样品吸收室、检测器和数据处理显示装置等。核心部件为迈克尔孙干涉仪,它将光源发出的光分成两束光后,通过调节两束光的光程差后,再将其重新组合,使两束光发生干涉现象,以全波段相干光形式通过样品吸收室,记录经过样品吸收后的相干光强度,得到全波段吸收的相干光强的干涉谱图,该干涉谱图包含光源的全部频率及与频率相对应的各强度信息。而理论上干涉谱图与普通红外谱图所包含的两组数值信息,存在着数学上傅里叶变换和逆变换的换算关系,因此,借助计算机的换算,可将采集到的干涉谱图经傅里叶变换,转变为普通红外光谱图。

色散型红外光谱仪通过单色器将光源复合光分光,使单色光依次通过待测样品,测定各波长的透光率的技术;干涉型红外光谱仪通过干涉仪,使光源复合光分束后形成相干光,无须分光,采用全波段同时测定、计算机解析不同波长信号强度的技术。干涉型红外光谱仪测定速度明显加快,且无须分光,减少光损失,因而检测灵敏度提高;同时迈克尔孙干涉仪体积紧凑,使干涉型红外光谱仪的体积远小于带庞大光学系统的色散型红外光谱仪。因此干涉型红外光谱仪可取代色散型红外光谱仪,并已成为该类仪器发展的主流。

　　红外吸收光谱分析时,固体样品常与无吸收的无机盐(纯 KBr)混匀压片,然后置于样品吸收室直接进行测定。考虑到红外吸收光谱的复杂性,微量杂质可能对分析结果产生明显干扰,因此通常要求待测物纯度在 98% 以上。液体样品则常用无吸收的溶剂如 CS_2 或 CCl_4 配制。

　　将青蒿素与 KBr 混合压片制样,用色散型红外光谱仪测定样品的红外吸收光谱,如表 9.1。红外吸收光谱中 1 745 cm^{-1} 吸收,表明分子内部存在六元环内酯键,而 1 115 cm^{-1}、881 cm^{-1} 和 831 cm^{-1} 等吸收,表明其分子内部存在过氧键;由于在 1 680~1 620 cm^{-1} 之间不存在吸收,表明分子中无碳碳双键;结合样品的氧化还原反应实验,进一步证实该分子存在过氧键及内酯键的羰基。

9.5　分子结构分析

　　有机化合物的分子结构分析,常采用核磁共振和晶体 X 射线的方法。

9.5.1　核磁共振

　　在静磁场中,具有磁矩的原子核存在不同的能级,如果用某一特定频率的电磁波来照射样品,原子核就可能产生能级之间的跃迁,产生核磁共振信号。由于分子中不同位置的原子核所处的化学环境不同,具有不同的屏蔽常数,导致其核磁共振谱线的位置各不相同。通过样品的核磁共振谱测量,可以推测分子中原子相对的位置,获得分子结构的重要信息。

　　核磁共振是分子结构测定的重要方法。由于课时与篇幅的限制,本书对核磁共振不做进一步的介绍,有兴趣的读者可参看其他教材或专著。

　　青蒿素样品的核磁共振的氢谱与碳谱见表 9.1,根据核磁共振谱,结合前期获得的化学组成和相对分子质量等信息,可以推测青蒿素分子的结构式如图 9.1。

9.5.2　晶体 X 射线衍射

　　将青蒿素结晶获得单晶体,利用单晶 X 射线衍射,可以测定青蒿素晶体的晶胞及晶胞中所有原子的坐标,从而得知分子的空间结构,如图 9.22。图中圆圈内清楚地显示了青蒿素分子中的内酯键和过氧键。

　　晶体 X 射线衍射的原理请参看本书 5.5 节。

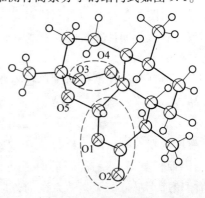

图 9.22　青蒿素分子结构

9.6　定量分析

定量分析是指测定样品中的有关组分的含量。常见的定量分析方法有紫外–可见分光光度分析法、荧光光度分析法、原子吸收分光光度分析法等,分别属于分子吸收分光光度分析、分子发射光度分析和原子吸收分光光度分析。本节着重介绍紫外–可见分光光度分析法。

9.6.1　紫外–可见吸收分光光度法

物质在光照下呈现的颜色,是分子吸收了不同波长的可见光的结果。例如,叶绿素分子对紫蓝波段和橙红波段的可见光吸收强烈,而对青绿黄波段吸收很少,因而叶绿素分子呈现青绿黄色。图 9.23 为叶绿素 a 在可见光区的吸收光谱。

本章 9.3.1 节所讨论的原子发射光谱,是分子解离(原子化)后,其原子的外层电子由激发态回到基态(高能级回到低能级)时所发射的电磁辐射。事实上,未解离分子内的原子,其外层电子也会受激发,从低能级跃迁到高能级,从而吸收紫外–可见光。测量某分子对紫外–可见光的吸收,可得该分子的紫外–可见吸收光谱。

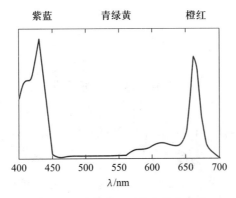

图 9.23　叶绿素 a 可见光吸收光谱

不同分子核外电子的能级不同,所以具有不同的紫外–可见吸收光谱。同一样品分子中,不同的电子能级跃迁,对应了不同波长的吸收。光谱中某个波长的光被吸收得最多,该波长就称为**最大吸收波长**,用 λ_{max} 表示。如 $KMnO_4$ 溶液对波长 545 nm 的光(绿色光)吸收最强,而对紫色光吸收最弱。同一种分子但浓度不同的溶液,吸收光谱中最大吸收波长相同,但是被吸收光强度(光度)不同,显然,溶液越浓,被吸收的光度值越大。

　　吸收分光光度法是用合适波长的单色光(如最大吸收波长 λ_{max} 的光)照射样品溶液,测量从溶液中透射的光的强度,与入射光的强度比较,以测定溶液浓度。

　　光通过溶液时,溶液会吸收一部分光的能量,所以从溶液中透射出来的光的强度比入射光的强度弱。吸光度(A)是入射光强度(I_0)与透射光强度(I_t)比值的对数,能用来衡量光被吸收程度的物理量。

$$A = \lg \frac{I_0}{I_t} \qquad\qquad (9.15)$$

　　实验表明,一束平行单色光通过溶液后,溶液的吸光度 A 与溶液浓度 c 及液层厚度 b 的乘积成正比,这个规律称为朗伯-比尔定律。

$$A = abc \qquad\qquad (9.16)$$

式中,a 为比例系数,b 为液层厚度,c 为溶液浓度。

　　根据朗伯-比尔定律,可以通过光强度的测量获知溶液的浓度。

　　紫外-可见分光光度仪由光源、分光系统、吸收池、检测显示装置等构成,如图 9.24。

　　光源提供一定波长范围的电磁辐射,光源必须具有足够的输出功率和稳定性。可见光区域采用钨灯或卤素灯,钨灯发射波长范围为 400～1 000 nm,卤素灯发射波长范围 320～2 500 nm;紫外光区域常用氢灯或氙灯,发射波长范围在 180～375 nm。

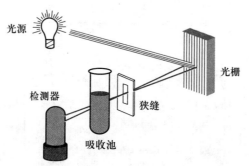

图 9.24　紫外-可见分光光度仪示意图

　　分光系统将光源复合光色散成单色光。分光系统包括狭缝、棱镜或光栅、准直装置等,可见光分光光度计常用玻璃材质的分光光学器件,但由于玻璃对紫外光有吸收,故紫外-可见光分光光度计常用石英材质的光学器件分光。

　　吸收池又称比色皿,用来盛放样品溶液。在可见光范围内可使用光学玻璃,在紫外光范围内使用石英。

检测显示装置检测时利用光电效应,将透射光强度转换成电讯号。常用的有光电管,光电倍增管、光电二极管等。其中光电倍增管较常见,它是在普通光电转换的基础上,通过多重二次电子倍增发射(如图9.25),将仅数百个光子的信号指数式放大,一般经过十次以上的倍增,放大倍数可达到原来的 $10^8 \sim 10^{10}$ 倍。显示并处理检测到的光电信号的结果,目前常用单片机或计算机。

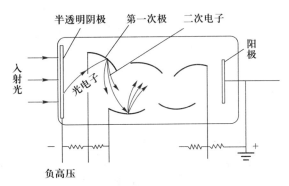

图 9.25　光电倍增管原理示意图

紫外-可见吸收分光光度分析中,常采用标准曲线法进行定量。以标准品配制一系列浓度梯度的标准溶液,测定吸光度,绘制吸光度-浓度曲线,若符合朗伯-比尔定律,则得到一条标准曲线。测定用完全相同的方法配制的待测溶液吸光度,从标准曲线上找出对应的待测溶液浓度。在仪器、方法和条件都固定时,标准曲线可以多次使用而不必重新制作,因而标准曲线法尤其适用于大批量和经常性的样品分析工作。

可见光区域的分光光度计所用的光源、分光系统、检测器等的成本较低。对于一些在可见光区域无明显吸收的无色或浅色物质(如金属离子等),可以通过加入显色剂,发生显色反应后,实现可见光分光光度分析。显色剂常见的是一些无机或有机配位剂,如硫氰酸根(SCN^-)、1,10-二氮菲等。

紫外-可见吸收分光光度法是目前最常见的定量分析法,灵敏度较高,检测下限可达 $1 \sim 10 \ \mu mol \cdot L^{-1}$,能满足微量测定准确度要求,仪器简单价廉,操作方便、分析对象广,几乎大多数无机化合物和许多有机化合物都能用该法测定,因此在生产和科研中有广泛的应用。

采用紫外分光光度法测定青蒿素含量时,先精密称取适量青蒿素标准品,加95%乙醇配成0.001%的标准溶液,取该标准溶液0.5 mL,在紫外可见分光光度计上作波长扫描;同时取标准溶液0.5 mL,加入95%乙醇4.5 mL,再加入0.2% NaOH溶液20 mL定容至25 mL,50℃水浴加热30 min,取出快速冷却,在紫外-可见分光光度计上做波长扫描,比较两份图谱(参见表9.1中的青蒿素及青蒿素水解产物紫外吸收光谱),确定青蒿素水解产物最大吸收波长 $\lambda_{max} = 290.5$ nm 为样品检测波长。

青蒿素样品测定时,取青蒿待测样品研细粉末 0.5 g,加入 95% 乙醇 10 mL 浸泡,50℃ 水浴加热 60 min 提取,取出样品溶液振摇、冷却、过滤,取滤液 1 mL,加入 95% 乙醇 14 mL,再加入 0.2% NaOH 溶液 10 mL,配制成青蒿素样品溶液,50℃ 水浴加热 30 min。与青蒿素标准品对照,290.5 nm 波长处进行光度分析。

9.6.2　色谱分析法

从混合物样品经色谱分离后得到的色谱图(见图 9.9)可以发现,混合物样品中不同组分对应的峰面积大小是不同的。

如果组分 i 的质量 m_i 与峰面积 A_i 成正比 $m_i = f_i \cdot A_i$,则容易通过测量色谱图峰面积 A_i 而知道样品的含量 m_i。

实际分析时可以采用**外标法**,即先称取一系列不同质量 m_{i_1}、m_{i_2}、m_{i_3}、…的待测物质,配制成样品进行色谱分析,测量每个样品的色谱峰面积 A_{i_1}、A_{i_2}、A_{i_3}、…,制作出 m_i-A_i 标准曲线。最后通过测量待测样品的色谱峰面积,即可求得其质量。

色谱分析的原理和操作方法已在 9.2 节中简述,此处不再重复。

> **选读材料**

电位分析

电 位 分 析

电位分析是通过测定原电池的电动势来测量待测物质含量的分析方法。

电位分析一般包括两个电极:指示电极和参比电极。选择对于待测离子 A^+ 浓度敏感的电极作为指示电极(又称工作电极),电极电势为 $\varphi_{A^+/A}$;选择另一电极电势固定且数值已知的电极作为参比电极,电极电势为 $\varphi_{参比}$。用上述两电极构成如下原电池:

参比电极 ∥ $A^+(c)$ | A

该原电池的电动势 $E = \varphi_{A^+/A} - \varphi_{参比}$

因为 $\varphi_{参比}$ 数值已知,所以测量电池电动势 E 的数值,就可以求得指示电极的电极电势 $\varphi_{A^+/A}$,然后根据电极电势的能斯特方程,求得待测离子 A^+ 的浓度 c_{A^+}。

常用的参比电极是甘汞电极和银/氯化银电极。甘汞电极的电极组成和结构、电极电势的计算参见第四章。表 9.6 列出常用几种浓度的 KCl 溶液作为内部溶液时的甘汞电极和银/氯化银电极的电极电势(25℃)。

表 9.6　常用甘汞参比电极和银/氯化银参比电极的电极电势

电极	KCl 溶液浓度	电极电势/V
$0.1\ mol\cdot L^{-1}$ 甘汞电极	$0.1\ mol\cdot L^{-1}$	+0.336 5
$3.5\ mol\cdot L^{-1}$ 甘汞电极	$3.5\ mol\cdot L^{-1}$	+0.250
饱和甘汞电极(简称 SCE)	饱和溶液	+0.243 8
$3.5\ mol\cdot L^{-1}$ Ag-AgCl 电极	$3.5\ mol\cdot L^{-1}$	+0.205
饱和 Ag-AgCl 电极	饱和溶液	+0.199

根据待测离子的不同,指示电极可选用金属电极或离子选择性膜电极等。

金属电极:由金属及其离子构成。例如,将一根锌丝插入 Zn^{2+} 溶液,就构成了一支能响应溶液中 Zn^{2+} 浓度的锌指示电极。金属电极还可以指示某些阴离子的浓度。例如,$Ag+AgCl/Cl^{-}$ 电极可以用于溶液中 Cl^{-} 浓度的测定。

离子选择性膜电极:电极表面含有对特定离子有选择性响应的敏感元件(选择膜),被测离子在膜内外的浓度差异产生电位差。敏感元件是膜电极的关键,可以是单晶、混晶、液膜、高分子功能膜及生物膜等。膜电极的结构如图 9.26 所示。

由图 9.26 可见,膜电极的敏感膜内外分别是已知浓度的内参比溶液和未知浓度的待测溶液,两溶液内的相关离子会与敏感膜表面的成分发生诸如离子交换等物理化学作用,产生溶液与敏感膜之间的接界电位,而膜内、膜外的接界电位差构成膜电极的电极电势。由于内充溶液中离子的浓度一定,内参比电极的电位值也固定,则膜电极的电极电势与待测溶液中的离子浓度相关。

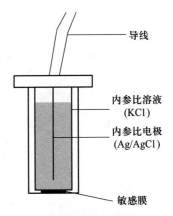

图 9.26　膜电极结构示意图

导线
内参比溶液(KCl)
内参比电极(Ag/AgCl)
敏感膜

采用由特殊薄玻璃制成的玻璃膜电极,可测量溶液中 H^{+} 浓度(溶液 pH)。玻璃膜电极是一种非晶体膜电极,敏感膜是在 SiO_2 基质中加入 Na_2O、Li_2O 和 CaO 烧结而成的特殊玻璃膜,厚度约为 0.05 mm。pH 玻璃膜电极结构如图 9.27 所示。

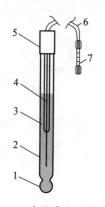

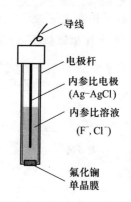

图 9.27 pH 玻璃膜电极结构示意图

1—玻璃膜;2—外壳;3—HCl 溶液;

4—内参比电极;5—绝缘套;6—引线;7—插头

图 9.28 氟离子选择电极
结构示意图

用 pH 玻璃膜电极作为指示电极,饱和甘汞电极为参比电极,与待测溶液组成一个原电池。

饱和甘汞电极 ‖ 样品溶液 | pH 玻璃膜电极

该电池的电动势为:$E = K - \dfrac{2.303RT}{F} \text{pH}$

其中 K 是与玻璃电极有关的常数,每一玻璃电极的 K 值都不尽相同,需要用 pH 已知的标准缓冲溶液加以标定。测得该电池的电动势,即可求出待测溶液的 pH。

实例 微量血清中氟含量的电位分析

用氟离子选择电极(见图 9.28)和饱和甘汞电极组成原电池进行电位分析。移取 0.25 mL 血清,加 0.25 mL 总离子强度调节剂(由酸碱缓冲溶剂和强电解质盐组成:$1.0\ \text{mol} \cdot \text{L}^{-1}$ 氯化钠溶液、$0.2\ \text{mol} \cdot \text{L}^{-1}$ 醋酸溶液、$0.75\ \text{mol} \cdot \text{L}^{-1}$ 醋酸钠溶液、$0.1\ \text{mol} \cdot \text{L}^{-1}$ 柠檬酸钠溶液、$0.1\ \text{mol} \cdot \text{L}^{-1}$ 乙二胺四乙酸二钠溶液(pH = 5.0 ~ 5.5),校正包括离子强度、酸度和共存离子等干扰因素),作为以上原电池中的电解质溶液。测量原电池的电动势,即可知道电解质溶液中氟离子的浓度。

本 章 小 结

重要的基本概念

分析化学;定性分析;定量分析;结构分析;溶剂萃取;固相萃取;气相色谱;液相色谱;保留时间 t_{R};元素分析;原子发射光谱;基态;激发态;有机元素分析;质谱;基峰;相对丰度;红外吸收光谱;波数;电子能级;分子振动能级;紫外-可

见吸收光谱;最大吸收波长;朗伯-比尔定律。

1. 分析化学研究测量物质组成、含量和结构,包含定性分析、定量分析和结构分析三个基本任务。对于真实样品的全分析,一般经历以下过程:(1) 样品中待测物的分离提取及纯化;(2) 纯净样品的组成分析,包括元素组成和基团分析;(3) 样品分子的结构分析(空间绝对构型);(4) 待测分子在样品中的定量分析。

2. 复杂真实样品的分析必须经过分离、提纯等过程。溶剂萃取、固相萃取及由此发展而来的色谱法是最常见的分离分析方法。色谱分离过程可认为是待分离的组分在固定相和流动相两相之间的不断分配的过程。固定相固定不动,是多孔的固体微粒或是键合在多孔固体微粒表面的薄层液体;流动相是可携带样品组分渗滤过固定相的流体,是气体或液体。若流动相为气体,则为气相色谱;若流动相为液体,则为液相色谱。

3. 常温下,物质分子中的原子处于基态。在激发能量的作用下,原子核外的外层电子就由基态跃迁到不同的能级的激发态。原子的外层电子处于激发态时是不稳定的,很快返回到基态,并将激发所吸收的能量以一定波长的电磁波辐射出来。在原子发射光谱分析中,样品直接置于或被引入激发光源中,获得能量后激发并发射特征谱线,经过分光,检测相应谱线,从而实现元素的定性定量分析。

4. 有机待测样品在高温条件下,经氧化、还原等一系列反应,转化为气态物质(如 CO_2,H_2O,N_2 与 SO_2 等),并在载气的推动下,进入气相色谱分析仪分离、检测,可实现有机化合物元素定量分析的目的。

5. 质谱分析是通过将样品转化为气态离子,并按离子的质荷比大小进行分离,记录各离子的质量及其相对丰度的分析方法。所获得离子质量和相对丰度的图谱结果即为质谱,质谱最强离子峰为基峰,其他各峰对基峰的相对强度为相对丰度。分子离子峰是分子失去一个电子形成的离子峰,碎片离子峰是分子被击碎形成的离子峰,同位素峰是由元素同位素形成的峰。有机质谱通过测定物质相对分子质量,解析分子基团构成信息等,实现有机分子的结构分析。

6. 物质分子对不同波长红外辐射的吸收构成该分子的红外吸收光谱。用具有红外连续波长辐射的光源照射样品,记录样品的红外吸收曲线,进而实现分子基团分析等,称为红外吸收光谱分析法。红外吸收光谱中,与分子内成键和结构关系密切是中红外区的光谱。色散型红外光谱分析是通过单色器将光源复合光分光,使单色光依次通过待测样品,测定各波长的透光率的技术;干涉型红外光谱分析是通过干涉仪,使光源复合光分束后形成相干光,无须分光,采用全波段同时测定、计算机解析不同波长信号强度的技术。

7. 物质分子对紫外-可见波长电磁辐射的吸收,称为紫外-可见吸收光谱。

分子吸收分光光度法是应用分光仪器,将包含多种波长电磁辐射的复合光色散成各种单一波长的单色光,从中选择可被待测物质吸收的单波长光(如最大吸收波长 λ_{max})照射待测物质,测量透射光强,并经过计算,最终确定被测物质的浓度。

8. 朗伯-比尔定律:当一束平行的单色光通过均匀的有色溶液后,溶液的吸光度与溶液浓度及液层厚度的乘积成正比:$A = abc$;其中 A 为吸光度。

学生课外进修读物

[1] 屠呦呦 . 青蒿及青蒿素类药物 . 化工出版社 . 2009.

[2] Qinghaosu Antimalaria Coordinating Research Group. Antimalaria Studies On Qinghaosu. Chinese Medical Journal. 1979,92(12):811.

[3] 青蒿素结构研究协作组 . 一种新型倍半萜内酯—青蒿素(原文再版). *科学通报* . 2017,62(18):1907.

[4] 刘静明,倪慕云,樊菊芬,等 . 青蒿素(Arteannuin)的结构和反应 . *化学学报* . 1979,37(2):129.

[5] 李春莉,王莎莉,王亚平,等 . 紫外分光光度法测定青蒿素的含量 . *重庆医科大学学报* . 2007,32(4):413.

复习思考题

1. 分析化学的基本任务和分析流程如何?
2. 什么样的样品可用高效液相色谱分离,而不能用气相色谱分离?
3. 原子发射光谱如何产生?
4. 有机元素分析需要采用什么分析化学技术?
5. 举例说出质谱分析中的离子源和质量分析器。
6. 从是否分光看,红外光谱仪可分为哪两种类型?
7. 如何理解红外吸收光谱与分子基团之间的关系?
8. 相比于棱镜分光,光栅分光主要有何优势?
9. 用标准曲线法,最适用于什么类型的分析工作?

习　　题

1. 选择题

(1) 在色谱分析中,一般其特性与被测含量成正比的是　　　　　　　　　　　(　　)

(a) 保留时间　　　　　(b) 保留体积　　　　(c) 相对保留值　　(d) 峰面积

(2) 下列四个电磁辐射区域中能量最大的是　　　　　　　　　　　　　　（　　）

(a) 红外区　　　　　　(b) 可见光区　　　　(c) 紫外光区　　　(d) X 射线区

(3) 物质在同一电子能级水平下,当分子振动状态发生变化时,产生的光谱线波长范围属于　　　　　　　　　　　　　　　　　　　　　　　　　　　　　　　　　（　　）

(a) 紫外区　　　　　　(b) 可见光区　　　　(c) 红外区　　　　(d) 微波区

(4) 原子发射光谱是物质受外界能量作用后,由于何种跃迁产生的?　　　（　　）

(a) 分子转动能级　　　　　　　　　　(b) 分子振动能级

(c) 原子核内层电子能级　　　　　　　(d) 原子核外层电子能级

(5) 以下材料中最适合用来制作红外分光光度计单色器的是　　　　　　　（　　）

(a) 普通光学玻璃　　　(b) 石英光学玻璃　　(c) 卤化物单晶体　(d) 有机玻璃

2. 分别说明气相色谱热导检测器、高效液相色谱紫外光度检测器的检测对象有无限制?

3. 举例说明本章中的所提到的几种元素分析的方法。

4. 举例说明本章中所提到的相对分子质量测定方法。

5. 举例说明本章中所提到的分子式分析方法。

6. 在进行紫外-可见分光光度分析时,通常选择什么吸收波长进行吸光度测定?

7. 有时通过添加什么试剂,可将可见光分光光度法应用于无色物质(如金属离子)的定量分析?

附　　录

附录 1　我国法定计量单位

我国法定计量单位主要包括下列单位。

（1）国际单位制（简称 SI）的基本单位

量的名称	单位名称	单位符号
长度	米	m
质量	千克[公斤]	kg
时间	秒	s
电流	安[培]	A
热力学温度	开[尔文]	K
物质的量	摩[尔]	mol
发光强度	坎[德拉]	cd

（2）国际单位制的辅助单位

量的名称	单位名称	单位符号
平面角	弧度	rad
立体角	球面度	sr

（3）国际单位制中具有专门名称的导出单位（摘录）

量的名称	单位名称	单位符号	其他表示式
频率	赫[兹]	Hz	s^{-1}
力;重力	牛[顿]	N	$kg \cdot m/s^2$
压力,压强;应力	帕[斯卡]	Pa	N/m^2
能量;功;热	焦[耳]	J	$N \cdot m$
功率;辐射通量	瓦[特]	W	J/s
电荷量	库[仑]	C	$A \cdot s$
电位;电压;电动势	伏[特]	V	W/A
电容	法[拉]	F	C/V

续表

量的名称	单位名称	单位符号	其他表示式
电阻	欧[姆]	Ω	V/A
电导	西[门子]	S	A/V
摄氏温度	摄氏度	℃	

（4）国家选定的非国际单位制单位（摘录）

量的名称	单位名称	单位符号	换算关系和说明
时间	分	min	1 min = 60 s
	[小]时	h	1 h = 60 min = 3 600 s
	天(日)	d	1 d = 24 h = 86 400 s
平面角	[角]秒	(″)	$1'' = (\pi/648\ 000)$ rad （π 为圆周率）
	[角]分	(′)	$1' = 60'' = (\pi/10\ 800)$ rad
	度	(°)	$1° = 60' = (\pi/180)$ rad
质量	吨	t	$1\ t = 10^3\ kg$
	原子质量单位	u	$1\ u \approx 1.660\ 540\ 2 \times 10^{-27}\ kg$
体积	升	L,(1)	$1\ L = 1\ dm^3 = 10^{-3}\ m^3$
能	电子伏	eV	$1\ eV \approx 1.602\ 177\ 33 \times 10^{-19}\ J$

（5）用于构成十进倍数和分数单位的词头

所表示的因数	词头名称	词头符号
10^{24}	尧[它]	Y
10^{21}	泽[它]	Z
10^{18}	艾[可萨]	E
10^{15}	拍[它]	P
10^{12}	太[拉]	T
10^{9}	吉[咖]	G
10^{6}	兆	M
10^{3}	千	k
10^{2}	百	h
10^{1}	十	da
10^{-1}	分	d
10^{-2}	厘	c
10^{-3}	毫	m
10^{-6}	微	μ

续表

所表示的因数	词头名称	词头符号
10^{-9}	纳[诺]	n
10^{-12}	皮[可]	p
10^{-15}	飞[母托]	f
10^{-18}	阿[托]	a
10^{-21}	仄[普托]	z
10^{-24}	幺[科托]	y

附录 2　一些基本物理常数

物理量	符号	数值
真空中的光速	c	$2.997\ 924\ 58\times10^{8}$ m·s^{-1}
元电荷(电子电荷)	e	$1.602\ 177\ 33\times10^{-19}$ C
质子质量	m_{p}	$1.672\ 623\ 1\times10^{-27}$ kg
电子质量	m_{e}	$9.109\ 389\ 7\times10^{-31}$ kg
摩尔气体常数	R	$8.314\ 510$ J·mol^{-1}·K^{-1}
阿伏伽德罗(Avogadro)常数	N_{A}	$6.022\ 136\ 7\times10^{23}$ mol^{-1}
里德伯(Rydberg)常量	R_{∞}	$1.097\ 373\ 153\ 4\times10^{7}$ m^{-1}
普朗克(Planck)常量	h	$6.626\ 075\ 5\times10^{-34}$ J·s
法拉第(Faraday)常数	F	$9.648\ 530\ 9\times10^{4}$ C·mol^{-1}
玻耳兹曼(Boltzmann)常数	k	$1.380\ 658\times10^{-23}$ J·K^{-1}
电子伏	eV	$1.602\ 177\ 33\times10^{-19}$ J
原子质量单位	u	$1.660\ 540\ 2\times10^{-27}$ kg

注:数据摘自参考文献[1]。

附录 3　标准热力学数据($p^{\ominus}=100$ kPa, $T=298.15$ K)

物质(状态)	$\Delta_{f}H_{m}^{\ominus}$ kJ·mol^{-1}	$\Delta_{f}G_{m}^{\ominus}$ kJ·mol^{-1}	$S_{m}^{\ominus}$ J·mol^{-1}·K^{-1}
Ag(s)	0	0	42.55
Ag^{+}(aq)	105.579	77.107	72.68
AgBr(s)	−100.37	−96.90	170.1
AgCl(s)	−127.068	−109.789	96.2
AgI(s)	−61.68	−66.19	115.5
Ag$_2$O(s)	−30.05	−11.20	121.3
Ag$_2$CO$_3$(s)	−505.8	−436.8	167.4

续表

物质（状态）	$\dfrac{\Delta_f H_m^{\ominus}}{\text{kJ} \cdot \text{mol}^{-1}}$	$\dfrac{\Delta_f G_m^{\ominus}}{\text{kJ} \cdot \text{mol}^{-1}}$	$\dfrac{S_m^{\ominus}}{\text{J} \cdot \text{mol}^{-1} \cdot \text{K}^{-1}}$
$Al^{3+}(aq)$	−531	−485	−321.7
$AlCl_3(s)$	−704.2	−628.8	110.67
$Al_2O_3(s、\alpha、刚玉)$	−1 675.7	−1 582.3	50.92
$AlO_2^-(aq)$	−918.8	−823.0	−21
$Ba^{2+}(aq)$	−537.64	−560.77	9.6
$BaCO_3(s)$	−1 216.3	−1 137.6	112.1
$BaO(s)$	−553.5	−525.1	70.42
$BaTiO_3(s)$	−1 659.8	−1 572.3	107.9
$Br_2(l)$	0	0	152.231
$Br_2(g)$	30.907	3.110	245.463
$Br^-(aq)$	−121.55	−103.96	82.4
$C(s、石墨)$	0	0	5.740
$C(s、金刚石)$	1.896 6	2.899 5	2.377
$CCl_4(l)$	−135.44	−65.21	216.40
$CO(g)$	−110.525	−137.168	197.674
$CO_2(g)$	−393.509	−394.359	213.74
$CO_3^{2-}(aq)$	−677.14	−527.81	−56.9
$HCO_3^-(aq)$	−691.99	−586.77	91.2
$Ca(s)$	0	0	41.42
$Ca^{2+}(aq)$	−542.83	−553.58	−53.1
$CaCO_3(s，方解石)$	−120 6.92	−1 128.79	92.9
$CaO(s)$	−635.09	−604.03	39.75
$Ca(OH)_2(s)$	−986.09	−898.49	83.39
$CaSO_4(s，不溶解的)$	−1 434.11	−1 321.79	106.7
$CaSO_4 \cdot 2H_2O(s，透石膏)$	−2 022.63	−1 797.28	194.1
$Cl_2(g)$	0	0	223.006
$Cl^-(aq)$	−167.16	−131.26	56.5
$Co(s,\alpha)$	0	0	30.04
$CoCl_2(s)$	−312.5	−269.8	109.16
$Cr(s)$	0	0	23.77
$Cr^{3+}(aq)$	−1 999.1	—	—
$Cr_2O_3(s)$	−1 139.7	−1 058.1	81.2
$Cr_2O_7^{2-}(aq)$	−1 490.3	−1 301.1	261.9
$Cu(s)$	0	0	33.150
$Cu^{2+}(aq)$	64.77	65.249	−99.6
$CuCl_2(s)$	−220.1	−175.7	108.07
$CuO(s)$	−157.3	−129.7	42.63

物质(状态)	$\dfrac{\Delta_f H_m^{\ominus}}{kJ \cdot mol^{-1}}$	$\dfrac{\Delta_f G_m^{\ominus}}{kJ \cdot mol^{-1}}$	$\dfrac{S_m^{\ominus}}{J \cdot mol^{-1} \cdot K^{-1}}$
$Cu_2O(s)$	−168.6	−146.0	93.14
$CuS(s)$	−53.1	−53.6	66.5
$F_2(g)$	0	0	202.78
$Fe(s,\alpha)$	0	0	27.28
$Fe^{2+}(aq)$	−89.1	−78.90	−137.7
$Fe^{3+}(aq)$	−48.5	−4.7	−315.9
$Fe_{0.947}O(s,方铁矿)$	−266.27	−245.12	57.49
$FeO(s)$	−272.0	—	—
$Fe_2O_3(s,赤铁矿)$	−824.2	−742.2	87.40
$Fe_3O_4(s,磁铁矿)$	−1 118.4	−1 015.4	146.4
$Fe(OH)_2(s)$	−569.0	−486.5	88
$Fe(OH)_3(s)$	−823.0	−696.5	106.7
$H_2(g)$	0	0	130.684
$H^+(aq)$	0	0	0
$H_2CO_3(aq)$	−699.65	−623.16	187.4
$HCl(g)$	−92.307	−95.299	186.80
$HF(g)$	−271.1	−273.2	173.79
$HNO_3(l)$	−174.10	−80.79	155.60
$H_2O(g)$	−241.818	−228.572	188.825
$H_2O(l)$	−285.83	−237.129	69.91
$H_2O_2(l)$	−187.78	−120.35	109.6
$H_2O_2(aq)$	−191.17	−134.03	143.9
$H_2S(g)$	−20.63	−33.56	205.79
$HS^-(aq)$	−17.6	12.08	62.8
$S^{2-}(aq)$	33.1	85.8	−14.6
$Hg(g)$	61.317	31.820	174.96
$Hg(l)$	0	0	76.02
$HgO(s,红)$	−90.83	−58.539	70.29
$I_2(g)$	62.438	19.327	260.65
$I_2(s)$	0	0	116.135
$I^-(aq)$	−55.19	−51.59	111.3
$K(s)$	0	0	64.18
$K^+(aq)$	−252.38	−283.27	102.5
$KCl(s)$	−436.747	−409.14	82.59
$Mg(s)$	0	0	32.68
$Mg^{2+}(aq)$	−466.85	−454.8	−138.1
$MgCl_2(s)$	−641.32	−591.79	89.62
$MgO(s,粗粒的)$	−601.70	−569.44	26.94
$Mg(OH)_2(s)$	−924.54	−833.51	63.18

续表

物质(状态)	$\dfrac{\Delta_f H_m^{\ominus}}{\text{kJ}\cdot\text{mol}^{-1}}$	$\dfrac{\Delta_f G_m^{\ominus}}{\text{kJ}\cdot\text{mol}^{-1}}$	$\dfrac{S_m^{\ominus}}{\text{J}\cdot\text{mol}^{-1}\cdot\text{K}^{-1}}$
Mn(s, α)	0	0	32.01
Mn^{2+}(aq)	−220.75	−228.1	−73.6
MnO(s)	−385.22	−362.90	59.71
N$_2$(g)	0	0	191.50
NH$_3$(g)	−46.11	−16.45	192.45
NH$_3$(aq)	−80.29	−26.50	111.3
NH$_4^+$(aq)	−132.43	−79.31	113.4
N$_2$H$_4$(l)	50.63	149.34	121.21
NH$_4$Cl(s)	−314.43	−202.87	94.6
NO(g)	90.25	86.55	210.761
NO$_2$(g)	33.18	51.31	240.06
N$_2$O$_4$(g)	9.16	304.29	97.89
NO$_3^-$(aq)	−205.0	−108.74	146.4
Na(s)	0	0	51.21
Na$^+$(aq)	−240.12	−261.95	59.0
Na(s)	0	0	51.21
NaCl(s)	−411.15	−384.15	72.13
Na$_2$O(s)	−414.22	−375.47	75.06
NaOH(s)	−425.609	−379.526	64.45
Ni(s)	0	0	29.87
NiO(s)	−239.7	−211.7	37.99
O$_2$(g)	0	0	205.138
O$_3$(g)	142.7	163.2	238.93
OH$^-$(aq)	−229.994	−157.244	−10.75
P(s, 白)	0	0	41.09
Pb(s)	0	0	64.81
Pb^{2+}(aq)	−1.7	−24.43	10.5
PbCl$_2$(s)	−359.41	−314.1	136.0
PbO(s, 黄)	−217.32	−187.89	68.70
S(s, 正交)	0	0	31.80
SO$_2$(g)	−296.83	−300.19	248.22
SO$_3$(g)	−395.72	−371.06	256.76
SO$_4^{2-}$(aq)	−909.27	−744.53	20.1
Si(s)	0	0	18.83
SiO$_2$(s, α 石英)	−910.94	−856.64	41.84
Sn(s, 白)	0	0	51.55
SnO$_2$(s)	−580.7	−519.7	52.3
Ti(s)	0	0	30.63
TiCl$_4$(l)	−804.2	−737.2	252.34

续表

物质(状态)	$\dfrac{\Delta_f H_m^{\ominus}}{kJ \cdot mol^{-1}}$	$\dfrac{\Delta_f G_m^{\ominus}}{kJ \cdot mol^{-1}}$	$\dfrac{S_m^{\ominus}}{J \cdot mol^{-1} \cdot K^{-1}}$
$TiCl_4(g)$	−763.2	−726.7	354.9
$TiN(s)$	−722.2	—	—
$TiO_2(s,金红石)$	−944.7	−889.5	50.33
$Zn(s)$	0	0	41.63
$Zn^{2+}(aq)$	−153.89	−147.06	−112.1
$CH_4(g)$	−74.81	−50.72	186.264
$C_2H_2(g)$	226.73	209.20	200.94
$C_2H_4(g)$	52.26	68.15	219.56
$C_2H_6(g)$	−84.68	−32.82	229.60
$C_6H_6(g)$	82.93	129.66	269.20
$C_6H_6(l)$	48.99	124.35	173.26
$CH_3OH(l)$	−238.66	−166.27	126.8
$C_2H_5OH(l)$	−277.69	−174.78	160.07
$CH_3COOH(l)$	−484.5	−389.9	159.8
$C_6H_5COOH(s)$	−385.05	−245.27	167.57
$C_{12}H_{22}O_{11}(s)$	−2 225.5	−1 544.6	360.2

注:数据摘自参考文献[9]。

附录4　一些弱电解质在水溶液中的解离常数

酸	温度$(t)/℃$	$K_a^{\ominus}$	$pK_a^{\ominus}$
亚硫酸 H_2SO_3	18	$(K_{a_1}^{\ominus})\ 1.54 \times 10^{-2}$	1.81
	18	$(K_{a_2}^{\ominus})\ 1.02 \times 10^{-7}$	6.91
磷酸 H_3PO_4	25	$(K_{a_1}^{\ominus})\ 7.52 \times 10^{-3}$	2.12
	25	$(K_{a_2}^{\ominus})\ 6.25 \times 10^{-8}$	7.21
	18	$(K_{a_3}^{\ominus})\ 2.2 \times 10^{-13}$	12.67
亚硝酸 HNO_2	12.5	4.6×10^{-4}	3.37
氢氟酸 HF	25	3.53×10^{-4}	3.45
甲酸 $HCOOH$	20	1.77×10^{-4}	3.75
醋酸 CH_3COOH	25	1.76×10^{-5}	4.75
碳酸 H_2CO_3	25	$(K_{a_1}^{\ominus})\ 4.30 \times 10^{-7}$	6.37
	25	$(K_{a_2}^{\ominus})\ 5.61 \times 10^{-11}$	10.25
氢硫酸 H_2S	18	$(K_{a_1}^{\ominus})\ 9.1 \times 10^{-8}$	7.04
	18	$(K_{a_2}^{\ominus})\ 1.1 \times 10^{-12}$	11.96

续表

酸	温度$(t)/℃$	$K_a^\ominus$	$pK_a^\ominus$
次氯酸 HClO	18	$2.95×10^{-8}$	7.53
硼酸 H_3BO_3	20	$(K_{a_1}^\ominus)7.3×10^{-10}$	9.14
氢氰酸 HCN	25	$4.93×10^{-10}$	9.31
碱	温度$(t)/℃$	$K_b^\ominus$	$pK_b^\ominus$
氨 NH_3	25	$1.77×10^{-5}$	4.75

注:摘自参考文献[1]第 8—37 页。

附录 5　一些共轭酸碱的解离常数

酸	$K_a^\ominus$	碱	$K_b^\ominus$
HNO_2	$4.6×10^{-4}$	NO_2^-	$2.2×10^{-11}$
HF	$3.53×10^{-4}$	F^-	$2.83×10^{-11}$
HAc	$1.76×10^{-5}$	Ac^-	$5.68×10^{-10}$
H_2CO_3	$4.3×10^{-7}$	HCO_3^-	$2.3×10^{-8}$
H_2S	$9.1×10^{-8}$	HS^-	$1.1×10^{-7}$
$H_2PO_4^-$	$6.23×10^{-8}$	HPO_4^{2-}	$1.61×10^{-7}$
NH_4^+	$5.65×10^{-10}$	NH_3	$1.77×10^{-5}$
HCN	$4.93×10^{-10}$	CN^-	$2.03×10^{-5}$
HCO_3^-	$5.61×10^{-11}$	CO_3^{2-}	$1.78×10^{-4}$
HS^-	$1.1×10^{-12}$	S^{2-}	$9.1×10^{-3}$
HPO_4^{2-}	$2.2×10^{-12}$	PO_4^{3-}	$4.5×10^{-2}$

注:分子酸、分子碱的数据摘自参考文献[1]第 8—37 页。离子酸、离子碱的数据根据 $K_a^\ominus \cdot K_b^\ominus = K_w^\ominus$ 计算得到。

附录 6　一些配离子的稳定常数 $K_f^\ominus$ 和不稳定常数 $K_i^\ominus$

配离子	$K_f^\ominus$	$\lg K_f^\ominus$	$K_i^\ominus$	$\lg K_i^\ominus$
$[AgBr_2]^-$	$2.14×10^7$	7.33	$4.67×10^{-8}$	−7.33
$[Ag(CN)_2]^-$	$1.26×10^{21}$	21.1	$7.94×10^{-22}$	−21.1
$[AgCl_2]^-$	$1.10×10^5$	5.04	$9.09×10^{-6}$	−5.04

配离子	$K_f^\ominus$	$\lg K_f^\ominus$	$K_i^\ominus$	$\lg K_i^\ominus$
$[AgI_2]^-$	5.5×10^{11}	11.74	1.82×10^{-12}	-11.74
$[Ag(NH_3)_2]^+$	1.12×10^7	7.05	8.93×10^{-8}	-7.05
$[Ag(S_2O_3)_2]^{3-}$	2.89×10^{13}	13.46	3.46×10^{-14}	-13.46
$[Co(NH_3)_6]^{2+}$	1.29×10^5	5.11	7.75×10^{-6}	-5.11
$[Cu(CN)_2]^-$	1×10^{24}	24.0	1×10^{-24}	-24.0
$[Cu(NH_3)_2]^+$	7.24×10^{10}	10.86	1.38×10^{-11}	-10.86
$[Cu(NH_3)_4]^{2+}$	2.09×10^{13}	13.32	4.78×10^{-14}	-13.32
$[Cu(P_2O_7)_2]^{6-}$	1×10^9	9.0	1×10^{-9}	-9.0
$[Cu(SCN)_2]^-$	1.52×10^5	5.18	6.58×10^{-6}	-5.18
$[Fe(CN)_6]^{3-}$	1×10^{42}	42.0	1×10^{-42}	-42.0
$[HgBr_4]^{2-}$	1×10^{21}	21.0	1×10^{-21}	-21.0
$[Hg(CN)_4]^{2-}$	2.51×10^{41}	41.4	3.98×10^{-42}	-41.4
$[HgCl_4]^{2-}$	1.17×10^{15}	15.07	8.55×10^{-16}	-15.07
$[HgI_4]^{2-}$	6.76×10^{29}	29.83	1.48×10^{-30}	-29.83
$[Ni(NH_3)_6]^{2+}$	5.50×10^8	8.74	1.82×10^{-9}	-8.74
$[Ni(en)_3]^{2+}$	2.14×10^{18}	18.33	4.67×10^{-19}	-18.33
$[Zn(CN)_4]^{2-}$	5.0×10^{16}	16.7	2.0×10^{-17}	-16.7
$[Zn(NH_3)_4]^{2+}$	2.87×10^9	9.46	3.48×10^{-10}	-9.46
$[Zn(en)_2]^{2+}$	6.76×10^{10}	10.83	1.48×10^{-11}	-10.83

注:摘自参考文献[2]表 5-14、表 5-15(温度一般为 20~25℃;$K_f^\ominus$、$K_i^\ominus$、$\lg K_i^\ominus$ 的数据是根据上述 $\lg K_f^\ominus$ 的数据换算而得到的)。

附录 7　一些物质的溶度积 $K_s^\ominus$(25℃)

难溶电解质	$K_s^\ominus$	难溶电解质	$K_s^\ominus$
AgBr	5.35×10^{-13}	Ag_2S	$\begin{cases}6.69\times10^{-50}(\alpha\ 型)\\1.09\times10^{-49}(\beta\ 型)\end{cases}$
AgCl	1.77×10^{-10}		
Ag_2CrO_4	1.12×10^{-12}	Ag_2SO_4	1.20×10^{-5}
AgI	8.51×10^{-17}	$Al(OH)_3$	2×10^{-33}

难溶电解质	$K_s^{\ominus}$	难溶电解质	$K_s^{\ominus}$
$BaCO_3$	2.58×10^{-9}	CaF_2	1.46×10^{-10}
$BaSO_4$	1.07×10^{-10}	$CaCO_3$	4.96×10^{-9}
$BaCrO_4$	1.17×10^{-10}	$Ca_3(PO_4)_2$	2.07×10^{-33}
$CaSO_4$	7.10×10^{-5}	$Mg(OH)_2$	5.61×10^{-12}
CdS	1.40×10^{-29}	$Mn(OH)_2$	2.06×10^{-13}
$Cd(OH)_2$	5.27×10^{-15}	MnS	4.65×10^{-14}
CuS	1.27×10^{-36}	$PbCO_3$	1.46×10^{-13}
$Fe(OH)_2$	4.87×10^{-17}	$PbCl_2$	1.17×10^{-5}
$Fe(OH)_3$	2.64×10^{-39}	PbI_2	8.49×10^{-9}
FeS	1.59×10^{-19}	PbS	9.04×10^{-29}
HgS	$\begin{cases} 6.44 \times 10^{-53}(黑) \\ 2.00 \times 10^{-53}(红) \end{cases}$	$PbCO_3$	1.82×10^{-8}
		$ZnCO_3$	1.19×10^{-10}
$MgCO_3$	6.82×10^{-6}	ZnS	2.93×10^{-25}

注:摘自参考文献[1]第 8—39 页。

附录 8 标准电极电势

电对 (氧化态/还原态)	电极反应 (氧化态+ne^- ⇌ 还原态)	标准电极电势 $\varphi^{\ominus}$/V
Li^+/Li	$Li^+(aq) + e^- \rightleftharpoons Li(s)$	-3.0401
K^+/K	$K^+(aq) + e^- \rightleftharpoons K(s)$	-2.931
Ca^{2+}/Ca	$Ca^{2+}(aq) + 2e^- \rightleftharpoons Ca(s)$	-2.868
Na^+/Na	$Na^+(aq) + e^- \rightleftharpoons Na(s)$	-2.71
Mg^{2+}/Mg	$Mg^{2+}(aq) + 2e^- \rightleftharpoons Mg(s)$	-2.372
Al^{3+}/Al	$Al^{3+}(aq) + 3e^- \rightleftharpoons Al(s)(0.1\ mol \cdot dm^{-1}NaOH)$	-1.662
Mn^{2+}/Mn	$Mn^{2+}(aq) + 2e^- \rightleftharpoons Mn(s)$	-1.185
Zn^{2+}/Zn	$Zn^{2+}(aq) + 2e^- \rightleftharpoons Zn(s)$	-0.7618
Fe^{2+}/Fe	$Fe^{2+}(aq) + 2e^- \rightleftharpoons Fe(s)$	-0.447
Cd^{2+}/Cd	$Cd^{2+}(aq) + 2e^- \rightleftharpoons Cd(s)$	-0.4030
Co^{2+}/Co	$Co^{2+}(aq) + 2e^- \rightleftharpoons Co(s)$	-0.28
Ni^{2+}/Ni	$Ni^{2+}(aq) + 2e^- \rightleftharpoons Ni(s)$	-0.257
Sn^{2+}/Sn	$Sn^{2+}(aq) + 2e^- \rightleftharpoons Sn(s)$	-0.1375
Pb^{2+}/Pb	$Pb^{2+}(aq) + 2e^- \rightleftharpoons Pb(s)$	-0.1262
H^+/H_2	$H^+(aq) + e^- \rightleftharpoons \frac{1}{2}H_2(g)$	0
$S_4O_6^{2-}/S_2O_3^{2-}$	$S_4O_6^{2-}(aq) + 2e^- \rightleftharpoons 2S_2O_3^{2-}(aq)$	$+0.08$
S/H_2S	$S(s) + 2H^+(aq) + 2e^- \rightleftharpoons H_2S(aq)$	$+0.142$

续表

电对 (氧化态/还原态)	电极反应 (氧化态 + ne^- ⇌ 还原态)	标准电极电势 $\varphi^{\ominus}$/V
Sn^{4+}/Sn^{2+}	$Sn^{4+}(aq) + 2e^- \rightleftharpoons Sn^{2+}(aq)$	+0.151
SO_4^{2-}/H_2SO_3	$SO_4^{2-}(aq) + 4H^+(aq) + 2e^- \rightleftharpoons H_2SO_3(aq) + H_2O$	+0.172
Hg_2Cl_2/Hg	$Hg_2Cl_2(s) + 2e^- \rightleftharpoons 2Hg(l) + 2Cl^-(aq)$	+0.268 08
Cu^{2+}/Cu	$Cu^{2+}(aq) + 2e^- \rightleftharpoons Cu(s)$	+0.341 9
O_2/OH^-	$\frac{1}{2}O_2(g) + H_2O + 2e^- \rightleftharpoons 2OH^-(aq)$	+0.401
Cu^+/Cu	$Cu^+(aq) + e^- \rightleftharpoons Cu(s)$	+0.521
I_2/I^-	$I_2(s) + 2e^- \rightleftharpoons 2I^-(aq)$	+0.535 5
O_2/H_2O_2	$O_2(g) + 2H^+(aq) + 2e^- \rightleftharpoons H_2O_2(aq)$	+0.695
Fe^{3+}/Fe^{2+}	$Fe^{3+}(aq) + e^- \rightleftharpoons Fe^{2+}(aq)$	+0.771
Hg_2^{2+}/Hg	$\frac{1}{2}Hg_2^{2+}(aq) + e^- \rightleftharpoons Hg(l)$	+0.797 3
Ag^+/Ag	$Ag^+(aq) + e^- \rightleftharpoons Ag(s)$	+0.799 6
Hg^{2+}/Hg	$Hg^{2+}(aq) + 2e^- \rightleftharpoons Hg(l)$	+0.851
NO_3^-/NO	$NO_3^-(aq) + 4H^+(aq) + 3e^- \rightleftharpoons NO(g) + 2H_2O$	+0.957
HNO_2/NO	$HNO_2(aq) + H^+(aq) + e^- \rightleftharpoons NO(g) + H_2O$	+0.983
Br_2/Br^-	$Br_2(l) + 2e^- \rightleftharpoons 2Br^-(aq)$	+1.066
MnO_2/Mn^{2+}	$MnO_2(s) + 4H^+(aq) + 2e^- \rightleftharpoons Mn^{2+}(aq) + 2H_2O$	+1.224
O_2/H_2O	$O_2(g) + 4H^+(aq) + 4e^- \rightleftharpoons 2H_2O$	+1.229
$Cr_2O_7^{2-}/Cr^{3+}$	$Cr_2O_7^{2-}(aq) + 14H^+(aq) + 6e^- \rightleftharpoons 2Cr^{2+}(aq) + 7H_2O$	+1.232
Cl_2/Cl^-	$Cl_2(g) + 2e^- \rightleftharpoons 2Cl^-(aq)$	+1.358 27
MnO_4^-/Mn^{2+}	$MnO_4^-(aq) + 8H^+(aq) + 5e^- \rightleftharpoons Mn^{2+}(aq) + 4H_2O$	+1.507
H_2O_2/H_2O	$H_2O_2(aq) + 2H^+(aq) + 2e^- \rightleftharpoons 2H_2O$	+1.776
$S_2O_8^{2-}/SO_4^{2-}$	$S_2O_8^{2-}(aq) + 2e^- \rightleftharpoons 2SO_4^{2-}(aq)$	+2.010
F_2/F^-	$Fe_2(g) + 2e^- \rightleftharpoons 2F^-(aq)$	+2.866

注:摘自参考文献[1]第8—16页。

部分习题答案

第1章

3. $140 \text{ kJ} \cdot \text{mol}^{-1}$

4. $839 \text{ J} \cdot \text{K}^{-1}$

5. 18 kJ

6. $-16.7 \text{ kJ} \cdot \text{mol}^{-1}$

7. $W_{体} = -2.92 \text{ kJ} \cdot \text{mol}^{-1}$

$\Delta U = 36.3 \text{ kJ} \cdot \text{mol}^{-1}$

9. (1) $-9.92 \text{ kJ} \cdot \text{mol}^{-1}$

(2) 0

(3) -8.10 kJ

(4) 0

10. (1) $-1\,530.54 \text{ kJ} \cdot \text{mol}^{-1}$

(2) $-174.47 \text{ kJ} \cdot \text{mol}^{-1}$

(3) $-86.32 \text{ kJ} \cdot \text{mol}^{-1}$

(4) $-153.9 \text{ kJ} \cdot \text{mol}^{-1}$

11. (1) $\Delta_r H_m^{\ominus}(298.15\text{K})$

$= -429.86 \text{ kJ} \cdot \text{mol}^{-1}$

(2) $\Delta_r U_m^{\ominus}(298.15\text{K})$

$= -427.38 \text{ kJ} \cdot \text{mol}^{-1}$

(3) $W_{体} = 2.48 \text{ kJ} \cdot \text{mol}^{-1}$

12. (1) $-5\,459 \text{ kJ} \cdot \text{mol}^{-1}$

(2) $-5\,470 \text{ kJ} \cdot \text{mol}^{-1}$

13. 需热量 $1.78 \times 10^6 \text{ kJ}$，需消耗标准煤 60.8 kg

14. C_2H_2: $\Delta_r H_m^{\ominus}(298.15\text{ K})$

$= -1\,299.58 \text{ kJ} \cdot \text{mol}^{-1}$；

C_2H_4: $\Delta_r H_m^{\ominus}(298.15\text{ K})$

$= -1\,410.94 \text{ kJ} \cdot \text{mol}^{-1}$

15. $-8\,780.4 \text{ kJ} \cdot \text{mol}^{-1}$

16. $-4\,958 \text{ J} \cdot \text{mol}^{-1}$

17. $-74.7 \text{ kJ} \cdot \text{mol}^{-1}$

18. $-152 \text{ kJ} \cdot \text{mol}^{-1}$

第2章

6. $-1\,015.5 \text{ kJ} \cdot \text{mol}^{-1}$

7. $\Delta_r G_m^{\ominus}(298.15\text{K}) = 0.4 \text{ kJ} \cdot \text{mol}^{-1}$

8. (1) $307.7 \text{ J} \cdot \text{mol}^{-1} \cdot \text{K}^{-1}$,

$-66.9 \text{ kJ} \cdot \text{mol}^{-1}$

(2) $-23.0 \text{ J} \cdot \text{mol}^{-1} \cdot \text{K}^{-1}$,

$-147.06 \text{ kJ} \cdot \text{mol}^{-1}$

(3) $-184.3 \text{ J} \cdot \text{mol}^{-1} \cdot \text{K}^{-1}$,

$-26.91 \text{ kJ} \cdot \text{mol}^{-1}$

(4) $-51.4 \text{ J} \cdot \text{mol}^{-1} \cdot \text{K}^{-1}$,

$96.90 \text{ kJ} \cdot \text{mol}^{-1}$

9. 用 $H_2(g)$ 还原锡石

10. $W' = -19.3 \text{ kJ}$

11. 2.36×10^9

12. $K^{\ominus} = 80$，转化率 $= 80\%$

13. 3.8 mol

14.

T/K	973	1 073	1 173	1 273
$K^{\ominus}$	0.618	0.905	1.29	1.66

计算表明，温度升高后 $K^{\ominus}$ 变大，故为吸热反应。

15. 1.4×10^{10}

16. $\Delta_r G_m^{\ominus}(873\text{ K}) \approx 4.43 \text{ kJ} \cdot \text{mol}^{-1}$,

$K^{\ominus}(873\text{ K}) \approx 0.54$；

$\Delta_r G_m(873\text{ K}) \approx -3.0 \text{ kJ} \cdot \text{mol}^{-1}$，反应正向自发。

17. 根据吕·查德里原理判断正确

18. (4) 反应速率为原来的 6 倍

19. $4a$（年）

20. 增加到原来的 9.4 倍

21. 80.2 $kJ \cdot mol^{-1}$

22. $\dfrac{v_2}{v_1} = 4.8 \times 10^3$

24. $\Delta_r G_m^{\ominus}(1\ 573\ K) \approx 70.68\ kJ \cdot mol^{-1}$,

$K^{\ominus} \approx 4.51 \times 10^{-3}$

第 3 章

6. 凝固点 $-2.2℃$

沸点 100.62℃

渗透压 3.0 MPa

7. (1) 700 g H_2O

(2) $p(H_2O) = 3.2$ kPa

(3) $p(H_2O) = 1.8$ kPa

9. 4.9×10^{-10}

10. $c^{eq}(H^+) = 3.8 \times 10^{-5}\ mol \cdot dm^{-3}$,

$a = 0.076\%$

11. (1) $c^{eq}(OH^-) = 1.9 \times 10^{-3}\ mol \cdot dm^{-3}$,

pH = 11.3, $a = 0.95\%$

(2) $c^{eq}(OH^-) = 1.8 \times 10^{-5}\ mol \cdot dm^{-3}$,

pH = 9.3, $a = 0.009\ 0\%$

12. $c^{eq}(H^+) = 2.4 \times 10^{-2}\ mol \cdot dm^{-3}$,

pH = 1.6

14. 3.75×10^{-6}

15. (1) 9.25

(2) 5.27

(3) 1.70

16. (1) 3.9

(2) 4.0

(3) 2.0

17. 12 cm^3

19. (1) $1.29 \times 10^{-3}\ mol \cdot dm^{-3}$

(2) $c^{eq}(Pb^{2+})$

$= 1.29 \times 10^{-3}\ mol \cdot dm^{-3}$,

$c(I^-) = 2.58 \times 10^{-3}\ mol \cdot dm^{-3}$

(3) $c^{eq}(Pb^{2+}) = 8.5 \times 10^{-5}\ mol \cdot dm^{-3}$

(4) $4.6 \times 10^{-4}\ mol \cdot dm^{-3}$

20. $K_s(AgCl) = 1.78 \times 10^{-10}$

21. (1) $Q = 5.0 \times 10^{-8}$, 无沉淀

(2) $c(Cl^-) > 7.6 \times 10^{-3}\ mol \cdot dm^{-3}$

(3) $c(Pb^{2+}) = 3.3 \times 10^{-3}\ mol \cdot dm^{-3}$

22. $[c(Ca^{2+})] \cdot [c(F^-)]^2$

$= 5.6 \times 10^{-13}\ mol \cdot dm^{-3}$, 不会产生沉淀

23. pH > 9.9

24. $c(CN^-) = 7.5 \times 10^{-5}\ mol \cdot dm^{-3}$

第 4 章

7. (1) $E = \varphi^{\ominus}(Pb^{2+}/Pb) - \varphi^{\ominus}(Sn^{2+}/Sn)$

$= 0.071$ V

(2) $E = \varphi^{\ominus}(Sn^{2+}/Sn) - \varphi^{\ominus}(Pb^{2+}/Pb)$

$= 0.019$ V

8. $K^{\ominus} = 4.4 \times 10^{10}$

$c(Fe^{2+})/c(Zn^{2+}) = 2.3 \times 10^{-11}$

9. (1) $E^{\ominus} = 0.236$ V

(2) $\Delta_r G_m^{\ominus} = -45.5\ kJ \cdot mol^{-1}$

(4) $E = 0.058$ V

10. $\varphi(MnO_4^-/Mn^{2+}) = 1.03$ V <

$\varphi^{\ominus}(Cl_2/Cl^-)$, 不能自发进行

11. $\varphi^{\ominus}(Ni^{2+}/Ni) = -0.256$ V

12. $c(H^+) = 0.19\ mol \cdot dm^{-3}$

14. (1) $\varphi(Cr_2O_7^{2-}/Cr^{3+}) = 0.680$ V <

$\varphi^{\ominus}(Br_2/Br^-)$, 不能自发进行

(2) $\varphi(MnO_4^-/Mn^{2+}) = 1.228$ V <

$\varphi^{\ominus}(Cl_2/Cl^-)$, 不能自发进行

15. $K^{\ominus} = 9.8 \times 10^3$; $E^{\ominus} = 0.236$ V

16. (1) $\varphi^{\ominus}(Co^{2+}/Co) = -0.28$ V

(4) 电动势增加了 0.06 V, $E = 1.70$ V

18. $K^{\ominus} = 3 \times 10^{14}$

19. $\Delta_r G_m^{\ominus} = -34.5\ kJ \cdot mol^{-1}$,

$K^{\ominus} = 1.12 \times 10^6$

21. pH ≥ 1.36

22. $K^{\ominus}(AgBr) = 5.2 \times 10^{-13}$

24. $AgI(s) + e^- \rightleftharpoons Ag(s) + I^-(aq)$,

$\varphi^{\ominus}(AgI/Ag) = -0.152$ V < $\varphi^{\ominus}(H^+/H_2)$

25. 应控制 j 大于 0.001 1 $A \cdot cm^{-2}$

第 5 章

3. (1) p 区, Ⅳ A

4. Cl: $-1, +1, +3, +5, +7$

5. Mg: $+2$, 金属镁

8. Mn^{2+}: $3s^2 3p^6 3d^5$, 9~17 电子构型

11. -810 $kJ \cdot mol^{-1}$

16. 难溶于水: 氯仿、甲烷

17. (1) $NaF < MgO$

    (4) $NH_3 > PH_3$

18. (1) $SiF_4 < SiCl_4 < SiBr_4 < SiI_4$

第 6 章

1. (1) $(-)$; (2) $(-)$; (3) $(-)$; (4) $(-)$

2. (1) b; (2) a; (3) d; (4) b; (5) c; (6) b;

    (7) c; (8) b; (9) c; (10) c

5. (1) $SiO_2 > KI > FeCl_3$

    (2) $SiC > BaO > CO_2$

    (3) $HClO_4 > H_2SO_4 > H_2SO_3$

    (4) $H_2Cr_2O_7 > H_2CrO_4 > Cr(OH)_3$

7. (1), (2), (3) 和 (5) 能与强酸溶液作用;

    (3), (4) 和 (5) 能与强碱溶液作用。

12. 各组内的物质均不能共存。

第 7 章

1. (1) $(-)$; (2) $(-)$; (3) $(+)$; (4) $(-)$;

    (5) $(+)$; (6) $(-)$; (7) $(+)$; (8) $(+)$

2. (1) (c); (2) (c) (d); (3) (d); (4) (b);

    (5) (c); (6) (b) (d); (7) (a) (b)

第 8 章

2. (1)

(2)

(3)

(4)

5. (1)

R 型

(2)

两个(与OH基相连的)手性碳都是 R 型

第 9 章

1. (1) d; (2) d; (3) c; (4) d; (5) c

参 考 文 献

［1］ Haynes WM. CRC Handbook of Chemistry and Physics. 97st ed. Boca Raton：CRC Press，Inc. 2016—2017.

［2］ Speight J G. Lang's Handbook of Chemistry. 16th ed. New York：McGraw－Hill Book Company，2005.

［3］ 迪安 J A. 兰氏化学手册. 尚久方，译. 北京：科学出版社，1991.

［4］ Pauling L，Pauling P. Chemistry. New York：W H Freeman Company，1975.

［5］ Miler F M. Chemistry Structure and Dynamics. New York：McGraw－Hill Book Company，1985.

［6］ Danil N，Dybtsev. Angew Chem In Ed，2004，(43)：5033.

［7］ Skoog D A，Holler F J，Crouch S R. Principles of Instrumental Analysis. 6th ed. Pacific Grove：Brooks/Cole Pub Co，2006.

［8］ Wagman D D. NBS 化学热力学性质表. 刘天和，赵梦月，译. 北京：中国标准出版社，1998.

索　引

BZ 反应　70

A

阿伦尼乌斯方程　54

螯合物　226

B

标准电极电势　130

标准摩尔熵　36

标准摩尔生成吉布斯函数　40

标准平衡常数　43

标准氢电极　129

表面活性剂　88

波函数　186

玻璃化温度　270

玻璃态　270

C

参比电极　130

超电势　147

超分子化学　200

D

单齿配体　226

电动势　127

电负性　179

电极电势　129

电解　144

电子云　170

电子云的角度分布　171

电子云的径向分布　171

多齿配体　226

多分散性　257

多重平衡规则　45

F

反应级数　52

反应进度　45

反应历程　52

反应商　41

非金属电镀　155

非整比化合物　203

沸点升高法　266

分解电压　144

分压　40

分子间作用　194

复合材料　286

G

感光高分子　284

高分子化合物　256

高聚物　256

工程塑料　261

功能高分子　275

共轭酸碱对　93

共聚物　259

光化学反应　63

过渡态理论　56

H

核糖核酸　308

洪德规则　176

化学反应速率　51
化学平衡的移动　48
化学热力学　38
缓冲溶液　99
缓蚀剂　153
混乱度　35
活度因子　87
活化分子　57
活化络合物　56
活化能　56

J

基因表达　315
基因突变　315
基元反应　52
加聚反应　261
价键理论　185
键长　183
键角　184
降解　113
交联　262
角度分布　171
结晶度　266
解离常数　94
解离平衡　94
晶胞　204
晶体　191
晶体 X 射线衍射　193
晶体结构　192
晶体缺陷　202
聚合度　257
聚酰胺　259

K

可逆过程　36

L

老化　273

离子交换树脂　110
离子晶体　196
离子液体　200
链反应　62
链节　261
量子数　166
螺旋结构　306

N

能斯特方程　128
黏流态　270
凝固点　83
凝固点降低　83

P

泡利不相容原理　175
配合物的稳定常数　238
配离子　106
配体　225
配位键　225
配位数　229
配位原子　225
平衡常数　39

Q

氢键　196

R

热固性　277
热力学第二定律　34
热塑性　277
溶度积　103
溶胀　269
乳化作用　90

S

熵　34

熵变　36

渗透压　84

酸碱质子理论　93

缩聚反应　261

T

肽键　303

脱氧核糖核酸　308

X

相平衡　82

蓄电池　145

薛定谔方程　166

Y

盐桥　123

阳极　144

一级反应　53

依数性　81

乙二胺四乙酸　226

阴极　144

阴极保护　153

原子半径　177

原子轨道　166

Z

杂化轨道理论　188

增塑剂　276

蒸气压　81

质量作用定律　52

转变温度　40

自发过程　33

郑重声明

高等教育出版社依法对本书享有专有出版权。任何未经许可的复制、销售行为均违反《中华人民共和国著作权法》，其行为人将承担相应的民事责任和行政责任；构成犯罪的，将被依法追究刑事责任。为了维护市场秩序，保护读者的合法权益，避免读者误用盗版书造成不良后果，我社将配合行政执法部门和司法机关对违法犯罪的单位和个人进行严厉打击。社会各界人士如发现上述侵权行为，希望及时举报，我社将奖励举报有功人员。

反盗版举报电话　　(010) 58581999　58582371

反盗版举报邮箱　dd@hep.com.cn

通信地址　北京市西城区德外大街4号　高等教育出版社法律事务部

邮政编码　100120

读者意见反馈

为收集对教材的意见建议，进一步完善教材编写并做好服务工作，读者可将对本教材的意见建议通过如下渠道反馈至我社。

咨询电话　400-810-0598

反馈邮箱　hepsci@pub.hep.cn

通信地址　北京市朝阳区惠新东街4号富盛大厦1座

　　　　　高等教育出版社理科事业部

邮政编码　100029

防伪查询说明

用户购书后刮开封底防伪涂层，使用手机微信等软件扫描二维码，会跳转至防伪查询网页，获得所购图书详细信息。

防伪客服电话　　(010) 58582300